개정3판 데이터 통신
Data Communication

정진욱 · 한정수 지음

생능출판

데이터 통신

초판발행 2008년 2월 20일
제3판5쇄 2022년 2월 10일

지은이 정진욱, 한정수
펴낸이 김승기
펴낸곳 (주)생능출판사 / **주소** 경기도 파주시 광인사길 143
출판사 등록일 2005년 1월 21일 / **신고번호** 제406-2005-000002호
대표전화 (031)955-0761 / **팩스** (031)955-0768
홈페이지 www.booksr.co.kr

책임편집 신성민 / **편집** 김민보, 유제훈 / **디자인** 유준범
마케팅 최복락, 김민수, 심수경, 차종필, 백수정, 송성환, 최태웅, 명하나, 김민정
인쇄 · 제본 (주)상지사P&B

ISBN 978-89-7050-931-0 93560
정가 29,000원

머리말

이제 우리는 정보통신이 없이는 살아갈 수 없는 시대를 맞이하게 되었다. 누구나 최신 스마트폰으로 인터넷을 즐기고 SNS를 통해 서로 소통하게 되었다. 현대인들 대부분의 삶에 정보통신 기술이 자리 잡게 된 것이다.

아울러 IT 산업을 기반으로 한 신경제의 흐름은 인터넷과 이동통신이라는 거대한 두 축으로 대변될 수 있는데 이러한 네트워크를 이용한 다양한 서비스는 이미 사회, 경제, 정치를 모두 망라한 범위에서 인류의 삶에 깊숙이 스며들어 새로운 패러다임의 변화를 촉진하며 인류의 모든 것을 바꾸어 놓고 있다.

그러나 정보통신의 현실 속에서 살아가고 있는 현대인들은 그것들이 제공하고 있는 서비스에만 관심을 기울일 뿐 그 바탕이 되는 원리와 기술은 도외시하고 있다. 특히 컴퓨터 네트워크는 지금도 계속적으로 발전하고 있다. 새로운 네트워크가 계속해서 생겨나는데 그 기본이 되는 원리와 기술을 이해하지 못한다면 계속적으로 변화하는 정보통신 현실에 발맞추어 살아가기 힘들 것이다. 이에 이 책에서는 정보통신과 컴퓨터 네트워크의 기본이 되는 기술과 원리를 다양한 주제를 통해 설명하고 있다. 더욱이 이러한 기술과 원리를 적용한 새로운 기술들을 함께 소개함으로써 독자에게 보다 쉽게 이해할 수 있도록 노력하였다.

이 책은 크게 다음과 같은 몇 가지 큰 특징들로 이루어져 있다. 첫 번째는 다양한 주제를 알기 쉽게 설명하고 이를 요약을 통해 정리하였다는 것이다. 물론 많은 정보통신과 데이터 통신 관련 책들이 다양한 주제를 언급하고 있지만 이들을 효과적으로 정리함과 동시에 해설을 수록한 책은 그리 많지 않다. 따라서 이 책은 각 장의 끝 부분에 전체 요약을 제시함과 동시에 중간 중간에 미니요약을 제시하여 독자에게 중요한 부분을 다시 한 번 상기시켰다. 두 번째는 정보통신과 관련 있는 여러 가지 기술과 이야기를 미니강의 형식으로 추가하였다는 것이다.

이러한 내용은 실제로 교수님들이 강의하는 수업현장에서나 들을 수 있는 중요하고 유용한 정보로 독자들의 정보통신에 대해 이해력을 높이는 데 사용될 수 있을 것이다.

다른 데이터 통신 관련 저서들과 비교하여 갖는 차별성 및 특징은 다음과 같다.

- 장마다 제공하는 요약과 더불어 중요한 부분을 상기시키는 미니요약을 제공하고 있다.
- 독자들의 이해를 돕기 위해 정보통신과 관련한 기술들을 미니강의 형식으로 제공하고 있다.
- 최근의 표준안 문서를 기반으로 한 신기술 및 표준에 대해서 제공하고 있다.
- 장마다 다양한 문제들을 제시함으로써 독자들의 이해의 폭을 확대시켰다.
- 각 주제별로 적용 사례를 소개하였고, 관련 최신기술을 소개하였다.
- 강의하는 분들의 편의를 위해 본문의 내용을 강의 자료 형식으로 제공하고 있다.

이 책을 읽는 독자의 수준은 정보통신을 처음 접하는 초보자에서부터 정보통신을 전공하고 있는 실무자까지 매우 광범위하다. 이는 정보통신의 원리와 기술에서부터 그 응용에 이르기까지 다양하고 폭넓은 내용을 수록하였기 때문이다.

이 책을 통해 정보통신을 공부하려는 독자들의 감사어린 충고와 이 책의 부족한 점을 수렴하기 위해 언제든지 다음의 전자 우편 주소로 연락을 주면 보다 나은 책으로 거듭나기 위한 노력을 게을리 하지 않을 것을 약속한다.

jwchung46@gmail.com, jshan@shingu.ac.kr

마지막으로 부족한 저자에게 기회를 주고 물심양면으로 도움을 준 생능출판사의 모든 분들께 감사드린다.

〈개정3판〉에 대하여

〈개정3판〉은 수정 보완 위주로 이루어졌다. 특히 표준기구와 표준안의 최근 변화를 반영하였다. 오타와 부자연스러운 문장을 교정하였으며 일부 그림도 정확하게 수정이 이루어졌다. 1장과 7장, 12장에 새로운 내용의 보완이 이루어졌으나 전체적인 흐름은 큰 변화가 없다. 새로운 정보통신 기술이 계속 등장하고 있으나 고전적인 기술의 개념을 명확히 파악하고 있으면 새로운 기술을 이해하는데 큰 어려움이 없을 것이다. 본 저서의 내용은 주로 정보통신의 기본적인 개념을 학습하는데 주안점이 있으나 최신 응용기술이 등장할 때마다 추후 개정을 통해 이를 반영할 것을 약속드린다. 독자 여러분에게 감사의 말씀을 드리며 여러분의 건승을 기원한다.

2017년 11월
저자 일동

차례

CHAPTER 08 전송매체

CHAPTER 09 전송 효율화 기술

Data Communication

CHAPTER

01

데이터 통신의 개요

contents

데이터 통신의 개요

데이터 통신이란 용어는 수년전까지만 해도 일부 전문분야에서만 사용되었으나 오늘날처럼 인터넷이 전 세계적으로 보급되면서 인터넷의 기반기술로 그 중요성이 부각되면서 일반인들도 이해해야 할 보편적인 용어가 되었다. 이에 이 장에서는 이러한 정보화 사회에 필수적인 데이터 통신의 기본 개념 및 구성요소에 대한 개략적인 설명을 함으로써, 이 책의 근간을 이루는 데이터 통신에 대한 전반적인 내용에 대한 이해를 돕고자 한다. 이 장의 중요 내용은 다음과 같다.

- 데이터 통신의 정의 및 구성요소를 이해한다.
- 프로토콜의 의미를 이해하고, 구조에 따른 종류를 알아본다.
- 국제 표준안의 종류와 제정기관에 대해 알아본다.

1.1 정의

1.1.1 데이터 통신의 정의

데이터 통신의 정의를 내리기 전에 우리가 많이 혼동하여 사용하는 데이터(data)와 정보(information)의 개념에 대한 차이를 생각해 볼 필요가 있다. 데이터란 현실 세계로부터 단순한 관찰이나 측정을 통해 수집한 사실이나 값을 숫자, 문자, 기호 등으로 표현한 것으로 컴퓨터 시스템의 관점에서 보면 데이터는 0과 1로 이루어진 2진 형태의 디지털 데이터를 말하는 것이고, 정보는 어떤 상황에 관한 의사결정을 할 수 있게 하는 지식으로 수많은 데이터 중에 우리에게 필요한 데이터를 정보라고 정의할 수 있다. 즉, 정보는 데이터를 처리 가공한 결과라 할 수 있다.

또한, 통신(communication)은 정보 제공자(provider)와 정보 수요자(consumer) 간의 정보의 이동현상으로 정의할 수 있다.

최근 들어 정보통신이란 용어가 널리 사용되는데 이는 정보처리 및 통신을 통칭하여 부르는 광범위한 개념으로, 컴퓨터기술, 통신기술 그리고 컴퓨터기술과 통신이 결합하여 만들어진 새로운 기술까지를 모두 정보통신 범주에 포함시켜 부르고 있다.

| 미니요약 |

데이터란 단순한 관찰이나 측정을 통한 사실이나 값을 의미하며, 정보는 이런 데이터를 처리 가공한 결과로 사용자에게 의사결정을 도와주는 의미 있는 데이터이다.

통신은 여러 가지 관점에서 분류가 가능한데 〈표 1-1〉은 몇 가지 관점에서 통신을 분류한 것을 보여주고 있다.

〈표 1-1〉 관점에 따른 통신의 분류

분류관점	통신의 종류
전송 매체	유선통신, 무선통신
송수신자의 이동여부	고정통신, 이동통신
신호 형태	아날로그 통신, 디지털 통신
신호의 종류	전기통신, 광통신
이용 대상	공중(public)통신, 전용(private)통신
정보의 표현 형태	음성통신, 데이터 통신, 화상통신, 영상통신, 멀티미디어 통신

〈표 1-1〉에서 보면 데이터 통신은 정보의 표현형태 관점에서 분류한 하나의 통신형태임을 알 수 있는데 일반적으로 정보는 무형의 것으로 정보를 다른 사람에게 주거나 저장하기 위해서는 어떤 식으로든지 표현되어야 한다. 즉 정보는 음성이나, 데이터(문자, 숫자, 기호), 그림, 동영상 혹은 이들 모두가 결합된 멀티미디어 등으로 표현되고 이 후에 저장이나 전송이 가능하다. 이러한 관점에서 데이터 통신을 정의하면 문자, 숫자, 기호 등으로 표현된 정보가 정보 제공자와 수요자 사이에 이동하는 것이라 할 수 있다.

문자, 숫자, 기호 등은 ASCII, EBCDIC 등의 코드(code)로 나타나므로 이는 결국 컴퓨터에서 2진 데이터로 표시되어 전송로 상에 신호로 변환되어 전송하게 된다. 〈표 1-2〉는 ASCII 코드를 보여주고 있다.

〈표 1-2〉 ASCII 코드표

Bit Positions			7	0	0	0	0	1	1	1	1
			6	0	0	1	1	0	0	1	1
			5	0	1	0	1	0	1	0	1
4	3	2	1								
0	0	0	0	NUL	DEL	SP	0	@	P	\	p
0	0	0	1	DOH	DC1	!	1	A	Q	a	q
0	0	1	0	STX	DC2	"	2	B	R	b	r
0	0	1	1	ETX	DC3	#	3	C	S	c	s
0	1	0	0	EOT	DC4	$	4	D	T	d	t
0	1	0	1	ENO	NAK	%	5	E	U	e	u
0	1	1	0	ACK	SYN	&	6	F	V	f	v
0	1	1	1	BEL	ETB		7	G	W	g	w
1	0	0	0	BS	CAN	(	8	H	X	h	x
1	0	0	1	HT	EM	)	9	I	Y	i	y
1	0	1	0	LF	SUB	*	:	J	Z	j	z
1	0	1	1	VT	ESC	_	;	K	[	k	{
1	1	0	0	FF	ES	.	〈	L	\	l	|
1	1	0	1	CR	GS	-	=	M	]	m	}
1	1	1	0	SO	RS	.	〉	N	^	n	~
1	1	1	1	SI	US	/	?	O	_	o	DEL

| 미니요약 |

데이터 통신은 문자, 숫자, 기호 등으로 표현된 정보가 정보 제공자와 수요자 사이에 이동하는 통신이며, 정보통신은 컴퓨터기술, 통신기술 그리고 컴퓨터기술과 통신이 결합하여 만들어진 새로운 기술까지 모두 포함하는 개념이다.

미니강의 ASCII(아스키)와 EBCDIC(엡시딕) 코드

ASCII(American Standard Code for Information Interchange) 코드는 미국 국립표준국인 ANSI(American National Standards Institute)에서 컴퓨터와 정보통신 장치 사이에 원활한 정보 교환을 위해 정한 표준 부호체계로 한 문자를 표현하는 데 8비트(7비트 정보비트와 1비트 패리티 비트)를 사용함으로써 총 128(2^7)개의 문자를 표현할 수 있다. 구성으로는 32개의 코드는 '문장의 시작', '키보드의 Return', '문서양식 전달'과 같은 기계 및 제어 명령에 사용되고, 그 다음 32개의 코드는 숫자와 여러 가지 문장 부호에 사용되고, 그 다음 32개의 코드는 대문자 및 기타 문장 부호에 사용되고, 나머지 32개의 코드는 소문자에 사용된다.

EBCDIC(Extended Binary Coded Decimal Interchange Code)은 IBM이 대형 컴퓨터에서 사용하기 위해 개발한 문자 및 숫자를 표현하기 위한 코드로, ASCII 코드보다 더 많고 다양한 문자, 숫자, 기호를 전송하기 위해 8비트 정보비트 수를 사용하여 총 256(2^8)개의 코드를 표현할 수 있다. 주로 대형 IBM 컴퓨터와 터미널 등에서 찾아볼 수 있으며, 데이터 전송을 위한 내부 기계어 코드로 사용된다.

미니강의 Unicode(유니코드)

ASCII 코드가 가지고 있는 문제점은 문자를 1byte로 표현한다는 것이다. 이것은 영어권에서는 상관없지만 다른 나라 언어(한글, 일어, 중국어 등)는 지원하기 어렵다는 것이다. 따라서 이러한 문제를 해결하기 위해 나온 코드가 유니코드(Unicode)이다.

Unicode는 세계 각국의 언어를 통일된 방법으로 표현할 수 있게 제안된 국제적인 코드 규약의 이름이다. 8비트 문자코드인 ASCII 코드를 16비트로 확장하여 전 세계의 모든 문자를 표현하는 표준코드이다.

8비트로 표현할 수 있는 256자는 영어나 라틴어권 등에서는 문제가 없으나, 한국, 일본, 중국, 아랍 등의 다양한 문자들을 표현하는 데는 한계가 있다. 또한 각 나라마다 같은 코드 값에 다른 글자를 쓰는 방식으로는 국제 간의 원활한 자료 교환이 불가능하기 때문에 코드를 16비트 체제로 확장해서 65,536자의 영역 안에 전 세계의 모든 글자를 표시하는 표준안이다. 유니코드의 목적은 현존하는 문자 인코딩 방법들을 모두 유니코드로 교체하려는 것이다. 기존의 인코딩들은 그 규모나 범위면에서 한정되어 있고, 다국어 환경에서는 서로 호환되지 않는 문제점이 있었다. 유니코드가 다양한 문자 집합들을 통합하는 데 성공하면서 유니코드는 컴퓨터 소프트웨어의 국제화와 지역화에 널리 사용되게 되었으며, 비교적 최근의 기술인 XML, 자바 그리고 최신 운영체제(Window NT, Windows XP, Windows7 등)에서도 지원하고 있다.

1.1.2 데이터 통신의 목표

데이터 통신을 위한 하드웨어와 소프트웨어의 조합으로 이루어진 데이터 통신 시스템을 효과적으로 운용하기 위해서는 다음과 같은 3가지 중요한 목표가 보장되어야 한다.

(1) 데이터 전송의 정확성

데이터는 전송 중에 신호 감쇄, 잡음 등에 의해 원래의 형태가 변형될 수 있고, 결과적으로 잘못된 정보가 전송될 수 있다. 이는 데이터 통신의 실패를 의미한다. 이에 정확한 정보전송을 위해 다양한 기술을 제공해야 한다. 이러한 기술은 채널코딩(channel coding) 혹은 에러 제어 코딩(error control coding)을 포함하고 있으며, 이 밖에도 동기기술, 스위칭 기술, 어드레싱(addressing)/네이밍(naming) 기술, 흐름/에러 제어기술 등이 데이터 전송의 정확성을 위해 사용된다.

(2) 데이터 전송의 효율성

데이터 전송에 투자된 장비 비용보다 획득한 정보의 가치가 더 커야 한다. 즉 데이터 전송은 정확하게 그리고 효율적으로 이루어져야 한다. 효율성을 이루기 위한 기술에는 소스코딩(source coding)과 다중화(multiplexing) 기술 등이 있다. 소스코딩은 압축 기술을 의미한다. 압축과 다중화로 대표되는 데이터 전송의 효율성은 9장에서 자세하게 설명된다.

(3) 데이터 전송의 안전성

정확하고 효율적인 전송이 이루어졌다고 하더라도 데이터의 내용이 원하지 않는 제3자에게 유출되거나 변형된다면 이 또한 문제가 될 수 있다. 따라서 데이터의 전송은 안전하게 이루어져야 한다. 이와 관련된 기술로는 암호화 기술을 의미하는 보안코딩(secrecy coding)이 있다.

| 미니요약 |
데이터 통신의 3대 목표는 데이터 전송의 정확성(채널코딩), 효율성(소스코딩), 안전성(보안코딩)이다.

① 채널코딩(Channel Coding)

전송 데이터에 구조화된 잉여정보(Redundancy)를 삽입함으로써 제한된 대역폭을 갖는 채널 환경에서 비트 오류율 성능을 개선시키기 위한 과정을 말한다. 단점으로는 잉여 비트들로 인해 채널의 대역폭이 증가하게 되어 데이터 전송률이 저하되며, 복잡도가 증가하게 되는 점이 있다. 채널코딩에 사용되는 방법으로는 오류 검출을 위한 Hamming Code, CRC와 같은 블록 부호(Block Coding)와 이동통신에서 많이 사용하는 Convolutional Code 방식이 여기에 속한다.

② 소스코딩(Source Coding)

정보원(information source)을 디지털 형식으로 변환, 압축하는 과정을 말하며, 소스의 효율성을 높이기 위해 평균 코드 길이가 최소화되도록 한다. 즉, 가장 적은 수의 비트로 원래의 정보를 표현할 수 있는 방법을 적용한다. 소스코딩에 사용되는 방법으로는 모스 부호와 Huffman Code와 같이 코드 길이에 대한 방식과 정보의 형태에 따라 JPEG, MPEG, PCM과 같은 방식, 그리고 압축 방식으로 LZW와 ZIP, ARJ가 모두 소스코딩에 속한다.

③ 보안코딩(Secrecy Coding)

전송되는 데이터의 내용에 대한 안전성을 제공하기 위한 과정을 말하는 것으로, 이를 위한 방식으로는 대칭키 및 비대칭키를 사용한 암호 알고리즘이 여기에 속한다.

1.1.3 정보통신의 분류

앞서 설명한 정보의 표현 형태에 따라 정보통신을 분류하면 다음과 같다.

(1) 음성통신

일반적으로 전화망을 이용한 통신을 지칭하는 것으로, 음성통신을 이용한 서비스로는 음성을 통한 ARS 서비스와 고기능 교환기를 이용한 3자 통화 등의 서비스 등을 들 수 있다. 이때, 음성은 디지털화되어 전기신호, 광신호 등의 2진 데이터 형태로 전송된다.

[그림 1-1] 음성통신을 사용한 ARS 교통안내 서비스

(2) 데이터 통신

음성을 제외한 다른 모든 형태의 정보전송을 가리키는 것으로 이미지통신이나 영상통신을
여기에 포함시키기도 한다. 일반적으로 인터넷을 사용한 서비스 또는 전자우편 서비스를
이용하는 것이 데이터 통신의 한 형태이다.

[그림 1-2] 인터넷을 사용하는 웹서비스

(3) 화상(이미지)통신

그림이나 도표, 차트, 그래픽 등의 정보전송을 의미한다. 비록 그림이나 도표가 전혀 없는
서류라 할지라도 서류의 전체도면을 이미지로 다루게 되면 화상(이미지)통신, 그 서류 내에
들어있는 문자나 숫자를 디지털 형태로 다루게 되면 데이터 통신이라고 한다. 화상은 다른
형태의 정보보다 인간의 이해를 더욱 쉽게 할 수 있는 이점을 갖고 있어 최근 여러 분야에

서 화상통신의 이용이 급증하고 있는 추세이다. 화상통신의 대표선수는 역시 팩시밀리로, 최근 디지털 팩시밀리의 등장과 함께 고기능 고속화되고 있다.

[그림 1-3] 화상통신을 이용한 화상통화와 팩시밀리

(4) 영상통신

화상통신과 더불어 그 중요성이 부각되고 있는 정보통신의 한 분류로 가장 대표적인 영상통신은 단방향 전송방식인 TV 방송을 들 수 있다. 영상회의(video conferencing), 특정 전문분야에서 사용되는 영상응답 시스템(VRS: Video Response System)도 영상통신의 예이다.

[그림 1-4] 영상응답 시스템을 이용한 IP TV 방송

(5) 멀티미디어 통신

음성과 데이터 및 화상정보의 통합 형태인 컴퓨터를 이용한 원격회의(teleconferencing)나 원격교육 등을 멀티미디어 통신이라고 할 수 있다.

[그림 1-5] 멀티미디어 통신을 이용한 원격회의

미니강의 **통신이야기**

최초의 통신회사는 1856년에 세워진 Western Union이다. 이때 사용된 프로토콜은 모스 부호(dot와 dash로 구성)였다. 전송 정보 서비스는 '전보'의 형식을 띠었으며, 전신기(tap set)를 사용하여 접속을 하였다. 이런 전송 전보들은 전보 조작자(operator)에 의하여 전송되었다. 여기서 서비스, 프로토콜, 접속 등 이 세 가지 개념은 현대 네트워크에서도 동일하게 적용된다. 이러한 통신망의 최초 사용자는 군인들이었는데, 남북전쟁의 북군은 이 전보를 십분 활용하였다. 현대 통신망의 기초도 2차 세계대전 중에 군의 요구로 만들어진 것이다. 대전 후에 군은 모든 지휘 통제체계의 중앙통제를 원하여 DoD(Department of Defense) 통신망 구조를 구축하였으며 이 통신망의 구조가 오늘날 사용되고 있는 많은 통신망의 근간을 이루게 된다.

[그림 1-6] Western Union 사의 로고, 1864년 버지니아의 야전 중계소(Field Telegraph Station), 모스 부호를 전송하기 위해 사용된 전신기

1.2 구성요소

데이터 통신 시스템은 컴퓨터와 원거리에 있는 터미널 또는 다른 컴퓨터를 통신 회선으로 결합하여 정보를 처리하는 시스템을 의미하며 지리적으로 원거리에 분산되어 있는 복수의 최종 사용자 간의 데이터 통신 서비스를 제공하는 전송설비, 전송설비와 결합되어 있는 교환기기, 데이터 단말장비, 데이터 회선 종단장치 및 통신규약 등과 같이 최종 사용자 간의 정보 전달에 참여하는 모든 기능요소 또는 논리요소 및 물리요소가 포함된다.

데이터 통신 시스템은 [그림 1-7]에서 보는 바와 같이 다섯 가지 기본 요소로 이루어진다.

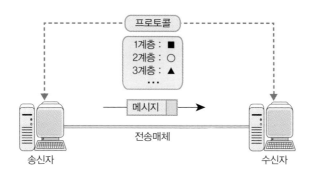

[그림 1-7] 데이터 통신 시스템의 기본 요소

① **메시지(Message)**: 통신의 목적이 되는 정보로서, 통신수단에 의한 전달에 적합한 언어나 부호로 작성된 단위 정보 혹은 전송되는 데이터를 말한다.
② **송신자(Source)**: 메시지의 생성 및 송신을 담당하는 장치를 말하며, 전송하는 데이터를 전송매체에 적합한 형태로 변환하는 과정을 수행한다.
③ **수신자(Destination)**: 전송매체를 통해 전송된 메시지를 수신하는 장치를 말하며, 수신자가 이해할 수 있는 형태로 변환하는 과정을 수행한다.
④ **전송매체(Media)**: 메시지가 전달되는 경로를 말하며, 크게 유선(Wired)매체와 무선(Wireless)매체로 구분할 수 있다.
⑤ **프로토콜(Protocol)**: 데이터 통신을 제어하는 약속 또는 규칙들의 집합을 말한다. 통신을 위해서 송신자와 수신자는 동일한 프로토콜을 사용하여야 한다.

| 미니요약 |

데이터 통신 시스템의 기본 구성요소는 메시지, 송신자, 수신자, 전송매체, 프로토콜 등 5가지이다.

1.2.1 데이터 통신 시스템의 구성

이러한 데이터 통신 시스템은 [그림 1-8]에서 보는 바와 같이 크게 데이터를 처리할 수 있는 데이터 처리계와 데이터를 전송할 수 있는 데이터 전송계로 단말장비, 신호변환장비, 통신제어장치 등으로 구성된다.

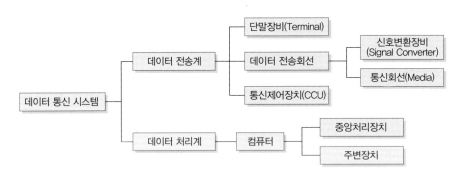

[그림 1-8] 데이터 통신 시스템의 구성

(1) 단말장비(Terminal)

초기 단말장비는 서버 컴퓨터에 연결되어 사용하던 덤 터미널(dumb terminal)이 주종을 이루고 있었으나, 최근에는 하드웨어 기술 발달로 정보처리 능력을 갖는 단말장비도 사용되고 있다. 데이터 전송계에 포함되고 있음에 유의하자.

(2) 신호변환장비(Signal Converter)

전송하고자 하는 신호를 전송에 적합한 신호로 변환하기 위해 통신회선 종단에 위치하는 장비이다. 데이터 통신을 하는 경우에 컴퓨터나 단말 등의 데이터 통신용 기기를 전화회선과 같은 아날로그 통신회선에 접속하기 위해서 사용하는 장치인 변조기(modulator)와 복조기(demodulator)를 복합한 모뎀(Modem)과 컴퓨터나 각종 DTE를 고속 디지털 전송로에 접속하여 데이터 통신을 하는 데 필요한 장치인 디지털 서비스 유니트(DSU: Digital Service Unit)와 채널 서비스 유니트(Channel Service Unit) 등이 있다.

(3) 통신제어장치(Communication Control Unit)

전송매체와 중앙처리장치를 결합하는 기능을 수행하는 장치로, 데이터의 송수신, 전송매체의 연결 설정 및 전송 오류와 기능을 수행한다. 주로 대형 컴퓨터 앞에 설치되어 컴퓨터의 일부 기능을 분담하며, 컴퓨터의 효율을 높이기 위해 통신만을 전문으로 취급하는 장치이다. 메인 프레임에서는 이 장비를 전단처리기(FEP: Front End Processor)라고 부르며 PC에서는 LAN 카드가 그 역할을 담당한다.

a. 내장형 모뎀   b. 외장형 모뎀   c. VDSL 모뎀

[그림 1-9] 모뎀의 종류

1.2.2 데이터 통신 관련 장비

데이터 통신 관련 장비는 다시 데이터 단말장비(DTE)와 데이터 통신 장비(DCE)로 구분할 수 있는데, [그림 1-10]에는 데이터 통신 관련 장비를 사용하여 데이터 통신 시스템을 구성한 예이다.

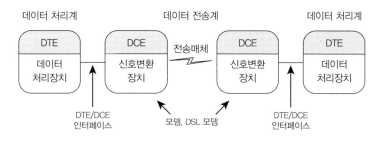

[그림 1-10] 데이터 통신 시스템의 구성요소

(1) 데이터 단말장비(DTE: Data Terminal Equipment)

데이터 수신 장치나 데이터 송신 장치 또는 송수신 장치로 동작하며, 링크 프로토콜에 따라 행해지는 데이터 통신 제어 기능을 갖추고 있는 단말장치나 주 컴퓨터를 총칭한다. 즉, 데이터를 송수신 또는 처리하는 사용자 장치를 데이터 회선종단장치(DCE)와 구별하여 부르는 용어이다.

(2) 데이터 통신(회선종단)장비(DCE: Data Communication(Circuit terminating) Equipment)

DTE와 데이터 전송로 사이에서 접속을 설정, 유지, 해제하며, 부호변환과 신호변환을 위해 필요한 기능을 제공하는 장치를 총칭한다. DCE는 사용자의 댁내(구내)에 설치되어 전송로를 종단하고 사용자의 DTE와의 상호접속을 위한 물리적인 인터페이스를 제공한다. DCE에는 아날로그 회선(일반 전화 회선)용의 모뎀과 디지털 회선용의 디지털 서비스 장치(DSU)가 있다. 신호변환장치와 전송매체가 이에 해당된다.

| 미니요약 |

데이터 통신 시스템은 크게 데이터를 처리할 수 있는 데이터 처리계(컴퓨터)와 데이터를 전송할 수 있는 데이터 전송계(단말장비, 신호변환기, 전송매체, 통신제어장치)로 구성된다.

미니강의 모뎀과 DSL 모뎀

모뎀과 DSL 모뎀은 그 역할과 동작 원리에 대해서 6장에서 설명되나 이곳에서는 기본적인 쓰임새의 차이만 설명한다. 모뎀은 아날로그 통신망을 이용해 데이터를 전송할 때 이용되며 송신 쪽에 하나 수신 쪽에 하나 쌍(pair)으로 사용된다. 송신 모뎀과 수신 모뎀 사이의 전송은 아날로그 신호로 이루어진다. 전송 구간 중에 디지털로 변환되는 구간이 있을 수 있으나 수신측 모뎀에 도착할 때의 신호는 아날로그이다. 그리고 두 모뎀 사이의 거리에는 제약이 없다. 그렇지만 이러한 방식의 전송 속도는 사용 가능한 대역폭의 제약(주로 3Kz 음성대역)이기 때문에 15.4Kbps가 최고 속도였다. 그러나 고속 통신이 요구되고 로칼 루프(혹은 가입자 루프) 이외의 전송 구간이 광전송 방식으로 변환되고 디지털 전송이 시작되면서 마지막 1마일로 불리는 로칼 루프 구간에 DSL 모뎀이 이용되기 시작하였다. DSL 모뎀은 그 이름(Digita Subscriber Line)에 디지털이 들어 있어 디지털 전송이 이루어지는 것으로 오해할 수 있으나 사실은 아날로그 신호가 전송된다. 다만 로칼 루프 구간이 1.5km 이하이기 때문에 음성 대역(3Kz)보다 훨씬 넓은 대역폭(1Mz)을 사용할 수 있어 훨씬 높은 전송 속도를 얻을 수가 있다. DSL 모뎀도 역시 쌍(pair)으로 이용되나 전화국 쪽은 집합 모뎀(DSLAM) 형태를 이루고 있다. 광 랜이 가정까지 보급되면서 각 가정에서 이용할 수 있는 전송 속도는 기가 bps 이상까지 빨라지고 있다.

1.3 프로토콜(Protocol)

프로토콜이란 데이터 통신에 있어서 신뢰성 있고 효율적이고 안전하게 정보를 주고받기 위해서 정보의 송/수신측 또는 네트워크 내에서 사전에 약속된 규약 또는 규범을 말한다. 이제 프로토콜의 주요 요소와 기능에 대해서 알아보도록 하자.

> **│ 미니요약 │**
>
> 프로토콜은 서로 간에 사전에 약속된 규약 또는 규범을 말한다.

미니강의 **프로토콜의 유래**

[그림 1-11] 프로토콜은 외교상의 관례를 통신에 적용한 것이다.

프로토콜은 원래 외교상의 용어로 국가와 국가 간의 교류를 원활하게 하기 위하여 외교에 관한 의례나 국가 간의 약속을 정한 의정서이다. 또한 외국의 국빈이 우리나라를 방문하였을 때 그 방문 기사에 등장하는 프로토콜이란 단어는 국빈을 대접하는 의전 절차라는 의미로 쓰인 것이다. 예를 들어 외국 원수의 공식 방문 시 우리나라에서는 국무총리나 외무부장관이 기내에 들어가서 영접을 하고 난 후 의장대를 사열하고, 이어서 환영연설을 하며, 저녁에는 대통령과의 만찬이 있다. 방문객의 지위나 방문 형태에 따라서 그 프로토콜도 달라진다.

이러한 프로토콜의 의미를 통신에 적용한 것이 통신 프로토콜(communication protocol)이다.

1.3.1 주요 요소

프로토콜의 주요 요소는 구문과 의미 그리고 타이밍이다.

(1) 구문(Syntax)

데이터가 어떠한 구조와 순서로 표현되는지를 나타내며 형식(format), 부호화(coding), 신호레벨(singal level) 등을 가리킨다.

예 어떤 프로토콜에서 데이터의 처음 8비트가 송신지 주소인지 목적지 주소인지를 정의한다.

(2) 의미(Semantics)

각 비트가 갖는 의미를 나타내는 것으로 해당 패턴에 대한 해석과, 그 해석에 따른 전송제어, 오류수정 등에 관한 제어정보를 규정하는 영역이다.

예 프로토콜의 주소부분 데이터는 메시지가 전달될 경로 또는 최종 목적지를 나타낸다.

(3) 타이밍(Timing)

두 객체 간의 통신 속도를 조정하거나 메시지의 전송 시간 및 순서 등에 대한 특성을 가리킨다.

예 송신자가 데이터를 10Mbps의 속도로 전송하고 수신자가 1Mbps의 속도로 처리를 한다면 타이밍이 맞지 않아 데이터 유실이 발생할 수 있다.

> | 미니요약 |
>
> 프로토콜의 주요 요소는 구문, 의미, 타이밍이다.

1.3.2 프로토콜의 기능

프로토콜은 여러 가지 복합적인 기능의 종합으로 이루어지며, 모든 프로토콜에 모든 기능이 다 있는 것은 아니며, 경우에 따라서는 몇 가지 같은 기능이 다른 계층의 프로토콜에서 나타나기도 한다. 프로토콜의 대표적인 기능들을 보면 다음과 같다.

(1) 단편화와 재결합(Fragmentation and Reassembly)

응용 계층에서는 데이터 전송의 논리적인 단위를 메시지(message)라 하며, 응용 개체에서 이것을 연속적인 비트 스트림(bit stream)으로 보내면, 하위 계층에서는 이 데이터를 임의의 작은 블록으로 잘라야 하는데, 이 작업을 단편화(Fragmentation)라고 한다. 임의의 크기인 메시지는 일정한 데이터 단위인 패킷(packet)으로 나뉘고, 최종적으로 프레임(frame)으로 변환되어 물리매체를 통해 전송된다. 단편화의 반대는 재결합(Reassembly)이다. 재결합은 어떤 계층에서 단편화하여 보낸 데이터를 상대방의 동등(peer) 계층에서 받아 다시 하나로 합치는 기능을 말한다.

(2) 연결제어(Connection control)

한 개체에서 다른 개체로 데이터를 전송하는 방법에는 두 가지가 있다. 우선 두 개체가 논리적인 연결 없이 데이터를 보내는 방식을 비연결형 데이터 전송(connectionless data transfer)이라고 하며 대표적인 예로 데이터그램(datagram) 방식을 들 수 있다. 그리고 데이터를 송수신하는 개체 간에 논리적 연결을 맺은 후 데이터를 전송하는 방식을 연결형 데이터 전송(connection-oriented data transfer)이라고 하며 대표적인 예로 가상회선(virtual circuit)이 있다. 이러한 연결의 설정, 해제 그리고 조정기능을 총칭하여 연결제어라 한다.

(3) 흐름제어(Flow control)

송수신 개체 간의 데이터양이나 속도를 조절하는 기능이다. 즉 통신을 할 때 송신측과 수신측의 속도차이나 네트워크 내부문제 등으로 인해서 수신측에서 데이터의 일부분을 수신하지 못하여 정보의 손실이 발생한 경우 이를 제어해야 하는데, 이러한 기능을 흐름제어라고 한다. 가장 간단한 흐름제어 기법으로는 정지-대기(stop-and-wait) 흐름제어 기법으로 수신측으로부터 확인신호(ACK)를 받기 전에는 송신측에서 데이터를 전송할 수 없게 하는 기법과 확인신호를 수신하기 전에 데이터의 양을 미리 정해주는 기법으로 슬라이딩 윈도우(sliding window) 기법 등이 있다.

(4) 에러제어(Error control)

정보 전송 시 채널이나 네트워크 요소의 불완전성으로 데이터나 제어정보가 파손되는 경우 이를 처리하는 기법을 에러제어라 하며, 대부분의 에러제어 기법은 프레임의 순서를 검사하여 오류를 찾고, 프로토콜 데이터 단위(PDU: Protocol Data Unit)를 재전송하는 형태를 취한다. 이러한 에러검출 기법으로는 패리티 비트를 이용하여 수신측에서 패리티 비트의 이상 유무를 검출하는 패리티 검사 코드(Parity Check) 방식과 다항식 코드를 이용하여 오류를 검출하는 순환 잉여도 검사(Cyclic Redundancy Check) 방식 등이 있다.

(5) 동기화(Synchronization)

프로토콜 개체 사이에 정보를 송수신할 때 초기화 상태, 종료 상태 등의 동작단계를 잘 맞추어야 하는데, 이를 동기화라 한다. 예를 들어 송수신 간에 서로 한 비트의 시간 길이가 다르다면 전송받은 신호를 유효한 정보로 변환할 수 없게 된다. 따라서 정보의 정확한 전송을 위해서는 동기화 과정이 필수적이다.

[그림 1-12] 수중 발레(synchronized swimming)에서도 선수들 간의 동작 타이밍, 순서를 맞추는 것이 중요하다.

(6) 순서화(Sequencing)

데이터들이 올바른 순서로 전달되기 위해서 필요한 기능이 순서화 기능이다. 순서화는 데이터들이 보내진 순서를 명시하는 기능으로, 연결형 데이터 전송에 주로 사용되며 순서에 맞는 전달과 순서번호를 이용한 오류 검출이 주된 목적이다. 또한 흐름제어나 오류제어와도 밀접한 관계를 갖는다. 예를 들어 TCP/IP 네트워크에서 TCP 계층의 순서번호(sequence number)를 생각할 수 있다.

1.3.3 네트워크 프로토콜의 종류

네트워크 구조(Network Architecture)를 결정하는 네트워크 프로토콜은 일반적으로 계층구조를 갖고 있다. 프로토콜에 있어서의 계층화 개념은 구조적 프로그래밍(Structured Programming)의 경우와 비슷하게 상위계층과 하위계층으로 분리된 계층상에서 인접한 계층 간 서비스의 이동을 나타낸다. 즉, 프로그래밍에서 메인 프로그램이 파라미터를 통하여 부프로그램을 호출하여 서비스를 받는 것과 같이 상위계층은 인접한 하위계층으로부터 서비스를 제공받게 된다. 또한 한 계층의 내부적인 변화가 다른 계층에 영향을 주지 않도록 계층 간 독립성이 보장된다. 이러한 계층화된 네트워크 프로토콜의 대표적인 예로는 OSI, SNA, TCP/IP 등이 있다.

(1) OSI(Open Systems Interconnection)

서로 다른 종류의 정보처리 시스템 간을 접속하여 상호 간의 정보교환과 데이터 처리를 위해 국제적으로 표준화된 네트워크 구조를 말한다. 정보 처리망의 보급 확대에 따라 서로 다른 기종 간의 접속이 필요한 환경에서, 각 기업이 독자적으로 개발한 정보처리 기기나 소프트웨어 간의 상호 운용성 확보가 정보처리망의 구축에 필수 불가결한 요건이 되었다. 그러나 제조업체의 벽을 초월한 시스템 간의 상호접속은 국내적, 국제적 표준방식을 기초로 해야 할 필요가 있고, 기능적으로도 기본적인 통신기능에서 고도의 데이터 교환까지 가능하지 않으면 안 된다. 이런 상황에서 OSI는 상호 운용성을 확립하는 기반으로 개발되었으며, 각 제조업체 고유의 통신 정보교환방식을 확립하여 멀티미디어 데이터 교환이나 데이터베이스 상호 이용과 같은 고도의 기능까지 실현하려고 하였다. 국제 표준화 기구(ISO)와 ITU-T에서는 OSI 표준의 기본이 되는 기본 참조모델을 7계층의 계층화된 모델로 제정하고 특정 계층의 상세 기능규격의 표준화를 담당하고 있다.

[그림 1-13] 스위스 제네바에 위치한 ISO 본부

(2) SNA(System Network Architecture)

이기종 컴퓨터 간에 정보를 교환하고 처리할 수 있도록 하기 위해 IBM에서 1974년 9월에 개발하여 발표한 컴퓨터 네트워크에 대한 기본적인 구조와 체계이다. SNA는 국제 표준화 기구(ISO)의 OSI 기본 참조모델과 같이 네트워크의 기능을 7개 계층으로 구분하여 정의하고 있다. 각 계층은 통신 또는 전송에 관한 특정 기능과 해당 기능을 수행하는 프로토콜을 정의하고 있다. 동일한 7계층 구조이지만 SNA와 OSI 기본 참조모델은 호환성이 없다. 그러나 OSI 기본 참조모델과 마찬가지로 SNA의 궁극적인 목적도 네트워크를 통해서 컴퓨터 상호 간에 기종에 관계없이 최종 사용자에게 투명하게 정보를 교환할 수 있게 하는 통신표준을 정하는 데 있다.

SNA	OSI
Transaction service	Application(응용)
Presentation service	Presentation(표현)
	Session(세션)
Data flow control	Transport(전송)
Transaction control	
Path control	Network(네트워크)
Data link control	Data link(데이터 링크)
Physical	Physical(물리)

[그림 1-14] SNA 7계층과 OSI 7계층의 대응 관계

(3) TCP/IP(Transmission Control Protocol/Internet Protocol)

컴퓨터 간의 통신을 위해 미국 국방성에서 개발한 통신 프로토콜로 TCP와 IP를 조합한 것이다. TCP/IP는 현재 인터넷에서 사용되는 통신 프로토콜로 통신 프로토콜이 통일됨에 따라 세계 어느 지역의 어떤 기종과도 정보교환이 가능하게 되었다. TCP/IP와 관련된 표준은 RFC(Request For Comments) 형태로 공개되고 있고, 거의 모든 운영 체제에 구현되어 있다. OSI 기본 참조모델을 기준으로 하면 각각 3, 4, 7계층에 해당되며, 2장에서 자세히 설명하도록 한다.

[그림 1-15] 워싱턴 D.C에 있는 미국 국방성 전경

OSI 참조모델은 현존하는 최초의 표준 네트워크 프로토콜이다. 하지만 OSI 참조모델을 기반으로 구현되고 상용화된 제품이나 네트워크 장비가 없는 것은 참조모델을 모두 구현하기가 매우 어렵고 난해하여 시간적, 금전적, 기술적인 문제가 많이 발생하게 되었다. 더욱이 OSI 참조모델 이전부터 산업계에서 이미 많이 사용되고 있던 TCP/IP 프로토콜을 대체하기에는 비용 문제가 많이 발생하게 되었으며, 또한 Web의 등장으로 TCP/IP의 급속한 성장으로 인해 OSI는 참조모델로만 그 위치를 자리매김하게 되었다.

1.4 표준기구 및 표준안

표준(Standard)이란 「최적한 사회이익의 증진을 목적으로 해서 과학기술 및 경험의 종합적 결론이나 이해 관계자의 협력과 모든 의견, 대다수의 승인에 의해서 작성된 기술 사양서(technical specification) 또는 그 외의 문서이고 국가, 지역 또는 국제 레벨에서 인정된 단체에 의해서 승인된 것이다」라고 국제표준기구(ISO)에서 정의하고 있다. 이러한 표준안으로 인해 여러 업체에 의해 만들어진 상이한 장비일지라도 다른 부가적인 장비 없이 서로 간에 통신이 가능할 뿐 아니라 제품에 대한 대규모 시장을 형성함으로써 생산성 향상에도 영향을 끼칠 것이다. 또한 정확하고 효율적인 통신을 위해서는 여러 가지 동기화해야 할 요인이 많기 때문에 네트워크의 노드 간에 여러 가지 조정이 필요하다. 따라서 데이터 통신에는 다양한 표준이 존재하며 이러한 표준은 국내 및 국제 간 데이터 및 전기통신 기술의 상호 연동성을 보장하기 위해서 필수적이다.

> | 미니요약 |
>
> 표준은 정확하고 효율적인 통신을 위해서 필요하다.

이러한 표준을 제정하는 여러 기관 및 그 표준안을 살펴보면 다음과 같다.

(1) 국제 표준 기구(ISO: International Standards Organization)

ISO는 1946년 10월에 25명의 국제표준단체 대표자들이 참석한 런던의 한 회의의 결과로 1947년 2월에 창설되었다. 현재 163개국의 국가표준단체로 구성되어 있다. ISO의 목표는 상품과 서비스의 국제교환을 용이하게 하고 지적, 과학적, 기술적 및 경제적 활동의 협력을 목적으로 전 세계의 표준화 및 관련 활동의 개발을 촉진하는 것이다. 1987년 이후 정보 기술 분야 표준인 경우 IEC(International Electrotechnical Commission)와 공동(ISO/IEC JTC1)으로 표준안을 만들고 있다. 예를 들어 최근에는 IOT, 빅데이터, 스마트 시티 등의 분야에서 예비 보고서를 만들고 있다.

OSI(Open Systems Interconnection)

OSI는 ISO가 만든 컴퓨터 통신 분야의 가장 대표적인 표준이다. 서로 다른 기종 간의 상호 접속을 가능케 하는 표준 개방형 네트워크에 대한 제반 사항의 규정을 통하여 세계적인 네트워크 구축 모델로의 위치를 확고히 하고 있다. 이것은 네트워크의 구성을 계층적인 구조로 분리하여 각 계층에서 통신을 하기 위해 필요한 처리 방식과 데이터 형태 등을 논리적으로 정의를 해놓은 것인데, OSI에서는 네트워크를 7개의 계층으로 나누고 각 층마다 기능을 정의하였다. 이 7개의 계층은 서로 독립적이기 때문에 컴퓨터의 기종이 다르더라도 각각의 계층에 맞게 프로토콜을 설계하면 어떠한 종류의 컴퓨터와도 통신이 가능하다. 2장에서 상세하게 그 내용을 설명한다.

(2) 국제 전기 통신 표준화 부문(ITU-T: International Telecommunication Union-Telecommunication Standardization Sector)

1956년에 CCITT(Consultative Committee on International Telegraphy and Telephone)로 창설되어 1993년 오늘날의 이름을 가지게 된 ITU(International Telecommunications Union: 국제 전기통신 연합)의 산하기관이다. 현재 193개 회원국들이 참여하고 있으며, 우리나라는 1952년 ITU에 가입하였다. ITU-T는 1865년 이후 매 4년마다 IT 전권회의를 개최하는데, 2008년, 2010년은 각각 터키와 멕시코에서 개최가 되었으며 2014년에는 부산에서 개최되었다.

ITU-T는 전기통신에 관련된 국제협약, 표준제정 등을 목적으로 국제 표준화 활동을 하고 있으며 몇 개의 연구그룹으로 나눠진다. 아울러 전화전송, 전화교환, 신호방법, 잡음 등에 관한 여러 표준을 권고하고 있다.

ITU-T 권고안(Recommendations)

ITU-T의 권고안은 A, B, C, X, Z 등의 권고 번호를 붙여서 발표된다. 이 번호들은 각각의 의미를 지니고 있는데, J는 라디오와 TV 신호의 전송에 대한 권고안을, U는 전신교환에 대한 권고 사항을 나타낸다. 이러한 권고안에 대한 요약은 〈표 1-3〉과 같다. 이 가운데 특히 데이터 통신 관련 권고안은 V시리즈와 X시리즈가 있으며, V시리즈는 전화망(PSTN)을 통한 아날로그 데이터 전송에 관한 권고안을 나타내며, X시리즈는 공중 데이터망(PSDN)을 통한 디지털 데이터 전송에 관한 권고안이다.

〈표 1-3〉 ITU-T 권고안의 요약

ITU-T 권고안	내용
A	ITU-T의 업무분장 구조
D	일반 통신요금 원칙
E	전반적인 네트워크 운영, 전화 서비스 운영 및 인적 요소
F	전화 이외의 통신 서비스
G	전송 시스템과 매체, 디지털 시스템과 네트워크
H	음성영상(Audiovisual)과 멀티미디어 시스템
I	ISDN(Integrated Service Digital Network)
J	케이블 네트워크와 텔레비전 전송 음향 프로그램과 그 밖의 멀티미디어 신호
K	간섭으로부터의 보호
L	환경 및 ICT, 기후 변화, 전자 폐기물, 에너지 효율: 케이블 및 외부 플랜트의 기타 요소의 건설, 설치 및 보호
M	TMN 및 네트워크 유지 보수를 포함한 통신 관리
N	유지 보수: 국제 음향 프로그램 및 텔레비전 전송 회로
O	측정기기의 사양
P	단말(terminal)과 주관적이고 객관적인 평가 방법
Q	스위칭과 시그널링
R	전신(Telegraoh) 전송
S	전신 서비스와 단말기기
T	텔레메틱 서비스를 위한 단말
U	전신 스위칭
V	전화망을 통한 데이터 통신
X	데이터 네트워크, 공개 시스템과 보안
Y	글로벌 정보 인프라, 인터넷 프로토콜 측면 및 차세대 네트워크
Z	통신 시스템의 언어 및 일반적인 소프트웨어 측면

(3) 미국 국립 표준 기구(ANSI: American National Standards Institute)

미국의 공업규격 표준을 제정하는 비정부 기관으로 국제 표준화 기구(ISO)의 미국 대표 단체이다. 규격 작성 기관이 제정한 규격 중 미국 전체에서 중요하다고 생각되는 것에 ANSI의 규격 번호를 부여하여 ANSI 표준으로 제정하고 있다. ANSI의 규격이나 원안은 ISO의 초안으로 채택되는 경우가 많으며 ISO로부터 초안 작성을 위촉받을 때도 있다.

ANSI-C 표준

1972년 벨 연구소에서 C 언어가 보급된 이후로 많은 프로그래머들이 C 언어를 사용하였는데, 이러한 C 언어를 자신들만의 환경으로 구성하여 고쳐 쓰게 되었다. 결과적으로 C 언어로 작성된 프로그램들 사이에 차이가 생기게 되었으며, 그로 인해 프로그램의 호환성이 떨어지게 되었다. 이러한 문제점을 해결하기 위해서 ANSI에서는 C에 대한 표준을 만들기 위해서 1983년 위원회를 결성했고, ANSI 표준 C(ANSI Standard C)라고 알려진 표준안을 발표했다.

(4) 전기전자 공학자 협회(IEEE: Institute of Electrical and Electronics Engineers)

1884년에 설립된 미국전기학회(AIEE: American Institute of Electrical Engineers)와 1912년에 설립된 무선학회(IRE: Institute of Radio Engineers)가 1963년에 현재의 명칭과 조직으로 합병하여 설립된 미국 최대의 학회로서 미국뿐만 아니라 전 세계 각국의 학자와 전문 기술자 등 수십만 명이 가입하고 있는 세계 최대의 전기, 전자, 전기통신, 컴퓨터 분야의 전문가 단체이다. 기술 논문의 발표와 토의를 위한 회의의 개최, 기관지와 논문지 발간, 표준화 추진, 회원의 전문적인 요구에 응하기 위한 정보 제공 등 다양한 활동을 전개하고 있다. 이 학회는 미국표준협회(ANSI)의 위임을 받아 미국 국가표준을 제정하는 데 적극 참여하고 있으며 국제표준의 제정에도 많은 공헌을 하고 있다.

IEEE 802 표준안

IEEE의 802 위원회에서 제시되고 현재 널리 사용되고 있는 LAN 관련 권고 표준안들이다. 〈표 1-4〉는 해당 위원회의 연구내용을 나타내고 있다. IEEE 표준은 ANSI/IEEE 표준이 되고, 그것이 그대로 ISO 표준 등의 국제표준으로 채택되거나 바탕이 되는 경향이 있다.

구분	내용
IEEE 802.1	Higher Layer LAN Protocols
IEEE 802.2	LLC(Logical Link Control)
IEEE 802.3	CSMA/CD(Carrier Sense Multiple Access/Collision Detection)
IEEE 802.4	Token Bus
IEEE 802.5	Token Ring
IEEE 802.6	MAN(Metropolitan Area Networks: DQDB)
IEEE 802.7	Broadband TAG(Technical Assistant Group)
IEEE 802.8	Fiber Optic TAG(Technical Assistant Group)- 광섬유
IEEE 802.9	Integrated Services LAN - IS LAN
IEEE 802.10	LAN Security
IEEE 802.11	Wireless LAN & Wi-Fi(무선랜) (IEEE 802.11a,b,g,n 등)
IEEE 802.12	Demand Priority(100VG-Any-LAN)
IEEE 802.13	Not Used
IEEE 802.14	Cable Modem - 케이블 TV
IEEE 802.15	WPAN(Wireless Personal Area Network)
IEEE 802.15.1	Bluetooth
IEEE 802.15.4	ZigBee
IEEE 802.16	Broadband Wireless Access
IEEE 802.17	Resilient Packet Ring
IEEE 802.20	Mobile Broadband Wireless Access
IEEE 802.21	Media Independent Wireless Handoff
IEEE 802.22	Wireless Regional Area Network
IEEE 802.23	Broadband ISDN

(5) 전자산업협회(EIA: Electronic Industries Association)

미국의 전자 기기 제조업체를 대표하는 단체로 1924년에 RMA(Radio Manufacturers Association)라는 명칭으로 발족하여, 1957년에 미국 전자 공업 협회(EIA)로 개칭하였다. EIA는 폭넓은 분야의 표준화와 표준의 보급 활동도 전개하고 있다. 단말장치와 모뎀 간의 인터페이스를 규정한 RS-232C 등이 유명하다. RS-232C는 현재 EIA-232D로 개정되었다.

EIA-232D

EIA가 RS-232B의 개정판으로 1969년에 발표하고 1981년에 개선하여 승인한 규격이다. 본래 DCE와 DTE를 접속하는 규격으로 발표되었으나, 현재에는 대부분의 PC와 주변기기, 대형 컴퓨터와의 연결에도 이를 사용하고 있다. 또한 ITU-T 권고 중 V.24(DTE와 DCE 간 상호 접속회로의 정의, 핀 번호와 회로의 의미)와 V.28(불평형 복류 상호접속회로의 전기적 특성)에 ISO 2110(25핀 커넥터와 핀 배치)을 사용하는 접속규격과 기능적으로도 호환성을 갖고 있다.

(6) IETF(Internet Engineering Task Force)

인터넷 표준규격을 개발하고 있는 IAB(Internet Architecture Board) 산하의 기관으로 1986년에 설립되어 인터넷의 운영, 관리 및 기술적인 쟁점 등을 해결하는 것을 목적으로 하고 있으며 네트워크 설계자, 관리자, 연구자, 네트워크 사업자 등으로 구성된 국제적으로 개방된 공동체이다. 인터넷을 실행하는 기술적인 표준들을 제정하기 위해 주제별로 나누어진 Working Group으로 구성되어 있다. 인터넷의 표준안으로 RFC(Request For Comments)의 제정을 담당하고 있다.

[그림 1-16] IETF 회의장의 모습

RFC(Request For Comments)

RFC는 IETF에서 발표하는 인터넷기술과 관련된 공식 기술문서로 인터넷에서 기술을 구현함에 있어서 요구되는 절차 및 기본 아웃라인을 설명하는 문서이다. 주로 인터넷 표준, 사양, 프로토콜, 단체들의 통보, 개인적인 의견에 관한 정보를 제공하고 있다. 모든 RFC가 인터넷 표준을 기술하고 있는 것은 아니지만 모든 인터넷 규격은 RFC로 작성된다. RFC는 각각 공식 인터넷 문서로서 등록 시 규약에 따라 번호가 붙여지며 크게 Proposed Standard, Draft Standard, Standard의 세 단계를 거치면서 문서 표준화 과정이 진행된다.

이와 같은 RFC는 문서마다 상태정보(Status)를 갖는데 내용은 다음과 같다.

- Internet-Draft: 프로토콜을 제안한 사람이 문서를 작성하고 인터넷에 공개한 단계
- Proposed Standard: 제안된 프로토콜이 RFC 문서로 등록된 단계
- Draft Standard: 공식 표준 프로토콜의 전 단계
- Standard: 공식 표준 프로토콜
- Experimental: 운영 목적으로는 사용되지 않는 연구 프로젝트
- Historic: 다른 프로토콜로 대체된 프로토콜

〈표 1-5〉는 RFC와 내용에 대한 예시이다.

〈표 1-5〉 RFC 문서 및 내용

구분	내용
RFC 822	전자우편을 위한 메시지 형식 관한 규정
RFC 854	Telnet Protocol에 관한 규정
RFC 959	FTP에 관한 규정
RFC 1521, 1522	멀티미디어 전자우편 규정(MIME)
RFC 1557	인터넷 메시지를 위한 한글 문자 인코딩 규정
RFC 1630	URI(Uniform Resource Identifier) 구문 규칙에 관한 규정

(7) KS/KICS 표준

국내의 표준안은 한국 정보통신 표준(KICS: Korean Information and Communication Standards)과 한국 산업 표준(KS: Korean Standards) 중 X 시리즈(정보기술) 표준을 축으로 표준 제정기관, 표준 개발기관이 상호 협력해 정보통신 분야의 표준화를 수행하고 있다. KICS는 한국정보통신기술협회(TTA: Telecommunication and Information Technology Association)에서 제정을 하고 있으며 ITU의 표준화 분야를 모태로 하는 전기

통신분야의 표준화뿐만 아니라 전산망, 소프트웨어, 정보기술, 적합성 시험 등의 국가 표준안에 대한 내용을 담고 있다.

KS 표준안은 1997년 3월에 기존의 KS 규격의 번호체계와 분류를 개정함에 따라 KS C를 사용해오던 정보기술 분야의 표준이 KS X 시리즈(정보산업)로 개편되었다. KS 표준안 중 데이터 통신과 관련된 표준안을 요약해 보면 〈표 1-6〉과 같다.

〈표 1-6〉 KS 데이터 통신 표준안

규격번호	규격명	제정일자	국제표준 관련규격
KSX3001	전송회선 상의 문자 구성과 수평패리티 용법	1978/12/22	ISO-1155, 1177
KSX3102	데이터 전송에서 DCE와 DTE 사이의 37/9핀 인터페이스	1982/06/17	ISO-2110, 4902
KSX3103	데이터 전송에서 DCE와 DTE 사이의 15핀 인터페이스	1982/06/17	ISO-2110, 4902, 4903
KSX3301	기본형 데이터 전송 제어 순서	1977/12/30	ISO-1745, 2111, 2628, 2629
KSX3311	HDLC 절차	1998/12/31	ISO-13239
KSX4302-3	근거리통신망(LAN)-CSMA/CD 액세스 방식 및 물리층 시방	1993/12/20	ISO-8802, 8803
KSX4319-3	전기통신 및 시스템 간 정보교환 - 근거리통신망 - 공통 규격 - 제3부: 매체접근제어(MAC) 브리지	2001/04/17	IEEE-802
KSX4650-1	이진부호분할다중접속(Binary CDMA) - 고속 Binary CDMA MAC 및 물리층	2007/9/27	
KSX9314-1	정보처리시스템-광섬유 분산 데이터 인터페이스(FDDI) - 물리적 계층 프로토콜	2007/11/30	ISO 9314-1
KSX6913	RFID/USN 기반의 공용자전거 관제시스템 간 통신프로토콜 및 메시지 형식	2011/12/30	

국제 표준화 기구와 관련 주요 표준화는 다음과 같다.

- ISO: OSI 참조모델

- ITU-T: X, V시리즈

- IEEE: IEEE 802 표준안

- ANSI: ANSI C

- EIA: EIA-232D

- IETF: RFC 문서

미니강의 표준안의 구분

표준안은 표준안을 만든 주체가 누구인가에 따라 de jure 표준과 de facto 표준으로 구분하기도 한다. de jure는 국가기관, 국제기구 등에 의해서 제정되는 공식적인 의미의 표준안으로 OSI 참조모델이 이에 해당되며, de facto는 일반 산업체에서 만들어졌으나 널리 쓰이게 되어 사실상의 표준 역할을 하는 표준안으로 TCP/IP 프로토콜이 이에 해당된다. de jure는 "법률상의", de facto는 "사실상의"라는 형용사이다.

요약

01 데이터란 단순한 관찰이나 측정을 통한 사실이나 값을 의미하며, 정보는 이런 데이터를 처리 가공한 결과로 사용자에게 의사결정을 도와주는 의미 있는 데이터이다.

02 데이터 통신은 문자, 숫자, 기호 등으로 표현된 정보가 정보 제공자와 수요자 사이에 이동하는 통신이며, 정보통신은 컴퓨터기술, 통신기술, 그리고 컴퓨터기술과 통신이 결합하여 만들어진 새로운 기술까지 모두 포함하는 개념이다.

03 데이터 통신의 3대 목표는 데이터 전송의 정확성(채널코딩), 효율성(소스코딩), 안전성(보안코딩)이다.

04 데이터 통신 시스템은 메시지, 송신자, 수신자, 전송매체, 프로토콜의 5가지 기본 요소로 이루어진다.

05 데이터 통신 시스템은 크게 데이터를 처리할 수 있는 데이터 처리계(컴퓨터)와 데이터를 전송할 수 있는 데이터 전송계(단말장비, 신호변환기, 전송매체, 통신제어장치)로 구성된다.

06 프로토콜의 주요 요소는 구문, 의미, 타이밍이다.

07 국제 표준화 기구와 관련 주요 표준화는 다음과 같다.
- ISO: OSI 참조모델
- ITU-T: X, V 시리즈
- IEEE: IEEE 802 표준안
- ANSI: ANSI C
- EIA: EIA-232D
- IETF: RFC 문서

연습문제

01 데이터 통신의 목표에 속하지 않는 것은?

   a. 정보 전송의 정확성

   b. 정보 전송의 다양성

   c. 정보 전송의 효율성

   d. 정보 전송의 안정성

02 다음 중 데이터 통신 시스템을 구성하는 기본 요소가 아닌 것은?

   a. 송신자

   b. 메시지

   c. 프로토콜

   d. 라우터

03 다음 중 통신을 수행하는 상호 간의 미리 정해진 규약 또는 규범을 의미하는 것은?

   a. 프로토콜

   b. 패러다임

   c. 표준

   d. 매체

04 다음 중 데이터 전송계에 속하는 장치가 아닌 것은?

   a. 통신 제어 장치

   b. 지능형 단말기

   c. 주 컴퓨터

   d. 통신 회선

05 다음 중 프로토콜의 주요 요소가 아닌 것은?

   a. 구문

   b. 속도

   c. 의미

   d. 타이밍

06 프로토콜의 기능 중 송수신 개체 간에 데이터의 양이나 속도를 조절하여 정보의 손실을 방지하기 위한 것은?

   a. 연결제어(Connection control)

   b. 흐름제어(Flow control)

   c. 오류제어(Error control)

   d. 순서화(Sequencing)

07 ITU-T 권고안 시리즈 중 전화망을 통한 데이터 전송을 규정한 것은?

   a. I

   b. Q

   c. V

   d. X

08 다음 중 데이터 통신과 관련된 표준을 제정하는 기구가 아닌 것은?
- a. ISO
- b. IEEE
- c. ITU-T
- d. W3C

09 다음 중 EIA-232D와 같은 단말 장치와 모뎀 간의 인터페이스를 규정한 기구는?
- a. EIA
- b. ANSI
- c. ISO
- d. IEEE

10 데이터와 정보의 차이점을 설명하라.

11 OSI 표준이 등장하게 된 배경에 대해 설명하라.

12 데이터 처리계와 데이터 전송계를 비교·설명하라.

13 프로토콜의 주요 기능에 대해서 간략하게 설명하라.

14 ITU-T 표준안 중에서 X, V시리즈에 대해 간략하게 설명하라.

| 참고 사이트 |

- http://www.iso.org: 국제표준기구(ISO)의 공식 사이트로 기구의 소개와 제정 표준안 등에 대한 내용
- http://www.itu.int: 국제 전기통신 표준화 부문(ITU-T)의 공식 사이트로 ITU-T에 등록된 회원 단체 및 ITU-T 권고안(Recommendations) 등에 대한 내용
- http://www.ietf.org: IETF의 공식 사이트로 인터넷 표준 규격에 대한 정보
- http://www.ietf.org/rfc.html: 모든 RFC 문서의 종류와 해당 내용
- http://www.ksa.or.kr: 한국표준협회의 사이트로 KS인증정보 및 ISO인증정보 등을 제공
- http://www.ats.go.kr: 산업자원부 기술표준원의 사이트로 각종 표준에 대한 정보
- http://www.asciitable.com: ASCII, EBCDIC, HTML Codes 등에 대한 테이블을 제공
- http://www.ansi.org: 미국 국립 표준기구(ANSI)의 공식 사이트로 미국의 공업규격 등에 대한 정보
- http://www.ieee.org: 전기전자공학자협회(IEEE)의 공식 사이트로 LAN 관련 권고 표준안 등 전자, 전기 분야의 표준안에 대한 내용
- http://www.eia.org: 전자산업협회(EIA)의 공식 사이트로 단말 장치와 모뎀 간의 인터페이스를 규정한 RS-232-C 등에 대한 정보

| 참고문헌 |

- 정진욱 · 안성진 공저, 정보통신과 컴퓨터네트워크, Ohm 사, 1998
- 정진욱 · 안성진 · 김현철 · 구자환 공저, 정보통신배움터, 생능출판사, 2005
- Anu A. Gokhale, *Introduction to Telecommunications*, DELMAR, 2001
- Frank j. Derfler, Jr., and Les Freed, *How Networks Work*, Ziff-Davis Press, 1996
- James F. Kurose, Keith W. Ross, *Computer Networking*, ADDISION-WESLEY, 1999
- Nathan J. Muller, *Desktop Encyclopedia of Telecommunications*, 2nd ed, McGRAW-HILL, 2000
- Behrouz Forouzan(김한규 · 박동선 · 이재광 역), 데이터 통신과 네트워킹(*Data Communications and Networking*), 교보문고, pp3~9, 2000

CHAPTER

02

OSI 참조모델

contents

OSI 참조모델

국제표준기구인 ISO에서는 1980년 말경에 네트워크를 이용하여 서로 다른 기종의 통신시스템 간에 상호접속을 할 수 있도록 정보교환을 위해 필요한 최소한의 네트워크 구조를 제공하는 OSI 기본 참조모델을 제안하였으며, 1983년에 국제표준(ISO 7498)으로 제정되었다. 따라서 OSI 참조모델은 컴퓨터 네트워크를 이해하기 위해서는 반드시 공부해야 할 중요 항목이 되었다. 이 장의 중요 내용은 다음과 같다.

- OSI 참조모델의 목적과 구조를 이해한다.
- 계층 간의 통신과 각 계층의 독립적인 기능을 이해한다.
- OSI 7계층의 계층별 특성과 역할을 이해한다.

2.1 OSI 참조모델

2.1.1 모델

ISO에서는 개방형 시스템 간 상호접속(OSI: Open System Interconnection)을 위해 표준화된 네트워크 구조를 제공하는 기본 참조모델을 제정하여, 이기종 간 상호접속을 위한 가이드라인을 제시하고자 하였다.

OSI 참조모델의 기본 목표를 살펴보면, 첫째, 시스템 간의 통신을 위한 표준 제공과 통신을 방해하는 기술적인 문제들을 제거하고자 하였다. 둘째, 단일 시스템 간의 정보교환을 하기 위한 상호접속점을 정의하였다. 셋째, 제품들 간의 번거로운 변환 없이 통신할 수 있는 능력을 향상시키기 위해서 선택사항을 줄이고자 하였다. 마지막으로 OSI 참조모델 표준이 모든 요구를 만족시키지 못할 경우, 다른 방법을 사용하는 것에 대한 충분한 이유를 제공하고자 하였다.

OSI 참조모델은 7계층으로 이루어져 있다. 각 계층은 단계별로 필요한 기능을 모아둔 모듈로 구성되어 있고 각 계층 간의 독립성을 유지하고 있다.

> | 미니요약 |
>
> OSI 참조모델은 계층마다 독립적인 기능을 하는 7개의 계층으로 구성되어 있다.

미니강의 개방형 시스템(Open System)

과거의 네트워크 환경은 개방형 시스템(Open System)이 아닌 폐쇄형 시스템(Closed System)이었다. 용어에서 알 수 있듯이 과거에 사용하였던 폐쇄형 시스템 환경의 경우에는 네트워크를 구성한 제조업체마다 서로 자신만의 고유한 프로토콜을 이용하여 한정된 범위 내에서만 통신이 이루어졌다. 그러나 컴퓨터의 사용이 일반화되고 네트워크 간의 정보 교류가 활발해짐에 따라서 제조업체에 무관하게 서로 통신을 할 수 있도록 하기 위하여 개방형 시스템의 필요성이 대두되었다.

개방형 시스템이란 서로 다른 특성을 가지고 있는 컴퓨터나 정보 처리 기기들 사이에서의 상호 연결이 가능한 시스템으로 언제 어디서나 제조업체나 기종에 상관없이 접속할 수 있는 시스템을 통틀어 말하는 것이다.

2.1.2 계층 구조

OSI 기본 참조모델은 통신망을 통한 통신시스템의 상호접속에 필요한 제반 통신절차를 크게 7개의 계층으로 나누어 정의하고 있다. ISO에서 제정한 7계층 구조는 제반 통신절차 가운데 기본적으로 비슷한 기능을 갖는 모듈을 동일 계층으로 분할함과 동시에 Divide and Conquer 개념 도입을 통해 각 계층 간의 독립성을 유지할 수 있도록 함으로써 어느 한 모듈에 대한 변경이 다른 전체 모듈에 미치는 영향을 최소화하는 데 목적을 두고 있다.

OSI 참조모델은 [그림 2-1]에서와 같이 물리계층(Physical Layer), 데이터링크 계층(Data link layer), 네트워크 계층(Network layer), 전송계층(Transport layer), 세션계층(Session layer), 표현계층(Presentation layer), 응용계층(Application layer)으로 구성된

다. 참고로 TCP/IP 프로토콜은 데이터링크 계층, 네트워크 계층, 전송계층, 응용계층 등 4
계층으로 구성되었음을 볼 수 있다.

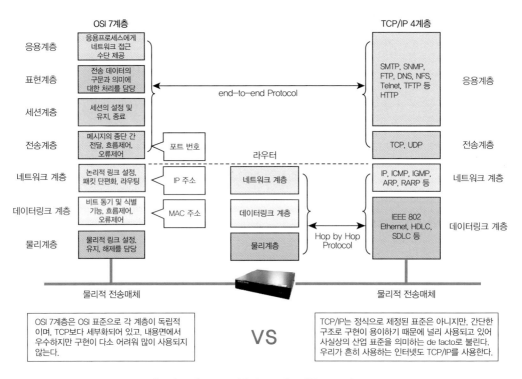

[그림 2-1] OSI 7계층과 TCP/IP 계층 구조 비교

| 미니요약 |

계층 간의 명확한 인터페이스 정의는 계층 간 독립성을 제공함으로써 어느 한 모듈에 대한 변경이
다른 전체 모듈에 영향을 미치는 것을 최소화하는 데 그 목적이 있다.

미니강의 OSI와 TCP/IP

오늘날 사실상 모든 네트워크가 TCP/IP 프로토콜을 기반으로 인터넷화 하면서 네트워크 세상은
TCP/IP 프로토콜(이더넷 포함) 세상이 되었고 OSI 프로토콜은 상업적 시장에서 자취를 감추었다.
OSI 프로토콜이 TCP/IP와 경쟁하여 상업적으로 성공하지 못한 이유는 여러 가지가 있을 수 있겠으
나 TCP/IP가 이미 자리 잡은 이후에 등장하여 TCP/IP를 OSI로 대체하기에 부담스러웠고 너무 이상
적인 목표를 추구하여 구현과 상품화에 많은 시간과 비용이 발생하여 고 비용이 되었으나 이에 비

해 성능도 기대에 미치지 못한 경우가 많았던 것에 기인한다고 볼 수 있다.

그럼에도 불구하고 우리가 OSI 참조모델을 공부해야 하는 것은 네트워크의 모든 기본 기술이 여기에 포함되어 있어 새로운 프로토콜을 이해하거나 새로운 프로토콜을 설계하고자 했을 때 큰 도움을 받을 수 있기 때문이다. 물론 TCP/IP에도 그 기술들이 내재되어 있기 때문에 TCP/IP를 학습할 때도 도움이 된다. 모든 공부에는 항상 기본이 중요하다.

미니강의   PDU(Protocol Data Unit)

네트워크 구조에서 정보를 실어 나르는 기본 단위가 프로토콜 데이터 유니트(PDU: Protocol Data Unit)이다. PDU는 상위계층에서 전송을 원하는 데이터인 SDU(Service Data Unit)에 제어 정보인 PCI(Protocol Control Information)를 덧붙인 것을 말한다. 즉 PDU = PCI + SDU와 같다. PDU의 헤더인 PCI의 내용은 각 계층마다 별도로 정의되는데, 대표적인 PCI 내용으로는 송신측, 수신측의 주소 정보와 전송 등에 에러의 발생이 있었는지를 점검하기 위한 에러제어 정보, 그밖에 흐름제어 등을 위한 정보 등이다. 계층화된 프로토콜에서는 계층마다 PDU 이름을 다음과 같이 부른다.

- 계층 2 PDU: 프레임(Frame)
- 계층 3 PDU: 패킷(Packet), 데이터그램(Datagram)
- 계층 4 PDU: 세그먼트(Segment)

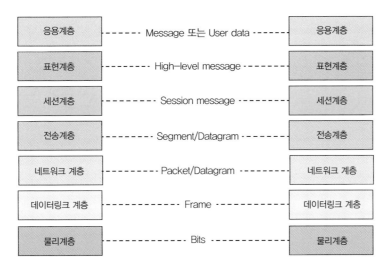

[그림 2-2] OSI 7계층에서 사용되는 표준 메시지

2.1.3 동등(peer-to-peer) 계층 간의 통신

OSI 참조모델의 N번째 계층에서 다른 시스템의 N번째 계층과 통신하기 위해서는 상위계층의 메시지와 더불어 프로토콜 제어정보(PCI: Protocol Control Information)를 이용한다. 동등 프로세스(peer-to-peer process)는 임의의 계층에서 상대편 동일 계층의 모듈과 통신하는 프로세스를 의미한다. 시스템 사이의 통신은 적절한 프로토콜을 이용한 해당 계층의 동등 프로세스를 통해 이루어진다. 예를 들면, 송신측의 2계층은 3계층으로부터 받은 데이터에 2계층의 헤더와 트레일러를 붙이고 1계층으로 내려 보낸다. 이렇게 보내진 데이터는 물리계층을 통해서 수신측으로 전송된다. 수신측의 2계층에서는 1계층으로부터 받은 데이터로부터 헤더와 트레일러를 제거하고 필요한 기능을 수행한 후에 데이터를 3계층으로 올려 보낸다. 이와 같은 방식으로 동등계층 간의 통신을 위해 각 계층은 헤더(데이터링크 계층에서는 헤더와 트레일러(trailer))라는 형식으로 해당 계층에서 필요한 정보를 전달한다.

| 미니요약 |

동등 프로세스(peer-to-peer process)는 임의의 계층에서 상대편 동일 계층의 모듈과 통신하는 프로세스를 의미한다.

미니강의　헤더(Header)와 트레일러(Trailer)

헤더(Header)는 데이터를 캡슐화할 때 데이터 앞에 덧붙여지는 부가정보를 말하며, 주로 송수신자의 주소와 연결제어, 에러/흐름제어를 위한 정보가 포함된다.

트레일러(Trailer)는 네트워크 전송을 위해 데이터를 캡슐화할 때 데이터 뒷부분에 덧붙여지는 제어정보를 말한다. 대표적인 트레일러 정보는 오류검사를 위해 사용되는 CRC 값이다.

미니강의　캡슐화(encapsulation)/역캡슐화(decapsulation)

일반적으로 캡슐화는 어떤 것을 다른 것에 포함시킴으로써 포함된 것이 외부에서 보이지 않도록 하는 것이다. 반대로 역캡슐화는 이를 제거하거나 또는 캡슐화되기 이전의 것을 복원하는 것이다. 통신에서의 캡슐화는 다른 구조 속에 포함된 데이터 구조로 일정시간 동안 해당 데이터 구조가 감추어진다.

즉, 캡슐화는 프로토콜 데이터 단위(PDU)를 다른 프로토콜 데이터 단위의 데이터 필드 부분에 위치시키는 기술을 말하고 역캡슐화는 캡슐화의 반대 동작으로 프로토콜 데이터 필드에 위치하고 있는 데이터 단위를 추출하는 기술을 말한다.

[그림 2-3]은 캡슐화 단계를 나타내고 있다. 먼저 User data에 응용 헤더를 캡슐화한 후 TCP 계층으로 내려 보낸다. TCP 계층은 TCP 헤더를 붙인 후 IP 계층으로 내려 보내고, IP 계층에서는 IP 헤더를 붙인 후 데이터링크 계층으로 내려 보낸다. 데이터링크 계층은 이더넷 헤더와 트레일러를 덧붙여 프레임 형식을 만들어서 물리계층으로 내려 보낸다.

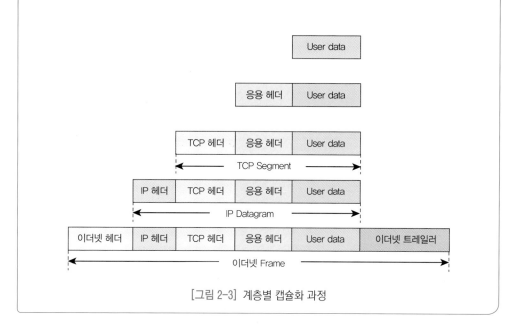

[그림 2-3] 계층별 캡슐화 과정

2.1.4 상하 계층 간의 통신

서로 다른 시스템 간에 데이터를 주고받는 일련의 과정은 다음과 같다. 송신장치의 응용계층으로부터 물리계층까지 데이터가 각 계층을 따라 전달되고 전달된 데이터는 수신장치의 물리계층으로부터 응용계층까지 거슬러 올라간다. 이때 서로 인접한 상하 계층 간의 독립성을 보장하려면 각 계층의 인터페이스는 인접한 계층에 제공해야 하는 정보와 서비스를 명확하게 정의해야 한다.

앞서 OSI 참조모델의 각 계층은 서로 독립적인 기능을 수행하는 모듈이라는 것을 살펴보았다. 이렇게 계층화된 프로토콜에서 하나의 계층은 상위계층에 대한 서비스 제공자이며 몇 개의 서비스 기능을 가지고 있다. 예를 들면 네트워크 계층에서는 전송계층으로부터 받은 데이터에 네트워크 계층만의 서비스를 헤더라는 이름으로 덧붙여서 데이터링크 계층으로 내려 보낸다. [그림 2-4]는 이러한 상하 계층 간의 통신을 전문적인 표준 용어로 정리한 것이다.

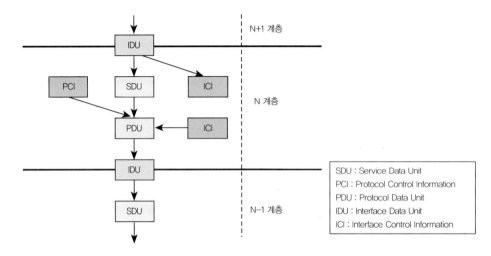

[그림 2-4] 상하 계층 간의 통신

[그림 2-4]는 상하 계층 간의 통신을 위한 N+1, N, N-1 세 개의 계층을 포함하고 있고 각각 상위와 하위의 관계를 나타내고 있다. N+1 계층으로부터 N 계층으로 전달되는 IDU는 N 계층의 SDU가 되고, N+1 계층에서 갈라져 나온 ICI는 계층 간의 전달 메시지이며 필요한 기능을 수행하고 난 후 제거된다. N 계층의 SDU에는 또 상대편 N 계층 프로세스로 전달할 PCI와 하위 N-1 계층으로 전달할 ICI가 덧붙여져서 N-1 계층에 대한 IDU로 전달된다.

계층마다 SDU에 PCI를 덧붙이는데 이는 전달하려는 데이터에 계층 고유의 헤더를 붙이는 것으로 볼 수 있다. 구체적으로 설명하면 데이터그램이라는 것은 전송계층으로부터 받은 데이터(SDU)에 헤더(PCI)를 붙인 PDU를 말하는 것이고 프레임이라는 것은 네트워크 계층으로부터 받은 데이터(SDU)에 헤더(PCI)를 붙인 PDU를 말하는 것이다. 〈표 2-1〉은 계층 간 통신의 5가지 요소의 기능을 정리한 것이다.

용어	기능 설명
SDU	N+1 계층에 의해서 N 계층과 계속해서 N-1 계층으로 투명하게(내용변동 없이) 전달되는 상위계층 데이터
PCI	네트워크의 동등 계층으로 보내지는 정보이며 해당 계층에 어떤 서비스 기능을 수행하도록 지시하는 헤더
PDU	SDU와 PCI의 결합체
ICI	서비스 기능을 호출하기 위해서 N 계층과 N-1 계층 사이에서 전달되는 임시 매개 변수
IDU	PCI, SDU, ICI를 포함하는 계층 경계를 통과하여 전달되는 정보의 전체 단위

| 미니요약 |

SDU와 PCI를 합쳐서 PDU를 만들고, 이 PDU에 다음 계층에서 해야 할 기능을 포함하고 있는 ICI를 덧붙여서 IDU라는 형태로 다음 계층으로 전달한다.

미니강의   PCI와 ICI에는 어떤 내용이 들어가는가?

PCI는 사용자 데이터에 헤더로 추가되어 패킷을 구성하는 제어정보이다. PCI는 어떤 서비스 기능을 수행하도록 지시하는 역할을 한다. 예를 들면 표현계층의 PCI는 두 사용자가 데이터 표현방식을 협상하도록 허용하고 양쪽의 프로그램이 이해할 수 있는 구문으로 데이터가 표현되도록 해주는 변환 서비스 기능이 있다. 세션계층의 PCI는 동기점(Synchronization points)과 재동기 절차와 같은 기능과 트래픽 전송을 반이중 또는 전이중 방식으로 할 것인지 협상하도록 하는 역할을 한다. 전송계층의 PCI는 긴급 포인터 필드를 유효하게 하는 기능과 높은 처리율을 지닌 경로를 통해 데이터를 전송하게 지시하는 기능 등이 있다. 이러한 기능들을 통해서 네트워크 계층의 질적 수준을 사용자가 선택할 수 있다.

ICI는 동일한 노드의 인접한 계층 간에서만 사용할 수 있다. ICI는 다음 계층에서 수행되어야 하는 명령들을 제공해 주는데, 송신 노드의 경우에는 네트워크로 나가기 때문에 하위계층이 수행할 명령이고 수신 노드의 경우에는 최종 사용자로 올라가기 때문에 상위계층이 수행할 명령이 된다. 예를 들어 ICI는 하위계층에 명령을 하달하여 긴급 경로설정(routing)을 제공하도록 할 수 있다. 명령을 받은 하위계층은 사용자로부터 내려오는 데이터의 처리율을 높이기 위해서 추가 기능을 실행해야 함을 알고, 복수 개의 데이터를 병렬로 내보내고 하위의 계층을 통해서 전송을 신속하게 하기 위해서 다중화 방식을 사용할 수 있다.

2.1.5 상하 계층 간 통신의 실례

[그림 2-4]를 [그림 2-5]와 같이 다시 그리면 통신 처리과정을 좀 더 쉽게 이해할 수 있다. [그림 2-5]를 자세히 관찰해 보면, 데이터 단위가 하나의 계층을 통과할 때마다 해당 계층의 헤더가 덧붙여지고, 이것은 다음 하위계층의 사용자 데이터 단위가 됨을 알 수 있다. 그리고 헤더의 기능은 네트워크를 통해서 보내려고 하는 목적지의 동등 계층의 기능을 호출하게 하는 도구임을 알 수 있다.

[그림 2-5]를 분석해 보면 송신측의 N+1 계층은 순서번호검사(sequence number check) 필드를 제공하는 서비스 모듈을 호출한다. 수신측의 N+1 계층은 수신한 순서번호와 수신측 계수기를 비교함으로써 도착한 정보들이 순서상의 오류를 갖고 있는지 검사한다. N 계층 내의 서비스 모듈은 헤더 형태로 오류검사(error-check) 필드를 추가하며, 그러한 필드는 수신측의 N 계층에서 데이터가 오류 없이 도착했음을 보장하기 위해서 사용된다. 송신측 N-1 계층 내의 서비스 모듈은 데이터를 압축하고, 수신측 노드에서는 N-1 계층에게 데이터를 원래 형식으로 다시 변환(압축 복원)하도록 명령하기 위해서 헤더 부분이 사용된다.

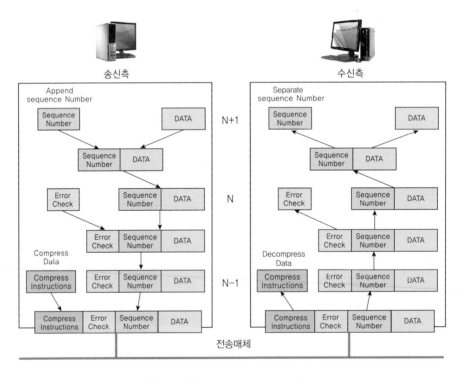

[그림 2-5] 상하 계층 간 통신의 실례

2.2 물리계층

2.2.1 특성

OSI 참조모델에서 가장 하위계층인 물리계층(Physical layer)에서는 상위계층에서 내려온 데이터를 상대방까지 보낼 수 있도록 송신지와 목적지 간의 물리적 링크를 설정, 유지, 해제하기 위한 물리적, 전기적, 기능적 그리고 절차적인 특성을 규정한다.

- **물리적 특성**: DTE와 DCE 사이의 물리적 연결에 관한 사항으로, 예를 들어 EIA-232D 장비의 경우 25핀 커넥터로, ISO 2110 규격에 따라 핀 배치와 접속규격을 맞추어서 상호접속할 수 있게 된다.
- **전기적 특성**: 전압 레벨과 전압 변화의 타이밍에 관련되는 특성으로 예를 들어 임의의 신호를 수신하였을 때 그 신호 전압이 −3V 이하이면 2진 값 '1'로 판정하고, +3V 이상이면 '0'으로 판정하게 된다. DTE와 DCE는 모두 같은 코드(예를 들면, NRZ-L)를 사용해야 하고, 같은 전압 레벨을 사용해야 하며, 같은 길이의 신호 시간을 사용해야 한다. 이러한 특징에 따라 거리와 데이터 전송속도가 결정된다.
- **기능적 특성**: 물리적으로 접속되는 두 장치(DTE, DCE) 간의 상호작용에 쓰이는 각 회선에 의미를 부여함으로써 수행하는 기능을 규정한다. 기능은 데이터, 제어, 타이밍, 전기적 접지 등으로 크게 분류될 수 있다. 예를 들면, EIA-232D의 각 핀들의 기능을 규정하는 것을 들 수 있다.
- **절차적 특성**: 인터페이스의 기능적인 특징을 사용하여 데이터를 전송시키기 위한 사건의 순서를 규정한다.

2.2.2 역할

물리계층은 데이터링크 계층으로부터 한 단위의 데이터를 받아 통신 링크를 따라 전송될 수 있는 형태로 변환시키며, 비트의 흐름을 전자기 또는 광신호로 변환하는 것과 매체를 통해 신호를 전송하는 역할을 수행한다. 따라서 다음과 같은 많은 요소들이 고려되어야 한다.

- **신호**: 단극형, 극형, 양극형과 같은 신호의 종류를 결정해서 정보전송에 유용한 신호를 선택한다.

- **부호화**: 비트(0 혹은 1)를 표현하는 신호 시스템을 결정한다.
- **회선구성**: 두 개 이상의 장치들에 대한 물리적인 연결방법을 제공하는 것으로 점대점 방식과 다중점 방식이 있고 전송회선의 공유여부 및 사용 권한도 설정한다.
- **접속형태**: 트리형, 버스형, 스타형, 링형, 메쉬형과 같은 네트워크 토폴로지를 나타내는 것으로 네트워크 장치들의 배열 형태, 데이터 흐름에 관한 요소이다.
- **인터페이스**: 효율적인 통신을 위해 근접한 두 장치 간에 공유하는 정보형태를 결정한다.
- **전송매체**: 데이터 전송을 위한 물리적인 환경을 결정하는 것으로 트위스티드 페어케이블, 동축케이블, 광케이블과 같은 유선매체와 물리적 도선을 사용하지 않고서 전자기 신호를 전송하는 무선매체가 있다.

[그림 2-6]은 물리계층의 흐름을 나타낸 그림으로 송신측의 물리계층은 데이터링크 계층으로부터 받은 데이터를 비트단위로 변환해서 수신측으로 전송한다. 수신측 물리계층에서는 전송받은 비트들을 데이터링크 계층의 데이터로 올려 보낸다.

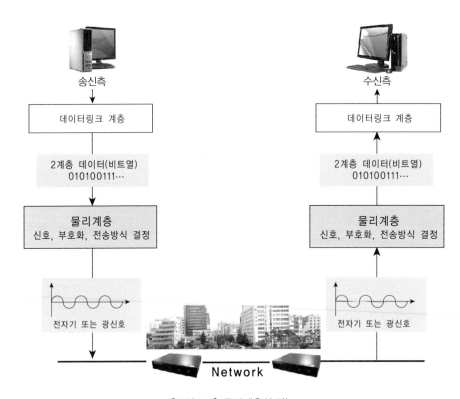

[그림 2-6] 물리계층의 기능

2.3 데이터링크 계층

2.3.1 특성

데이터링크 계층(Data link layer)에서는 바로 이웃하고 있는 노드(컴퓨터, 라우터 등)들
간의 데이터전송을 담당한다(hop-by-hop 전송). 일반적으로 데이터링크 계층에서는 상
위계층에서 내려온 데이터에 물리 주소와 다른 제어정보로 구성된 헤더를 앞부분에, 그리
고 뒷부분에는 트레일러를 덧붙인다. 헤더 부분에는 데이터의 시작을 나타내는 표시와 목
적지 주소 등을 포함하고 있으며, 트레일러 부분에는 데이터에 발생한 전송에러를 검출하
기 위한 에러 검출코드 등이 들어간다. 데이터링크 계층에서 다루어지는 데이터 단위를 지
칭하여 일반적으로 프레임(frame)이라고 부른다.

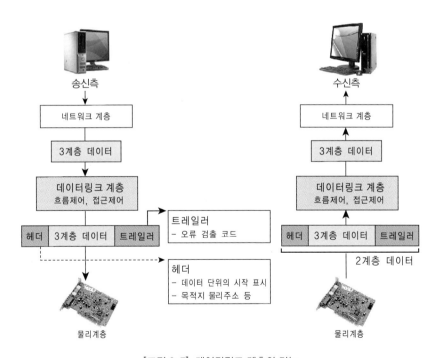

[그림 2-7] 데이터링크 계층의 기능

참고로 ISO에서는 이러한 데이터링크 계층에서 수행하는 회선 제어절차 프로토콜로서 비트중심 프로토콜인 HDLC(High-Level Data Link Control)로 규정하고 있다. 이에 대한 자세한 내용은 11장에서 소개하였다.

2.3.2 역할

OSI 참조모델의 두 번째 계층인 데이터링크 계층은 물리계층에서 전송되는 비트들의 경계를 구분하기 위한 데이터 동기를 제공하며, 비트들을 식별하는 기능을 제공함으로써 채널 상으로 데이터를 전송하는 책임을 진다. 데이터링크 계층의 구체적인 역할은 다음과 같다.

- **노드 대 노드 전달**: 데이터링크 계층은 데이터의 노드 대 노드 전달을 책임지는 기능을 하는 계층이다. 송신지 A로부터 수신지 E까지 데이터를 전송하려고 할 때, 중간노드 B, C, D를 거쳐서 전송한다고 생각해 보자. 이때 데이터를 A에서 B, B에서 C까지 전달하는 것처럼 이웃노드 간의 데이터 전송을 책임지는 기능을 노드 대 노드 전달(hop-by-hop 전송)이라고 한다.
- **주소지정**: 헤더에는 데이터를 마지막으로 보낸 송신자의 물리주소와 다음으로 수신할 수신지의 물리주소가 들어있다.
- **접근제어**: 여러 시스템이 같은 링크에 연결되어 있을 때, 데이터링크 계층 프로토콜은 특정 순간에 어느 시스템이 회선을 점유하는지, 즉 데이터를 전송할 수 있는지를 결정한다.
- **흐름제어**: 수신측으로 전달되는 패킷의 양이 해당 노드가 처리할 수 있는 양보다 많아지거나 너무 적은 양의 패킷이 전달되는 것을 막아주는 기능이다. 이처럼 데이터링크 계층은 한 번에 과도한 양의 데이터가 전송되지 않도록 데이터의 양을 조절한다. 흐름제어의 종류에는 정지 대기(stop-and-wait) 방식과 슬라이딩 윈도우(sliding window) 방식이 있다.
- **에러제어**: 데이터링크 계층 프로토콜은 일반적으로 에러가 발생한 프레임을 검출하고 이를 재전송 또는 복원하는 방법을 포함한다. 주로 ARQ 방법이 사용되며 실제 프로토콜에서는 흐름제어 기능과 결합되어 구현된다.
- **동기화**: 헤더는 프레임이 도착했다는 것을 수신측에 알리기 위한 비트를 포함한다. 또한 그 비트들은 수신자가 전송된 프레임에 따라 타이밍을 맞추는 것(각 비트의 지속시간을 알기 위해)에 필요한 패턴을 제공한다.

2.3.3 데이터 전송

[그림 2-8]은 데이터링크 계층에서의 데이터 전송과정을 나타내고 있다. 5개의 시스템들은 같은 네트워크상에 연결되어 있고 각 번호는 시스템의 이름을 나타내고 A, B, C, D, E는 물리주소를 나타낸다. [그림 2-8]은 1번 시스템에서 5번 시스템으로 프레임을 보내려고 할 때의 프레임 헤더와 트레일러의 내용을 나타내고 있다.

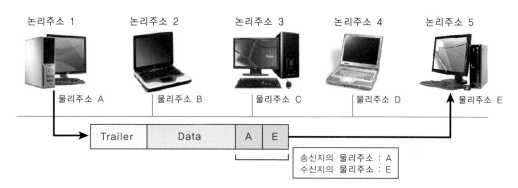

[그림 2-8] 데이터링크 계층에 의한 데이터 전송

송신측의 데이터링크 계층은 네트워크 계층으로부터 받은 데이터에 송·수신지의 물리주소를 갖는 헤더와 트레일러를 추가하여 물리계층으로 내보낸다. 채널을 통해서 전송된 데이터는 수신측의 데이터링크 계층에서 헤더와 트레일러를 떼어낸 후, 네트워크 계층으로 올려 보낸다.

| 미니요약 |

데이터링크 계층은 바로 이웃하고 있는 노드들 간의 데이터 전송(hop-by-hop 전송)을 담당한다.

미니강의 패킷(packet)과 데이터그램(datagram)

패킷이란 원래 우체국에서 취급하는 소포(packet)를 말하며, 화물을 적당한 크기로 분할해서 행선지를 표시하는 꼬리표를 붙인 형태이다. 데이터 통신망에서 말하는 패킷이란, 데이터와 제어신호가 포함된 2진수, 즉 비트의 그룹을 말한다. 전자우편이나 HTML 파일, GIF 파일, 기타 어떤 종류의 파일이라도 인터넷을 통해 다른 장소로 보내려 할 때 TCP/IP의 TCP 계층은 이 파일을 전송하기에 효율적인 크기로 자르게 된다. 분할된 각 패킷들에는 각각 별도의 번호가 붙여지고 목적지의 인터넷 주소가 포함되며, 인터넷을 통해 서로 다른 경로를 통해 전송될 수 있다. 수신측에서 패킷들은 원래의 파일로 다시 재조립한다. 패킷이나 데이터그램(datagram)은 비슷한 의미로 사용된다. 인터넷 RFC 1594의 정의를 인용하면, "데이터그램은 송신지와 수신지 컴퓨터 그리고 전송네트워크 사이에서, 이전의 데이터 교환과 관계없이 송신지로부터 수신지 컴퓨터로 배달되어지는 충분한 정보를 갖는 독립적인 데이터 실체"이다. 이 용어는 대개 패킷이라는 용어와 혼용되고 있다. 즉 데이터그램이나 패킷은 IP가 다루어야 하고 인터넷이 운반해야 할 메시지 단위이다.

데이터그램이나 패킷은 전화통신과 달리, 두 통신지점 사이에 고정된 기간 동안 접속이 있는 것이 아니기 때문에, 이전의 데이터 교환과 전혀 상관없이 독립적이어야 한다(이러한 종류의 프로토콜을 '비연결형'이라고 부른다).

2.4 네트워크 계층

2.4.1 특성

네트워크 계층(Network layer)은 개방형 시스템 사이에서 네트워크의 연결을 관리하고 유지하며 해제하는 기능을 담당한다. 네트워크 계층에서는 송신지로부터 전송된 데이터를 목적지까지 전달하는 과정에서 네트워크 단위로 교환시켜주는 기능을 수행한다. 네트워크 계층은 스위칭과 라우팅이라는 두 가지 형태의 경로배정에 관한 서비스를 제공한다.

- 스위칭(switching): 네트워크 전송을 위해 물리 링크들을 임시적으로 연결하여 더 긴 링크를 만드는 것이다. 스위치와 라우터의 동작속도를 비교하면 스위치의 동작속도가 일반적으로 빠르다. 스위치는 패킷의 수신주소를 보자마자 정해진 방향으로 전송하는 데 반하여 라우터는 라우팅 테이블을 찾아서 알고리즘으로 최단 경로를 계산해서 전송경로를 선택하는 기능이 있어서 스위치보다는 동작속도가 느리다. 전화 네트워크가 스위칭의 대표적인 예이다.
- 라우팅(routing): 여러 경로를 이용할 수 있을 때, 패킷을 보내기 위한 가장 좋은 경로를 선택하는 것을 라우팅이라고 한다. 이 경우에 각각의 패킷은 목적지까지 서로 다른 경로를 거쳐서 전송될 수 있고 다시 모여서 원래 순서대로 재결합된다. 예를 들어 A 네트워

크에서 패킷을 멀리 떨어진 C 네트워크로 전송하기를 원한다고 가정해보자. 대부분의 경우 송신지로부터 수신지까지 하나 이상의 경로가 존재한다. 이럴 때 라우팅을 통해서 가장 적합한 경로를 선택하여 패킷을 보낸다. 라우팅에서의 최단이라는 의미는 가장 값싸고, 가장 빠르며 가장 신뢰성이 높은 경로라는 의미가 함축되어 있다.

라우팅과 스위칭에서는 다른 정보와 함께 송신지와 수신지 주소를 포함한 헤더의 추가가 필요하다. 이 주소들은 최초 송신지와 최종 수신지의 주소로, 전송 도중에 바뀌지 않으며 논리주소라고도 한다.

2.4.2 역할

OSI 참조모델의 세 번째 계층인 네트워크 계층은 패킷 네트워크를 통한 두 DTE 간의 인터페이스뿐만 아니라 사용자 DTE의 패킷교환 네트워크에 대한 인터페이스 역할을 한다. 구체적인 역할은 다음과 같다.

- 패킷 전달: 송신지로부터 수신지까지 패킷을 전달하는 기능이다.
- 논리주소 지정: 송신지와 수신지의 네트워크(IP) 주소를 헤더에 포함하여 전송하는 기능이다.
- 라우팅: 송신지에서 수신지까지 데이터가 전송될 수 있는 여러 경로 중 가장 적절한 전송경로를 선택하는 기능이다.
- 주소변환: 수신지의 네트워크(IP) 주소를 보고 다음으로 송신되는 노드의 물리주소를 찾는 기능을 제공한다. 예를 들어 TCP/IP의 ARP 프로토콜이 이것이다.
- 다중화: 하나의 데이터 회선을 사용하여 동시에 많은 상위 프로토콜 간의 데이터 전송을 수행하는 기능이다.

[그림 2-9]는 네트워크 계층의 동작을 나타내는 그림으로 송신측의 네트워크 계층은 전송 계층으로부터 받은 데이터에 헤더를 붙여서 데이터링크 계층으로 내려 보낸다. 수신측의 네트워크 계층은 데이터링크 계층으로부터 받은 데이터에서 헤더를 떼어낸 후, 전송계층으로 올려 보낸다.

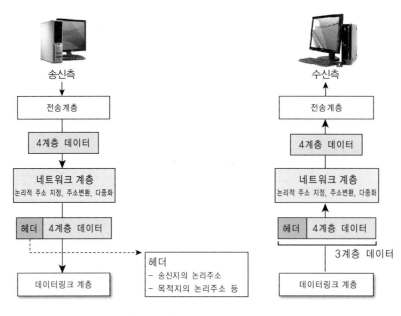

[그림 2-9] 네트워크 계층의 동작

2.4.3 데이터 전송

[그림 2-10]은 서로 다른 네트워크에 속한 시스템 사이의 데이터 전송 과정을 나타내고 있다. 6개의 시스템들은 서로 다른 네트워크상에 연결되어 있고 각 번호는 시스템의 논리주소(네트워크주소)를 나타내고 A, B, C, D, E, F, G, H는 물리주소를 나타낸다.

[그림 2-10]은 1번 시스템에서 6번 시스템으로 데이터를 보내려고 할 때의 패킷의 헤더 내용을 나타내고 있다. [그림 2-10]에서와 같이 물리주소는 패킷이 한 시스템에서 다른 시스템으로 이동될 때마다 변경되었지만, 논리주소는 송신지로부터 목적지까지 변함없이 유지된다는 것을 알 수 있다. 라우터는 논리주소를 기반으로 네트워크와 네트워크를 연결하는 기능을 제공한다.

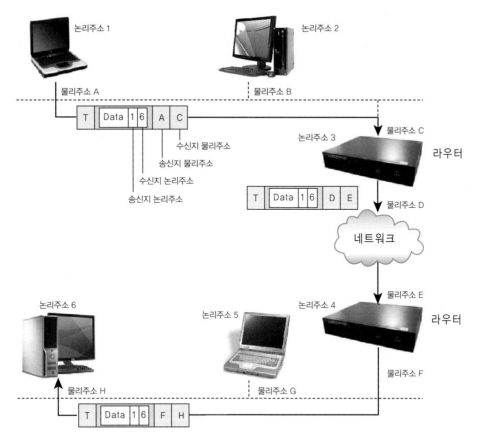

[그림 2-10] 네트워크 계층을 통한 데이터 전송

| 미니요약 |

네트워크 계층(Network layer)에서는 송신지로부터 전송된 데이터를 목적지까지 전달하는 과정에서
네트워크 단위로 교환시켜주는 기능을 수행한다.

2.5 전송계층

2.5.1 특성

OSI의 7계층 구조는 전송계층(Transport Layer)을 기점으로 하위계층으로 이루어진 네트워크 서비스와 상위계층으로 이루어진 사용자 서비스로 구별할 수 있다. 물리계층에서부터 네트워크 계층까지는 주로 이용자와 무관하게 네트워크 내에서 데이터 전달을 위한 경로관리를 책임지게 되며, 세션계층에서부터 응용계층까지는 이용자의 메시지 표현형식과 같이 주로 이용자 서비스와 관련된 기능을 제공한다. 전송계층의 주 역할은 바로 이 두 서비스 간의 인터페이스 기능과 전체 메시지의 종단간(End-to-End) 전송을 수행하는 역할을 담당한다. 예를 들면, 사람과 사람과의 대화에 있어서 공기의 역할을 담당하는 것이 바로 전자(하위계층)에 해당되며, 통용 언어와 언어 규칙 등이 후자(상위계층)에 해당된다고 볼 수 있다.

2.5.2 역할

OSI 참조모델의 네 번째 계층인 전송계층은 세션을 맺고 있는 두 사용자 사이의 데이터 전송을 위한 종단 간 제어를 담당한다. 여기서 종단 간 전송은 단순히 한 컴퓨터에서 다음 컴퓨터로의 전달이 아니라, 송신 컴퓨터의 응용 프로세스에서 최종 수신 컴퓨터의 응용 프로세스로의 전달을 의미한다. 따라서 전송계층의 헤더는 포트주소나 소켓주소로 불리는 서비스 지점 주소를 포함하고 있다.

네트워크 계층의 목적지 전달과 전송계층의 종단 간 전달기능을 구분해서 정리하면, 전자는 전달해야 할 컴퓨터에 각 패킷을 이웃하는 네트워크로 전달하는 것을 의미하고 후자는 전체 메시지를 수신 컴퓨터의 응용 프로세스에 전달하는 것을 의미한다. 다음은 전송계층의 역할을 요약한 것이다.

- **종단 간 메시지 전달**: 최종 목적지까지의 데이터 전송을 의미하며 오류가 발생한 세그먼트의 처리를 담당한다.
- **서비스 지점(포트) 주소 지정**: 송신지 응용프로그램의 포트번호와 수신지 응용 프로세스의 포트번호를 헤더에 넣어 전송한다. 수신측에서는 포트번호를 보고 해당 데이터를 사용할 응용 프로세스를 판단하고 상위계층으로 올려 보낸다.
- **분할과 재조합**: 송신하려는 데이터를 전송 가능한 크기로 나누고(Segmentation) 각 세

그먼트에 순서번호(Sequence Number)를 첨부한다. 순서번호는 목적지 전송계층에서 데이터를 정확한 순서로 재조합하게 하고 잃어버린 패킷들을 발견하여 재전송할 수 있게 하는 기능을 제공한다.

- **연결제어**: 데이터를 안전하게 전송하기 위해, 양 끝단의 포트 사이에 메시지를 구성하는 전체 패킷들에 대한 송신지와 목적지 사이의 논리적인 통로인 연결을 설정하는 기능을 수행한다. 연결을 설정하는 절차에는 연결설정, 데이터 전송 및 연결해제의 세 가지 단계가 있다.

[그림 2-11]은 세션계층으로부터 받은 데이터에 송신측 X의 응용 프로세스의 서비스 포트 주소 P, 수신측 응용 프로세스의 서비스 포트 주소 Q와 순서번호(Sequence Number)를 추가한 후 세그먼트 단위로 분할하여 네트워크 계층으로 내려 보내는 과정을 나타내고 있다. 이러한 서비스 포트번호 때문에 송신측의 데이터가 수신측의 해당 응용 프로세스로 정확하게 전달되며, 이를 종단 간 전송기능이라고 한다.

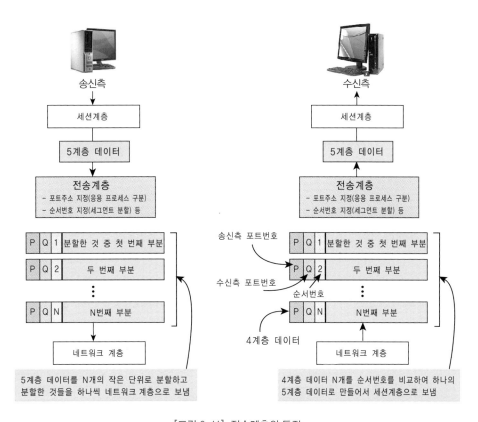

[그림 2-11] 전송계층의 동작

| 미니요약 |

전송계층(Transport layer)은 전체 메시지의 종단 간 end-to-end 전송을 수행한다.

미니강의 **프로그램(program)과 프로세스(process)**

프로그램은 컴퓨터를 실행시키기 위한 일련의 명령어 모음이라고 할 수 있다. 1945년에 폰 노이만 (John Von Neumann)에 의해 시작된 근대 컴퓨터에서는 프로그램은 순서에 따라 한 번에 하나씩 실행되는 명령어로 구성된다. 프로그램은 컴퓨터가 접근할 수 있는 저장영역에 놓으며 하나의 명령어를 갖고 와서 실행하고 이어 다음 명령어를 가지고 오는 식으로 차례대로 수행된다. 저장영역이나 메모리에는 명령 수행에 필요한 데이터도 함께 저장된다. 컴퓨터 입장에서 보면, 프로그램도 역시 응용프로그램이나 사용자 데이터를 조작할 수 있도록 방법을 제시하는 일종의 특수한 데이터이다.

프로세스는 컴퓨터 내에서 실행중인 프로그램의 인스턴스(instance)이다. 이 용어는 몇몇 운영체제에서 사용되는 "태스크(task)"라는 용어와 의미상으로 가깝다. 유닉스나 몇몇 다른 운영체계에서는 프로그램이 시작되면 프로세스도 시작된다. 태스크와 마찬가지로 프로세스는 그 프로세스가 추적·관리될 수 있게 하기 위한 특정한 데이터 셋이 관련되어 실행 중인 프로그램이다. 여러 명의 사용자들에 의해 공유되고 있는 응용 프로그램은 일반적으로 각 사용자들의 실행단계에서 하나의 프로세스를 갖는다.

2.6 세션계층

2.6.1 특성

세션계층(Session layer)은 특정한 프로세스들 사이에서 세션이라 불리는 가상연결을 확립하고 유지하며 동기화 기능을 제공한다. 여기서 프로세스에 해당하는 것으로는 실제 이용자의 응용프로그램이 있다. 한 이용자가 다른 쪽의 프로세스와 대화하기를 원한다면 이 대화를 형성하기 위해 양단 간의 연결을 실징해야 한다. 일단 연결이 완료되면 순차적인 방법으로 대화를 관장하여 대화의 흐름이 원활히 이루어지도록 동기에 대한 기능을 제공한다거나 전이중 혹은 반이중 전송과 같은 데이터 전송방향을 결정하는 등의 기능을 제공한다.

2.6.2 역할

OSI 참조모델의 다섯 번째 계층인 세션계층은 사용자와 전송계층 간의 인터페이스 역할을 하면서 사용자 간의 데이터 교환을 조직화시키는 수단을 제공하며 구체적인 역할은 다음과 같다.

- **세션 관리**: 프로세스 사이의 세션을 연결 및 관리한다.
- **동기화**: 데이터 단위를 전송계층으로 전송하기 위한 순서를 결정하고 데이터에 대한 중간 점검 및 복구를 위한 동기점을 제공한다.
- **대화 제어**: 반이중 대화 또는 전이중 대화 등을 결정한다.
- **원활한 종료**: 데이터 송수신 중에 세션을 종료할 필요가 있을 때에 적절한 시간을 수신측에 알려주어 세션을 끊는 기능이다.
- **데이터 전송방식**: 연결된 두 장치 간의 전송방향을 정하는 것으로 전송이 오직 한쪽 방향으로만 이루어지는 단방향(Simplex), 전송이 한번에 한쪽 방향으로만 교대로 이루어지는 반이중(Half-Duplex), 전송이 동시에 양방향으로 이루어지는 전이중(Full-Duplex) 방식이 있다.

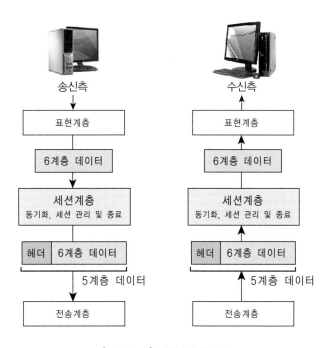

[그림 2-12] 세션계층의 동작

[그림 2-12]는 세션계층의 동작을 나타낸 것으로 송신측의 세션계층은 표현계층으로부터 받은 데이터를 효율적인 세션 관리를 위해서 짧은 데이터 단위로 나눈 후에 전송계층으로 내려 보낸다. 수신측의 세션계층은 전송계층으로부터 받은 데이터의 헤더로부터 전송된 데이터의 종류와 동기화 지점 정보와 같은 제어정보를 확인한 후에 표현계층으로 데이터를 올려 보낸다.

| 미니요약 |

세션계층(Session layer)은 특정한 프로세스들 사이에서 세션이라 불리는 연결을 확립하고 유지하며 동기화하는 기능을 제공한다.

2.7 표현계층

2.7.1 특성

표현계층(Presentation layer)은 정보를 송수신자가 공통으로 이해할 수 있도록 데이터 표현 방식을 바꾸는 기능을 담당한다. 표현계층은 PDU 필드 내의 비트들이 낮은 자리의 비트부터 위치할 것인지, 높은 자리의 비트부터 위치할 것인지와 같은 비트들의 구조화 방식을 PDU 내에서 정의한다. 또 서로 다른 두 이용자가 자신의 응용프로그램이 통신하는 동안에 한 사용자는 ASCII를 사용할 수 있고 다른 사용자는 EBCDIC 코드를 사용할 수 있도록 구문을 협상하도록 허용한다. 표현계층은 ASN.1(Abstract Syntax Notation One)을 사용하여 정수, 실수, 8진수, 비트 스트링 등의 데이터 형식을 정의한다.

2.7.2 역할

OSI 참조모델의 여섯 번째 계층인 표현계층은 OSI 참조모델에서 사용하는 사용되는 데이터의 구문, 즉 데이터의 표현과 관련된 정보를 제공하며 구체적인 역할은 다음과 같다.

- **변환**: 송신자가 사용하는 메시지의 형식을 수신자가 해석 가능하도록 미리 정의된 형식으로 변환하며, 수신지에서는 수신자가 이해할 수 있는 형식으로 변환한다.
- **암호화**: 암호화와 복호화를 통하여 데이터의 보안성을 제공한다.

- **압축**: 송신측에서는 데이터의 압축을 통하여 전송률을 높이고 수신측에서는 압축해제를 통하여 데이터를 이용한다.
- **보안**: 패스워드와 로그인 코드를 통하여 보안 기능을 수행한다.

[그림 2-13]은 표현계층의 동작을 나타낸 것으로, 송신측의 표현계층은 응용계층으로부터 받은 데이터의 보안과 효율적인 전송을 위해 암호화와 압축을 수행하여 세션계층으로 내려 보낸다. 수신측의 표현계층에서는 세션계층으로부터 받은 데이터를 해독과 압축해제를 통해서 응용프로그램으로 올려 보낸다.

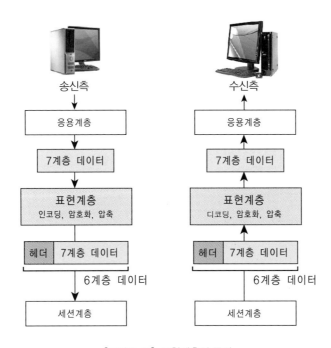

[그림 2-13] 표현계층의 동작

| 미니요약 |

표현계층(Presentation layer)은 데이터의 구문, 즉 데이터의 표현과 관련된 정보를 제공한다.

2.8 응용계층

2.8.1 특성

응용계층(Application layer)은 OSI 참조모델의 최상위 계층으로 응용 프로세스(이용자나 응용프로그램 등)가 네트워크 환경에 접근하는 수단을 제공함으로써 응용프로세스들이 상호 간에 유용한 정보교환을 할 수 있도록 하는 창구 역할을 담당한다. 응용계층에서는 네트워크 관리 기능을 비롯하여 범용 응용 서비스인 X.400, X.500, FTAM 등의 기능이 포함된다.

X.400은 ITU-T 표준에 의해 설정된 메시지 처리를 담당하는 서비스로 주로 전자우편에 관한 표준으로, 일반적으로 널리 사용되는 전자우편 프로토콜인 SMTP(Simple Mail Transfer Protocol)의 초기 형태이다. X.500은 디렉토리 서비스는 인터넷 액세스가 가능한 사용자는 누구라도 활용 가능한 글로벌 디렉토리의 일부가 될 수 있도록 조직 내의 사람들을 전자적인 디렉토리로 개발하기 위한 표준 방식이다.

FTAM(File Transfer Access and Management)은 ISO 8571로 표준화된 프로토콜로서 이기종 컴퓨터 간에 파일을 전송한다든지 어떤 컴퓨터 시스템의 프로그램에서 다른 시스템의 파일에 접근하거나 파일의 생성, 삭제 등의 관리를 행하는 기능을 제공한다.

미니강의 **파일전송**

파일전송은 컴퓨터가 갖고 있는 프로그램 파일이나 데이터 파일 등을 다른 PC나 호스트 컴퓨터로 보내거나 반대로 수신하는 것을 말한다. 파일전송을 하는 경우에는 키보드 입력을 통해서 정보를 보내는 경우와는 달리 송·수신자 사이에 프로토콜이 필요하다. 인터넷에서 사용되는 파일전송 프로토콜을 FTP(File Transfer Protocol)라 하며 이는 전송파일을 일정 크기의 블록으로 나누어 전송하면서 통신 중의 에러발생을 감시하고 에러발생 시 에러가 발생한 블록을 재전송하여 완벽한 통신을 수행할 수 있게 해준다.

2.8.2 역할

OSI 참조모델의 일곱 번째 계층인 응용계층은 최상위 계층으로 최종 사용자 응용 프로세스를 지원한다. 표현계층과 달리, 응용계층은 데이터의 의미에 대해서 관심을 갖으며 다음과 같은 역할을 하는 응용계층 프로토콜들이 있다.

- 네트워크 가상 터미널: 로컬에서 원격 시스템으로 로그온이 가능하게 해준다.
- 파일 접근, 전송 및 관리: 로컬 시스템에서 원격 시스템의 파일을 관리하거나 제어함으로써 효율적인 파일 접근이 가능하다.
- 우편 서비스: 송수신자가 서로 전자우편을 사용하기 위해 필요한 메일 전송 및 저장기능을 제공한다.
- 디렉토리 서비스: 분산 데이터베이스의 자원들과 다양한 객체와 서비스 모델에 대한 여러 가지의 정보 접근방법을 제공한다. 정보를 조직적으로 정리하는 접근방법으로 분산 데이터베이스의 다양한 자원들을 이용할 수 있도록 해준다.

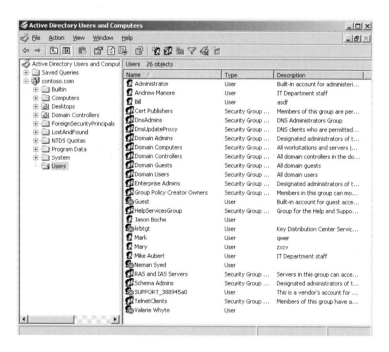

[그림 2-14] 윈도우 OS에서 제공하는 디렉토리 서비스, 액티브 디렉토리(Active Directory)

[그림 2-15]는 응용계층의 동작을 나타낸 것으로 송신측의 응용계층에서 사용자가 전자우편(X.400)을 사용하여 작성한 데이터를 표현계층으로 내려 보낸다. 수신측의 응용계층에서는 표현계층으로부터 받은 데이터를 전자우편 응용프로그램을 통해 사용자가 사용할 수 있도록 보여준다.

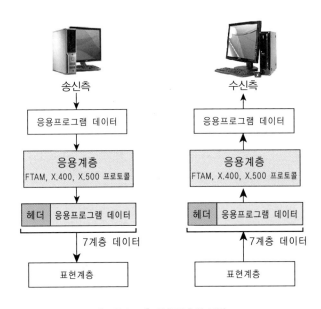

[그림 2-15] 응용계층의 동작

| 미니요약 |

응용계층(Application layer)은 최상위 계층으로 응용 프로세스(이용자나 응용프로그램 등)가 네트워크 환경에 접근하는 수단을 제공함으로써 응용 프로세스들이 상호 간에 유용한 정보교환을 할 수 있도록 하는 창구 역할을 담당한다.

요약

01 국제표준기구(ISO)는 상호작용 시스템의 용이한 개발을 위해 개방형 시스템 상호연결(OSI)이라는 7계층 참조모델을 만들었다.

02 ISO(International Standard Organization)는 모든 컴퓨터 제조업체가 상호 간에 정보 교환이 가능한 표준 네트워크 구조를 만들었는데 이것이 OSI(Open Systems Interconnection)이다.

03 네트워크 구조는 계층 구조(layered architecture)로 이루어지는데 각 계층들은 망을 통한 정보 교환을 위해서 필요한 다양한 기능 중의 한 부분을 수행한다.

04 물리계층(Physical layer)에서는 상위계층에서 내려온 비트들이 상대방까지 보내질 수 있도록 송신지와 목적지 간의 물리적 링크를 설정, 유지, 해제하기 위한 물리적, 전기적, 기능적 그리고 절차적 특성을 규정한다.

05 데이터링크 계층은 바로 이웃하고 있는 노드들 간의 데이터 전송(hop-by-hop 전송)을 담당하며, 접근제어, 흐름/에러제어 기능을 수행한다.

06 흐름제어란 데이터링크 계층에서 한 번에 과도한 양의 데이터가 전송되지 않도록 데이터의 양을 조절하는 기능이다.

07 네트워크 계층(Network layer)에서는 송신지로부터 전송된 데이터를 목적지까지 전달하는 과정에서 네트워크 단위로 교환시켜주는 기능을 수행한다.

08 스위칭은 네트워크 전송을 위해 물리 링크들을 임시적으로 연결하여 더 긴 링크를 만드는 것이고, 라우팅은 패킷을 전송하기 위해 여러 경로를 이용할 수 있을 때, 가장 좋은 경로를 선택하는 것을 말한다.

09 전송계층(Transport layer)은 전체 메시지의 종단 간 end-to-end 전송을 담당하며, 연결제어 기능과 분할 및 재조립 기능을 수행한다.

10 세션계층(Session layer)은 특정한 프로세스들 사이에서 세션이라 불리는 연결을 확립하고 유지하며 동기화하는 기능을 제공한다.

11 표현계층(Presentation layer)은 데이터의 구문, 즉 데이터의 표현과 관련된 정보를 제공하며, 암호화, 압축, 보안과 같은 기능을 수행한다.

12 응용계층(Application layer)은 최상위 계층으로 응용 프로세스(이용자나 응용프로그램 등)가 네트워크 환경에 접근하는 수단을 제공함으로써 응용 프로세스들이 상호간에 유용한 정보교환을 할 수 있도록 하는 창구 역할을 담당한다.

13 패킷이라는 것은 전송계층으로부터 받은 데이터(SDU)에 헤더(PCI)를 붙인 PDU를 말하는 것이고, 프레임이라는 것은 네트워크 계층으로부터 받은 데이터(SDU)에 헤더(PCI)를 붙인 PDU(Protocol Data Unit)를 말하는 것이다.

14 계층화된 프로토콜에서는 계층마다 PDU 이름을 다르게 부르는데, 2계층에는 프레임(frame), 3계층에서는 패킷(packet) 또는 데이터그램(datagram), 4계층에서는 세그먼트(segment)라고 부른다.

연습문제

01 OSI 참조모델은 몇 개의 계층으로 구성되어 있는가?
    a. 3계층   b. 5계층
    c. 7계층   d. 9계층

02 OSI 참조모델의 목적으로 틀린 것은?
    a. 시스템 간의 통신을 위한 표준 제공과 통신을 방해하는 기술적인 문제들을 제거한다.
    b. 단일 시스템 간의 정보 교환을 하기 위한 상호접속점을 정의한다.
    c. 동기종 간 상호접속을 위해서 제품들 간의 번거로운 변환 없이 통신할 수 있도록 하기 위해서 만들어졌다.
    d. 하드웨어나 소프트웨어의 논리상의 변경 없이 서로 다른 시스템 간의 통신을 가능하게 하는 것이다.

03 물리적 링크를 설정, 유지, 해지하기 위한 특성 중 옳지 않은 것은?
    a. 물리적 특성: DTE와 DCE 사이의 물리적 연결에 관한 사항으로 보통, 신호 및 제어 상호 교환 회선은 여러 개가 모여 암, 수 플러그를 가져야 한다.
    b. 전기적 특성: 전압 레벨과 전압 변화의 타이밍에 관련된다. DTE와 DCE는 모두 같은 코드, 같은 전압 레벨, 같은 길이의 신호 시간을 사용해야 한다. 이러한 특징에 따라 시간과 데이터 채널용량이 결정된다.
    c. 기능적 특성: 상호 작용에 쓰이는 각 회선에 데이터, 제어, 타이밍, 전기적 접지 등의 의미를 부여함으로써 수행하는 기능을 규정한다.
    d. 절차적 특성: 인터페이스의 기능적인 특징을 사용하여 데이터를 전송시키기 위한 사건의 순서를 규정한다.

04 다음 중 전송매체와 가장 밀접하게 관련된 계층은?
    a. 물리계층   b. 데이터링크 계층
    c. 네트워크 계층   d. 전송계층

05 프레임(frame)이라는 데이터 단위를 사용하는 계층은?
    a. 물리계층   b. 데이터링크 계층
    c. 네트워크 계층   d. 전송계층

06 데이터링크 계층의 역할로서 옳지 않은 것은?

    a. 노드 대 노드 전달을 책임진다.

    b. 이 계층에서 추가된 헤더와 트레일러는 가장 최근에 데이터가 머물렀던 노드와 다음 차례로 접근할 노드의 물리주소를 포함한다.

    c. 데이터링크 계층 프로토콜은 일반적으로 오류가 발생한 특정 부분을 재전송하는 것으로 데이터 복원을 규정한다.

    d. 데이터 동기를 제공하며, 비트들을 식별하는 기능을 제공함으로써 채널 상으로 데이터를 전송하는 책임을 진다.

07 데이터에 대한 암호화(encryption)와 복호화(decryption)를 수행하는 계층은?

    a. 네트워크 계층   b. 전송계층

    c. 표현계층   d. 세션계층

08 다음 중 전자우편 서비스와 디렉토리 서비스 등을 이용할 수 있도록 하는 계층은?

    a. 전송계층   b. 표현계층

    c. 세션계층   d. 응용계층

09 네트워크 계층의 경로배정의 방법인 스위칭과 라우팅에 관한 설명으로 틀린 것은?

    a. 라우팅에서의 최단경로라는 의미는 가장 값싸고, 가장 빠르며, 가장 신뢰성이 높은 경로라는 의미가 함축되어 있다.

    b. 라우팅을 통한 패킷은 목적지까지 서로 다른 경로를 거쳐서 전송되고, 패킷의 순차적인 순서를 보장할 수 없으므로 원래 순서대로 재결합돼야 하는 과정이 필요하다.

    c. 스위칭이란 네트워크 전송을 위해 물리 링크들을 임시적으로 연결하여 더 긴 링크를 만드는 것이다.

    d. 경로배정의 동작속도 면에서의 효율성은 라우터가 스위치보다 빠르다.

10 계층 프로토콜의 목적을 설명한 것 중 틀린 것은?

    a. 복잡하게 구성되어 있는 네트워크를 여러 개의 계층으로 나눔으로써 단순화 한다.

    b. 네트워크마다 고유한 특성을 유지하기 위해 사용한다.

    c. 네트워크의 각 계층 사이에 대칭성을 유지한다.

    d. 각 계층별로 고유한 기능만을 수행하도록 한다.

11 계층 프로토콜에서 사용되는 용어 중 하위 계층의 서비스 기능을 호출하기 위해 사용되는 제어 정보를 의미하는 용어는?

   a. ICI(Interface Control Information) b. PDU(Protocol Data Unit)
   c. IDU(Interface Data Unit)   d. PCI(Protocol Control Interface)

12 다음은 OSI 참조모델의 어떤 계층의 역할을 보여준다. 나머지와 다른 계층의 역할은?

   a. 물리주소를 해석하여 그에 해당하는 논리주소를 알아낸다.
   b. 하나의 물리회선을 사용하여 동시에 많은 장치들 간의 데이터 전송을 수행한다.
   c. 송신지와 수신지 주소를 헤더에 포함하여 전송한다.
   d. 여러 네트워크 링크를 통하여 시작지점부터 목적지까지 패킷을 전달한다.

13 OSI 7계층의 기능을 설명한 것 중 잘못된 것은?

   a. 전송계층은 상위 계층과 하위 계층의 인터페이스 역할을 수행하는 계층이다.
   b. 표현계층은 전이중 대화(Dialog)를 지원할지 반이중 대화를 지원할지를 정하는 역할을
      한다.
   c. 네트워크 계층의 주된 역할은 전송될 데이터의 경로 설정이다.
   d. 표현계층은 통신을 하는 컴퓨터의 내부에서 사용되는 데이터의 포맷에 대한 투명성을
      제공한다.

14 전송계층의 설명으로 옳지 않은 것은?

   a. 전체 메시지의 종단 간 전송을 수행함에 있어 peer-to-peer 통신을 이용한다.
   b. 전송계층의 주 역할은 2계층과 4계층 사이의 인터페이스이다.
   c. 메시지를 전송 가능한 세그먼트들로 나누고 각 세그먼트에 순서번호를 기록. 순서번호
      는 목적지의 전송계층이 메시지를 바르게 재조합하여 전송시 잃어버린 패킷들을 발견하
      고 대체할 수 있도록 한다.
   d. 다양한 응용프로그램을 실행 중인 컴퓨터에서 하위 계층으로부터 수신된 메시지를 해
      당되는 응용으로 전달하는 것을 보장하기 위해 서비스 지점(포트) 주소를 지정한다.

15 계층 프로토콜의 기능 중 하나로 캡슐화 과정에서 제어 정보에 들어가는 내용이 아닌
   것은?

   a. 각 프로토콜을 제어하기 위한 정보   b. 오류를 검출하기 위한 정보
   c. 주소 정보   d. 인코딩 정보

16 세션계층의 설명으로 옳지 않은 것은?

    a. checkpoint를 도입하여 세션을 하위 세션으로 나누고, 긴 메시지를 전송하기 적절하게 짧은 데이터 단위들로 나눈다.

    b. 데이터 단위를 전송 계층으로 전송하기 위한 순서를 결정. 전송 시 수신자로부터 점검이 요구되는 위치를 결정한다.

    c. 메시지를 전송 가능한 세그먼트들로 나누고 각 세그먼트에 순서번호를 기록. 순서번호는 목적지의 전송계층이 메시지를 바르게 재조합하여 전송 시 잃어버린 패킷들을 발견하고 대체할 수 있도록 한다.

    d. 원활한 종료를 위해 데이터 교환이 세션을 종료하기 전에 적절한 때에 완료되는 것을 보장한다.

17 상위계층에서 하위계층으로 데이터 단위가 이동함에 따라 헤더는 어떻게 변하는가?

    a. 삭제된다.   b. 추가된다.

    c. 변경된다.   d. 재구성된다.

18 계층 간 통신의 5가지 요소가 아닌 것은?

    a. SDU: N+1 계층에 의해서 N 계층과 계속해서 N-1 계층으로 투명하게 전달되는 사용자 데이터

    b. DSU: 네트워크의 다른 지역에 있는 같은 계층에 보내지는 정보이며 그 계층에게 어떤 서비스 기능을 수행하도록 지시하는 헤더

    c. ICI: 서비스 기능을 호출하기 위해서 N과 N-1 계층 사이에서 전달되는 임시 매개변수

    d. IDU: PCI, SDU, ICI를 포함하는 계층 경계를 통과하여 전달되는 정보의 전체 단위

19 OSI 참조모델의 목적은 무엇인가?

20 장치들 사이에서, 한 장치의 i번째 계층은 다른 장치의 i번째 계층과 통신한다. 이러한 통신은 프로토콜에 의해 제어된다. 해당 계층에서 통신하는 각 장치의 프로세스를 의미하는 것은 무엇인가?

21 OSI 참조모델의 계층 구조를 1계층부터 7계층까지 열거하라.

22 다음과 같은 특성을 가진 계층은?

> • 개방형 시스템 사이에서 네트워크 연결을 유지하고 설정하며 해제하는 기능을 담당
> • 근원지로부터 들어온 데이터를 목적지까지 무사히 전달하는 논리적 링크를 구성
> • 종단 대 종단 전달을 가능하게 하기 위해서 스위칭과 라우팅이라는 두 가지 관련 서비스를 제공

23 다음 빈칸 (1), (2), (3)에 공통적으로 들어갈 계층 간 통신의 표준 용어를 쓰라.

> • 패킷이라는 것은 전송 계층으로부터 받은 데이터(1)에 헤더(2)를 붙인 (3)을 말한다.
> • 프레임이라는 것은 네트워크 계층으로부터 받은 데이터(1)에 헤더(2)를 붙인 (3)을 말한다.

24 아래와 같은 네트워크에서 1에서 5로 데이터를 보내려고 할 때 비어 있는 [송신지 논리주소, 목적지 논리주소, 송신지 물리주소, 목적지 물리주소]를 채우라.

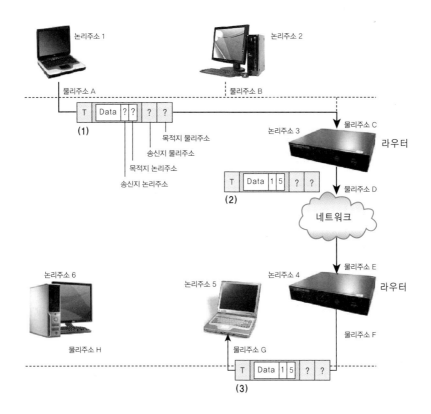

25 다음과 같은 역할을 수행하는 계층은?

- 종단 간 메시지 전달
- 서비스 지점(포트) 주소 지정
- 분할과 재조합
- 연결제어

| 참고 사이트 |

- http://www.cisco.com/warp/public/3/kr/network/index.html: CISCO에서 제공하는 네트워크 용어정리 사이트로 표준적인 용어를 알파벳순서로 정리
- http://www.terms.co.kr: 컴퓨터에 관련된 용어를 정리
- http://www.cisco.com/univercd/cc/td/doc/cisintwk/ito_doc/osi_prot.htm: OSI에 관한 내용과 Routing Protocol에 관한 이론을 정리
- http://oac3.hsc.uth.tmc.edu/staff/snewton/tcp-tutorial/: TCP/IP에 관한 내용을 정리
- http://www.cisco.com/warp/public/535/4.html: CISCO에서 TCP/IP의 내용을 정리

| 참고문헌 |

- Uyless Black(정진욱 역), 컴퓨터 네트워크(Computer Networks), 2nd ed, 희중당, pp63~74, 1994
- Fred Halsall, *Data Communications, Computer Networks and Open Systems*, 4th ed, Addison-Wesley, pp641~693, 1996
- W.Richard Stevens, *TCP/IP Illustrated Volume I The Protocols*, Addison-Wesley, pp33~50, 1994
- 정진욱 · 변옥환, 데이터 통신과 컴퓨터 네트워크, Ohm사, pp393~419, 1983
- William Stallings & Richard Van Slyke(정진욱 · 곽경섭 · 김준년 · 강충구 역), *BusinessData Communication*, 광문각, pp434~465, 1998
- James F.Kurose, Keith W.Ross, *Computer Networking*, Addison-Wesley, pp143~322, 1999
- 정진욱 · 안성진, 정보통신과 컴퓨터 네트워크, Ohm사, pp65~80, 1998
- Behrouz Forouzan(김한규 · 박동선 · 이재광 역), 데이터 통신과 네트워킹(*Data Communications and Networking*), 교보문고, pp59~74, 2000

CHAPTER

03

전화의 이해

---

contents

전화의 이해

우리가 매일 사용하고 있는 전화는 역사가 가장 오래된 전기통신 수단이다. 전화를 이용한 통신은 그 이후에 등장하는 모든 통신방식에 직간접적으로 기술적인 영향을 미치고 있다. 최초로 이루어진 데이터 통신도 기존의 전화망을 통하여 이루어졌다. 또한 전화망은 회선 교환망(Circuit Switched Network)의 대표적인 모델이기도 하다. 따라서 전화와 전화망에 대한 이해는 데이터 통신 기술의 기본적인 이해와 응용을 위해 필수적이다. 이 장에서는 다음과 같은 내용을 살펴봄으로써 전화와 전화망을 이해하고자 한다.

- 현재 모든 통신의 근본이 되는 전화의 역사에 대하여 살펴본다.
- 전화망의 발전과정과 사용되는 매체에 대하여 살펴본다.
- 전화망을 구성하는 장비들의 종류와 구성에 대하여 알아본다.
- 전화망의 동작과정을 살펴보기 위해 우선 기본적인 전화걸기 과정을 살펴본다.
- 전화망에서 사용되는 신호방식의 개념 및 종류에 대해서 알아본다.

[그림 3-1] 터치스크린에서부터 DMB 방송, 동영상, 화상 통화까지 다양한 기능을 지원해 주는 차세대 휴대전화기

3.1 전화의 역사

현대적 전기통신의 시초는 전신(Telegraph)으로 볼 수 있다. 1837년 Samuel F.B. Morse에 의해서 발명된 전신은 전자신호를 이용하여 다른 지역으로 정보를 전달하기 위한 첫 번째 장치였다. 이후 1844년에 상업용의 전신 시스템을 개발하였고, 이때 사용한 부호가 모스부호(Morse Code)이다. 모스부호는 전압에 의해서 짧고, 긴 패턴을 만들어서 알파벳이나 숫자들을 정의하고 원격지 장치 간에 정보를 송수신하였다.

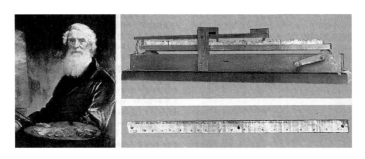

[그림 3-2] 전신기를 발명한 모스와 최초의 전신기

그 후 1876년 3월, Alexander Graham Bell에 의해 전화(telephone)가 발명되었고, 다음 해인 1877년 1월 30일 상자모양을 한 첫 전화기가 등장했다. 그 해에만 600여대의 전화가 교환국 없이, 개별적인 선을 통해 연결되었다. 벨은 1877년, 유럽에 전화기를 소개하고 빅토리아 여왕 앞에서 직접 전화통화를 시연해 보였다.

미니강의 **최초의 전보**

최초의 전신 메시지는 볼티모어(Baltimore)에서 워싱턴(Washington)까지 전달되었으며 그 내용은 "What hath God wrought!(놀라운 하나님의 작품!)"이었다. 이 노력에 대한 포상으로 모스는 국회로부터 약 3만 달러를 받았다.

[그림 3-3] 모스 부호로 기록된 최초의 전신 메시지

이후 최초의 전화시장은 파리에서 시작되었으며 당시 전화 사이에 전선을 연결하는 작업은 구매자가 직접해야 했다. 만약 전화기의 소유자가 n명의 다른 전화기 소유자들과 통화하기 원한다면 모든 소유자들의 집에 각각 전선을 연결해야 했다. 이처럼 초기 전화망은 [그림 3-4]와 같이 전화기가 모두 서로 연결된 메쉬 형태였다.

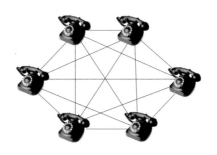

[그림 3-4] 초기의 전화망 형태

│ 미니요약 │

초기의 전화망은 모든 전화기가 직접 연결된 메쉬형 구조였다. 그러나 사용자가 증가할수록 이런 방식의 연결은 여러 가지 문제점을 포함하고 있기 때문에 교환기가 필요하게 되었다.

이러한 메쉬형 구조로 연결하게 되면 사용자가 n명일 때, n(n-1)/2개의 회선을 연결해야 하므로 연결비용이 많이 들 뿐만 아니라, 회선관리에 어려움이 있다. 그 뒤 1878년 1월 28일, 코네티컷주의 뉴해이븐에 처음으로 교환기가 설치되었고 사용자들의 전화는 중앙의 교

[그림 3-5] 교환기를 이용한 전화망 형태

환수에 의해 수동으로 연결되었다. 그 후 3년간 수많은 교환회사가 우후죽순처럼 생겨났다 사라졌다. 1879년에는 후일 American Bell Telephone Company가 될 National Bell Telephone Company만이 유일한 전화회사로 남게 되었다. 이때의 전화망 형태는 [그림 3-5]에서와 같이 하나의 교환기에 모든 전화기가 연결되어 통화가 이루어지는 형태였다.

미니강의 **자동 교환기의 발명 일화**

교환수에 의한 수동교환방식 역시 가입자 수의 증가에 따라 대도시 등지에서는 금방 한계에 도달했다. 장의사를 경영하고 있던 A.B. Strowger는 어느 날 친한 친구의 죽음을 장례를 치른 후에야 알게 되었다. 그 이유는 그 지역 교환원이 스트로우저에게는 연락을 안 해주고, 경쟁관계에 있는 다른 장의사에게만 연락을 해 주었기 때문이었다. 이에 분노한 스트로우저는 교환원의 개입이 불가능한 교환기, 즉 자동교환기를 만들어내겠다는 결심을 하게 되고, 연구와 실패를 거듭한 끝에 최초의 자동교환기를 개발하였다. 이 기계식 자동교환기는 발명자의 이름을 따라 스트로우저식 교환기로 불리며 오랫동안 사용되었다.

[그림 3-6] 스트로우저 교환기와 내부 구조

이후 전화기의 증가로 인해 도시 간의 연결을 위해서는 점차 많은 교환기가 필요하게 되었다. 증설된 교환기를 관리하기 위해 [그림 3-7]과 같이 2단계로 교환기를 배치하는 형태가 설계되었고, 북미에서는 [그림 3-8], [그림 3-9], [그림 3-10]에서와 같이 5단계의 구조를 갖는 형태를 사용하였다. 그러나 교환기의 성능이 향상되고 다양한 서비스가 추가됨에 따라 교환기의 다양한 기능을 통합하여 3~4단계로 구성되고 있다.

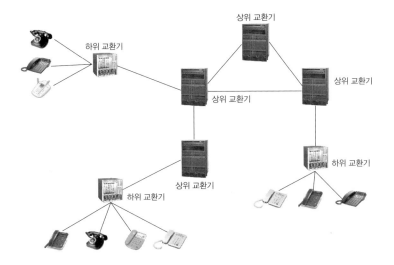

[그림 3-7] 2단계 구조의 전화망 형태

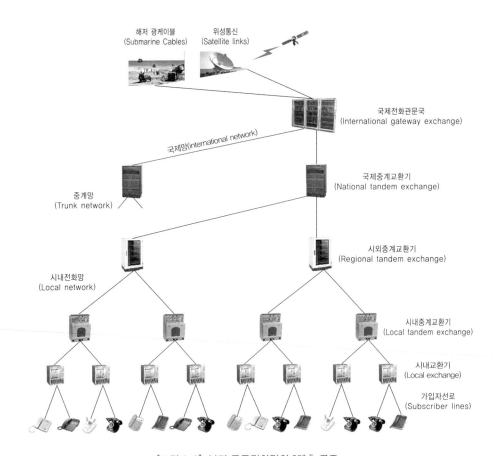

[그림 3-8] 북미 공중전화망의 5계층 구조

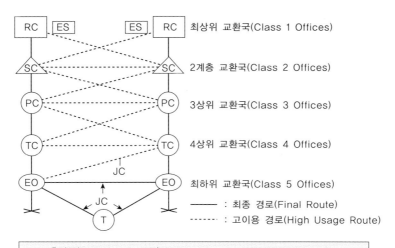

[그림 3-9] 북미 공중전화망의 5계층 연결 구성

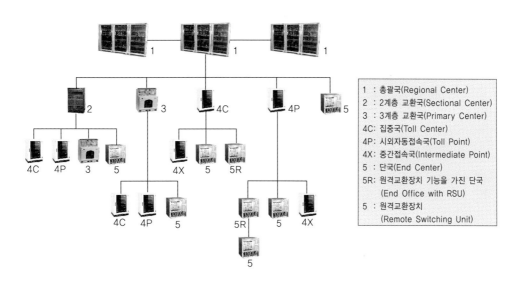

[그림 3-10] 북미 공중전화망의 5계층 계위 구성

미니강의 **AT&T의 탄생**

AT&T(American Telephone and Telegraph Company)는 1885년에 설립되었다. AT&T는 처음에는 Bell사의 장거리 통화 자회사였으나 급속도로 성장하여 1900년에 모회사인 Bell사를 흡수하여 세계 최대의 전화회사로 성장하였다.

당시 모든 전화기는 사람의 목소리를 그대로 전기신호로 변화시킨 아날로그(Analog) 신호를 사용하였고 교환기 역시 전화기 다이얼 펄스를 이용하는 기계식 교환기였다. 대량의 신호가 전송되는 교환국과 교환국 간에는 FDM(Frequency Division Multiplexing) 전송방식을 사용하였다.

1960년대 초반, Bell사는 늘어나는 가입자 수용과 효과적인 제공을 위해 디지털 전송망의 필요성을 느끼기 시작했다. 이에 따라 1940년대에 발표된 TDM(Time Division Multiplexing) 기술을 실용화하여 T1 방식의 디지털 전송기술을 개발하였다. 이에 따라 교환국과 가입자 사이에는 아날로그 신호가, 교환국과 교환국 사이에는 디지털 신호를 사용하게 되었다. 이후 디지털 교환기가 개발되어 현재와 같은 형태의 전화망이 구축되었다.

[그림 3-11] 전화망의 발전에 기여한 벨 연구소의 전경

그럼 전화망의 구성에 대해서 살펴보고, 그 구조와 동작에 대해서 알아보도록 하겠다.

3.2 전화망의 구성

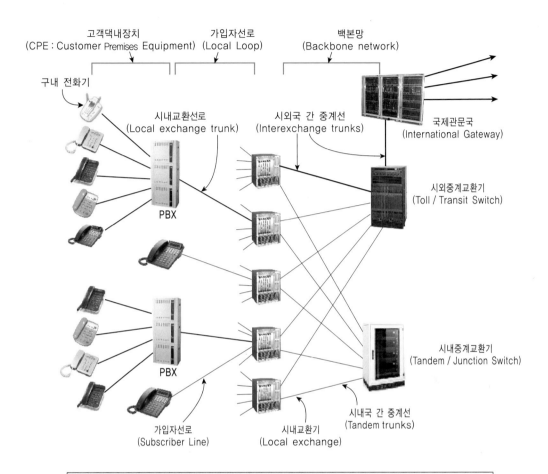

고객댁내장치
(CPE : Customer Premises Equipment)

가입자선로
(Local Loop)

백본망
(Backbone network)

구내 전화기

시내교환선로
(Local exchange trunk)

시외국 간 중계선
(Interexchange trunks)

국제관문국
(International Gateway)

PBX

시외중계교환기
(Toll / Transit Switch)

시내중계교환기
(Tandem / Junction Switch)

PBX

가입자선로
(Subscriber Line)

시내교환기
(Local exchange)

시내국 간 중계선
(Tandem trunks)

사설교환기(PBX: Private Branch eXchange) : 구내 전화(Individual User Station Lines or Extension) 또는 키폰 등의 가정용 서비스(Residential Service)를 제공함

시내교환기(Local exchange) : Class 5 스위치, 전화국(Central Office)이 이에 해당함

시내중계교환기(Tandem / Junction Switch) : 도시 내의 교환기 사이의 경로 설정

시외중계교환기(Toll / Transit Switch) : 다른 도시의 시외교환기와의 경로 설정

국제관문국(International Gateway) : 국외에 위치한 교환기와 경로 설정

[그림 3-12] 현재 전화망의 구성도

3.2.1 전화망의 진화단계

일반적인 통신망의 발전단계를 모델화하여 나타내면 [그림 3-13]과 같다.

① 처음에는 어느 지역에 산재하는 가입자를 하나의 교환기(LS: Local Switch)에 수용하는 구성(A) 형태를 갖는다.
② 가입자 수가 일정 수준에 이르게 되면 (B)와 같이 또 하나의 분국을 만든다.
③ 분국을 생성하고 일부 가입자를 새로운 LS로 옮겨서 LS 상호전송로(중계 전송로)로 접속한다.
④ 여러 지역에 같은 형태의 교환국이 설치되면 (C)와 같이 LS 상호 간을 중계선으로 연결한 통신망이 생기게 된다.
⑤ 이후 각 기능이 독립되어 (D)와 같이 국간 교환만 담당하는 중계교환기(TS: Tandem Switch)가 설치되고, 나아가 TS가 증가되면 (E)와 같이 TS 상호 간을 중계선으로 연결한 통신망이 형성된다.

[그림 3-13]은 전화망의 발전단계를 순차적으로 나타내고 있다.

| 미니요약 |

LS의 수가 많아지면 메쉬형 구조(mesh network)는 비경제적이 되기 때문에 일부 교환기에는 가입자를 수용함과 동시에 다른 LS 간의 국간교환을 수행하는 기능을 갖도록 하였다.

미니강의 **우리나라의 전화기 보급과정**

우리나라에 자석식 교환기가 최초로 설치된 해는 1895년이다. 이어 1902년 3월 20일 서울-인천 간에 통신원에서 운용하는 전화가 개통됨으로써 우리나라 최초의 공중통신용 전화 서비스가 시작되었다. 당시 5명(서울 2, 인천 3)의 가입자를 상대로 시작한 매우 소규모의 사업이었다. 그러나 그 후 여러 차례 격동기를 거치면서 1987년에는 1,000만 회선을 돌파하였으며, 1993년에는 2,000만 회선을 돌파하였고 1994년에는 전국 전화 전자화가 달성되었다. 현재는 거의 모든 가정이나 회사에 보급되었고, 개인용 휴대전화까지 널리 보급된 상황이다.

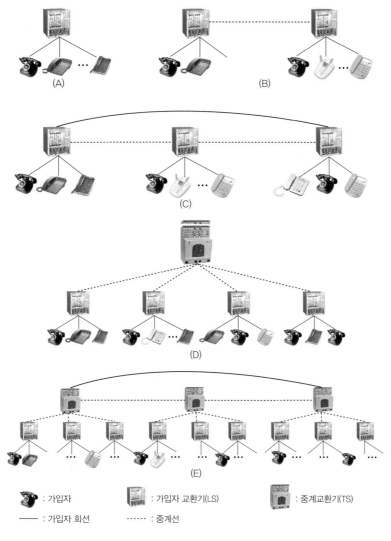

[그림 3-13] 전화망의 발전단계

3.2.2 전화망에 사용되는 통신매체

원거리 통신에는 다양한 전송매체가 사용되고 있다. 초창기에는 가입자 회선(Local Loop)에 비절연 전선이 주로 사용되었지만, 이후 트위스티드 페어(Twisted Pair)가 사용되고 있다. 교환기 상호 간에 사용되는 매체로는 동축 케이블(Coaxial Cable), 마이크로웨이브(Microwave), 그리고 광섬유(Optical Fiber) 등이 널리 사용되고 있다. [그림 3-14]는 전화망 구성에 사용되는 매체를 나타내고 있다.

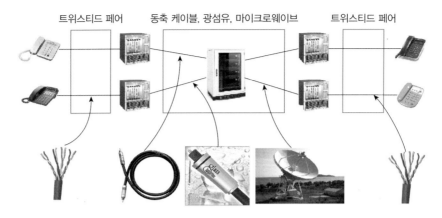

[그림 3-14] 전화망 구성에 사용되는 매체

과거 전화시스템에서는 발신지에서 착신지까지 실제 음성신호가 전압으로 전송되어지는 아날로그 신호를 사용하였으나, 현재는 가입자 선로를 제외하고는 거의 모두 디지털 신호를 사용하고 있다.

디지털 신호는 아날로그 방식에 비해 많은 장점이 있다.

- 디지털 신호는 오직 두 가지의 전압만을 사용하기 때문에 본래의 신호로 복구하기 위해 회선 중간에 디지털 재생기를 삽입하는 것이 가능하다. 따라서 디지털 신호는 다수의 재생기를 거쳐 전송될 수 있고 정보의 손실 없이 먼 거리까지 전파가 가능하다. 반면, 아날로그 신호는 증폭이 되면 어느 정도의 손실이 있게 마련이고 손실은 누적된다. 즉, 전체적으로 디지털 전송의 에러율이 더 낮다.
- 음성, 일반자료, 음악 그리고 영상 등의 데이터를 함께 다중화시킬 수 있기 때문에 회로 및 장비를 보다 효율적으로 사용하고 더 많은 데이터를 전송할 수 있다.
- 디지털 전송은 아날로그 전송에 비해 비용이 적게 소요된다. 아날로그 전송에서는 대륙 간의 전송에 있어 수백 개가 될 수도 있는 증폭기를 거치면서 생기게 되는 손실을 재생해 주어야 한다. 반면 디지털 전송에 있어서는 0과 1만 인식이 가능하면 충분하기 때문에 아날로그 방식에서와 같이 많은 증폭은 필요하지 않다.

결과적으로 현재 전화시스템에 있어서의 장거리 중계선은 디지털 방식을 사용하고 있다. 각 매체에 대한 설명이나 다중화 방식, 그리고 전송방식에 대한 내용은 계속 설명할 것이며, 여기서는 전화망의 동작과정과 신호 처리방식에 대하여 자세히 살펴보도록 하겠다.

전화망에서 사용되는 전송매체로, 가입자회선(Local Loop)에서는 트위스티드 페어(Twisted Pair)가 주로 사용되고, 교환기 상호 간에는 동축 케이블(Coaxial Cable), 마이크로웨이브(Microwave), 그리고 광섬유(Optical Fiber) 등이 널리 사용되고 있다.

3.2.3 전화망에 사용되는 시설

전화망은 넓은 지역에 분포하는 시설들을 효과적으로 결합하고 기능을 분할함으로써 전체 투자비를 절감하였고, 유지보수의 효율성과 시외통화에 대한 과금 처리 문제점 때문에 시내 전화망(local network)과 시외 전화망(toll network)으로 구분해서 발전해 왔다. 시내 전화망과 시외 전화망의 분리원칙은 실제 응용분야에서 전송 및 교환시스템의 개발과 기술 발전에 큰 영향을 미쳤다.

그러나 축적 프로그램 제어방식의 전자교환기 출현으로 이와 같은 제한 요소가 해소되었기 때문에 두 기능을 동일한 교환기에서 구현할 수 있게 되었다.

전화망을 구성하는 시설은 크게 전송분야의 시설과 교환분야의 시설로 분류할 수 있다. 전송 시설은 다시 가입자 선로(loop) 시설과 중계선(trunk) 시설로 구분할 수 있으며 교환 시설은 기능에 따라 시내(local) 교환기, 시외(toll) 교환기, 중계(tandem) 교환기 등으로 구분할 수 있다.

[그림 3-15]는 전화망에서 사용되는 다양한 교환기의 구성을 나타내고 있다.

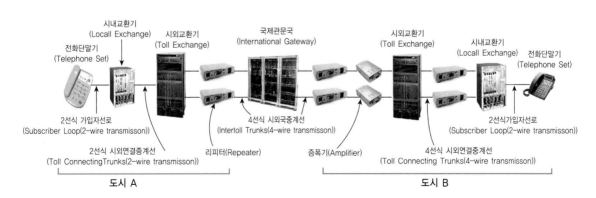

[그림 3-15] 전화망 교환기의 구성과 역할

| 미니요약 |

전화망의 시설은 전송 시설과 교환 시설로 나뉜다. 전송 시설은 다시 가입자 선로(loop) 시설과 중계선(trunk) 시설로 구분되며 교환 시설은 시내(local) 교환기, 시외(toll) 교환기, 중계(tandem) 교환기로 구분될 수 있다.

(1) 전송 시설

전송 시설은 가입자 선로와 시내 중계선, 시외 중계선으로 나누어진다. 각 전송 시설에 대한 설명은 다음과 같다.

① 가입자 선로

가입자 전화기를 시내 교환국에 연결시키는 전송설비로 대부분의 경우 한 쌍의 케이블을 이용하지만 가입자 선로 집선 장치나 원격 교환 장치 등과 같은 시스템을 적용하는 경우도 있다.

② 시내 중계선

시내 교환국 상호 간, 시내 교환국과 해당 지역의 시외 교환국을 연결하는 전송설비로서 케이블, 중계기, 아날로그 및 디지털 반송장치로 구성된다. 그리고 동축 케이블, 무선, 광섬유 케이블 등을 이용한 대용량 전송장치로 구성되는 경우도 있다.

③ 시외 중계선

시외 교환국 상호 간, 시내 교환국과 다른 지역의 시외 교환국을 연결하는 전송설비이다. 전송 구간이 시내 중계선에 비해 장거리로서 때로는 수백 Km에 이르는 경우도 있다. 마이크로웨이브, 동축 케이블, 광케이블 등과 다중화를 위한 전송장비로 구성된다.

미니강의 용어 설명

① 케이블
신호를 전달해 주는 링크이다.

② 중계기
신호를 복원, 보상, 변환, 재생시켜 주는 장치이다.

---

③ 반송장치

신호를 전송매체에 알맞은 형태로 변화시키고 복원하는 장치인데 이를 위해 송신측에서 정보/전기 신호 변환, 아날로그/디지털 변환, 전기/광신호 변환 등의 기능을 수행하고 수신측에서는 이와는 반 대의 기능을 수행한다.

| 미니요약 |

가입자 선로는 전화기를 시내 교환국에 연결하는 전송설비이다. 중계선은 다시 시내 중계선과 시외 중계선으로 나뉘는데, 시내 중계선은 시내 교환국 상호 간, 시내 교환국과 시외 교환국을 연결하는 전송설비이며 시외 중계선은 시외 교환국 상호 간, 시내 교환국과 다른 지역의 시외 교환국을 연결 시키는 전송설비이다.

(2) 교환 시설

[그림 3-16]에서와 같이 PSTN은 크게 액세스망, 교환기, 교환기 대 교환기 간의 국간망 등 3가지 구성요소로 이루어져 있다.

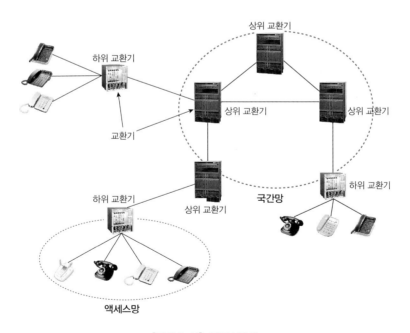

[그림 3-16] PSTN 구성

액세스망은 가입자 전화에서부터 전화국에 설치된 교환기까지의 구간을 의미하며, 음성신호를 포함하여 다양한 신호를 교환기까지 전달하는 역할을 수행한다. 교환기는 반경 4Km 안에 있는 가입자가 존재하는 것을 기본으로 설계되며 4Km가 넘는 가입자들의 경우에는 RSS(Remote Subscriber Switch system)를 사용한다. RSS는 원거리에 있는 가입자를 수용할 뿐만 아니라 PCM 기술과 함께 사용되어 가입자에서 전화국까지 연결에 필요한 케이블 용량을 획기적으로 줄일 수 있다.

[그림 3-17]은 2,000명의 가입자를 수용하기 위해 단국과 분배함(distribution cabinet)까지 2,000페어의 라인을 사용하고 있음을 나타내고 있다.

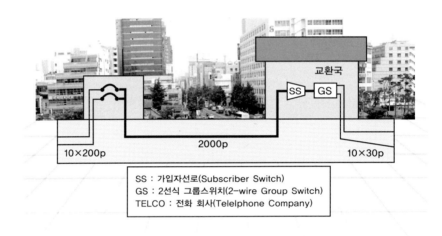

[그림 3-17] 기존의 가입자 선로 연결

[그림 3-18]은 RSS와 PCM 기능을 이용하여 단국과 분배함까지의 라인을 획기적으로 줄일 수 있음을 나타낸다. PCM 기능을 이용하여 1페어의 라인에 30채널을 다중화하는 경우 RSS를 사용하지 않을 때와 비교하여 1,000배 이상으로 라인의 수를 줄일 수 있다.

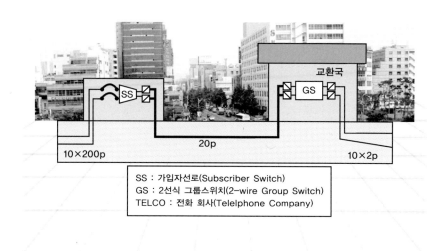

[그림 3-18] RSS와 디지털 전송을 이용한 가입자 선로 구성

PSTN의 핵심적인 역할을 수행하는 교환기는 호 처리방식에 따라 크게 기계식, 반전자식, 그리고 현재 대부분의 전화국에 설치되어 있는 전전자식 등으로 나뉜다. 교환기는 다양한 위치에 존재하는 전송기기를 서로 연결해주며 가입자가 입력한 번호에 따라 회선을 설정하는 기능을 수행한다. 이러한 교환기는 시내(local) 교환기, 중계(tandem) 교환기(도시 내의 시내 교환기 간의 라우팅 제공), 시외(toll) 교환기(다른 도시와의 통화를 제공), 그리고 국제통화를 위한 게이트웨이(international gateway) 등으로 구성된다.

① 시내(local) 교환기

가입자와 직접 연결되어 있는 교환기를 의미하며 "클래스 5 교환기" 또는 "TDM 교환기"라고도 한다. 시내 교환기는 "call forwarding"과 "call waiting" 같은 서비스를 처리하며 최근에는 거의 대부분의 "call recording"과 과금 처리를 수행한다. 과거 이러한 기능은 클래스 4 시외 교환기에서 수행하였다.

일반적으로 시내 전화사업자는 시내 교환기와 중계 교환기를 모두 소유하고 있으며 이들 스위치는 동일한 하드웨어를 갖고 소프트웨어만 다르다.

시내 교환기에 연결된 모든 가입자에게는 7~8자리의 번호가 할당된다. 상위 3~4자리는 시내 교환기의 번호를 의미하며, 하위 4자리는 각각의 가입자를 나타내는 번호를 의미한다. 과거에 시내 교환기는 단지 시내 통화만 제공하였지만 현재는 시외 통화까지 모두 제공할 수 있다.

② 중계(tandem) 교환기

가입자와 직접 연결되지 않고 시내 교환기를 서로 연결해 주는 기능을 수행한다. "클래스 4 교환기" 또는 "TDM 교환기"라고 불리기도 한다. 과거에는 대부분의 "call recording"과 과금 관련 정보가 중계 교환기에서 처리가 되었으나 현재에는 시내 교환기에서 대부분 처리하고 있다.

중계(tandem)라는 의미는 말 그대로 여러 개를 순차적으로 연결한다는 뜻으로 트렁크들을 연속적으로 연결하는 것을 의미한다.

중계 교환기는 시내 다른 지역과의 연결을 제공하는 섹터 중계 교환기(sector tandem switch)와 다른 통신사업자로의 장거리 통화를 제공하기 위한 액세스 중계 교환기(access tandem switch)로 구분하기도 한다.

③ 시외(toll) 교환기

"trunk exchange" 또는 "transmit switch"라고 불리기도 하며 시외 통화 트랜잭션(toll call transaction)을 처리한다. 즉 장거리 통화를 처리하는 교환기이다. 도시의 크기에 따라 하나 이상의 시외 교환기가 위치한다.

이상에서 설명한 전화망을 구성하는 전송분야와 교환분야의 각 구성요소의 기능을 요약하면 〈표 3-1〉과 같다.

〈표 3-1〉 전화망의 구성요소와 기능

종류	구성 장비		수행 기능
전송 시설	가입자 선로(loop)		가입자 전화기를 시내 교환기에 연결
	중계선 (trunk)	시내 중계선	시내 교환기 상호 간, 시내 교환기와 시외 교환기를 연결
		시외 중계선	시외 교환기 상호 간의 연결
교환 시설	시내(local) 교환기		가입자 전화기를 수용하며 동일 시스템 내부 가입자 상호 간이나 내부 가입자를 다른 교환기와 연결되는 중계선 사이에서 교환
	시외(toll) 교환기		시내 교환기의 중계선과 시외 교환기의 중계선 사이에서 교환기능 수행
	중계(tandem) 교환기		중계선 사이의 교환기능은 시외 교환기와 동일하나 연결 구역이 시내지역으로 한정됨

3.2.4 전화망의 계층 구성

전국에 걸친 광역통신망의 품질을 유지하면서 합리적이고 효과적으로 교환망을 구성하려면 교환국과 해당 교환국이 관할하는 구역(대역)을 구분하여 다단 계층구조로 전화망을 구성할 필요가 있는데 이와 같은 구성법을 대역제(Zone System)라고 한다. 대역제 통신망의 사용으로 중계선 그룹의 감소, 특정경로의 높은 통화량 처리, 초과(overflow) 허용, 회선고장 시 우회 등의 기능을 제공할 수 있으나 전체적인 망 관리 및 운용체제가 필요하다. 시외 전화망에서 각 교환국은 위치에 따라 부과되는 기능이 상이하며 이처럼 기능에 따라 교환국을 계층별로 분류한 것을 국 계위(office rank)라고 한다.

(1) 전화망의 계위

우리나라의 시외 전화망은 여러 지역을 총괄하는 총괄국(regional center)을 두고 총괄국의 하위 교환국으로 중심국(district center), 집중국(toll center), 단국(end office)의 순으로 국 계위(Office Rank)가 구성된다. [그림 3-19]는 이러한 국 계위를 나타내고 있다.

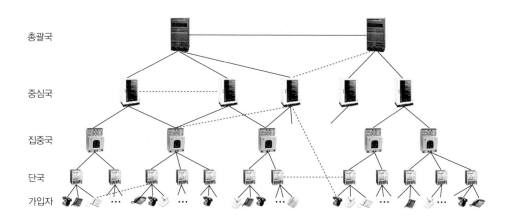

[그림 3-19] 전화망의 국 계위(Office Rank)

1980년대 중반까지 국내 전화망은 서울, 대구, 대전, 광주 등 4개 도시의 최상위 총괄국을 중심으로 약 20여개의 중심국을 설치, 운영하였다. 그러나 전자교환기의 대량 보급에 따라 중심국과 집중국 기능이 통합되었으며, 국 단위 통화권의 모든 상위국들을 단국으로 전환되었다. 이와 같은 과정을 거쳐 국내 전화망은 [그림 3-20]에서와 같이 3계위로 축소되었다.

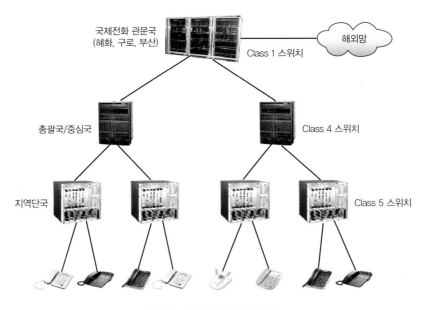

[그림 3-20] 국내 전화망 계위

중심국 이상을 연결하는 중계망은 일반적으로 메쉬형으로 구성되나, 중심국을 관할 구역 내의 통화권 모국에 연결하는 중계망은 경제성을 감안하여 스타형으로 구성한다. 통화량이 많은 인접지역 간은 직통회선을 구성하여 통화량을 효율적으로 중계할 수 있도록 하였다.

① 단국(end office)
전화망의 최하위 국계위로서 가입자와 직접 연결되어 있는 교환국을 의미한다. 가입자수가 적어 가입자의 수용구역이 한 개의 교환국으로 이루어진 경우를 단국지(single-office area)라 한다. 또한 가입자 수가 1만 가입자가 넘어서 여러 개의 분국(local office)으로 나누어 이루어진 경우를 복국지(multiple-office area)라 한다. 한편 분국수가 20~30국 이상의 대규모 시내 전화망에서는 국 사이의 경로수가 많아지기 때문에 시내 중계교환기능을 제공하는 시내 탠덤국(local tandem office)을 두어 통신망을 운용한다.

| 미니요약 |

단국지는 가입자 구역 내에 하나의 교환국을 설치하여 교환을 행하는 지역을 말하며, 이를 여러 개의 분국으로 나누어 복국지를 구성한다. 또한 분국 밑에 종속관계인 종국을 둘 수 있다.

② 집중국(toll center)

중심국 다음의 하위국으로 중심국이 처리하는 영역을 분할하여 처리하는 기능을 수행한다. 단국으로부터의 중계선을 통합하여 단국 상호 간에 교환접속 기능을 제공하고 해당 지역 이외의 국에 대한 시외 통화는 상위국에서 교환접속된다.

③ 중심국(district center)

집중국군의 중심이 되는 계위를 중심국이라 하는데 소속 집중국 간의 통화 및 다른 중심국 과의 중계교환을 행한다.

④ 총괄국(regional center)

중심국군의 중심을 총괄국이라 하며 다단중계의 중추역할을 하는 최상위국이다. 시외 대역 제에 있어서 최상위에 위치한다.

이와 같이 계위에 따라 통신망을 정리하여 구성하면 접속기준, 전송기준, 요금체계 등을 체 계적으로 설계할 수 있고 교환망의 개조나 변경, 확충 등에 대한 융통성이 향상될 수 있다.

> | 미니요약 |
>
> 단국들의 상위를 집중국이라 하는데 이는 시외번호 부여의 단위이며 단국들의 중심이다. 또한 집중 국들이 모여 중심국이라고 하는 상위계층이 생성된다. 또한 중심국들의 중심은 총괄국이 되며, 모든 계층구조의 최상위에 속하여 관리를 수행한다.

(2) 전화망의 계층별 연결 회선

국 계위 상에서 상호 연결되는 회선으로는 기간회선(basic trunk)과 바이패스 회선(by-pass trunk)이 존재한다. 각 회선에 대한 설명은 다음과 같다.

① 기간회선(basic trunk)

국 계위 상에서 직속 상위국과의 사이 및 총괄국 상호 간에 연결된 회선이다. 일반적으로 기간회선은 우회중계의 최종 접속경로 용도로 설정되며 바이패스 회선을 갖지 않는 국간의 호 접속이나 바이패스 회선에서 차단되는 호의 접속에 사용된다.

② 바이패스 회선(by-pass trunk)

기간회선으로만 통신망을 운용하기에는 여러 가지 어려움이 생기게 되는데, 예를 들어 인접국 간의 접속의 경우에 기간회선만을 사용하여 접속하려면 여러 상위국을 거쳐 멀리 돌아서 중계접속을 행하지 않으면 안 되는 경우가 발생할 수 있다. 이와 같이 구역이 떨어져 있더라도 트래픽이 많은 국 간에는 직통회선을 연결하여 직접 접속하는 것이 다단 중계하여 접속하는 것보다 훨씬 경제적이다. 또한 트래픽을 모두 상위국으로 돌려 중계한다면 총괄국과 중심국에 과도한 부하가 발생되어 교환기 구성에도 여러 가지 문제가 발생하게 된다. 이러한 문제를 해결하기 위해 기간회선 외에 필요에 따라 바이패스 회선을 설치한다.

| 미니요약 |

기간회선(basic trunk)으로는 어려움이 생기게 되어 바이패스 회선(by-pass trunk)을 사용하는데, 바이패스 회선은 통신망에서 대상이 되는 두 국 사이에 상당히 많은 트래픽이 존재하여 상위국을 경유하여 중계 전송하는 것보다 직통회선을 설치하여 전송하는 것이 더 경제적일 때에 사용된다.

각 국 계위에 속한 교환기는 설치된 위치, 교환접속의 종류(발신 및 착신, 중계 및 완결), 통화의 종류(시내, 시외)에 따라 필요한 교환동작을 행하게 되는데 교환의 부과된 역할에 따라 분류한 것을 교환 계위라고 한다. 앞서 살펴본 국 계위와 교환 계위와의 대칭관계는 〈표 3-2〉와 같다.

〈표 3-2〉 국 계위와 교환 계위

대역제에 따른 국 계위	교환 계위명
총괄국(RC)	시외 중계교환기 TTS(Toll Transit Switch)
중심국(DC)	
집중국(TC)	시외 발신교환기 TOS(Toll Outgoing Switch) 시외 착신교환기 TIS(Toll Incoming Switch)
시내 중계국(LMO)	시내 중계교환기 TS(Tandem Switch)
단국(EO) 분국(LO) 종국(SO)	시내 교환기 LS(Local Switch)

3.3 전화망의 동작 및 신호방식

3.3.1 전화망의 동작

전화망의 동작 과정을 살펴보기 위해 우선 기본적인 전화 걸기 과정을 살펴보도록 하겠다. 전화를 거는 과정은 다음과 같이 6단계로 나눌 수 있다.

① 수화기가 후크(hook)를 누르고 있는 온 후크(on-hook) 단계
② 통화를 하기 위해 수화기를 들어 올리는 오프 후크(off-hook) 단계
③ 전화기의 다이얼을 돌리거나 번호를 누르는 다이얼링(dialing) 단계
④ 신호 전달경로를 결정하는 교환(switching) 단계
⑤ 전화벨을 울리는 전화벨 울리기(ringing) 단계
⑥ 상대방과 대화를 나누는 대화(talking) 단계

(1) 온 후크(on-hook)

온 후크 단계는 발신자가 전화를 걸기 전에 수화기가 후크를 누르고 있는 상태이다. 이 상태는 전화기에서 교환기까지의 48V DC 회로가 열려 있어 전화기가 동작하지 않고 있는 상태임을 나타낸다. 교환기는 전화기의 DC 회로를 위해 전력 공급 장치를 포함하고 있는데 교환기에서 전력을 공급하는 것은 정전 시에도 가입자의 전화 연결이 끊어지지 않도록 하기 위함이다. [그림 3-21]은 온 후크 단계를 나타내고 있다.

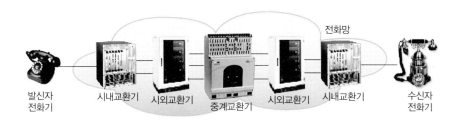

[그림 3-21] 온 후크 단계

(2) 오프 후크(off-hook)

오프 후크 단계는 발신자가 전화를 걸기 위해 수화기를 들어 올리는 단계이다. 후크(hook)는 교환기와 전화기 사이의 루프(loop)를 열고 닫는 스위치 역할을 하여 전류의 흐름을 차

단하거나 허용하는 역할을 수행한다. 교환기는 이러한 전류의 흐름을 감지하면 발신음 (350Hz와 440Hz의 연속적인 톤(tone))을 전화기에 보낸다. 이 발신음은 전화 거는 것을 시작할 수 있음을 사용자에게 알린다. [그림 3-22]는 오프 후크 단계를 나타내고 있다.

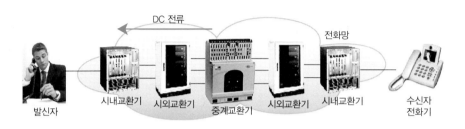

[그림 3-22] 오프 후크 단계

(3) 다이얼링(dialing)

다이얼링 단계는 발신자가 착신자의 전화번호(주소)를 입력하는 상태를 의미한다. 발신자는 펄스를 생성하는 다이얼(Dial) 방식 전화 또는 음을 생성하는 푸시(push) 방식 전화를 사용하여 착신자의 전화번호를 교환기에 전달한다. 전화기에서 생성한 펄스 또는 음은 트위스트 페어 케이블을 통해 교환기로 전달된다. [그림 3-23]은 다이얼링 단계를 보여준다.

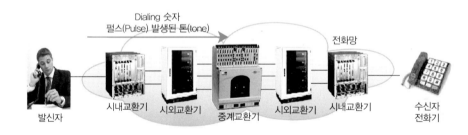

[그림 3-23] 다이얼링 단계

(4) 교환(switching)

교환 단계에서 교환기는 착신자의 전화번호를 기반으로 착신자의 전화기와 연결되어 있는 교환기까지 비어있는 회선을 선택하여 접속한다. 이때 교환기는 ISUP(ISDN User Part) 메시지인 IAM(Initial Address Message)을 톨 또는 상위 교환기로 전송한다. 상위 교환기는 전화번호를 분석하여 착신 교환기를 결정하게 된다. [그림 3-24]는 교환 단계를 나타낸다.

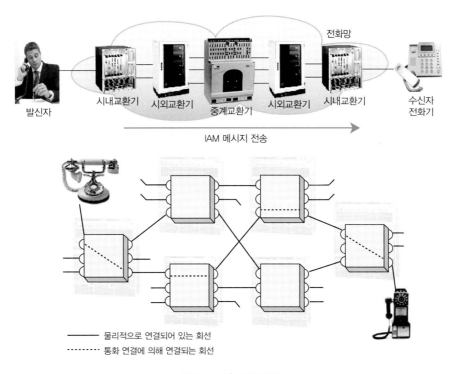

[그림 3-24] 교환 단계

(5) 전화벨 울리기(ringing)

전화벨 울리기 단계에서는 교환기가 착신 가입자의 라인에 20Hz의 90V 신호를 보내어 착신자의 전화벨을 울리게 된다. 착신자의 전화가 울리는 동안 교환기는 발신자에게 재신호(ringback) 음을 보내는데 440Hz, 480Hz 톤(tone)의 신호음을 사용한다. 동시에 교환기는 ACM(Address Complete Message) 메시지를 국간 전송구간을 거쳐 발신자가 접속되어 있는 교환기로 전송하고 발신자가 접속되어 있는 교환기는 ACM 메시지를 링잉 톤으로 변화시켜 발신자에게 전송한다. 만일 착신자의 전화가 사용 중이면 교환기는 발신자에게 480Hz와 620Hz 톤(tone)의 신호음을 보낸다. [그림 3-25]는 전화벨 울리기 단계를 나타내고 있다. ACM 신호를 링잉 톤으로 변화시켜 가입자 A에게 전송하게 된다.

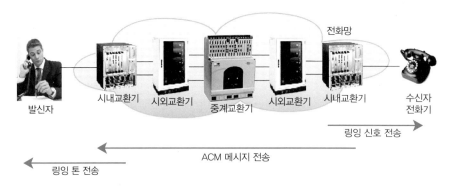

[그림 3-25] 전화벨 울리기 단계

(6) 대화(talking)

대화 단계는 착신자가 전화를 받는 것을 의미한다. 전화를 받는 순간 착신자의 전화기에는 오프 후크가 발생한다. 이렇게 되면 루프 회로가 닫히면서 교환기에 전류가 흐르기 시작하는데 교환기에서 전류의 흐름을 감지하면 두 가입자 간의 통화가 이루어진다. 착신자가 전화기를 드는 즉시 ANM(Answer Message) 메시지가 교환기에 전송되고 이 순간부터 과금이 이뤄지고 이후의 통신은 설정된 경로를 통해 수행된다. [그림 3-26]은 말하기 단계를 나타내고 있다.

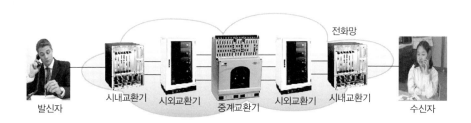

[그림 3-26] 말하기 단계

| 미니요약 |

전화를 거는 과정은 다음 6개의 단계로 나눌 수 있는데 수화기가 후크(hook)를 누르고 있는 상태 (on-hook), 수화기 들기(off-hook), 다이얼링(dialing), 교환(switching), 전화벨 울리기(ringing), 대화 (talking) 등이다.

3.3.2 다이얼링(dialing) 방식

앞서 전화의 기본적인 동작 과정을 단계별로 살펴보았다. 그 중 발신자가 착신자와 통화를 하기위해 발신자의 전화번호를 입력하는 단계에서 전화번호를 입력하는 두 가지 방식이 사용되고 있다.

- 펄스 다이얼링(pulse dialing) 방식
- 톤 다이얼링(tone dialing) 방식

(1) 펄스 다이얼링(pulse dialing)

펄스 다이얼링은 대역 내 신호방식 기술로 다이얼링을 사용하여 전화를 거는 아날로그 전화에서 사용된다. 다이얼을 돌릴 때마다 교환기 또는 PBX(Private Branch eXchange) 스위치와 연결된 회로를 닫거나 여는 동작을 하게 되는데 이것은 후크를 오프시켰다가 온시키는 것과 같은 효과를 갖는다. 여기서 번호는 후크를 몇 번 열었다 닫았는지와 관련이 있다. 예를 들어 후크를 2번 열었다 닫은 경우는 숫자 2를 누르는 것으로 간주한다. [그림 3-27]은 펄스 다이얼링 방식을 사용하여 다이얼링할 때 나오는 연속된 펄스들을 표현하고 있다.

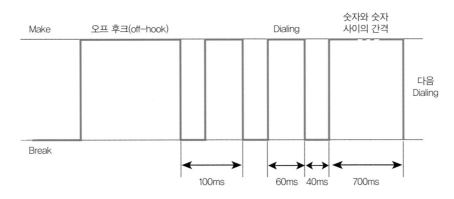

[그림 3-27] 펄스 다이얼링 방식의 신호구성

[그림 3-27]에서 보면 두 개의 새로운 용어가 나오는데 Make와 Break이다. Make는 후크(hook)가 오프될 때 즉 회로가 닫힐 때를 의미하고 Break는 후크가 온이 될 때, 즉 회로가 열릴 때를 의미한다. 발신자가 전화를 들면 교환기로부터 신호가 오고 이 신호를 받으

면 발신자는 다이얼을 하게 되는데 매 100ms마다 Make와 Break가 연속적으로 생성된다. 일반적으로 Make는 60ms이고 Break는 40ms인데 다음 다이얼을 위해서 대기하는 동안은 Make 상태를 유지하게 된다. 따라서 펄스 다이얼링 방식은 숫자가 커질수록 해당 숫자만큼의 펄스를 생성해야 하므로 다이얼링하는 속도가 상대적으로 느리다. 예를 들어, 번호 1은 펄스 하나를 생성하면 되지만 번호 0의 경우에는 10개의 펄스를 생성해야 하므로 그만큼 많은 시간이 걸리게 된다. 이와 같은 다이얼 속도를 줄이기 위해서 톤 다이얼링방식이 개발되었다.

(2) 톤 다이얼링(tone dialing)

톤 다이얼링 방식은 펄스 다이얼링과 같이 대역 내 신호방식 기술이며 터치 톤(touch tone) 패드를 가지고 있는 아날로그 전화에 사용된다. 톤 다이얼링 방식은 숫자당 단지 두 개의 주파수 톤만을 사용하는데, 예를 들어 번호 0을 다이얼링할 때 10개의 Make와 Break 펄스를 생성하는 대신에 941Hz, 1336Hz 주파수 톤만을 사용해서 생성하여 번호를 나타낸다. [그림 3-28]은 톤 다이얼링에서 사용하는 주파수 톤을 나타내고 있다.

[그림 3-28] 톤 다이얼링 방식에서 사용하는 주파수

| 미니요약 |

전화를 거는 방식에는 펄스 다이얼링(pulse dialing) 방식과 톤 다이얼링(tone dialing) 방식이 있다.

3.3.3 신호(signaling) 방식

전화 걸기 과정에서 단말기와 교환기 사이에는 송수화기를 들거나 내리는 것을 알리는 발호신호와 복구신호, 다이얼 숫자를 보내는 선택신호, 발신음과 벨 신호를 보내는 응답신호와 호출신호 등을 주고받는다. 한편 교환기와 같은 통신망 내부의 노드 사이에서는 선택신호와 감시신호를 주고받는다. 선택신호는 다이얼 숫자 정보 등의 중계 경로 선택에 필요한 제어정보를 의미하며 감시신호는 호 상태를 감시하고 필요한 제어를 행하기 위한 신호이다. 감시신호에는 기동, 절단 등 상대국에 동작을 지령하는 제어신호와 상대국에 호의 상태를 통지하는 표시신호 등이 있다.

이와 같이 전화망에서 통신망을 구성하는 요소 상호 간, 예를 들어 가입자의 전화기와 교환기, 교환기와 교환기 상호 간에 통화회선의 설정, 유지, 과금 및 복구 등과 같은 일련의 기능을 제어하기 위해 필요한 정보를 서로 교환하는 절차 및 기준을 신호방식이라고 한다.

전화망의 신호방식은 적용하는 구간에 따라 전화기와 같은 단말기와 교환기간의 신호방식을 가입자선 신호방식, 교환기와 같은 통신망 내부 노드 간의 신호방식을 국간 중계선 신호방식이라고 한다. 전자의 경우는 간단한 사용법과 표준화된 절차가 중요시되는 데 비해, 후자의 경우는 인적요소에 거의 제한을 받지 않기 때문에 운용효율과 융통성이 중요하게 간주된다.

초기의 신호방식이 교환기 위주로 결정되고 전송기술의 급속한 발전에 따라 변천해 오다가 1970년대부터 도입되기 시작한 전자교환기 등장과 데이터 통신기술의 발전으로 여러 신호방식들이 등장하였으며 이러한 신호방식들을 살펴보도록 하겠다.

- 통화로 신호방식
    - 주소 신호방식
    - Loop Start 신호방식
    - Ground Start 신호방식

- 공통선 신호방식(Common Channel Signaling)
    - SS7(Signaling System No.7)

| 미니요약 |

전화망에서 통신망을 구성하는 요소 상호 간, 예를 들어 가입자의 전화기와 교환기, 교환기와 교환기 상호 간에 통화회선의 설정, 유지 과금 및 복구 등과 같은 일련의 기능을 제어하기 위해 필요한 정보를 서로 교환하는 절차를 신호방식이라고 한다.
신호방식에는 주소 신호방식, Loop Start 신호방식, Ground Start 신호방식, SS7 등이 있다.

(1) 주소 신호방식

주소 신호방식은 우리가 일반적으로 알고 있는 전화번호를 통해 착신자 단말기의 제어를 위해 필요한 정보를 서로 교환하여 신호제어를 하는 것이다. 전화번호는 전화망에 수용된 상대 가입자 또는 특수기능을 구분해서 선택할 수 있는 수단을 제공한다. 전화 서비스의 초기에는 착신자의 이름이나 상호를 교환원에게 구두로 전달함으로써 통화가 가능하였으나 가입자수 증가에 따라 번호가 필수적으로 사용되게 되었다.

① 북미의 번호체계(NANP: North American Numbering Plan)

북미에서는 전화번호를 나타내기 위해 10자리의 숫자를 사용하는데 10자리 숫자는 Area Code, Office Code, Station Code 등과 같이 3개의 단계로 나눠진다. [그림 3-29]는 북미의 번호체계의 예를 보여주고 있다.

609-565-1234
Area code Office code Station code

[그림 3-29] 북미의 번호체계 예

- Area Code는 전화번호의 처음 3자리 숫자들로 표현되는데 이 숫자는 북미에서 어떤 지역인지를 나타내는 번호이다. 첫 번째 자리 숫자는 2에서 9 사이의 숫자 중 하나가 올 수 있고 두 번째 자리 숫자는 0 또는 1 둘 중 하나의 숫자가 오게 된다. 그리고 세 번째 자리 숫자는 0부터 9 사이의 숫자 중 하나가 올 수 있다.

- Office Code는 Area Code 다음의 3자리 숫자로 구성되는데 네트워크에 존재하는 스위치의 고유한 번호를 나타낸다. 첫 번째 자리 숫자는 2에서 9 사이의 숫자 중 하나이고 두 번째 자리 숫자도 역시 2에서 9 사이의 숫자 중 하나가 올 수 있다. 그리고 셋째 자리 숫자는 0부터 9 사이의 숫자 중 하나가 올 수 있다. Area Code와 Office Code는 둘째 자리 숫자가 다르므로 항상 서로 다른 번호를 갖는다.

- Station Code는 전화번호의 마지막 4자리 숫자로 이루어지는데 이 번호는 스위치 내에 존재하는 유일한 포트번호를 나타낸다. 4자리 숫자로 표현할 수 있는 번호가 대략 10,000개이므로 하나의 스위치에 물릴 수 있는 Station Code는 10,000개가 된다.

② 국제번호체계(International Numbering Plan)

국제번호체계는 모든 국가들이 따라야만 하는 ITU-T 국제표준인 E.164를 기초로 하고 있다. 국제번호체계에서는 모든 전화번호가 15자리를 넘어갈 수 없도록 규정하고 있다. 처음 세 자리는 나라의 코드를 표시하는 데 반드시 세 자리를 모두 사용할 필요는 없다. 나머지 12자리는 각국에서 사용되는 번호이며 해당 국가에서 임의로 정하여 사용할 수 있다. 타국가에서 북미의 어떤 지역에 전화를 걸기 위해서는 우선 1을 다이얼하고 NANP에서 요구하는 10자리의 번호를 입력하면 된다. 또한 미국에서는 타국가로 전화를 하기 위해서 011 같은 특정 코드를 사용하여 타국가에 국제 호출을 한다.

(2) Loop Start 신호방식

Loop Start 신호방식은 전화망에서 온 후크와 오프 후크 상태를 나타내기 위해 사용되는 관리 신호기술로 전화기로부터 교환기간의 연결에 사용되거나 교환기와 PBX 간의 연결에 도 사용될 수 있다. [그림 3-30]은 교환기에 호출신호가 들어온 경우 발생하는 상태 변화 를 보여주고 있다.

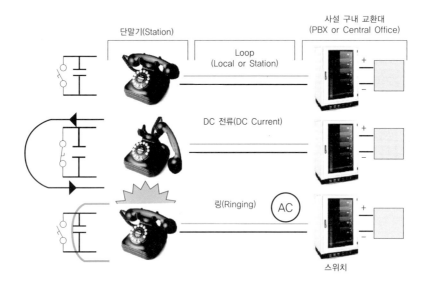

[그림 3-30] Loop Start 신호방식

이때 교환기는 48V DC 링(ring) 라인에 20Hz, 90V AC를 보냄으로 해서 착신자의 전화기 를 울리거나 PBX에 입력 호출신호가 있음을 알린다. 교환기는 전화나 PBX에서 팁(tip)과 링(ring) 라인 사이의 회로가 닫친 경우에 위 동작을 중지하게 되는데 전화회로가 닫히는 경우는 착신자가 수화기를 들어 올린 경우이고 PBX는 가용한 회선 자원이 있을 때 닫히게 된다. 교환기는 착신자 전화에 전화벨을 울려서 전화가 왔음을 알려야 하는데 전화 자체에 는 벨을 울릴 수 없으므로 주기적으로 교환기가 벨을 울려줘야 한다. 이 주기가 약 4초 정 도 소요된다.

전화벨을 울릴 때 발생하는 지연은 교환기와 전화기, PBX를 동시에 점유하려고 할 때 발생한다. 이 지연을 'Glare'라고 하는데 이런 현상 때문에 발신자가 전화를 걸었는데 신호음 없이 바로 착신자와 연결되는 일이 발생할 수 있다. 이 문제는 전화와 교환기 사이에는 별 문제가 되지 않지만 교환기와 PBX 사이에서 Loop Start를 할 때는 상대적으로 많은 호출 신호가 발생하므로 Glare 현상을 가중시켜 문제가 될 수 있다. 이런 Glare 문제를 막기 위해 사용하는 방법으로 다음에 설명할 Ground Start 신호방식이 있다.

| 미니요약 |

전화망에서 온 후크와 오프 후크 상태를 나타내기 위해 사용되는 신호방식으로는 Loop Start, Ground Start 신호방식이 있다.

(3) Ground Start 신호방식

Ground Start 신호방식은 Loop Start 신호방식과 같이 전화망에서 온 후크와 오프 후크의 상태를 나타내기 위해 사용되는 관리 신호기술로 교환기와 교환기가 연결될 때 처음에만 사용된다. Ground Start 신호방식이 Loop Start 신호방식과 다른 점은 Ground Start 신호방식에서는 팁과 링 라인이 닫히기 전에 양 끝단에서 그라운드를 감지한다는 것이다.

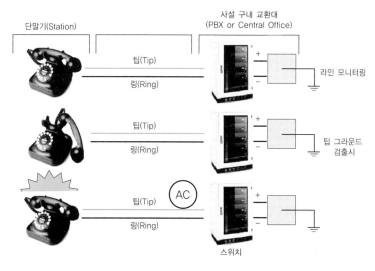

[그림 3-31] Ground Start 신호방식

PBX는 지속적으로 그라운드를 위한 팁 라인을 감시하고 교환기는 지속적으로 그라운드를 위한 링 라인을 감시한다.

[그림 3-31]에서 PBX는 팁 그라운드와 벨 울리기 신호를 감지하면 PBX는 연결에 할당될 가용자원이 있을 경우 팁과 링 라인 사이의 회로를 닫고 링 그라운드를 제거한다. 교환기는 팁과 링 라인 사이의 회로에 전류 흐름을 감지하면 벨 울리기 신호음을 제거하게 된다. 이때 PBX는 팁 그라운드와 벨 울리기 신호음을 100ms 이내에 감지해야만 한다. 만약 그렇지 못하면 타임아웃을 발생시키고 다시 호출신호를 보내야만 한다. 이렇게 해서 Loop Start 신호방식에서 발생하는 Glare 현상을 줄일 수 있다.

(4) 공통선 신호방식

신호방식에는 가입자선 신호방식, 국간 신호방식과 같이 적용구간에 의한 분류와 구현기술에 의한 분류가 있다. 공통선 신호방식은 후자의 구현기술을 표시하는 용어이다.

공통선 신호방식 이전의 PSTN 신호방식은 신호와 음성이 동일한 회선, 즉 동일한 경로를 통하여 전달되는 개별선 신호방식을 이용하였다. 개별선 신호방식은 단순한 음성 통화로 설정 및 해지를 위한 방식으로 이러한 음성 위주의 신호방식으로는 다양한 신규 서비스의 출현, 대용량의 데이터 전송 및 점점 복잡해지는 망 구성에 효율적으로 대처할 수 없어 신호와 트래픽을 분리하여 통신망을 구성하는 공통선 신호방식이 출현하게 되었다.

ITU-T에서는 기존의 개별선 신호방식의 한계로 인해 새로운 유형의 공통선 신호방식을 권고하게 되었다. 이러한 공통선 신호방식 중 1960년대 후반에 권고된 No.6 신호방식은 그 속도 및 길이의 제한으로 인해 널리 이용되지 못했다. 이 때문에 1980년대에 고속 데이터전송이 가능하고 신호의 정보를 가변으로 구성할 수 있는 새로운 형태의 신호방식이 등장하게 되었는데 이것이 No.7 신호방식(SS7)이다.

공통선 신호방식의 원리는 [그림 3-32]에서와 같이 신호정보와 통화정보를 처리하는 통신망을 완전히 분리하는 것이다. 공통선 신호방식의 출현으로 신규 서비스의 도입이 용이해졌고 다양하고 복잡해지는 망 환경에서 운용 및 유지보수가 용이해지게 되었다.

신호정보를 처리하기 위한 SS7망은 패킷 네트워크이며 중요한 신호정보를 보호하기 위해 이중, 삼중으로 장비와 링크가 연결되어 있다. 회선망과 완전히 분리된 SS7망은 직접 연결되어 있지 않은 교환기간의 신호처리도 가능하며 통화 중에도 신호 메시지를 송수신할 수 있다. 또한 패킷망을 이용하여 음성속도보다 훨씬 높은 고속의 데이터 전송이 가능하며 보안 측면에서도 개별선 신호방식 보다 우수하고 음성 톤이 아니라 메시지 형태로 신호를 처리하기 때문에 훨씬 다양한 신호 메시지를 제공할 수 있다.

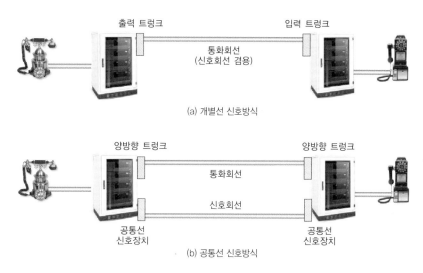

[그림 3-32] 개별선 신호방식과 공통선 신호방식

[그림 3-33]은 회선망과 이를 제어하기 위한 신호망을 함께 나타내고 있으며 [그림 3-34]에서 [그림 3-36]은 신호망을 이용하여 통화를 설정하는 과정을 단계별로 설명하고 있다.

> **미니강의** Tip과 Ring
>
> 전화기와 교환기 사이의 연결선 중에서 한쪽을 Tip, 다른 한쪽을 Ring이라고 부른다. 일반적으로 Tip은 0V(정지되어 있음)이고 Ring은 −48V로 연결된다. Tip과 Ring은 각각 국제적으로 구리선을 둘러싼 피복의 색깔로 구분되는데 Tip은 일반적으로 붉은색으로 피복되어 있다. 한편 Tip은 송신, Ring은 수신을 의미하기도 한다.

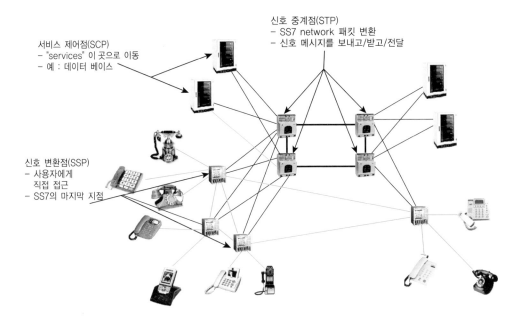

신호 중계점(STP)
- SS7 network 패킷 변환
- 신호 메시지를 보내고/받고/전달

서비스 제어점(SCP)
- "services" 이곳으로 이동
- 예 : 데이터 베이스

신호 변환점(SSP)
- 사용자에게
  직접 접근
- SS7의 마지막 지점

[그림 3-33] 회선망과 이를 제어하기 위한 신호망

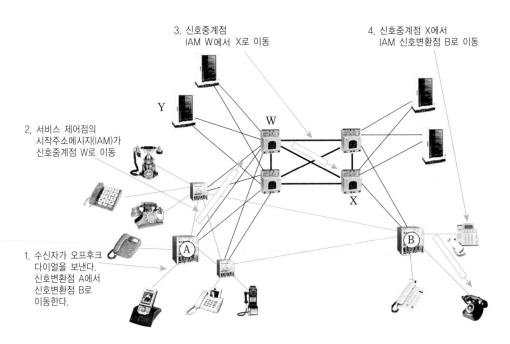

3. 신호중계점
   IAM W에서 X로 이동

4. 신호중계점 X에서
   IAM 신호변환점 B로 이동

2. 서비스 제어점의
   시작주소메시지(IAM)가
   신호중계점 W로 이동

1. 수신자가 오프후크
   다이얼을 보낸다.
   신호변환점 A에서
   신호변환점 B로
   이동한다.

[그림 3-34] 신호망을 이용하여 통화를 설정하는 과정 1단계

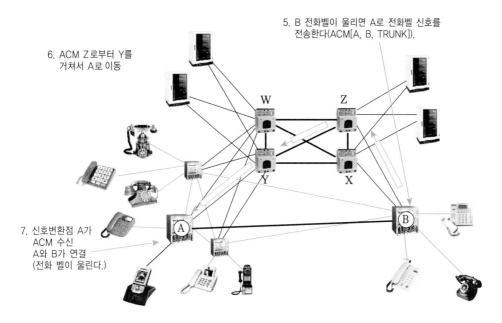

[그림 3-35] 신호망을 이용하여 통화를 설정하는 과정 2단계

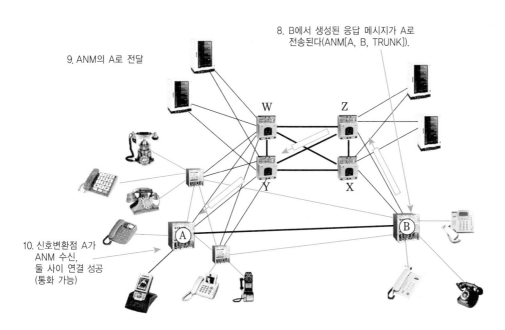

[그림 3-36] 신호망을 이용하여 통화를 설정하는 과정 3단계

요약

01 전화망

- 네트워크의 정의를 확대해서 데이터 통신, 즉 원거리 간의 정보교환까지 거슬러 올라가면 '전화'가 네트워크의 시초가 된다.
- 전화망은 회선 교환망(Circuit Switching Network)의 모델이기도 하다.

02 전화망의 역사

- 1837년 Samuel F.B. Morse에 의해서 발명된 전신은 전자 신호를 이용하여 다른 지역으로 정보를 전달하기 위한 첫 번째 장치였다.
- 1876년 3월, Alexander Graham Bell에 의해 전화(telephone)가 미국 특허청에 특허로 등록되었다.
- 1878년 1월 28일, 코네티컷주의 뉴해이븐에 처음으로 교환기가 설치되었다.
- 1940년대에 발표된 TDM(Time Division Multiplexing) 기술을 사용하여 T1 방식의 디지털 전송기술이 개발되었다.

03 전화망의 구성요소

- 전화망의 구성
  - 처음에는 하나의 교환기에 가입자가 속하여 구성
  - 가입자가 늘어나면 분국이 생성
  - LS 상호 간을 연결하기 위해 TS가 생성
  - TS 상호 간을 중계선으로 연결한 통신망 형성
- 전화망에 사용되는 통신 매체
  - 가입자 회선에는 트위스티드 페어(Twisted Pair)가 사용
  - 교환기 상호 간에는 동축 케이블(Coaxial Cable), 마이크로웨이브(Microwave), 그리고 광섬유(Optical Fiber) 등이 널리 사용

04 전화망에 사용되는 시설

- 전송 시설
  - 가입자 선로: 가입자 회선이 시내 교환기에 연결되는 선로

- 중계선(trunk) 시설: 시내 교환기 상호 간, 시내 교환기와 시외 교환기 사이를 연결하는 선로
- 교환 시설
  - 시내(local) 교환기: 가입자 전화기를 수용하며 동일 시스템 내부 가입자 상호 간이나 내부 가입자를 다른 교환기와 연결되는 중계선 사이에서 교환
  - 시외(toll) 교환기: 시내 교환기의 중계선과 시외 교환기의 중계선 사이에서 교환 기능 수행
  - 중계(tandem) 교환기: 중계선 사이의 교환기능은 시외 교환기와 동일하나 연결 구역이 시내지역으로 한정됨

05 전화망의 계층 구성

- 가입자의 수용구역이 한 개의 교환국으로 이루어진 경우를 단국지(single-office area)라 한다.
- 가입자 수가 1만 가입자가 넘어서 여러 개의 분국(local office)으로 나누어 이루어진 경우를 복국지(multiple-office area)라 한다.
- 분국수가 20~30국 이상의 대규모 시내 전화망에서는 국 사이의 경로수가 많아져서 시내 중계교환기를 갖는 시내 탄뎀국(local tandem office)을 두어 통신망을 운용한다.
- 시내 탄뎀국의 상위를 집중국이라 하는데, 이는 시외번호 부여의 단위이며 단국들의 중심이다.
- 집중국들이 모여 중심국이라고 하는 상위계층이 생성된다.
- 중심국들의 중심은 총괄국이 되며, 모든 계층구조의 최상위에 속하여 관리를 수행한다.

06 전화망의 신호방식

- 전화를 거는 과정은 다음 6개의 단계로 나눌 수 있는데 수화기가 후크(hook)을 누르고 있는 상태(on-hook), 수화기 들기(off-hook), 다이얼링(dialing), 교환(switching), 전화벨 울리기(ringing), 대화(talking) 이렇게 6단계로 이뤄진다.
- 전화를 거는 방식에는 다이얼(dial)을 돌려 펄스를 생성하는 펄스 다이얼링(pulse dialing) 방식과 버튼을 눌러 번호를 입력하는 톤 다이얼링(tone dialing) 방식의 두 가지 방식이 있다.
- 전화망에서 통신망을 구성하는 요소 상호 간, 예를 들어 가입자의 전화기와 교환기, 교환기와 교환기 상호 간에 통화회선의 설정, 유지, 과금 및 복구 등과 같은 일련의 기능을 제어하기 위해 필요한 정보를 서로 교환하는 절차를 신호방식이라고 한다.

- 신호방식에는 주소 신호방식, Loop Start 신호방식, Ground Start 신호방식 등과 같은 통화로 신호방식(channel associated signaling)과 이들을 개선한 공통선 신호방식(common channel signaling)이 있다.
- 주소 신호방식은 우리가 일반적으로 아는 전화번호를 통해 피호출자의 단말기를 제어하기 위해 필요한 정보를 서로 교환하여 신호 제어 방식이다.
- 음성 네트워크에서 온 후크(on hook)와 오프 후크(off hook) 상태를 나타내기 위해 사용되는 관리 신호 기술에는 Loop Start, Ground Start 방식이 있다.
- SS7(Signaling System No.7)은 고속 데이터 전송이 가능하고 신호의 정보를 가변으로 구성할 수 있는 새로운 형태의 신호방식이다.

연습문제

01 멀리 떨어진 지역에 정보를 전송하는 최초의 발명품으로 정보화 시대를 연 발명품은?

    a. 전신(Telegraph)   b. 전화(Telephone)

    c. 컴퓨터(Computer)   d. 휴대폰(Hand-phone)

02 초기의 전화망은 각각의 전화기가 모두 연결된 형태였다. 이러한 구성의 경우 전화기 n개에 필요한 연결회선의 개수는?

    a. $n(n-1)/2$ b. $n(n+1)/2$

    c. $(n-1)/2$ d. $(n+1)/2$

03 교환기 상호 간에 주로 사용되는 매체가 아닌 것은?

    a. 동축 케이블(Coaxial Cable)   b. 마이크로웨이브(Microwave)

    c. 광섬유(Optical Fiber)   d. 트위스티드 페어(Twisted Pair)

04 다음 중 전화망의 교환 시설에 속하지 않는 것은?

    a. 시내(local) 교환기   b. 시외(toll) 교환기

    c. 가입자 선로(loop)   d. 중계(tandem) 교환기

05 다음 중 시외 교환기와 시외 교환기 사이를 연결하기 위하여 사용되는 장비는?

    a. 전화기   b. 시내 교환기

    c. 중계 교환기   d. 시내 중계선

06 다음 중 대역제에 따른 구분상 가입자 교환기에 속하지 않는 것은?

    a. 단국(EO)   b. 집중국(TC)

    c. 분국(LO)   d. 종국(SO)

07 다음 중 시외통화가 집중되는 최하위국으로 시외번호 부여의 단위이기도 하며 단국의 중심이 되는 것은?

    a. 중심국   b. 집중국

    c. 총괄국   d. 가입자

08 다음 중 대역의 경계를 사이에 둔 인접국 간의 접속의 경우에 접속하려면, 여러 상위국을 거쳐 돌아서 중계접속을 하게 되므로, 구역이 다르더라도 직통회선을 연결하여 직접 접속하고자 할 때 사용하는 회선은?

    a. 바이패스 회선   b. 기간 회선

    c. 대역 회선   d. 우회 회선

09 다음 중 전화를 거는 과정을 잘 나열한 것은?

    a. 온 후크(on-hook) → 오프 후크(off-hook) → 전화 걸기(dialing) → 스위칭(switching) → 벨 울리기(ringing) → 말하기(talking)

    b. 오프 후크(off-hook) → 온 후크(on-hook) → 전화 걸기(dialing) → 스위칭(switching) → 벨 울리기(ringing) → 말하기(talking)

    c. 온 후크(on-hook) → 오프 후크(off-hook) → 전화 걸기(dialing) → 벨 울리기(ringing) → 스위칭(switching) → 말하기(talking)

    d. 오프 후크(off-hook) → 온 후크(on-hook) → 전화 걸기(dialing) → 벨 울리기(ringing) → 스위칭(switching) → 말하기(talking)

10 다음은 전화를 거는 방식 중 어떤 방식에 대한 설명인가?

> 숫자(0에서 9, # 및 * 이런 것들을 모두 "숫자(digits)"라고 한다)를 나타내는 데 소리를 사용한다. 각 숫자는 특정 주파수의 쌍으로 지정되는데 그것을 이중 발신음 다중 주파수, 즉 Dual Tone Multi Frequency(DTMF) 숫자라고 부른다.

    a. 펄스 다이얼링   b. 원터치 다이얼링

    c. 터치 톤 다이얼링   d. 파워 다이얼링

11 가입자의 전화기와 교환기, 교환기와 교환기 상호 간에 통화회선의 설정, 유지, 과금 및 복구 등과 같은 일련의 기능을 제어하기 위해 필요한 정보를 서로 교환하는 절차를 무엇이라고 하는가?

    a. 전송제어   b. 신호방식

    c. 동기화   d. 프로토콜

12 다음 중 통화로 신호방식이 아닌 것은?

    a. 주소 방식   b. Loop Start 신호방식

    c. Ground Start 신호방식   d. SS7

13 전화벨을 울릴 때 발생하는 지연은 교환기와 전화기, PBX를 동시에 점유하려고 할 때 발생한다. 이 지연은?

    a. Glare   b. Delay

    c. Noise   d. Storm

14 북미의 번호 체계에서 네트워크 상에 존재하는 스위치의 고유한 번호를 나타내는 코드는?

    a. Area Code   b. Office Code

    c. Station Code   d. National Code

15 SS7에 대해서 간단히 설명하라.

16 SS7의 특징에 대해서 설명하라.

| 참고 사이트 |

- http://www.cisco.com/warp/public/3/kr/network/index.html: CISCO에서 제공하는 네트워크 용어정리 사이트로서 표준적인 용어를 알파벳 순서로 정리
- http://mmlab.snu.ac.kr/course/courseware/comm/dc_c4_2.htm: 전화망의 구성에 대한 간략한 소개
- http://kmh.yeungnam-c.ac.kr/Network2/concept/enterstudy/day1/text1-10.htm: 정보통신의 기초에 대한 소개
- http://comdoctor119.co.kr/~pass73/isp.htm: 회선 연결에 대한 소개
- http://inw.webpd.co.kr/network1.html: 네트워크의 기본이 되는 구성에 관한 소개
- http://user.chollian.net/~acq/net20.htm: 전화망의 발달과정과 기본 내용에 대한 소개
- http://apollo.mokpo.ac.kr/~scyu/netwok05.html: 스위칭 방식에 대한 소개
- http://www.kt.co.kr/kor/comm_park/comm_museum/frset/frset04.html: 전화 통신망의 역사와 일화가 소개
- http://www.unustech.com/unus/RandD/knowledge/ss7_2.htm: SS7에 대한 설명
- http://cisco.com/warp/public/788/signalling/net_signal_control.htm: Signaling에 관한 설명

| 참고문헌 |

- TIC정책자료 97-01, 알기 쉬운 정보통신 강좌, 한국전자통신연구원, pp14~19, 1997
- Anu A. Gokhale, *Introduction to Telecommunications*, DELMAR, pp1~30, 2001
- Marion Cole, *Introduction to Telecommunications-Voice, Data and the Internet*, Prentice Hall, pp1~25, 2000
- Roger L. Freeman, *Fundamentals of Telecommunications*, John Wiley & Sons, pp245~280, 1999
- John G. Van Bosse, *Signaling in Telecommunication Networks*, WILEY, pp153~215, 1997
- 정진욱 · 안성진 · 김현철 · 구자환 공저, 정보통신 배움터, 생능출판사, 2005

CHAPTER

04

데이터 통신의 기본개념

contents

데이터 통신의 기본개념

데이터 통신 시스템은 여러 가지 하드웨어와 소프트웨어로 구성된다. 따라서 이들을 적절히 이용하기 위해서는 여러 가지 기본개념들을 이해하여야 한다. 이러한 것들에는 전체적인 데이터 통신 환경을 이해하기 위한 개념들과 전송에 관련된 하드웨어의 동작을 이해하기 위한 몇 가지 기초 개념들이 있다. 이 장에서는 이러한 기초 개념들에 대한 이해와 네트워크 구성에 대하여 알아보고자 한다. 4장의 중요 내용은 다음과 같다.

- 데이터 통신 시스템의 연결방식에 대하여 이해한다.
- 데이터 전송기술의 종류와 특성에 대하여 알아본다.
- 토폴로지의 의미와 종류 그리고 특성에 대하여 알아본다.
- 네트워크 구성요소와 종류에 대하여 이해한다.

4.1 회선 구성

데이터 통신 시스템들 간의 회선연결 방식에는 다음과 같은 것들이 있다.

- 점대점(point-to-point) 방식
- 다중점(multi-point) 방식
- 교환(switching)방식

4.1.1 점대점(point-to-point) 방식

메인프레임 형태의 중앙의 컴퓨터와 여러 개의 터미널들이 독립적인 회선을 이용하여 1:1로 연결되는 가장 단순한 방식이다. 보통 비지능형(dumb) 터미널을 비동기식으로 중앙 컴퓨터에 연결할 때 사용된다. TCP/IP 환경에서는 PPP(Point-to-Point Protocol) 프로토콜을 사용하여 두 노드 간에 1:1로 연결된 경우가 이에 해당된다. [그림 4-1]은 점대점 방식의 구성 예이다.

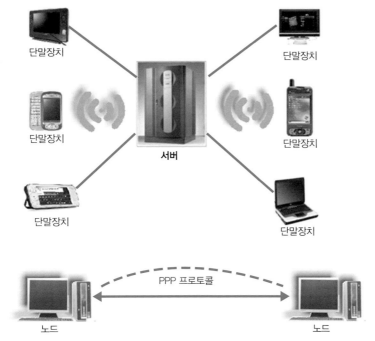

*노드는 메인 프레임급 컴퓨터, 워크스테이션 등의 서버와 PC로 대표되는 클라이언트 등을 의미한다.

[그림 4-1] 점대점 방식

<u>미니강의</u> Dumb 터미널과 Dummy 모뎀

Dumb 터미널은 단순 단말기라고도 불리며 그 자체로는 프로세서가 없어서 데이터의 처리 능력이 없고, 단순히 최소한의 입출력 능력을 갖고 있는 화면과 키보드로 구성된 터미널을 지칭한다. 따라서 dummy 터미널이란 용어는 없으며 dummy 모뎀은 존재한다. Dummy 모뎀은 변복조 기능이 없이 단순히 핀 연결만 바꾸어 짧은 거리에서 DTE와 DCE 간을 연결하는 데 이용된다.

[그림 4-2] Dummy 모뎀

4.1.2 다중점(Multi-point) 방식

하나의 장치(예를 들어, 컴퓨터)에 연결된 하나의 전용회선을 사용하여 다수 개의 장치들 (예를 들어, 단말장치)을 연결하여 정보를 송수신하는 방식으로 멀티드롭(Multi-drop) 방식이라고도 한다. 제어용 컴퓨터가 서버가 되고, 단말장치들이 클라이언트의 형태가 된다.

이 방식은 컴퓨터가 폴링(polling)하는 시스템에서만 사용이 가능하다. 이때 컴퓨터는 방송 (broadcasting)하는 형태로 한 회선에 연결된 모든 터미널에 블록 형태의 데이터를 전송하게 되고 터미널은 데이터 블록과 함께 전송되어 모든 고유한 주소와 터미널 자신의 주소를 비교하여 주소가 일치된 경우에만 데이터를 수신하게 된다. 따라서 멀티드롭 방식에서 터미널은 이러한 주소 판단 기능과 데이터 블록을 일시 저장할 수 있는 버퍼를 갖고 있어야 한다.

다중점 방식은 각 단말장치에서 송수신할 데이터양이 적을 때 효과적이고 회선을 공유하기 때문에 회선 비용을 줄일 수 있다. 그러나 회선 고장 시 고장 지점 이후의 단말장치들은 모두 운용이 불가능해지는 단점이 있다. [그림 4-3]은 다중점 방식의 구성 예이다.

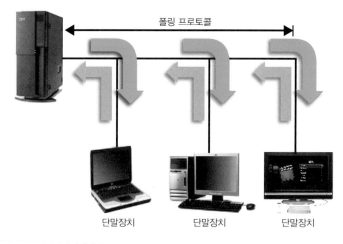

[그림 4-3] 다중점 방식

4.1.3 교환(switching) 방식

교환 방식은 교환망(전화 교환망 또는 패킷 교환망 등)을 통하여 데이터를 송수신하는 방식으로 크게 회선교환 방식과 패킷교환 방식으로 분류된다.

(1) 회선교환(Circuit Switching) 방식

회선교환 방식은 정보전송의 필요성이 생겼을 때 상대방을 호출하여 물리적으로 연결하고 이 물리적인 연결은 정보전송이 종료될 때까지 지속된다. 일단 물리적 연결이 이루어진 후 해당 회선은 다른 사람과 공유하지 않고 배타적으로 두 사람 사이에만 이용이 가능하다. 주로 전화 교환기가 취하고 있는 기본적인 교환 방식이다. [그림 4-4]는 회선교환 방식의 개념도이다.

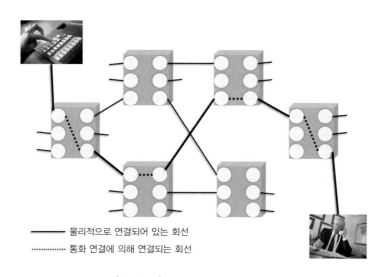

[그림 4-4] 회선교환 방식의 개념도

회선교환 방식의 특징은 다음과 같다.

• 전송 중 항상 동일한 경로를 경유하여 데이터가 전송된다.
• 점대점 방식의 전송구조를 갖는다.
• 접속시 상대적으로 긴 시간이 소요되나 전송지연(propagation delay)은 거의 없다.
• 고정적인 대역폭을 사용한다.
• 속도나 코드의 변환이 불가능하다.

Transmission delay는 전송하고자 하는 패킷의 길이의 함수이다. 이것은 송수신지 사이의 거리와는 무관하며, 단지 패킷 길이에만 비례하는 함수이다. 즉, 패킷을 받은 라우터가 이를 라우터의 출력 링크로 옮기는 데 걸리는 시간을 의미하며, N/R로 정의할 수 있다(N은 전송할 비트의 총수, R은 전송률).

Propagation delay는 전송하려는 데이터가 하나의 노드에서 다른 노드로 전송되는 데 걸리는 시간으로 정의된다. 이는 오직 두 노드 간의 거리에 비례하며, D/S로 정의할 수 있다(D는 거리, S는 매체의 속도).

(2) 패킷교환(Packet Switching) 방식

패킷교환 방식은 패킷마다 송신지와 수신지의 주소를 넣어 전송하면 패킷 교환기는 해당 주소에 근거하며 최종 목적지까지 패킷을 전달하는 교환 방식이다. 패킷교환 방식을 회선 교환의 단점을 극복하면서 전송하는 데이터 트래픽이 없는 동안에 낭비되는 대역폭을 효율적으로 이용하고자 하는 방식이다. 기본적으로 패킷교환은 전송하고자 하는 정보를 패킷이라는 정보 단위로 분할하여 사용한다. [그림 4-5]는 패킷교환 방식의 개념도이다.

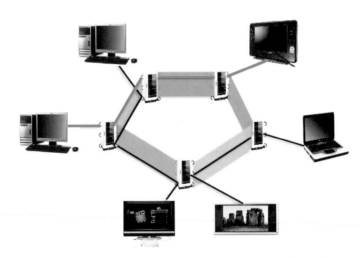

두 지점 사이에는 논리적인 연결은 지속되지만 물리적인 연결은 공유한다.

[그림 4-5] 패킷교환 방식의 개념도

이러한 패킷교환 방식의 특징은 다음과 같다.

- 노드와 노드 간의 회선을 다수의 패킷들이 공유하므로 전송효율이 높다.
- 네트워크가 일종의 커다란 버퍼의 기능을 수행하므로 처리속도가 다른 통신기기들 간에도 정보전송이 가능하다.
- 패킷별로 우선순위를 적용할 수 있기 때문에 다양한 형태의 서비스가 가능하다. 즉, 우선순위가 높은 패킷들을 먼저 전송할 수 있다.
- 네트워크에 트래픽이 많을 경우 회선교환 방식은 호 설정 자체가 어렵지만, 패킷교환 방식에서는 정보전송이 지연될 뿐 거부되지는 않는다.

패킷교환 방식은 전송을 시작할 때 우선 두 지점 사이의 논리적인 전송로(Virtual Circuit) 설정 방법에 따라 크게 다음과 같은 두 가지 방식으로 구분된다.

① 데이터그램(Datagram) 방식

데이터그램이란 컴퓨터 통신의 기본 단위로 그 자체로 모든 것을 완비한 하나의 독립된 메시지이다. 데이터그램 방식에서는 패킷마다 주소를 삽입하고 이전 패킷의 처리형태와 무관하게 각 패킷을 독립적으로 취급한다. 따라서 송신한 순서와 다르게 패킷이 도착할 수 있다. 패킷 교환기가 고장을 일으켜 해당 교환기에서 대기 중이던 패킷이 손실되는 경우에는 수신지나 송신지에서 이를 감지하고 복구를 수행해야 한다. 데이터그램 방식의 장점은 다음과 같다.

- 송수신측 간에 호(연결) 설정 절차가 필요하지 않다는 점이다(비연결형 서비스). 따라서 적은 양의 패킷만을 전송하고자 하는 경우, 보다 신속하게 전송할 수 있기 때문에 효율적이다.
- 노드별로 단계별 전송을 하기 때문에 네트워크 운용에 있어, 보다 높은 유연성을 제공한다. 예를 들어, 가상회선 방식의 경우는 노드에 장애가 발생하면 그 노드를 경유하는 모든 가상회선이 사용 불가능해지지만 데이터그램의 경우는 대체 경로를 사용할 수 있다. 또한, 네트워크의 일부에 체증이 증가하는 경우 이 부분을 피해서 데이터그램을 전송하는 것이 가능하다.

[그림 4-6]은 데이터그램 방식의 예이다.

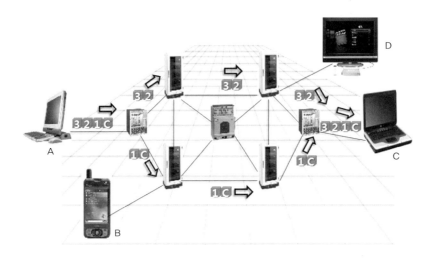

[그림 4-6] 데이터그램 방식

미니강의 인터넷은 데이터그램 방식이다

인터넷은 데이터그램 방식을 취하고 있다. 이는 인터넷과 같은 비연결형(connectionless) 네트워크에서 데이터 전송을 효율적으로 처리하기 위함인데, 인터넷에 대한 RFC 1594의 데이터그램 정의 부분을 보면 "데이터그램은 송신지와 수신지 컴퓨터 그리고 전송 네트워크 사이에서, 이전의 데이터 교환과 관계없이 송신지로부터 수신지 컴퓨터로 전송되는 충분한 정보를 갖는 독립적인 데이터 실체"라고 표현되어 있다.

---

② 가상회선(Virtual Circuit) 방식

정보전송을 시작할 때 우선 두 지점 사이에 논리적인 전송경로를 설정(연결형 서비스)하고 이후에는 송수신자의 네트워크 주소 대신에 설정된 논리적 전송로의 번호만으로 교환을 수행하는 방식이다. 설정된 논리적 경로는 회선교환 방식에서의 회선과 유사한 효과를 제공하기 때문에, 이러한 경로를 가상회선이라고 한다. 이 경우 각 패킷은 데이터 정보뿐만 아니라 논리적인 전송경로를 표시하기 위해 가상회선 식별자(identifier)를 포함하게 된다. 미리 설정된 경로상의 모든 노드는 패킷을 전달하기 위한 다음 경로를 알고 있으므로 경로 설정과 관련된 결정과정을 수행할 필요가 없다. 가상회선 방식의 장점은 다음과 같다.

- 데이터그램 방식에 비해 많은 양의 데이터를 연속으로 보낼 수 있다.
- 패킷을 보다 신속하게 전송할 수 있다. 이는 노드에서 패킷별로 별도의 주경로 설정을 하지 않아도 되고 짧은 길이를 갖는 가상경로 식별자에 의해 다음 경로를 결정할 수 있기 때문이다.

[그림 4-7]은 가상회선 방식의 예이다.

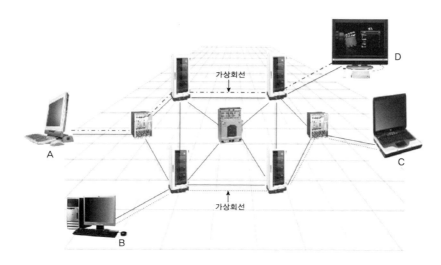

[그림 4-7] 가상회선 방식

| 미니요약 |

데이터 통신을 위한 회선구성 방식에는 점대점 방식, 다중점 방식, 회선교환 방식, 패킷교환 방식(데이터그램 방식, 가상회선 방식)이 있다.

미니강의 ATM(셀) 교환 방식

ATM(Asynchronous Transfer Mode) 교환 방식은 데이터를 고정 길이의 셀(cell)을 생성하여 전송하는 방식을 말한다. 일반적으로 셀 크기는 패킷에 비하여 굉장히 작은 편으로, 48바이트의 데이터와 5바이트의 제어 정보를 추가하여 53바이트로 구성된다. 고정 길이의 셀을 이용하는 것은 정보를 고속으로 전송할 수 있다는 장점이 있다. ATM 교환 방식은 회선교환 방식과 패킷교환 방식의 장점을 도입한 방식이라 할 수 있다. ATM 교환 방식의 특징은 광케이블을 이용한 디지털 전송기술로 정보를 고속 고품질로 전송할 수 있다는 점과 고밀도 집적회로의 발달로 ATM의 빠른 처리 속도를 하드웨어에서 지원할 수 있어 경제적으로 구축 가능하다는 것이다. 즉, 이제까지는 소프트웨어에 의해 처리되던 것이 하드웨어에 의해 고속으로 실현할 수 있다는 것이다.

ATM 교환 방식에서 셀의 헤더에 저장되어 있는 가상패스 식별자(VPI)/가상 채널 식별자(VCI)에 따라 셀을 스위칭하게 되는데, 거의 모든 과정을 하드웨어에 의해 처리하기 때문에 전송지연과 변이가 적어 데이터는 물론 음성, 화상 등을 이용한 멀티미디어 통신에 적합한 통신이다.

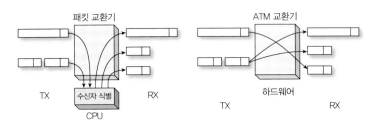

[그림 4-8] ATM 교환 방식과 패킷교환 방식의 차이

클라우드 컴퓨팅과 가상화 기술

'클라우드 컴퓨팅(Cloud Computing)'을 말 그대로 표현하면 '구름과 같은 컴퓨팅'이라는 뜻이다. 여기서 '구름'은 개인 컴퓨터 또는 개개의 응용 서버가 대규모 컴퓨터 집합으로 이루어져 있는 형태를 말한다. 즉, PC나 기업의 서버에 개별적으로 저장해 두었던 자료와 소프트웨어를 중앙 시스템 대형 컴퓨터에 저장하고, PC나 휴대전화와 같은 각종 단말기를 이용해 원격으로 원하는 작업을 수행할 수 있는 사용 환경을 말한다. 클라우드 컴퓨팅을 이용하면 서버나 스토리지 등과 같은 자원을 가지고 있는 클라우드 컴퓨팅 플랫폼 제공자를 통해 원격 사용이 가능하기 때문에 컴퓨팅 자원을 자체적으로 준비할 필요가 없어 전산비용이나 운영인력, 유지보수 비용 등을 크게 절감할 수 있다. 현

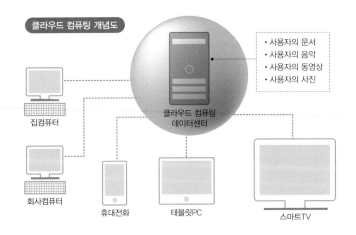

재 서비스하고 있는 네이버의 'N드라이브', KT의 'u클라우드', SK의 'T클라우드', 구글의 '구글 드라이브' 등을 들 수 있다. 클라우드 컴퓨팅을 구성하는 주요 기술들로는 다음과 같다.

① 가상화 기술
수백, 수천 대의 컴퓨터를 한 대처럼 묶어주거나 반대로 슈퍼컴퓨터 한 대를 수백, 수천 대의 컴퓨터처럼 나눠서 사용할 수 있게 해주는 기술이다. 이러한 기술을 통해 중앙 컴퓨터는 몇 대에서 많게는 수만 대의 컴퓨터를 필요한 시간만큼 사용자에게 제공하며, 개인은 자신의 컴퓨터를 이용하여 슈퍼컴퓨터에 접속해서 자신에게 할당된 가상의 세계에서 작업을 처리하는 것과 같다.

② CCN(Cloud Computing Network)
CCN은 기존 콘텐츠 전송 네트워크인 CDN(Contents Delivery Network) 서비스에 클라우드 컴퓨팅 개념을 도입한 것으로, 사용자는 IDC(Internet Data Center)의 서버와 초고속 인터넷 이용자들을 하나의 가상 네트워크로 통합하여 만든 가상 네트워크 자원을 통해 원하는 서비스나 파일을 전송받을 수 있다.

4.2 전송기술의 종류와 특성

4.2.1 단방향과 양방향 전송

전송방식은 정보의 교환 방향에 따라 단방향 전송방식과 양방향 전송방식으로 나눌 수 있다. 여기에서 양방향 전송방식은 다시 반이중 전송방식과 전이중 전송방식으로 나눠진다.

(1) 단방향(simplex) 전송방식

데이터 전송로에서 한쪽 방향으로만 데이터가 전달되는 전송방식이다. 한 방향으로만 전송이 가능하기 때문에 수신측에서는 송신측으로 응답할 수 없는 방식이다. 가정에서 사용하는 라디오, TV 방송 등이 이에 속한다. 데이터 전송시스템의 경우에는 어떤 장비를 특별한 시간이나 특정한 일이 있을 경우에 켜거나(ON) 끄는(OFF) 데 이용될 수 있다. 데이터 전송은 컴퓨터에 의해 제어를 받는 장비측으로만 행해지며 제어를 받는 장비측에서 컴퓨터측으로 데이터가 전송되는 경우는 없다. 이 경우 데이터 전송방향은 한쪽으로만 고정되므로 단방향 통신이 이루어지는 셈이다. [그림 4-9]는 단방향 전송방식의 예를 나타낸다.

전송매체

변복조기   데이터의 흐름   변복조기

[그림 4-9] 단방향 전송방식

(2) 양방향(duplex) 전송방식

단방향 전송방식과 달리 송수신측이 고정되지 않고 방향의 전환에 의해 데이터의 전달방향
을 바꾸어 전송하는 방식이다. 양방향 전송방식은 다시 반이중 전송방식과 전이중 전송방
식으로 구분할 수 있다.

① 반이중(half duplex) 전송방식

연결된 두 장치 간에 교대로 데이터를 교환하는 전송방식이다. 즉 양방향으로 신호의 전송
이 가능하기는 하지만 어떤 순간에는 반드시 한쪽 방향으로만 전송이 이루어지는 방식이
다. 무전기를 이용한 통신이 반이중 전송방식의 예이다. 이때 통화하는 두 사람 중 반드시
한 사람만 이야기할 수 있으며 동시에 말하면 통신이 되지 않는다. 따라서 한 사람의 말이
모두 끝나게 될 때 말이 끝났음을 상대방에게 알리고 상대방은 그때 비로소 말할 수 있게
되는 것이다. [그림 4-10]은 반이중 전송방식의 예를 나타낸다.

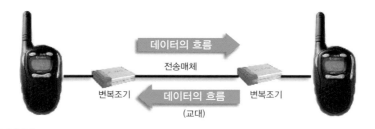

데이터의 흐름

전송매체

변복조기   데이터의 흐름   변복조기

(교대)

[그림 4-10] 반이중 전송방식

② 전이중(full duplex) 전송방식

연결된 두 장치 간에 동시에 양방향으로 데이터를 교환할 수 있는 전송방식으로 대체적으
로 많은 데이터를 송수신하는 경우에 사용된다. 동시에 데이터의 교환이 가능하므로 전송

회선의 사용효율이 가장 높다. 그러나 회선비용이 반이중 방식에 비해 많이 소요되는 단점이 있다. 대표적인 전이중 전송방식의 예는 TCP/IP 네트워크의 TCP 연결을 들 수 있다. [그림 4-11]은 전이중 전송방식의 예를 나타낸다.

전송매체

변복조기 · 데이터의 흐름 (동시) · 변복조기

[그림 4-11] 전이중 전송방식

미니강의 교통도로로 보는 단방향, 양방향 전송

단방향과 양방향 전송방식은 우리가 일상생활에서 접할 수 있는 교통도로를 생각하면 더욱 쉽게 이해할 수 있다. 예를 들어 단방향 전송의 경우는 일방통행 도로와 같으며 차량이 한쪽 방향으로만 진행되듯이 데이터의 흐름도 한 방향으로만 제한되는 전송방식을 말한다. 양방향 전송방식 중 반이중 전송방식의 경우는 도로 공사 등으로 인하여 1차선 도로에서 차량들이 상호통행을 해야 하는 경우를 예로 들 수 있겠고, 전이중 전송방식의 경우는 중앙선이 있는 일반도로와 같이 차량들이 양방향으로 이동할 수 있는 경우를 생각할 수 있다.

4.2.2 아날로그 및 디지털 전송

아날로그 데이터는 온도, 압력, 전압과 같이 연속적으로 변화하는 물리량의 변화로부터 획득되는 데이터이다. 디지털 데이터는 불연속적인 값을 가지며 임의의 최솟값의 정수배를 다루는 데이터로 통상 접할 수 있는 문자열, 숫자들이 디지털 데이터이다. [그림 4-12]는 데이터들의 신호형식에 대한 예를 나타내었다. 전송방식은 사용되는 신호의 형태에 따라 아날로그 전송과 디지털 전송으로 구별한다.

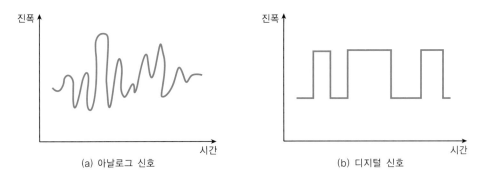

(a) 아날로그 신호   (b) 디지털 신호

[그림 4-12] 아날로그 신호와 디지털 신호

(1) 아날로그 전송방식

아날로그 전송방식은 아날로그 신호를 수단으로 전송하며 아날로그 신호는 음성과 같은 아날로그 신호이거나 모뎀을 통해 변조된 디지털 데이터일 수도 있다. 아날로그 신호는 전송거리가 길어짐에 따라서 감쇄현상이 발생하므로 이를 복원하기 위해 일반적으로 증폭기(Amplifier)를 사용해야 한다.

(2) 디지털 전송방식

디지털 신호를 전송하는 방식으로 제한된 거리에서 감쇄현상 없이 전송이 가능한 방식으로 감쇄현상을 극복하기 위해 재생기(Repeater)를 사용해야 한다. 리피터는 수신된 디지털 신호로부터 0과 1의 비트 패턴을 재생하여 새로운 신호를 재전송하기 때문에 거리에 따른 왜곡현상을 줄일 수 있다.

리피터(Repeater)   증폭기(Amplifier)

[그림 4-13] 리피터와 증폭기의 예

(3) 디지털 전송의 장점

아날로그 전송에 비해 디지털 전송은 신호왜곡이 적기 때문에 훨씬 깨끗하고 정확한 데이터를 전송할 수 있다. 이는 리피터에 의해 잡음을 제외한 원 신호만 복원이 가능하기 때문에 가능하다. 따라서 디지털 신호에 대한 장거리 전송이 가능하다. 또한 아날로그 전송에 비해 가격이 저렴하며, 데이터 무결성을 보장할 수 있어 전송용량을 확대할 수 있는 장점을 가지고 있다.

4.2.3 직렬 및 병렬 전송

(1) 직렬 전송방식

직렬 전송방식은 한 번에 한 비트씩 순서대로 데이터를 전송하는 방식이다. 단말기나 컴퓨터의 데이터 통신과 같은 경우에는 여러 비트들을 한 단위로 처리하는 것이 일반적이므로 직렬 전송을 위해 송신측에서는 병렬신호를 직렬신호로 변환하여 전송하고, 수신측에서는 수신된 직렬신호를 병렬신호로 변환해서 사용하게 된다. 일반적으로 직렬-병렬 변환은 시프트 레지스터(Shift Register)를 이용한다. 그런데 직렬전송의 경우에는 데이터를 연속해서 보내므로 문자와 문자 또는 비트와 비트 각각을 구별할 수 있는 방법을 필요로 한다. [그림 4-14]는 직렬 전송방식을 보여주고 있다. 대표적인 예로는 7장에서 소개되는 EIA-232D이다.

[그림 4-14] 직렬 전송방식

All-IP 망(네트워크 통합망)

유선, 무선 등 모든 통신망을 하나의 IP 망으로 통합해 음성, 데이터, 멀티미디어 등 모든 서비스를 IP 기반으로 제공하는 것을 말한다. 최근에는 방송도 IP망을 통하는 추세이다. 방송과 통신이 모두 All-IP로 수렴되고 있다.

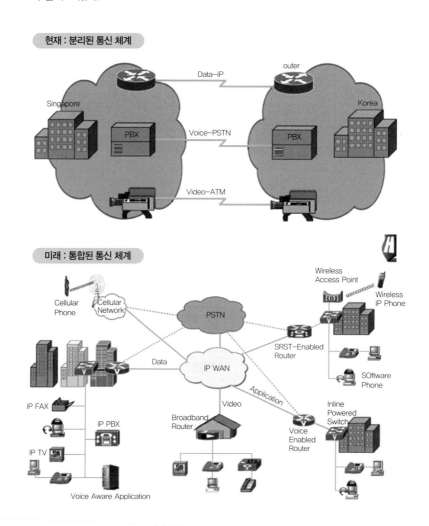

All-IP란 용어는 1999년경 3G, IP, 3GPP 등 이동통신 표준화기구를 통해 사용되기 시작했다. 당시 이동통신(GSM, CDMA)의 음성 사용량은 증가세가 주춤했으나, 데이터 사용량이 빠르게 늘어나고 있었다. 이러한 환경에서 무선데이터 통신시장의 성장성을 고려하여, 기존의 음성 중심 통신망보다는 효율적인 데이터 전송이 가능한 새로운 개념의 통신망 필요성이 제기되면서 나온 것이 All-IP 망이다.

(2) 병렬 전송방식

병렬 전송방식은 여러 개의 비트를 그룹으로 묶어 한 번에 전송하는 방식이다. 하나의 그룹을 전송하기 위해서는 필요한 비트 수만큼의 전송로가 있어서 이를 통해 각 비트들이 전송되게 된다. 데이터를 전송하기 위한 비트 외에 패리티 또는 제어비트를 전송하기 위해 추가적인 전송로가 필요하다. 병렬 전송방식은 컴퓨터 내부나 주변기기와(컴퓨터와 프린터 연결)의 데이터 전송에 주로 이용된다. 병렬전송은 전송속도가 상대적 빠르지만 거리가 멀어지면 전송비용이 커지므로 단말장치의 연결에서는 일반적으로 사용하지 않는다. [그림 4-15]는 병렬 전송방식을 보여주고 있다.

[그림 4-15] 병렬 전송방식

미니강의 직렬전송의 예(SATA)

대표적인 보조기억장치인 하드디스크의 속도가 느린 대표적인 이유는 인터페이스의 문제 때문이다. 1980년대 PC 개발 초기부터 써온 병렬 ATA(PATA: Parallel ATA, 통칭 IDE 방식) 방식이 널리 사용되다가 데이터 전송 속도면에서 한계에 부딪히게 된다. 이에 새로운 인터페이스가 2003년에 처음으로 나온 직렬 ATA(SATA)이다. 이 방식은 직렬 인터페이스인 6개의 전송선을 사용하여 IDE 방식보다 3배 가량 더 빠른 최고 1.5Gbps까지 전송이 가능하게 되었다. 현재는 SATA2(3Gbps), SATA3(6Gbps)까지 지원하기 시작하면서 변화가 가속화되는 양상이다. 다만, 상위 규격의 SATA 하드디스크를 사용한다고 하여 PC의 전반적인 속도가 몇 배 빨라진다고 기대하는 것은 바람직하지 않다. 인터페이스 속도 발전에 비해 하드디스크 자체의 속도를 위해 일반 하드디스크가 아닌 SSD(Solid State Drive: 반도체 기반의 저장장치)에 적용했을 때 효과적일 수 있다.

PATA 전원포트   PATA 데이터포트   SATA 데이터포트   SATA 전원포트

[그림 4-16] PATA 규격과 SATA 규격의 하드 디스크

[그림 4-17] PATA 규격(좌)과 SATA 규격(우)의 데이터 케이블

4.2.4 비동기 및 동기 전송

(1) 비동기식 전송방식(Asynchronous Transmission)

비동기식 방식은 짧은 비트열을 전송하여 송수신 타이밍 문제가 발생하지 않도록 하는 것이다. 즉 데이터를 짧은 비트열로 나눠서 전송하고 동기화는 각 전송 비트열의 내부에서만 수행된다. 각 문자열 내부의 타이밍은 송수신기의 내부 타이머를 이용한다. 그리고 이들 비트열 전후에 시작비트(ST: Start Bit)와 정지비트(SP: Stop Bit)를 추가하여 전송한다.

전송할 비트가 없을 때 선로는 휴지상태(idle: 1상태)를 유지한다. 전송할 데이터가 있을 경우 송신측에서는 먼저 시작비트(0 상태)를 전송하여 회선을 1에서 0 상태로 만든다. 수신측에서는 타임 슬롯의 1/2시간 동안 0 상태를 감지하면 데이터 수신을 준비한다. 이 때 두 장치 간에 클럭이 달라 타임 슬롯이 다소 어긋날 수도 있지만 전송속도가 빠르지 않고 샘플링 대상의 데이터가 그다지 크지 않으므로 타임 슬롯의 중간에서 샘플링이 가능하다. 정해진 비트 수만큼의 샘플링이 완료되면 마지막으로 정지비트를 확인하고 수신을 종료한다.

이 방식은 초창기에는 300~2400bps 정도의 비교적 저속의 데이터 전송에 사용되었으나 최근에는 고속전송에도 사용된다. 그러나 데이터를 전송하기 위해서는 반드시 시작비트와 정지비트를 사용해야 하기 때문에 회선의 이용효율이 20% 이상 저하된다는 단점이 있다. [그림 4-18]은 비동기 전송방식에서의 전송 데이터 구성을 보여주고 있다.

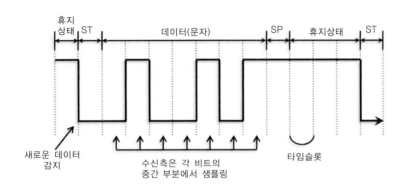

[그림 4-18] 비동기 전송방식에서의 전송 데이터 구성

(2) 동기식 전송방식(Synchronous Transmission)

동기식 전송방식은 회선 이용효율을 증가시키기 위해서 문자 또는 비트들의 집합인 데이터 블록 단위로 송수신한다. 아울러 데이터블록의 전후에는 특정한 제어정보를 삽입한다. 데이터블록의 앞부분에 삽입되는 제어정보를 프리앰블(preamble)이라고 하며, 뒤에 첨부되는 제어정보를 포스트앰블(postamble)이라고 한다. 전송 데이터와 제어정보를 합해서 프레임(frame)이라고 한다.

동기식 전송방식은 전송효율과 전송속도가 상대적으로 높으며, 프레임 형태는 문자 위주인지 또는 비트 위주인지에 따라 다음과 같이 두 가지 형태로 구분된다.

① 문자 전송방식

특정 문자를 이용하여 동기를 맞추는 방식으로, 전송 데이터블록을 일련의 문자(보통 8비트 문자)들로 구성된다. 아울러 모든 제어문자도 문자 형태로 구성된다. [그림 4-19](a)에서와 같이 프레임은 한 개 이상의 동기화 문자(SYN)를 갖게 된다. STX(Start of TeXt)는 데이터블록의 시작을 의미하고 ETX(End of TeXt)는 데이터블록의 마지막을 표시하는 데 사용된다.

② 비트 전송방식

[그림 4-19](b)에서와 같이 데이터블록을 플래그를 사용하여 식별하는 방식으로, 데이터블록은 일련의 비트들로 구성된다. 플래그는 데이터블록의 전후에 추가되어 블록의 시작과 끝을 표시하는 특별한 비트 패턴이다. 제어정보를 포함한 데이터는 두 개의 플래그 사이에 실려 프레임 형태로 전달된다.

(a) 문자 전송방식

(b) 비트 전송방식

[그림 4-19] 동기식 전송방식

〈표 4-1〉은 비동기식 전송과 동기식 전송의 특성을 비교·요약하고 있다.

〈표 4-1〉 비동기식 전송과 동기식 전송의 특성 비교·요약

구분	내용
비동기식 전송	• 전송되는 각 문자는 앞쪽에 1개의 시작비트, 뒤쪽에 1개 혹은 2개의 정지비트를 갖는다. • 전송되는 문자 사이에는 일정치 않은 시간의 휴지기간이 있을 수 있다. • 전송문자를 구성하는 각 비트의 길이는 통신 속도에 따라 정해지며 일정하다. • 동기는 문자단위로 이루어지며 송신측과 수신측이 항상 동기 상태에 있을 필요는 없다.
동기식 전송	• 데이터의 앞쪽에 반드시 동기문자가 온다. • 동기문자는 송신측과 수신측이 농기를 이루도록 하는 목적으로 사용된다. • 한 묶음으로 구성되는 문자들 사이에는 휴지간격이 없다. • 타이밍 신호는 변복조기, 터미널 등에 의해 공급된다. • 터미널은 반드시 버퍼를 가지고 있어야 한다.

| 미니요약 |

전송기술을 특성에 따라 구분을 하면 단방향/양방향 전송, 아날로그/디지털 전송, 직렬/병렬 전송, 비동기/동기 전송으로 나눌 수 있다.

예제 비트는 '1'과 '0'으로 표시되는 정보 표현의 최소 단위이다. 만약 식별해서 표시해야 할 데이터가 64가지가 존재한다면 필요한 비트 수는?

| 풀이 |

n개의 비트 수는 총 2^n개의 정보를 표시할 수 있다. 따라서 64가지의 데이터를 구분하기 위해서는 최소 6개($2^6 = 64$)의 비트가 필요하다.

4.3 토폴로지(Topology)

네트워크 토폴로지란 네트워크에서 컴퓨터의 위치나 컴퓨터 간의 케이블 연결 등과 같은 물리적인 배치를 의미한다. 네트워크 토폴로지는 기본적으로 다음과 같이 분류된다.

- 버스(Bus) 방식
- 링(Ring) 방식
- 스타(Star) 방식
- 트리(Tree) 방식
- 메쉬(Mesh) 방식

4.3.1 버스(Bus) 방식

버스라고 부르는 공통배선을 모든 노드가 공유하는 방식으로 근거리통신망(LAN)에서 일반적으로 사용하는 방식이다. 버스 형태에서는 모든 노드들이 프레임을 수신할 수 있기 때문에 DTE 간의 트래픽 흐름제어가 비교적 간단하다. 즉, 하나의 노드가 모든 노드들에 데이터를 전송할 수 있는 브로드캐스팅 방식이므로 특정 노드의 상태에 따라서 네트워크의 형태가 변하지 않는다. 통신 속도가 비교적 빠르고 케이블링에 소요되는 비용을 최소화할 수 있다. [그림 4-20]은 버스 방식의 개념도이다.

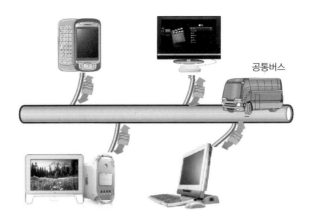

[그림 4-20] 버스 방식

버스 방식의 장단점은 다음과 같다.

(1) 장점

- 네트워크 구성이 간단하고 작은 네트워크에 유용하며 사용이 용이하다.
- 관리가 용이하고 노드의 추가삭제가 용이하다.

(2) 단점

- 통신 채널이 단 한 개이므로 버스 고장 시 네트워크 전체가 동작하지 않으므로 여분의 채널이 필요하다.
- 네트워크 트래픽이 많을 경우 네트워크 효율이 떨어진다.
- 브로드캐스팅으로 인한 잦은 인터럽트로 호스트의 성능을 떨어트리고 네트워크 대역폭을 낭비할 수 있다.

4.3.2 링(Ring) 방식

[그림 4-21]에서와 같이 노드를 연결하여 원과 같은 형태로 구성하는 방식이다. 어떤 링에서 데이터 흐름은 한쪽 방향으로만 흐르며, 데이터를 수신한 노드는 만일 자신에게 전달되는 데이터이면 링에서 데이터를 꺼내서 처리하고 그렇지 않은 경우에는 다음 노드로 데이터를 중계한다. 즉 링 상에 존재하는 노드 간의 통신은 인접노드로 데이터를 보내 수신지

를 찾을 때까지 지속된다. 만일 다른 호스트가 메시지를 수신하지 못하여 송신자에게 패킷이 다시 돌아온 경우 송신자는 해당 패킷을 제거한다. 일반적으로 링 방식에서는 하나 이상의 링을 사용하여 구성되며, 이를 통해 전송효율과 네트워크의 안정성을 향상시킬 수 있다. [그림 4-21]은 링 방식의 개념도이다.

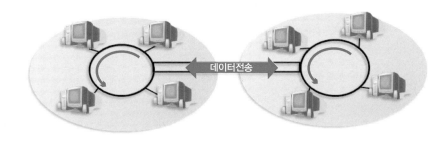

[그림 4-21] 링 방식의 개념도

링 방식의 장단점은 다음과 같다.

(1) 장점

- 병목(bottleneck) 현상이 드물다.
- 분산 제어와 검사, 회복 등이 쉽다.

(2) 단점

- 새로운 네트워크로의 확장이나 구조의 변경이 비교적 어렵다.
- 네트워크상의 어떤 노드라도 문제가 발생하면 네트워크 전체가 통신 불능상태에 빠질 수 있다. 따라서 다중 링 형태로 구성하는 것이 일반적이다.

4.3.3 스타(Star) 방식

스타 방식으로 구성되는 네트워크에서는 통신 제어노드가 중앙에 위치하며 모든 제어에 대한 권한과 책임을 가진다. 중앙 제어노드는 일반적 컴퓨터이며 자신에게 접속되어 있는 DTE들에 대하여 전적으로 책임을 지고 제어한다. 트리 방식과도 유사하지만 분산처리 능력이 제한된다는 차이점이 있다. [그림 4-22]는 스타 방식의 개념도이다.

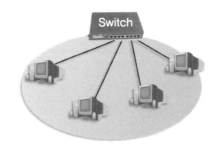

[그림 4-22] 스타 방식

스타 방식의 장단점은 다음과 같다.

(1) 장점

• 고장의 발견과 수리가 쉽고, 노드의 증설, 이전이 쉽다.

(2) 단점

• 병목현상이 발생할 가능성이 있으며 중앙 지역의 고장에 취약하다.
• 중앙 제어노드에 문제가 발생하면 네트워크 전체가 통신 불능상태에 빠지게 된다.

4.3.4 트리(Tree) 방식

버스 방식이 변화한 것으로 다수의 허브(스위치)를 이용하여 트리처럼 연결하는 방식이다. 제어와 오류 해결을 각각의 허브에서 수행하며 네트워크를 제어하기가 비교적 간단하다. 스위치를 사용하는 경우 각 스위치에 속하는 네트워크는 다른 스위치에 속한 네트워크와 독립적으로 통신할 수 있기 때문에 분산처리 방식을 구현할 수 있다. [그림 4-23]은 트리 방식의 개념도이다.

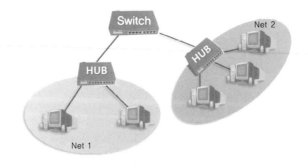

[그림 4-23] 트리 방식

트리 방식의 장단점은 다음과 같다.

(1) 장점

- 제어가 간단하여 관리 및 확장이 용이하다.

(2) 단점

- 중앙 지점에서 병목현상이 발생할 수 있다.
- 중앙 지점의 고장 발생 시 대체 방법이 없을 경우 네트워크가 마비 또는 분할될 수 있다.

4.3.5 메쉬(Mesh) 방식

메쉬 방식은 중앙의 제어노드를 통한 중계 대신에 노드 간에 점대점 방식으로 직접 연결하는 방식의 구성 형태이다. 각 노드의 연결 상태에 따라 완전 메쉬(full mesh)와 부분 메쉬(partial mesh)로 구분된다. 메쉬 방식은 특정 통신회선에 장애가 발생하더라도 다른 경로를 통하여 데이터를 전송할 수 있다. 이러한 신뢰성 때문에 링형과 더불어 네트워크 백본을 구성하는 방식으로 사용된다. [그림 4-24]는 메쉬 방식의 개념도이다.

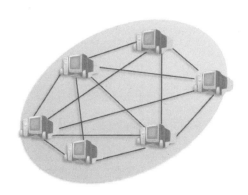

[그림 4-24] 메쉬 방식의 개념도

메쉬 방식의 장단점은 다음과 같다.

(1) 장점

- 고장의 발견이 쉽다.
- 한 노드의 장애 시 네트워크의 다른 트래픽에 미치는 영향을 최소화할 수 있다.

(2) 단점

- 선로 구축비용이 많이 든다.
- 선로 설치 및 설정과정이 상대적으로 오래 걸리고 어렵다.

| 미니요약 |

데이터 통신을 위한 토폴로지에는 버스형, 링형, 스타형, 트리형, 메쉬형 방식이 있다.

예제 6개 노드의 스타형 구조를 중앙의 제어노드가 없는 완전 메쉬형으로 바꾸고자 한다면 케이블 연결이 얼마나 필요한가?

| 풀이 |

완전 메쉬형 접속의 경우, n개의 노드를 각각 연결하기 위해서는 n(n-1)/2개의 케이블 연결이 필요하다. 따라서 3개 노드의 완전 메쉬형 네트워크를 구성하기 위해서는 15개의 케이블 연결이 필요하다.

4.4 네트워크

4.4.1 네트워크 정의

네트워크는 지역적으로 분산된 다수의 기기들을 결합시켜 상호 간의 정보전달을 가능케 하는 전달매체로 노드(Node)와 링크(Link)의 집합이다.

예를 들어 사무실에서 공유를 목적으로 여러 컴퓨터와 프린터를 적당한 매체를 이용하여 연결하였다면 이들 사이에 네트워크가 구성된 것이다. 네트워크가 구성된 경우 각 노드들은 프로토콜을 통하여 데이터와 기기를 공유함으로써 정보처리의 효율성을 더욱 높일 수 있다.

네트워크는 이용자에게 다양한 서비스를 제공하는 것을 목적으로 하고 있으며, 대표적으로 PSTN(Public Switched Telephone Network), PSDN(Packet Switched Data Network), ISDN(Integrated Services Digital Network), B-ISDN(Broadband Integrated Services Digital Networks), IN(Intelligent Network), GSM(Global System for Mobile communication) 등이 있다. 결국 네트워크 기술은 이러한 네트워크를 어떻게 구성할 것인가와 어떻게 서비스를 제공할 것인가에 관한 기술이다.

4.4.2 네트워크 구성요소

네트워크 구성요소는 크게 하드웨어와 소프트웨어로 나뉘는데, 하드웨어는 네트워크 케이블, 네트워크 인터페이스 카드(NIC: Network Interface Card), 인터네트워킹 장비들이 있으며 소프트웨어는 네트워크 운영체제(NOS: Network Operating System)가 있다.

[그림 4-25] 네트워크 운영체제 예

(1) 하드웨어

① 네트워크 케이블

노드 간을 연결하는 매개체로서 트위스티드 페어, 동축케이블, 광섬유, 무선 등이 있다.

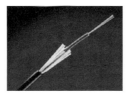

[그림 4-26] 다양한 네트워크 케이블

② 네트워크 인터페이스 카드(NIC: Network Interface Card)

네트워크 전송매체와 노드 간을 연결시키는 인터페이스 기능을 하며 전송매체 제어방식에 따라 이더넷(Ethernet), 토큰링(Token Ring) 등 여러 가지 형태가 존재한다.

[그림 4-27] 네트워크 인터페이스 카드

③ 네트워크 장비

• 허브(HUB)

집중화 장비(Concentrator)라고 부르기도 하며 노드들을 연결시켜주는 역할을 하는 장비이다. 노드들은 주로 UTP(Unshielded Twisted Pair) 케이블을 통해 연결된다. 연결하는 수만큼 통신이 가능하며, 연결된 장치들은 하나의 버스에 접속된 것처럼 동작한다. OSI 계층의 물리계층에서 동작하는 장비이다. 리피터와 같이 신호증폭기능도 수행한다.

[그림 4-28] 허브(HUB)

• 리피터(Repeater)

전송거리에 따른 신호감쇄를 보상하기 위해 전자기 또는 광학 전송매체 상에서 신호를 수신하고 증폭하여, 매체의 다음 구간으로 재전송시키는 장치이다. 전자기장 확산이나 케이블 특성으로 인한 신호감쇄를 최소화하고 여러 대의 리피터들을 연결하여 신호를 먼 거리까지 연장하는 것이 가능하다. 따라서 근거리통신망의 세그먼트들을 연결하는 데 많이 사용되었으며 유 · 무선 광역통신망 신호를 증폭하고 연장하는 데에도 사용된다. OSI 계층에서 보면 물리계층에서 네트워크를 연결하는 장비이다. [그림 4-29]는 신호의 변화에 따른 리피터의 역할을 나타내었다.

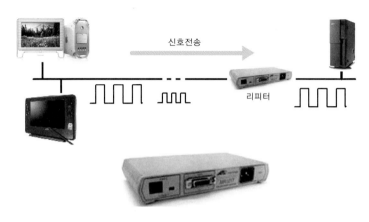

[그림 4-29] 리피터

• 브리지(Bridge)

매체를 공유하는 근거리통신망에서 하나의 장비가 데이터를 보내고 있을 때 또 다른 장비가 데이터를 보내면 충돌이 발생한다. 이와 같이 충돌이 발생할 수 있는 영역을 충돌 도메인(Collision Domain)이라고 한다. 네트워크에 장비들의 수가 늘어나면, 즉 충돌 도메인이 커지면 충돌이 발생할 확률도 높아지게 되고 통신 속도와 효율이 저하되게 된다. 따라서 네트워크를 확장하기 위해 충돌 도메인을 나누어 줄 수 있는 장비가 필요하며 이러한 장비가 바로 브리지이다.

브리지는 데이터링크 계층에서 동작하는 장비로 데이터링크에서 사용하는 MAC(Media Access Control)이라는 유일무이한 주소, 즉 하드웨어 주소를 기반으로 전송할 포트를 결정한다.

또한 브리지는 매체접근제어(MAC) 방식이 같거나 다른 LAN을 상호 접속하여 주는 장치이다. 브리지는 수신된 패킷의 MAC 주소를 검사하여 동일한 세그먼트가 아닌 다른 세그먼트로 보내야 할 패킷들을 해당 포트로 전달한다. 그러나 브리지는 브로드캐스팅 패킷들을 완전히 차단할 수 없기 때문에 브리지를 이용하여 네트워크의 크기를 확장하는 데는 한계가 있다.

브리지는 OSI 계층의 데이터링크 계층에서 네트워크를 연결하는 장비이다. 초기 네트워크에서는 브리지에 라우터 기능이 결합되어 하나의 제품으로 출시하기도 하였는데 이것을 브라우터(brouter)라고 부른다. [그림 4-30]은 다양한 매체접근제어 방식을 사용하는 네트워크를 브리지로 연결한 구성도이다.

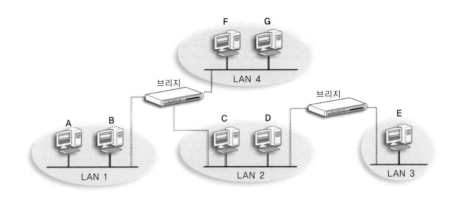

[그림 4-30] 브리지

• 라우터(Router)

라우터는 네트워크 계층에서 동작하는 장비로 서로 다른 네트워크 간의 연결을 위해서 사용하는 장비이다. 네트워크 계층에서 동작하므로 TCP/IP인 경우 IP 주소를 기반으로 목적지까지 데이터를 전달할 수 있는 경로를 검사하여 어떤 경로를 경유하는 것이 적절한지를 판단하는 경로결정의 기능을 수행한다. 경로가 결정되면 해당 경로로 데이터를 보낸다.

브리지가 하나의 네트워크 세그먼트를 안에서 크기를 확장하기 위해 사용되는 장비인 반면에 라우터는 네트워크 세그먼트 간을 연결하여 전체 네트워크의 크기를 확장하는 데 사용된다.

특히 브리지와 달리 라우터는 네트워크 세그먼트 내부에서 발생하는 브로드캐스트 패킷을 모두 차단하여 브로드캐스트 패킷이 다른 네트워크 세그먼트로 전달되는 것을 방지한다. [그림 4-31]은 라우터를 통해 근거리통신망을 인터넷에 연결한 예를 보여준다.

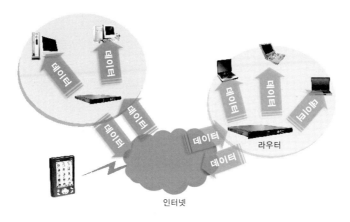

[그림 4-31] 라우터

- 게이트웨이(Gateway)

2개 이상의 다른 종류 또는 같은 종류의 네트워크를 상호접속하여 정보를 주고받을 수 있도록 하는 장비이다. 라우터와 혼용되어 사용되기도 하며 다른 네트워크로의 입구를 나타내는 장비이다. 라우터와 달리 게이트웨이는 프로토콜 구조가 다른 네트워크 환경도 동작이 가능하며 여러 계층의 프로토콜 변환기능 때문에 PSTN과 데이터 네트워크처럼 전혀 다른 네트워크의 연동을 가능하게 하지만 네트워크에서 병목현상을 일으키는 지점이 될 수도 있다. OSI 참조모델의 모든 계층에 걸쳐 동작할 수 있다.

게이트웨이   무선 게이트웨이   유선 게이트웨이

[그림 4-32] 게이트웨이

| 미니요약 |

네트워크를 구성하는 하드웨어 요소는 리피터, 브리지, 라우터, 허브, 게이트웨이가 있다.

(2) 소프트웨어

네트워크 운영체제(NOS: Network Operating System)

네트워크 운영체제란 네트워크를 관리하고 제어하도록 만든 시스템 소프트웨어로서 기존의 운영체제(OS)에서 통신망 관리에 관한 기능을 특화하고 보강한 것이다. 다음과 같은 특징을 지닌다.

- 하나 이상의 업체가 만든 H/W 환경에서 동작할 수 있다.
- 이종의 H/W LAN이라도 동일한 NOS 하에서 연결 가능하다.
- 네트워크 보안기능과 사용자의 파일 접근권한을 관리한다.
- 다수의 서버를 지원하며 사용자가 접속한 서버의 종류와 무관할 수 있는 투명성(transparency)있는 환경을 제공한다.
- 다중 사용자 환경에서 프로그램 및 파일에 대한 보안기능을 제공한다.

4.3.3 네트워크 구성 방식

(1) 동등(Peer-to-Peer) 방식

Peer란 사전적 의미로는 동료 또는 대등한 사람을 뜻하는 것으로 서버 혹은 클라이언트의

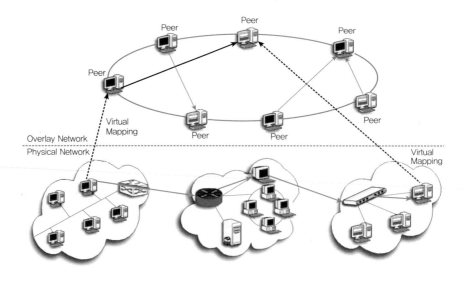

[그림 4-33] 동등(peer-to-peer) 방식

의미와는 상반되는 개념이다. 즉, 어느 한 쪽도 서버나 클라이언트가 되지 않는 동등한 수
평적 관계를 나타낸다. 따라서 동등 방식은 네트워크에 연결된 각각의 노드가 동등하게 데
이터를 주고받을 수 있는 방식이다.

(2) 클라이언트-서버(Client-Server) 방식

클라이언트-서버 방식이란 클라이언트를 서비스에 대한 요구자로, 서버를 서비스에 대한
제공자의 형태로 연결하여 자원을 공유하는 분산처리기법을 말한다. 대개의 경우 서버는
다른 컴퓨터 시스템과의 공유하기 위한 자료(Data Base)를 가지고 있고 클라이언트는 서
버에 자신이 원하는 자료를 요청하고, 서버는 클라이언트에서 요청된 자료를 보내주는 형
식을 취한다.

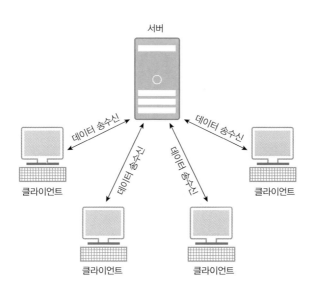

[그림 4-34] 클라이언트-서버(Client-Server) 방식

| 미니요약 |

네트워크의 구성 방식으로 동등 방식과 클라이언트-서버 방식이 있다.

4.4.4 네트워크 분류

(1) 근거리통신망(LAN: Local Area Network)

근거리통신망이란 통신회선으로 연결된 PC, 메인프레임, 워크스테이션들의 연결 집합을 말한다. 근거리통신망은 컴퓨터 사이의 전류나 전파신호가 정확히 전달될 수 있는 거리, 즉 가까운 거리에 설치된 컴퓨터 장비들을 가장 효과적으로 공유할 수 있도록 연결된 고속의 통신망이다.

좁은 지역(약 50km) 내에서 다양한 통신기기의 상호 연결을 가능하게 하는 근거리통신망을 통해서 정보기기, 소프트웨어, DB 등을 공유할 수 있으며 분산 처리 기능을 통하여 전체 시스템의 성능을 향상시킬 수 있다. 통신 속도는 10~100Mbps로 최근에는 1Gbps와 10Gbps급의 근거리통신망이 각광을 받고 있다. [그림 4-35]는 근거리통신망의 구축 예를 보여준다.

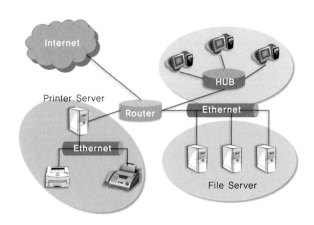

[그림 4-35] 근거리통신망

미니강의 고속 LAN 기술(12장에서 자세하게 설명됨)

고속 LAN은 기존의 LAN 형태는 그대로 유지하면서 100Mbps 이상의 전송 속도를 갖는 LAN 기술을 말한다.

① 고속 이더넷(Fast Ethernet)

이더넷 기술을 계승한 것으로 데이터 전송 속도를 10Mbps에서 100Mbps로 고속화한 LAN 기술을 말한다. 고속 이더넷은 기존 이더넷의 선로 구성과 MAC 프로토콜을 거의 그대로 받아들이면서 전송 속도를 높여 100Mbps 속도를 낸다. 현재 대부분의 LAN 카드는 고속 이더넷 기술을 적용하고 있다.

② 기가비트 이더넷(Gigabit Ethernet, GbE)

초고속 네트워크 기술의 하나로 등장한 기술로, LAN 영역에서 출발했으나 최근에는 MAN, WAN 영역에서 각광을 받고 있다. 기존의 이더넷 프레임을 그대로 유지하면서 몇 가지 기술(Carrier Extension, Burst Transmission 등)을 추가하여 고속화하였다. 기존의 ATM 방식의 단점을 보완하며 이를 대체하기 위해 등장하였다. 주로 코어망(core network)을 연결하기 위한 기술이다.

③ 10기가비트 이더넷(10GE)

10GE 기술은 기업 네트워크의 백본, 데이터센터, 서버팜에 채택해 기업 활동에 중요한 정보를 빠른 속도를 전송할 수 있게 해주며, LAN, MAN, WAN 전송을 10GE로 단일화할 수 있는 기반기술을 제공하고 있다. 또한, 10GE는 WDM 기술을 이용하면서 최대 10m 거리를 10Gbps의 전송 속도로 확장이 가능하기 때문에 SONET 등의 다른 WAN 전송기술에 비해 싸고 빠르다는 장점을 가지고 있다. 인터넷 서비스 제공자(ISP)들은 지역 단위의 백본을 10GE로 업그레이드했으며, 많은 대학들이 10GE을 구축했다.

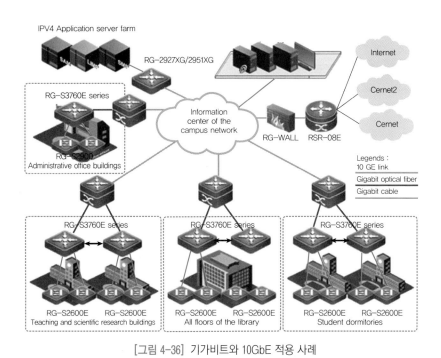

[그림 4-36] 기가비트와 10GbE 적용 사례

(2) 도시권통신망(MAN: Metropolitan Area Network)

근거리통신망과 광역통신망의 중간 정도의 지역을 망라하는 정보 통신망을 말한다. 일반적으로 근거리통신망은 1개 기업의 구내 또는 1개 빌딩 내를 연결하는 정보 통신망인데 이것을 1개 도시로 확장한 것이 도시권통신망이다. 도시권통신망은 데이터, 음성, 화상을 종합적으로 전송하는 통신망으로서 50km 정도의 범위를 커버할 수 있도록 하고 있다. 전송 매체로는 주로 광섬유를 사용하고 있으며, 대용량 고속전송을 지원한다. [그림 4-37]은 한 도시 내의 기업, 가정, 학교 등의 네트워크를 연결한 도시권통신망의 구축 예를 보여준다.

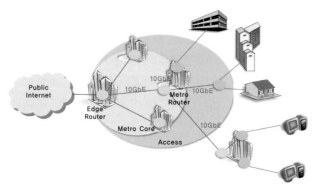

[그림 4-37] 도시권통신망

미니강의   메트로(Metro) 이더넷 기술

메트로 이더넷은 MAN이 갖고 있는 여러 가지 문제점을 해결하고자 도입된 기술 중에 하나이다. 즉, 현재 ATM, SONET 등과 같은 장비들이 혼재해 있는 네트워크를 이더넷을 이용하여 단순화시키고 병목현상을 해결하고자 하는 것이 주된 목적이다. 메트로 이더넷이 사용하는 전송매체는 MAN 구간에 설치되어 있는 다크 파이버(Dark Fiber)이다. 이는 현재 매설되어 있는 광케이블 중 사용하지 않는 여분의 광케이블을 의미하며, 이를 대여해 주는 서비스도 존재한다. 메트로 이더넷은 이러한 다크 파이버를 이용하여 이더넷 네트워크를 구축하여 점차적으로 기존의 MAN 인프라를 대체해 나갈 것이다.

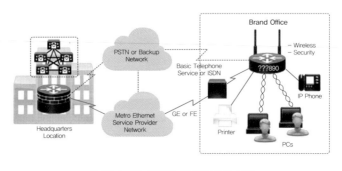

[그림 4-38] 메트로 이더넷 적용 사례

(3) 광역통신망(WAN: Wide Area Network)

지리적으로 흩어져 있는 통신망을 의미하는 것으로 근거리통신망과 구별하여 보다 넓은 지역을 커버하는 네트워크를 나타내는 용어로 사용된다. 보통 근거리통신망의 범위가 1개의 빌딩이나 학교, 연구소 및 생산 공장 등의 일정구역 내인 것에 반해, 광역통신망은 넓은 지역을 연결하는 네트워크를 지칭하는 것으로 지방과 지방, 국가와 국가, 또는 대륙과 대륙 등과 같이 지리적으로 멀리 떨어져 있는 지역들을 연결하는 통신망이다. 광역통신망은 사설망일 수도 있고 임대망일 수도 있지만 보통 공중망의 의미를 갖는다. [그림 4-39]는 공중망을 이용한 광역통신망의 구축 예를 보여준다.

[그림 4-39] 광역통신망

| 미니요약 |

네트워크는 공간적인 거리에 따라 LAN, MAN, WAN으로 나뉜다.

미니강의　**광대역통신망(BcN)과 캐리어 이더넷**

광대역통합망(BcN: Broadband Convergence Network)은 음성, 데이터, 유무선 등 통신, 방송, 인터넷이 융합된 품질보장형 광대역 멀티미디어 서비스를 언제 어디서나 끊김 없이 안전하게 이용할 수 있는 차세대 네트워크이다. 이는 통신과 방송의 융합이라는 개념을 포함시켜 브랜드화한 신조어로 네트워크나 단말에 구애받지 않고 다양한 서비스를 끊김 없이(Seamless) 이용할 수 있는 유비쿼터스 서비스 환경을 지원하는 통신망을 지향한다.

캐리어 이더넷(Carrier Ethernet) 기술은 광역통신망에서 고속으로 데이터를 전달하고 교환하는 차세대 전송기술로 기존의 이더넷의 유연성과 ATM 및 SONET에서 요구되는 수준의 OAM(Operation Administration Maintenance) 기능과 보호 절체 기능을 제공하여 고신뢰성망을 가입자망이나 백본망에 적용할 수 있도록 개발된 새로운 이더넷 기술을 말한다.

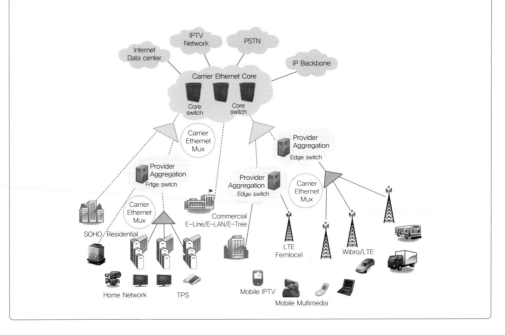

4.4.5 인터네트워크(Internetwork)

두 개 이상의 네트워크가 연결되면 'internetwork' 혹은 'internet'이 되는데, 이렇게 네트워크들 간에 하드웨어나 소프트웨어를 연결시키는 방법론을 인터네트워킹(internetworking)이라 한다. 즉, internet은 네트워크를 통해 연결된 컴퓨터 통신망으로 작게는 몇 개의 네트워크를 포함하는 소규모 컴퓨터 통신망이고, 크게는 수천 개의 네트워크를 포함하는 전 세계적 규모로 구축된 컴퓨터 통신망을 말한다. 다시 말해서 인터네트워크란 '네트워크들의 네트워크(A Network of Networks)'라 할 수 있다.

| 미니요약 |

인터네트워크란 네트워크들의 네트워크이다.

미니강의 'Internet'과 'internet'

우리가 흔히 말하는 인터넷은 고유명사로 영어로 'Internet(대문자 'I'로 시작)'으로 표기하며, 반드시 첫 자를 대문자로 표기하는 것이 타당하다. 이는 세계적으로 이용되고 있는 TCP/IP 프로토콜을 사용하는 네트워크에 대한 명칭으로 RFC 1594에 보면 "The Internet(note the capital "I") is the largest internet in the world."로 나타나 있다. 이에 반하여 첫 자가 소문자인 'internet'은 기술적인 용어로 흔히 통신망 간의 연결을 의미하는데, 개별 네트워크를 상호연결한 네트워크에 사용되는 총체적인 명칭을 나타낸다.

4.4.6 초고속 가입자 네트워크

초고속 네트워크란 초고속 전송속도를 갖춘 네트워크를 구축하여 대량의 정보를 실시간으로 주고받을 수 있도록 하는 정보의 고속도로를 말한다. 음성, 데이터, 영상 등 멀티미디어 형태의 정보를 초고속 네트워크를 통하여 신속하게 이동시킬 수가 있다. 초고속 가입자 네트워크란 기존에 설치된 구리 전화선, 동축케이블, 그리고 광케이블을 이용하여 가입자로 히여금 초고속 네트워크 서비스를 이용할 수 있도록 해주는 네트워크 말하는데, 전화선을 이용하는 방식을 xDSL(x Digital Subscriber Line)이라고 하며 케이블 모뎀과 동축케이블을 이용한 방식을 HFC(Hybrid Fiber Coaxial cable), 광케이블을 이용한 방식을 FTT(Fiber−To−The)x 기술이라 한다.

초고속 가입자 네트워크 기술

① xDSL 기술

추가로 배선을 하지 않고 기존에 깔려 있는 전화선을 이용하여 초고속 네트워크를 구축하고자 하는 기술로, 일반 공중 전화망에서 사용하지 않는 주파수 대역을 사용하여 가정이나 소규모 기업에 고속의 네트워크 액세스를 제공하기 위한 각종 전송기술을 말한다. xDSL 기술로는 ADSL(Asymmetric Digital Subscriber Line), HDSL(High-data rate DSL), SDSL(Symmetric DSL), VDSL(Very high-data rate DSL) 등이 있다.

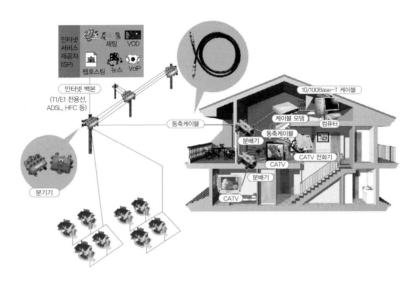

[그림 4-40] xDSL 기술(좌)과 CATV 망 기술(우)

② CATV 망 기술(HFC)

종합 유선방송(CATV) 사업자가 제공하는 CATV 망을 이용하여 인터넷 접속 서비스를 제공하는 기술로 CATV 가입자는 케이블 모뎀과 CATV 망을 통해 인터넷을 이용할 수 있다. 방송에 사용하지 않는 대역을 이용하여 서비스를 제공하기 때문에 일반적으로 PSTN 망을 사용하는 경우에 비해 요금이 저렴하다. 센터와 노드 간을 광케이블로 접속하고 노드로부터 각 가정까지는 동축케이블을 사용하는 HFC(Hybrid Fiber Coaxial) 방식의 쌍내역 시비스를 많이 사용한다.

③ FTTx 기술

FTTH(Fiber-to-The Home) 기술은 트위스티트 페어 케이블로 되어 있는 현재의 전화 가입자선 대신에 각 가정에 개별적으로 광케이블을 연결하는 통신망을 말한다. 광케이블이 각 가정마다 연결되면 전화, 팩스, 데이터, TV 영상까지 한 줄의 광케이블로 전송할 수 있으며, 광대역 종합정보 통신망

(B-ISDN)을 가정까지 확장하는 것을 목표로 하고 있다. 또한 FTTC(Fiber-to The Curb) 방식은 주택 앞 전봇대에 작은 박스를 설치하고 거기서부터 주택까지는 기존의 동선을 이용하는 방법으로 FTTH 보다는 경제성이 높고, 동선거리가 짧으며 광대역 신호도 전송할 수 있다.

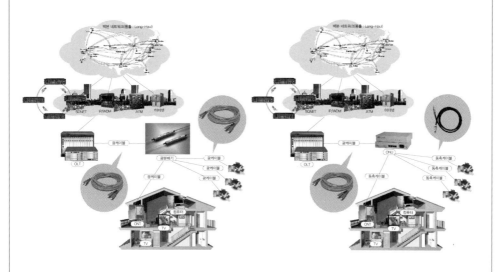

[그림 4-41] FTTH(좌)와 FTTC 기술(우)

요약

01 데이터 통신 시스템들 간의 회선연결 방식에는 점대점 방식, 다중점 방식, 회선교환 방식, 패킷교환 방식이 있다.

02 회선교환 방식은 정보전송을 할 때 먼저 상대방을 호출하여 물리적인 연결을 맺는다. 이 물리적인 연결은 정보전송이 종료될 때까지 계속된다.

03 패킷교환은 전송하고자 하는 정보를 패킷으로 나누고 각 패킷마다 발신지와 수신지의 주소를 넣고 패킷 교환기는 그 주소를 보고 최종 목적지까지 패킷을 전달해 주는 교환 방식이다.

04 패킷교환 방식은 데이터그램 방식과 가상회선 방식으로 나뉜다.

05 데이터 통신을 위한 전송기술을 특성에 따라 구분을 하면 단방향/양방향 전송, 아날로그/디지털 전송, 직렬/병렬 전송, 비동기/동기 전송으로 나뉜다.

06 네트워크 토폴로지란 네트워크상의 컴퓨터의 위치나 컴퓨터 간의 케이블 연결 등의 물리적인 배치를 의미한다.

07 네트워크 토폴로지에는 버스, 링, 스타형, 계층, 그물형 방식이 있다.

08 네트워크는 크게 근거리통신망, 도시권통신망, 광역통신망, 초고속가입자망으로 구분된다.

09 인터네트워크란 네트워크들의 네트워크이다.

연습문제

01 다음 중 데이터 통신 시스템들 간의 회선연결 방식으로 옳지 못한 것은?

    a. 점대점 방식   b. 패킷교환 방식

    c. 회선교환 방식   d. 라우팅 방식

02 전화망과 같이 데이터가 전송되기 전에 목적지까지 통신 회선이 연결되어야 하는 교환 방식은?

    a. 메시지 교환 방식   b. 회선교환 방식

    c. 가상 회선교환 방식   d. 데이터그램 패킷교환 방식

03 통신 장비 중 무전기의 전송 방식은?

    a. 단방향   b. 반이중

    c. 전이중   d. 자동

04 다음 중 TV와 라디오와 같은 공공매체가 사용하는 전송 방식은?

    a. 단방향   b. 반이중

    c. 전이중   d. 자동

05 다음 중 네트워크상의 컴퓨터의 위치나 컴퓨터 간의 케이블 연결 등의 물리적인 배치를 의미하는 것은?

    a. 토폴로지   b. 프로토콜

    c. 다중화   d. 인덱싱

06 다음 토폴로지 중에서 허브가 필요한 토폴로지는?

    a. 버스형   b. 스타형

    c. 링   d. 그물형

07 다음과 같은 특성을 갖는 네트워크 구조는?

> • 중앙 제어 장치의 지능화가 요구된다.
> • 통신망이 능동적이므로 기능의 부가가 요구된다.
> • 통신망의 처리 능력 및 신뢰성이 중앙의 제어 장치에 의존한다.

a. 버스
b. 링
c. 스타형
d. 계층형

08 다음 중 통신 회선에 의해서 서로 연결되어 있는 노드와 링크의 집합을 의미하는 것은?

a. 라우터
b. 리피터
c. 네트워크
d. 허브

09 다음 중 인터네트워킹 장비로 옳지 못한 것은?

a. 리피터
b. 브리지
c. 라우터
d. 모뎀

10 데이터그램 방식과 가상회선 방식을 비교·설명하라.

11 데이터그램 방식의 장점을 설명하라.

12 동기식 전송이 비동기식 전송에 비해 갖는 장점을 설명하라.

13 리피터, 브리지, 라우터의 기능은 각각 OSI의 어떤 계층과 연관되는가?

14 네트워크 운영체제가 제공하는 기능에 대해서 설명하라.

| 참고 사이트 |

- http://www.privateline.com: 여러 통신 기술에 대한 정보가 카테고리 형식으로 표현되어 있음
- http://www.cisco.com: 시스코사의 사이트로 여러 데이터 통신 용어 및 신기술 등에 대한 설명을 제공
- http://compnetworking.about.com: 용어에 대한 검색을 할 수 있으며, 관련 사이트를 나타내 줌
- http://www.itworld.com: 현 IT 산업의 동향과 기술백서 등이 있음
- http://www.ietf.org/rfc/rfc1594.txt?number=1594: RFC 1594 문서로 인터넷에서 흔히 볼 수 있는 질문들과 용어에 대한 해설이 정리되어 있음

| 참고문헌 |

- William L. Schweber, *DATA communications*, McGRAW-HILL, pp 205~235, 1988
- Uyless Black(정진욱 역), *Computer Networks*(컴퓨터 네트워크), 희중당, 1994
- Harry Newton, *NEWTON's TELECOM DICTIONARY*, 15th ed, Telecom Books, 1999
- Fred Halsall, *Data Communications, Computer Networks and Open Systems*, 4th ed, Addison Wesley, 1996

CHAPTER

05

신호

contents

사람이나 응용프로그램에서 사용가능한 정보의 종류에는 문자, 음성, 그림, 영상 등의 형태가 있다. [그림 5-1]과 같이 사용자 간의 통신을 위해서는 사용자 정보를 전자기 신호 또는 광신호로 변환한 후에 전송매체를 통하여 상대방에게 전송해야 한다. 이 장에서 신호에 대한 다음과 같은 내용을 살펴본다.

- 신호의 종류와 형태를 이해한다.
- 아날로그 신호의 진폭, 위상, 주기, 주파수 스펙트럼 및 대역폭을 이해한다.
- 디지털 신호 개념 및 특징을 이해한다.
- 채널에 대한 채널용량을 이해한다.

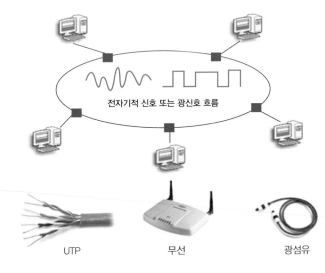

전자기적 신호 또는 광신호 흐름

UTP　　　　무선　　　　광섬유

[그림 5-1] 정보의 전송

5.1 신호

5.1.1 신호의 종류

일반적으로 아날로그와 디지털은 각각 연속적과 이산적이라는 말에 대응되며 디지털 신호는 데이터 통신에 자주 사용된다. 아날로그 데이터(analog data)는 주어진 구간에서 연속적(continuous)인 값을 가지는 반면에 디지털 데이터(digital data)는 이산적(discrete), 즉 불연속적인 값을 가진다.

[그림 5-2]에서처럼 아날로그 신호(analog signal)는 주파수에 따라 다양한 매체를 통해 전송되는 연속적으로 변하는 전자기파를 나타낸다. 디지털 신호(digital signal)는 매체를 통해 전송되는 일련의 전압펄스이다. 예를 들어 임의의 양(+)의 전압은 이진수 1을 표현하고, 일정한 음(−)의 전압은 이진수 0을 표시한다. 디지털 신호는 아날로그 신호보다 전송효율이 높고 잡음에 덜 민감하다는 장점이 있는 반면 아날로그 신호보다 감쇄현상에 더 많은 피해를 입을 수 있다.

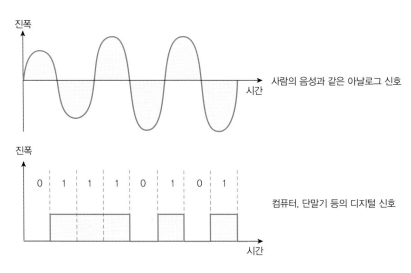

[그림 5-2] 아날로그와 디지털 신호의 비교

| 미니요약 |

아날로그 데이터(analog data)는 주어진 구간에서 연속적(continuous)인 값을 가지는 반면에 디지털 데이터(digital data)는 이산적(discrete), 즉 불연속적인 값을 가진다.

5.1.2 신호의 형태

모든 신호는 형태에 따라 주기적(periodic) 또는 비주기적(non-periodic) 신호로 나누어진다. 먼저 가장 일반적인 정현파 아날로그 신호의 형태([그림 5-5] 참조)를 살펴보면 기준전압(기준전압의 값은 0 혹은 플러스, 마이너스 값일 수도 있다) 0에서부터 신호가 서서히 플러스 전압으로 증가하였다가 반대로 0으로 감소한 후 마이너스 값까지 줄었다가 다시 0으로 돌아가는 것을 볼 수 있다. 이러한 한 번의 진동을 주기(cycle)라고 한다. 이와 같은 주기를 시간이 경과하는 동안 반복적으로 유지하고 있는 신호를 주기적 신호라고 한다. 참고로 주기를 표현하는 T라는 단위는 한 번의 사이클을 마치는 데 필요한 시간을 의미한다. [그림 5-3]은 주기적 신호의 예를 보여주고 있다.

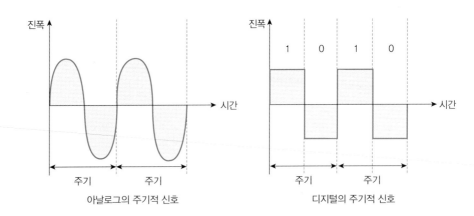

[그림 5-3] 주기적 신호의 예

주기적 신호와는 반대로 시간이 지나는 동안 동일하게 반복되는 사이클이나 패턴 없이 불규칙하게 계속 변하는 신호를 비주기적 신호라고 한다. [그림 5-4]는 비주기적 신호의 예를 보여주고 있다.

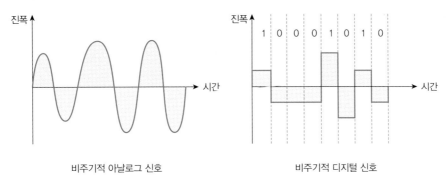

비주기적 아날로그 신호　　　　　　　　비주기적 디지털 신호

[그림 5-4] 비주기적 신호의 예

| 미니요약 |

신호의 형태는 주기적 신호와 비주기적 신호로 나누어진다.

5.2 아날로그 신호

아날로그 신호는 주파수에 따라 여러 가지의 전송매체를 통해서 전송되는 연속적인 전자기파이다. 예를 들면 기온은 온도계의 센서에 의해 수집되는데, 이러한 기온 데이터는 연속적인 값을 갖는다. 이러한 특징은 디지털 신호의 이산적인 것과 구별되는 특징이다.

5.2.1 아날로그 신호의 특징

[그림 5-5]는 정현파(sinusoidal wave)를 나타내는 그림으로 주기적인 아날로그 신호의 가장 기본적인 형태이다. [그림 5-5]에서처럼 정현파로부터 신호의 높이, 파형의 상대적인 위치, 그리고 신호가 한 사이클을 이루는 데 걸리는 시간을 알 수 있다. 이를 각각 진폭, 위상, 주기라고 한다.

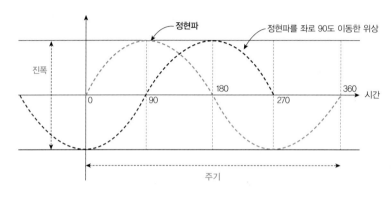

[그림 5-5] 정현파의 모양

(1) 진폭(Amplitude)

[그림 5-5]의 정현파 그림에서 알 수 있듯이 진폭은 신호의 높이를 나타내는 것으로 임의의 시간에서의 신호가 지니는 값을 의미한다. [그림 5-6]의 진폭 변화에서 보듯이 진폭의 크기가 2배로 커졌다는 의미는 높이가 2배로 높아졌다는 것으로 해석될 수 있다.

진폭의 단위는 신호의 종류에 따라 볼트(V), 암페어(A), 와트(W)로 측정된다. 여기서 볼트는 전압, 암페어는 전류, 와트는 전력의 단위이다.

(2) 위상(Phase)

위상은 진동이나 파동과 같이 주기적으로 반복되는 현상에 대해 어떤 시각 또는 어떤 지점에서의 변화의 상태를 나타내는 것으로 시각 0시에 대한 파형의 상대적인 위치를 나타낸다. 위상은 각도나 라디안(360도 또는 2π 라디안)으로 측정된다.

[그림 5-7]은 여러 위상들과의 관계를 나타내는 것이다. A의 파형이 시간 축을 따라 이동할 수 있다면, 각각 A를 중심으로 B의 파형은 90도, C의 파형은 180도, D의 파형은 270도를 이동된 것으로 해석한다. 다시 말해서 기준 파형으로부터 이동된 양을 위상이라고 한다.

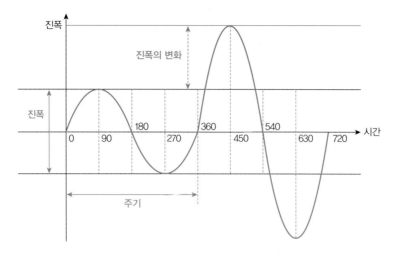

[그림 5-6] 진폭 변화

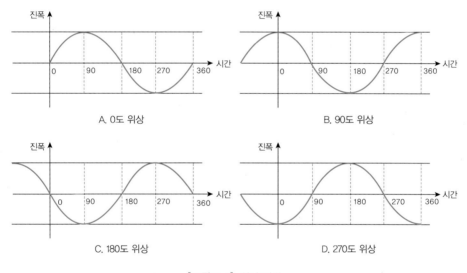

A. 0도 위상

B. 90도 위상

C. 180도 위상

D. 270도 위상

[그림 5-7] 위상 변화

(3) 주기와 주파수(Frequency)

앞에서도 설명했듯이 주기란 신호가 한 사이클을 이루는 데 걸린 시간을 의미하며 주파수
는 초당 생성되는 사이클의 수를 의미한다. 다시 말해서 신호의 주파수는 시간에 대한 변
화율로, 초당 반복되는 패턴의 횟수를 일컫는다. 예를 들어 1초에 어떤 패턴(주기)이 2번
나타나는 경우와 20번 나타나는 경우를 생각해보자. 후자의 경우가 전자보다 훨씬 변화

율이 많다고 볼 수 있고, 높은 주파수를 가졌다고 말한다. 즉, 짧은 기간 내의 변화는 높은 주파수를 의미하고, 긴 기간에 걸친 변화는 낮은 주파수를 의미한다. 따라서 주파수와 주기는 서로 역의 관계이다. 즉, 주파수 f = 1/T, 주기 T = 1/f로 표시되고 주파수의 단위는 Hertz(Hz), 주기는 초(sec)로 표현된다.

| 미니요약 |

아날로그 신호의 구성요소는 진폭, 위상, 주기 및 주파수이다.

미니강의   Hertz

주파수의 단위로 쓰이는 Hertz는 독일 물리학자 Heinrich Rudolf Hertz의 이름에서 유래된 것이다. 이 단위는 CPU 클럭속도를 나타내는 데에도 사용된다. 예를 들어 CPU의 속도가 3GHz인 것은 1초에 30억 번의 패턴이 생긴다는 뜻이므로 매우 높은 주파수라는 것을 알 수 있다. 참고로 우리나라에서 일반 가정의 전기는 60Hertz인데, 이것은 전기의 흐름이 양극 방향으로 1초에 120번 또는 60 사이클이 변하는 것을 의미한다. 주파수의 단위에는 1Hertz = 1Hz, 1Kilohertz = 10^3Hz, 1Megahertz = 10^6Hz, 1Gigahertz = 10^9Hz, 1Terahertz = 10^{12}Hz 등이 있다.

[그림 5-8] Hertz와 주파수 측정 장비

---

(4) 아날로그 신호의 종류

아날로그 신호는 [그림 5-9]에서와 같이 단순 아날로그 신호와 복합 아날로그 신호로 나눌 수 있다. 단순 아날로그 신호는 반복적인 정현파([그림 5-5] 참조)이고 복합 아날로그 신호는 여러 개의 정현파가 합쳐진 복합적인 신호이다. 복합적인 주기 신호가 아무리 복잡해도 퓨리에 분석(Fourie Analysis)을 이용하여 상이한 진폭, 주파수 위상을 갖는 정현파들의 집합으로 분해할 수 있다.

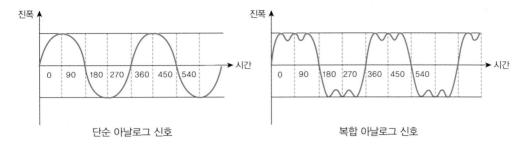

[그림 5-9] 단순 아날로그 신호와 복합 아날로그 신호

> **TIP** Fourier Analysis란?
>
> 1822년 프랑스의 수학자 Joseph Fourier는 주기적인 파동운동의 성분에서 수학적 규칙을 찾아냈다. 그는 아주 복잡한 주기적 파동운동까지도 간단한 사인파들로 나눌 수 있었고, 그는 모든 주기적 파동을 여러 진동수에 다른 진폭의 사인파의 성분들로 나눌 수 있다는 사실을 발견하였다. 이와 같은 수학적 작업을 Fourier Analysis라고 부른다.

| 미니요약 |

아날로그 신호는 단순신호와 복합신호로 나누어진다.

5.2.2 주파수 스펙트럼과 대역폭

신호의 주파수 스펙트럼은 특정 신호를 구성하는 모든 정현파 신호의 조합이다. 그리고 신호의 대역폭은 [그림 5-10]에서 나타내고 있는 바와 같이 통신선로에서 사용되는 전송 주파수의 범위를 나타내는 것으로 채널의 용량(비트율)과 직접적인 관계가 있다.

대역폭 개념을 좀 더 쉽게 설명하면 특정 신호의 주파수 범위에 있는 최고 주파수에서 최저 주파수를 뺀 것이다. 예를 들어, 음성 신호의 경우 300~3,300Hz의 주파수 범위를 갖는 전자기 신호로 표현될 수 있고, 이 경우 대역폭은 약 3KHz(3,300-300)가 된다. 참고로 음성 대역폭은 3KHz와 가드밴드(Guard Band)를 포함해서 4KHz가 된다.

대역폭과 채널과의 관계를 예를 들어 설명하면, 주파수 스펙트럼이 10^3과 10^4인 대역폭은 약 9KHz임을 알 수 있다. 만약 전화채널이 3KHz의 대역폭을 갖는다면, 10^3과 10^4 사이의 주파수 스펙트럼에서는 3개의 채널(9KHz/3KHz = 3개)을 사용할 수 있다. 즉, 주파수 대역이 넓어질수록 더 많은 채널을 얻을 수 있고, 채널이 높은 주파수 스펙트럼에서 형성될수록 신호의 전송속도는 빨라진다.

[그림 5-11]은 음성대역의 주파수 스펙트럼을 보여주고 있다.

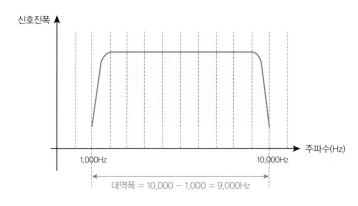

[그림 5-10] 대역폭

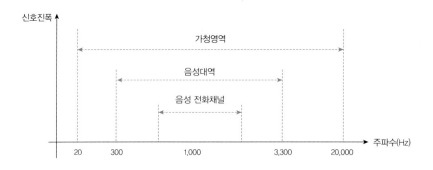

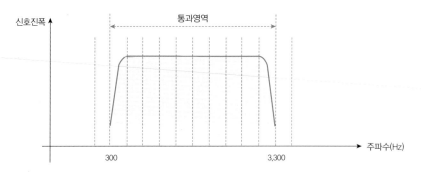

[그림 5-11] 음성대역의 주파수 스펙트럼

예제 전화채널이 3KHz의 대역폭을 갖는다면, 10^6와 10^7 사이의 주파수 스펙트럼에서는 몇 개의 채널을 사용할 수 있는가?

| 풀이 |

대역폭이라는 것은 최대 주파수에서 최소 주파수를 뺀 것으로 10^6Hz와 10^7Hz 사이의 대역폭은 9000KHz라는 것을 알 수 있다. 여기서 전화채널의 대역폭을 임의로 3KHz라 했으므로 약 9000KHz/3KHz = 3000개의 채널을 얻는다. 실제로는 전화채널의 음성대역은 기본 3KHz에 인접한 신호끼리 서로의 간섭을 피하기 위한 가드밴드(Guard Band)까지 포함하여 4KHz로 쓰이고 있다. 이와 같은 문제에서 알 수 있듯이 대역폭이 클수록 많은 채널을 얻을 수 있다는 것을 알 수 있나.

| 미니요약 |

주파수 스펙트럼은 특정 신호를 구성하는 모든 정현파 신호의 조합이며, 대역폭은 특정 신호의 주파수 범위에 있는 최고 주파수에서 최저 주파수를 뺀 것이다. 따라서 주파수 대역이 넓어질수록 더 많은 채널을 얻을 수 있다. 즉, 대역폭은 통신 시 전송속도를 결정하는 주요한 성능 인자 중 하나이다.

TIP 높은 주파수를 사용하면 왜 통신 속도가 빠를까?

높은 주파수는 낮은 주파수보다 대역폭이 더 넓다. 전송량은 대역폭 및 변조방식에 따라 결정되며, 높은 주파수는 대역폭이 넓기 때문에 그 넓은 대역폭을 이용하여 전송할 수 있는 전송량이 비례해서 많아지게 된다. 따라서 전송량이 많아지기 때문에 높은 주파수는 같은 양의 데이터를 전송할 때 더욱 빠르다.

우리가 흔히 듣는 라디오에서 AM과 FM의 대역폭을 비교해보면 FM이 더 높은 주파수 영역을 사용하기 때문에 많은 채널을 얻을 수 있고, 잡음에 강한 변조방식의 특성 때문에 더 깨끗한 음질의 신호를 전송할 수 있다. 높은 주파수의 신호는 직진성이 강하고 신호의 퍼짐에 있어서는 낮은 주파수가 유리하다. 이런 주파수의 특성 때문에 FM이 신호가 깨끗한 반면 넓은 영역을 커버하지 못하는 것이고, AM은 신호가 깨끗하지는 못하지만 넓은 영역을 커버할 수 있는 것이다.

(1) 주파수 스펙트럼(Spectrum)

우리가 잘 알고 있는 대부분의 물리적 현상들은 특정 주파수의 형식으로 표현되고 있다. 그 중에서도 아날로그 형태를 띤 특정 주파수는 〈표 5-1〉에서 볼 수 있듯이 목소리와 같이 비교적 제한된 대역폭을 갖는 저주파수에서부터 동축케이블이나 초단파 방송에서 볼 수 있는 고주파수가 있고, 가장 높은 쪽에는 가시광선과 같은 초고주파수가 있다.

⟨표 5-1⟩ 주파수 스펙트럼

영역 지정 (Band Designation)	From		To	
	주파수 (Frequency)	파장 (Wavelength)	주파수 (Frequency)	파장 (Wavelength)
가청(Audible) 영역	20 Hz	–	20 KHz	–
배스비올(Bass Viol)	40 Hz	–	200 Hz	–
트롬본(Trombone)	70 Hz	–	500 Hz	–
음성(Human Voice)	100 Hz	–	1100 Hz	–
트럼펫(Trumpet)	200 Hz	–	900 Hz	–
바이올린(Violin)	200 Hz	–	3 KHz	–
플루트(Flute)	260 Hz	–	2.1 KHz	–
피콜로(Piccolo)	500 Hz	–	4.2 KHz	–
무선통신 영역	3 KHz	100 Km	3000 GHz	0.1 mm
초저주파(VLF)	3 KHz	100 Km	30 KHz	10 Km
저주파(LF)	30 KHz	10 Km	300 KHz	1 Km
중파(MF)	300 KHz	1 Km	3 MHz	100 m
고주파(HF)	3 MHz	100 m	30 MHz	10 m
초단파(VHF)	30 MHz	10 m	300 MHz	1 m
극초단파(UHF)	300 MHz	1 m	3 GHz	100 cm
초고주파(SHF)	3 GHz	100 cm	30 GHz	10 cm
극초고주파(EHF)	30 GHz	10 cm	300 GHz	1 cm
적외선(Infrared rays)	1000 GHz	300 μ	105 GHz	1 μ
가시(Visible) 영역	–	1 μ	–	0.3 μ
빨강(Red)	–	1 μ	–	0.69 μ
주황(Orange)	–	0.69 μ	–	0.62 μ
노랑(Yellow)	–	0.62 μ	–	0.57 μ
초록(Green)	–	0.57 μ	–	0.52 μ
파랑(Blue)	–	0.52 μ	–	0.47 μ
보라(Violet)	–	0.47 μ	–	0.3 μ
자외선(Ultraviolet lays)	–	0.3 μ	–	10^{-5} μ
X-Rays	–	10^{-3} μ	–	10^{-7} μ
Soft	–	10^{-3} μ	–	10^{-5} μ
Hard	–	10^{-5} μ	–	10^{-7} μ
감마선(Gamma Rays)	–	10^{-6} μ	–	10^{-7} μ
우주선(Cosmic Rays)	–	10^{-7} μ	–	$< 10^{-7}$ μ

K = Kilo = 1,000   c = centi = 1/100

M = Mega = 1,000,000   m = milli = 1/1000

G = Giga = 1,000,000,000   μ = micron = 1/1,000,000

〈표 5-2〉는 주파수 스펙트럼 중에서 무선통신에서 주로 쓰이는 초저주파(VLF)로부터 극초고주파(EHF)까지의 8개 대역에 대해 기술하고 있다. 이렇게 정의된 8개의 대역은 정부에 의해 규제되는 것으로 전자기 스펙트럼에서는 무선통신 영역(radio communication)으로 정의된다. 각 대역은 자신만의 신호 주파수 범위를 가지고 있고, 특정 대기층을 통해 이동하면서 자신의 대역에 적용된 기술에 의해 가장 효율적으로 송수신된다.

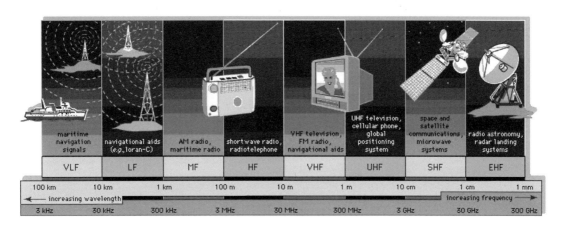

[그림 5-12] 무선 주파수 활용 예

〈표 5-2〉 무선영역 통신 분류표

전파 종류	주파수 영역	특징	사용용도	전파(Propagation) 특성
VLF	3KHz~30KHz	• 전송 중 많은 감쇄가 일어나지는 않음 • 대기잡음(전기와 열)에 민감	• 장거리 무선 항해 • 해저통신	지표면 전파 가장 낮은 주파수들이 사용하는 방식으로 지표의 굴곡을 따라 퍼진다. 전파거리는 신호의 전력량에 비례
LF	30KHz~300KHz	• 장애물에 의한 전파의 흡수로 낮에 감쇄현상이 더 큼	• 장거리 무선 항해 • 항해위치확인기	
MF	300KHz~3MHz AM(535~1605KHz)	• 낮에 신호의 흡수가 증가하기 때문에 흡수 문제 방지 필요 • 전송제어를 편하게 하기 위해 가시선 안테나에 의지	• AM라디오 • 해상라디오 • 무선방향 탐지 (RDF) • 긴급구조 주파수	대류권 전파 안테나끼리 직접 전파되거나, 지구 표면으로 반사되어 오게끔 대류권 상층을 향해 전송되는 방식을 사용

HF	3MHz~30MHz CB(27MHz)	• 밀도차 때문에 신호를 지상으로 반사하게 되는 전리층으로 이동	• 아마추어 무선 라디오(ham radio) • 민간통신(CB) • 국제방송 • 군사통신 • 장거리 항공기	전리층 전파 대류권과 전리층의 밀도차를 이용하여 낮은 출력으로 원거리 전파와 무선파의 속도를 높이는 방식을 사용
VHF	30MHz~300MHz FM(88~108MHz) 항공(108~174MHz)	• 안테나에서 안테나로 직선상으로 직접 전송 • 안테나는 지구곡률에 영향 받지 않을 정도로 충분히 높거나 서로 가까워야 함	• VHF텔레비전 • FM라디오 • 항공 • AM라디오 • 항공항해보조	가시거리 전파 무선전송이 완벽하게 한 점으로 모아지지 않기 때문에 이 방식은 까다롭다. 지표면이나 대기에 반사된 반사파는 직접 전송된 것보다 수신 안테나에 늦게 도착해서 수신된 신호를 망침
UHF	300MHz~3GHz UHFTV(470~806MHz)	• 항상 가시거리 전파를 사용하여 통신	• UHF텔레비전 • 이동 전화 • 셀방식라디오 • 페이징(paging) • 마이크로파링크	
SHF	3GHz~30GHz	• 초고주파의 대부분은 가시거리 전파를 이용하고 일부는 우주공간 전파 이용	• 지상마이크로파 • 위성마이크로파 • 레이더통신	우주공간 전파 대기의 굴절을 이용하지 않고 위성에 의한 중계를 이용
EHF	30GHz~300GHz	• 주로 과학용으로 사용	• 레이더 • 위성 • 실험용 통신	

미니강의 **적외선, 자외선, X선, 감마선**

프리즘을 통과한 여러 색깔의 빛의 띠에서 빨간색과 보라색의 바깥쪽에는 어떠한 색깔도 보이지 않는다. 영국의 허셜(william Friedrich Herschel)에 의해 빨간색 바깥쪽에서 온도가 가장 높게 올라간다는 사실과, 독일의 리터(Johann Ritter)에 의해 보라색 바깥쪽 부분에 어떤 물질을 놓으면 그 물질의 색이 검게 변한다는 것을 알게 되었다. 이는 가시광선의 빨간색과 보라색의 바깥쪽에도 눈에 보이지 않는 빛이 태양으로부터 오고 있다는 것을 뜻한다.

빨간색 바깥쪽에 있는 것이 적외선이다. 이는 물체에 닿으면 물체를 구성하고 있는 분자를 빠르게 진동시켜 온도를 상승하게 한다. 대표적인 예로는 TV의 리모컨을 누르고 있으면 빛이 나오는 것을 알 수 있는데 이것이 적외선이다. 적외선은 열 작용이 강해 가열, 난방, 건조 등에 많이 사용되며, 또한 비행기 조종사들의 야간 운항을 가능케 하기도 한다. 적외선의 바깥에는 TV, 라디오, 휴대전화,

전자레인지 등의 전기 기기에 이용되는 빛이 있다.

보라색 바깥쪽에 있는 것이 자외선이다. 이는 박테리아나 바이러스를 죽이는 살균 작용과 함께 몸을 자극하여 비타민 D를 만들기도 한다. 자외선 바깥에는 X선, 감마선이 존재하며 이는 의료, 공업 분야에 사용되고 있다.

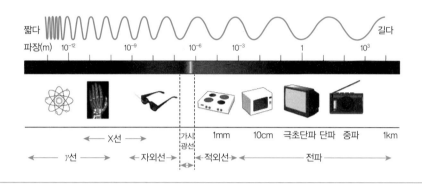

(2) 대역폭(Bandwidth)

대역폭이 데이터 전송에 미치는 영향을 이해하기 위해 실생활에서 사용하는 전화회선을 생각해보자. 전통적으로 전화선은 음성을 전송하기 위해 300Hz에서 3,300Hz 사이의 주파수를 실어 나를 수 있는 3KHz의 대역폭을 사용한다. 이 음성대역은 간섭이나 왜곡이 심한 경우에도 어려움 없이 의미를 전달할 수 있는 영역이다. 안전한 데이터 전송을 하기 위해 음성대역의 가장자리 부분은 데이터 전송에 사용하지 않는다.

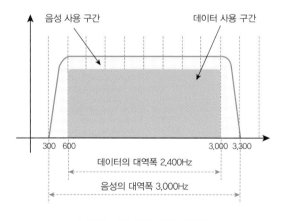

[그림 5-13] 전화 회선 대역폭

[그림 5-13]에서 볼 수 있듯이 일반적으로 신호의 주파수에는 하한선과 상한선이 있고, 이처럼 제한된 범위를 대역폭이라고 한다. 즉 음성을 위한 대역폭은 3KHz이고, 데이터를 위한 대역폭은 2.4KHz로 데이터 전송을 위한 대역폭은 음성 대역폭보다 작다.

미니강의 데이터 전송과 음성통신의 차이

첫째, 음성통신은 사람이 직접 듣고 말을 하는 것이므로 사소한 잡음이나 왜곡은 영향을 적게 느끼나(사람의 지능이 신호와 잡음을 구분할 수 있으므로 신호만 인식함), 데이터 전송을 행하는 데이터 장비들은 사람과 같은 지능이 없기 때문에 조그마한 에러도 스스로 알아서 처리할 수 없다.

둘째, 사람이 통화 시에 전달되는 정보의 속도는 데이터 전송속도에 비해 매우 느리다. 우리가 보통 말하는 속도는 약 40bps 정도의 매우 느린 속도인데 비해 데이터 전송속도는 같은 음성대역을 이용하는 경우라도 굉장히 높은 속도를 제공한다.

따라서 같은 조건에서 데이터 전송이 잡음과 왜곡에 더 민감하고 이를 보완하기 위해 에러제어, 흐름제어와 같은 기능을 하는 데이터 전송용 프로토콜을 사용하게 된다.

5.3 디지털 신호

초창기 데이터 전송에는 아날로그 신호를 이용하였으나 지금은 대부분 [그림 5-14]와 같이 이산적인 값을 취하는 디지털로 표현된 디지털 신호가 이용된다. 이런 디지털 신호의 주요한 장점은 아날로그 신호보다 값이 싸고 잡음에 덜 민감하다는 것이다. 하지만 아날로그 신호보다 감쇄현상으로 인해 신호의 의미가 왜곡되어서 더 많은 피해를 입을 수 있고, 유선매체에서만 전송이 가능하다는 단점이 있다.

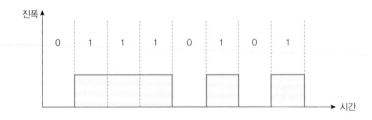

[그림 5-14] 디지털 신호

디지털 신호의 종류에는 오직 한 준위의 값만 이용하는 단극형(unipolar)이 있고, 양과 음의 두 가지 전압 준위를 사용하는 극형(polar)이 있다. 극형에는 NRZ(Non-Return to Zero), RZ(Return to Zero) 및 Biphase의 부호화 형식이 있다. 양극형(bipolar)에는 Bipolar AMI(Bipolar Alternate Mark inversion), B8ZS(binary 8-zero substitution), HDB3(High Density Bipolar 3 Code)의 부호화 등의 형식이 있다.

| 미니요약 |

디지털 신호의 장점은 아날로그 신호보다 전송효율이 높고 잡음에 덜 민감하다는 것이다. 하지만 아날로그 신호보다 감쇄현상으로 인해 신호의 의미가 왜곡되어서 더 많은 피해를 입을 수도 있다.

5.3.1 디지털 신호의 특징

[그림 5-15]에서 알 수 있듯이 디지털 신호에서도 주기적 아날로그 신호의 세 특징(진폭, 주기, 위상)이 적용될 수 있다. 그러나 대부분의 디지털 신호는 비주기적이기 때문에 주기나 주파수를 사용할 수 없다. 이에 대한 대안으로 디지털 전송에서는 신호가 한 사이클을 이루는 데 걸리는 시간을 나타내는 주기 대신 하나의 비트를 전송하는 데 드는 시간을 의미하는 비트 간격을 사용하고, 주파수 대신 1초 동안 전송된 비트의 수를 의미하는 비트율을 사용한다.

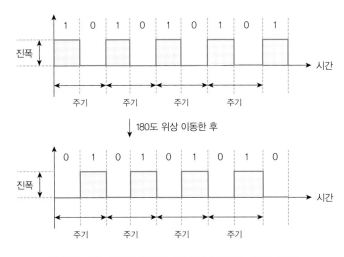

[그림 5-15] 주기적 디지털 신호의 특징(진폭, 주기, 위상)

일반적으로 통신채널에서는 데이터가 표현되는 방법과는 상관없이 채널용량으로 표현되는데, 비트율이 바로 채널용량인 것이다. 비트율의 단위로는 일반적으로 bps(bit per second)가 사용된다.

5.3.2 디지털 신호의 분해

[그림 5-16]은 디지털 신호의 조파(harmonic)를 보여주는 그림으로 디지털 신호를 아날로그 신호처럼 단순 정현파로 분해된다. 이런 신호 요소들이 무한하게 결합되어 디지털 신호와 같은 모양을 갖게 된다. 즉 이런 조파를 이용하여 두 시스템 간의 데이터 전송을 위해 데이터를 디지털 신호로 만들어서 보낼 수가 있다. [그림 5-16]의 여섯 번째 그림과 같은 무한 개의 단순 신호를 보낸다고 생각하면 된다.

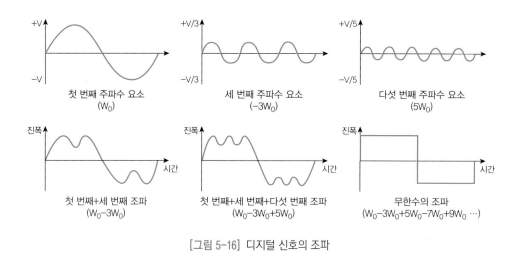

[그림 5-16] 디지털 신호의 조파

| 미니요약 |

디지털 신호도 아날로그 신호처럼 무한개의 단순 정현파로 분해되는 특성을 갖는다.

이론적으로 두 시스템 간에 디지털 신호가 정확히 전달되기 위해서는 모든 주파수 구성 요소들이 전송매체를 통해서 온전하게 전송되어야 가능하지만, 그런 전송매체가 없기 때문에 디지털 신호는 항상 잡음에 의해 왜곡된다.

왜곡되는 디지털 신호를 어떻게 사용할 수 있을까 하는 의구심을 가질 수 있다. [그림

5-17]의 위 그림은 무한 스펙트럼을, 아래 그림은 주요 스펙트럼을 나타낸다. 주요 스펙트럼이란 무한 스펙트럼 중에서 어느 정도의 왜곡까지는 재생할 수 있는 부분을 말한다. 다시 설명하면, 비록 디지털 신호의 주파수 스펙트럼이 서로 다른 진폭을 갖는 무한개의 주파수를 포함하고 있지만, 수신측에서 어느 정도의 정확도를 가진 디지털 신호를 재생해 낼 수 있는 이유는 중요한 진폭을 갖는 구성 요소들을 전송하기 때문이다. 즉, 신호가 잡음에 의해 사소하게 왜곡되더라도 수신측에서는 완벽하게 신호를 재생할 수 있다는 말이다.

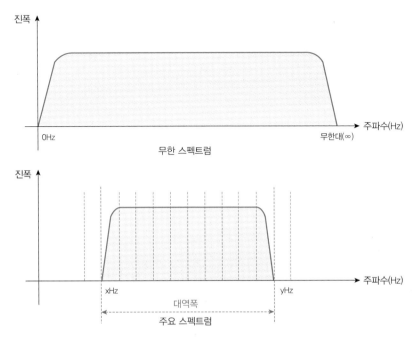

[그림 5-17] 무한 스펙트럼과 주요 스펙트럼

미니강의 **디지털 전송이 유리한 점**

통신의 3대 목표는 정확하고 효율적이며 안전한 정보전송이다. 이 세 가지 측면에서 디지털 전송은 아날로그 전송에 비해 모두 유리하다. 첫째, 디지털 전송은 원거리 전송 시 중간에 디지털 신호가 원형을 잃기 전에 리피터에 의해 재생(regeneration)되어 원형을 회복하므로 목적지까지 원형으로 전송이 가능하다. 아날로그 전송도 전송 중 신호감쇄를 보상하기 위해 증폭기를 사용하여 원형으로 복구하는 노력을 하나 이때 잡음도 함께 증폭되므로 목적지에 도착할 때까지 원형을 유지하기가 디지털 전송에 비해 매우 어렵다. 둘째, 디지털 전송은 대역폭을 활용하는데 있어 아날로그 전송에 비해 매우 효율적이다. 아날로그 전송에 사용되는 주파수 분할 다중화에 비해 디지털 전송에 사용되는 시분할, 코드 분할 등의 다중화 방법의 효율이 매우 높다. 따라서 디지털 전송은 아날로그 전송에 비해 경제적이다. 셋째, 디지털 전송은 아날로그 전송에 비해 보안성을 유지하기가 쉽다. 디지털 신호는 결국 1, 0으로 이루어지므로 암호화 알고리즘을 적용해 보안성을 높일 수 있다. 아날로그 전송도 비화통신이 가능하나 디지털 전송의 경우보다 보안성을 유지하는데 어려움이 크다. 결국 1과 0으로 이루어지는 디지털 전송은 소프트웨어의 도움으로 정확하고 효율적이며 안전한 전송이 가능하기 때문에 오늘날과 같은 디지털 세상이 오게 된 것이다.

5.4 채널용량

특정 대역폭을 갖는 전송매체는 그 매체의 대역폭보다 좁은 주 대역폭을 갖는 디지털 신호만을 전송할 수 있다. 전송매체의 전송할 수 있는 최대 비트율을 그 매체의 채널용량이라고 하며, 전송매체의 대역폭은 전송 가능한 비트율의 상한선을 의미한다. 채널용량은 부호화 기법의 종류와 시스템의 신호 대 잡음비(Signal-to-Noise Ratio)에 따라 달라진다.

5.4.1 채널용량

채널용량은 정보를 에러 없이 채널을 통해 보낼 수 있는 최대 전송률을 의미한다. 데이터 전송에서는 이를 bps로 나타낼 수 있다. 채널을 통해 보낼 수 있는 데이터양은 채널의 대역폭에 비례한다.

1924년과 1928년에 나이퀴스트(Nyquist)는 잡음 없는 채널의 용량에 관한 논문을 발표하였다. 그는 매 초당 2W개의 전위값이 있으면 W의 주파수로 이를 전송할 수 있음을 밝혔다. 만일 주파수 W보다 크면 이는 잉여분으로 수신측에서 수신한 신호를 재생하는 데는 필요가 없다.

바꾸어 말하면 대역폭 W는 매초 당 2W개의 전위 값을 전송할 수 있다. 민일 전신 신호로서 2진 신호를 보내고자 하면 송신 전위는 둘 중 하나의 전위 값을 갖고 따라서 2Wbps를 전송할 수 있다. 그러나 만일 두 비트를 동시에 보낼 수 있도록 4개의 전위 상태를 가질 수 있으면 초당 2W 전위 값으로 4Wbps를 보낼 수 있다. 전위 상태의 값이 8개가 된다면 신호 속도는 6Wbps가 된다.

일반적으로 n비트는 2n개의 신호레벨이 있다면 한 순간에 전송될 수 있다. 따라서 2n개의 구별할 수 있는 가능한 상태가 주어진다면 2nWbps로 전송이 가능하게 된다. 만일 L이 가능한 신호 상태의 수라면

$$2^n = L \qquad \therefore n = \log_2 L$$

따라서 잡음이 없는 경우 채널의 용량 C는 다음과 같이 주어진다.

$$C = 2W \log_2 L$$

그러나 여기서 문제가 있다. 실제의 채널에서 과연 수신측에서 몇 개의 서로 구분이 가능한 신호 레벨을 전송할 수 있는가의 문제와 실제 채널에는 잡음과 왜곡, 감쇄의 유동 (fluctuation) 그리고 신호 세력의 제한 등의 문제가 있다.

샤논(Shannon)은 나이퀴스트(Nyquist)의 논문이 발표된 20년 후에 채널이 유한한 최대 용량을 갖고 있음을 수학적으로 증명하였다. 그는 구별이 가능한 값은 물론 연속적인 채널에 대해서도 논의하였다. 샤논은 W라는 대역폭을 가진 채널이 N이라는 잡음 세력을 가졌고 이 채널에 S라는 신호 세력을 가진 신호를 전송할 때 얻을 수 있는 채널 용량 C(bps)는 다음 식으로 주어진다는 것을 증명하였다.

$$C = W \log_2(1 + S/N)$$

이 법칙을 샤논(Shannon)의 법칙이라고 하며, T초 동안 보낼 수 있는 최대 데이터 비트의 수는 WT $\log_2(1 + S/N)$로 주어진다. 여기서 S/N 비율은 신호 대 잡음비(signal-to-noise ratio(SNR))라고 하며, 보통 데시벨 단위로 다음과 같이 표현된다.

$$SNR = 10 \log_{10}(P_1/P_2) \text{ dB}$$

채널의 용량은 정보가 에러 없이 채널을 통해 보내질 수 있는 최대율(bps)을 의미하는 것으로 채널의 대역폭에 비례한다. 즉 같은 정보량을 전송하는 데 대역폭이 넓으면 채널용량이 크기 때문에 데이터를 한 번에 많이 보낼 수 있으므로 시간이 적게 걸리고 대역폭이 좁으면 시간이 채널용량이 작은 만큼 데이터를 보내는 양이 적기 때문에 시간이 많이 걸린다.

예제 3KHz의 대역폭과 30dB의 전형적인 신호 대 잡음전력 비율을 가진 PSTN을 가정하고, 얻을 수 있는 채널용량을 구하라.

| 풀이 |

먼저 채널용량의 공식은 $C = W\log_2(1+S/N)$이므로 주어진 대역폭 W는 3KHz인 것을 알 수 있고, S/N 비율만 알면 계산할 수 있다. 여기서 S/N은 신호 대 잡음비라는 것을 알 수 있고, 30dB은 상대적인 개념이기 때문에 1000/1로 표시할 수 있다. 결론적으로 $C = W\log_2(1+S/N)$이므로

$$C = 3{,}000 \times \log_2(1+1000/1) = 29{,}901\,bps$$

이와 같은 문제에서 알 수 있듯이 대역폭 W에 비례하여 채널용량이 커짐을 알 수 있다. 또한 신호 대 잡음비(SNR) 값이 클수록 채널용량도 비례하여 커진다.

| 미니요약 |

전송매체의 대역폭은 비트율을 제한하는데, 전송할 수 있는 전송매체의 최대 비트율을 그 매체의 채널용량이라 하며 샤논은 잡음이 존재하는 채널 상에서 채널용량을 다음과 같이 정의했다(샤논의 법칙).

$$C = W\log_2(1+S/N)$$

따라서 채널용량은 대역폭과 신호의 세기에 비례하며, 잡음에 반비례한다.

미니강의 데시벨(dB)

데시벨은 소리의 상대적인 크기를 나타내는 데 사용되는 보편적인 단위로, 전자공학에서는 두 출력 사이의 상대적인 차이를 측정하는 데에도 사용된다. 데시벨은 전화기를 발명한 알렉산더 그레이엄 벨의 이름을 딴 단위인 "Bel"의 1/10을 나타낸다. 소리에서 두 소리 수준의 차이는 그들의 출력 수준 비 상용대수의 10배이다.

소리에서 데시벨은 사람이 들을 수 있는 점을 0dB로 하여 척도를 정한 것으로, 점점 위로 올라가 120~140dB가 되면 듣기에 고통스러운 정도가 된다. 예를 들어, 가정에서의 평균 생활 소음은 약 40dB, 일상 대화는 약 60dB, 집에서 음악을 감상하는 것은 약 85dB, 소리가 큰 록밴드의 경우 약 110dB, 그리고 제트엔진의 소음은 150dB에 근접한다.

5.4.2 데시벨(Decibel)

통신에서의 신호의 세기를 나타내는 단위로 흔히 데시벨(dB)이 쓰인다. 그러나 데시벨은 절대단위가 아니고 상대단위로 두 신호의 세기 비를 대수적으로 나타내는 상대적인 단위이다. 즉 어떤 시스템의 입력과 출력을 비교하거나 신호의 세기와 잡음의 세기를 비교하는 경우에 사용된다. 데시벨이 처음에 소리의 크기를 기준으로 사용되었기 때문에 그 세기의 비가 대수적인 단위로 나타나고 있다. 사람의 귀는 소리의 크기를 느낄 때에 소리의 에너지에 비례하여 느끼는 것이 아니고 소리의 에너지의 대수 값에 비례하여 느끼게 된다.

[그림 5-18] 데시벨 측정기

만일 사람의 귀에 A라는 소리가 B라는 소리의 두 배의 크기로 들렸다면 A의 에너지가 B의 에너지의 두 배가 큰 것이 아니고 2 데시벨이 큰 것이다. 또 A라는 장소의 잡음 에너지가 B라는 장소의 잡음 에너지보다 10,000배 크다고 하면 사람의 귀에는 A라는 장소가 B라는 장소보다 40배 더 시끄럽게 느껴진다. 따라서 어떤 사람이 똑같은 크기의 목소리로 말한다면 A라는 장소에서는 B라는 장소에서보다 듣기가 40배 어렵게 된다. 어떤 신호전력 P_1과 P_2의 전력비를 데시벨로 나타내면 다음과 같다.

데시벨 $= 10\log_{10}(P_1/P_2)$

인터넷 경제 3원칙

① 무어의 법칙(Moore's Law)

인텔 공동 설립자인 고든 무어 회장이 1965년에 "반도체 칩의 정보 기억량은 18개월마다 두 배씩 증가한다"라고 하는 데서 유래되었다. 이는 컴퓨터의 처리 속도와 메모리의 양이 2배로 증가하고 비용은 상대적으로 떨어지는 효과를 가져오게 된다. 이는 디지털 혁명으로 이어지고, 1997년 인텔이 발표한 2bit 플래시메모리와, 기존 알루미늄을 구리로 대체한 새로운 회로 칩에 대한 IBM사의 발표 등은 무어의 법칙을 증명하는 한 예라 할 수 있다. 그러나 2002년 국제반도체회로학술회의에서 삼성전자 반도체총괄 겸 메모리사업부장의 황창규 사장이 반도체의 집적도가 2배로 증가하는 시간이 1년으로 단축되었으며, 무어의 법칙을 뛰어 넘고 있다는 '메모리 신성장론'을 발표했으며, 이를 '황의 법칙'이라 한다.

② 메트칼프의 법칙(Metcalfe's Law)

네트워크와 관련된 법칙으로 3Com 설립자이고 이더넷(Ethernet)을 발명한 메트칼프가 1985년에 "네트워크의 가치는 네트워크에 연결된 참가자 수의 제곱에 비례한다"라고 하는 데서 유래되었다. 즉, 10명의 연결된 네트워크와 100명이 사용하는 네트워크 가치는 10배가 아니라 이보다 훨씬 큰 차이가 존재하는 것으로 네트워크 경제는 기존 규모 경제를 능가한다고 할 수 있으며, 그 가치는 급격히 증가한다는 뜻이다.

③ 가치 사슬을 지배하는 법칙

1970년대에 올리버 윌리엄슨(Oliver Williamson) 교수가 제시한 이론으로 "조직의 계속 거래 비용은 비용이 적게 드는 쪽으로 변화한다"라는 것으로 예전에는 통합해야 즉 수직적 통합이 거래비용을 줄인다고 했으나, 인터넷이 보편화된 현재는 핵심 역량은 아웃소싱을 통해 조달해 나가는 것을 의미하며, 이는 많은 기업들이 조직의 기능을 떼내어 분사하는 형태를 보이는 것이 이 이론에 따른 것이다.

예제 어떤 신호전력 P_1과 P_2의 전력이 각각 10,000과 100이었을 때의 데시벨을 구하라.

| 풀이 |

이와 같은 문제에서 데시벨 = $10\log_{10}(P_1/P_2)$ = $10\log_{10}(10,000/100)$ = $10\log_{10}100$ = 20dB이다. 즉, 신호전력 P_1과 P_2 전력비는 100배지만, 공식에 의해서 20dB이라는 값을 얻는다. 이는 P_1이라는 장소의 잡음 에너지가 P_2라는 장소의 잡음 에너지보다 20배 크다는 것이고 사람의 귀에는 A라는 장소가 B라는 장소보다 20배 시끄럽게 느껴진다. 따라서 어떤 사람이 똑같은 크기의 목소리로 말한다면 A라는 장소에서는 B라는 장소에서보다 듣기가 20배 어렵게 된다.

데시벨은 신호세력의 감쇠를 나타내는 데도 쓰이는데 어떤 신호가 1데시벨 감소하였다고 하면 원래 신호 크기의 0.794배가 되었음을 의미한다. 또한 1데시벨 증가하였다고 하면 신호 크기의 1.259배가 되었음을 의미한다.

전력 대신에 전압이나 전류의 비를 나타낼 수도 있는데 두 전류의 세기를 a_1, a_2 두 전압의 세기를 V_1, V_2라고 하면 데시벨은 다음과 같이 된다.

$$\text{데시벨(전류)} = 20\log_{10}(a_1/a_2)$$
$$\text{데시벨(전압)} = 20\log_{10}(V_1/V_2)$$

| 미니요약 |

데시벨은 통신에서의 신호의 세기를 나타내는 단위이고 두 신호의 세기 비를 대수적으로 나타내는 상대적인 단위로 다음과 같이 정의한다.

$$\text{데시벨} = 10\log_{10}(P_1/P_2)$$

요약

01 아날로그 데이터(analog data)는 주어진 구간에서 연속적(continuous)인 값을 가지는 반면에 디지털 데이터(digital data)는 이산적(discrete), 즉 불연속적인 값을 가진다.

02 신호의 형태는 주기적 신호와 비주기적 신호로 나누어진다.

03 아날로그 신호의 구성요소는 진폭, 위상, 주기 및 주파수이다.

04 주파수 스펙트럼은 특정 신호를 구성하는 모든 정현파 신호의 조합이며, 대역폭은 특정 신호의 주파수 범위에 있는 최고 주파수에서 최저 주파수를 뺀 것이다.

05 주파수 대역이 높아질수록 더 많은 채널을 얻을 수 있다. 즉, 대역폭은 통신 시 전송속도를 결정하는 주요한 성능 인자 중 하나이다.

06 디지털 신호의 장점은 아날로그 신호보다 전송효율이 높고 잡음에 덜 민감하다는 것이다. 하지만 아날로그 신호보다 감쇄현상으로 인해 신호의 의미가 왜곡되어서 더 많은 피해를 입을 수도 있다.

07 디지털 신호도 아날로그 신호처럼 무한개의 단순 정현파로 분해되는 특성을 갖는다.

08 전송매체의 대역폭은 비트율을 제한하는데, 전송할 수 있는 전송매체의 최대 비트율을 그 매체의 채널용량이라 한다.

09 샤논의 법칙은 잡음이 존재하는 채널 상에서 채널용량을 $C = W\log_2(1+S/N)$로 정의했으며, 이는 대역폭과 신호의 세기에 비례하며, 잡음에 반비례한다.

10 데시벨은 통신에서의 신호의 세기를 나타내는 단위이고 두 신호의 세기 비를 대수적으로 나타내는 상대적인 단위로 $10\log_{10}(P_1/P_2)$로 정의한다.

연습문제

01 정보가 전송되기 위해서는 어떤 신호로 변환되어야 하는가?
   a. 주기 신호
   b. 비주기 신호
   c. 전자기 신호
   d. 고주파 정현파

02 다음 중 신호에 대한 설명으로 옳지 않은 것은?
   a. 아날로그 데이터는 연속적인 값을 가지고 디지털 신호로 변화될 수 있다.
   b. 디지털 데이터는 주어진 구간에서 연속적인 값을 갖고 아날로그 신호로 변화될 수 있다.
   c. 아날로그 신호는 주파수에 따라 다양한 매체를 통해 전송되는 연속적으로 변하는 전자기파이다.
   d. 디지털 신호는 도파 매체를 통해 전송되는 일련의 전압 펄스이다.

03 어떤 신호의 주기가 0.001초이다. 이 신호의 주파수는?
   a. 1Hz
   b. 1KHz
   c. 1MHz
   d. 1GHz

04 한 정현파가 8KHz의 주파수를 가진다. 이 정현파의 주기는?
   a. 800μs
   b. 125μs
   c. 250μs
   d. 500μs

05 신호의 대역폭이 4KHz이고 최저 주파수가 40KHz일 때, 최고 주파수는?
   a. 36KHz
   b. 40KHz
   c. 44KHz
   d. 48KHz

06 신호의 주파수 범위가 4KHz에서 40KHz일 경우 그 신호의 대역폭은?
   a. 36KHz
   b. 44KHz
   c. 48KHz
   d. 88KHz

07 다음 중 옳지 않은 것은?

    a. 주기란 신호가 한 사이클을 이루는 데 걸린 시간을 의미한다.

    b. 신호의 주파수는 시간에 대한 변화율로 초당 반복되는 패턴의 횟수를 일컫는다.

    c. 짧은 시간 내의 변화는 낮은 주파수를 의미한다.

    d. 주파수와 주기는 서로 역의 관계이다.

08 신호의 주파수가 증가함에 따라 그 신호의 주기는 어떻게 변하는가?

    a. 원래 상태로 있다.   b. 증가한다.

    c. 두 배로 증가한다.   d. 감소한다.

09 만약 4KHz의 대역폭을 갖는 사내 전산망을 위한 채널을 사용하려고 한다면, 주파수 10^7과 10^8 사이의 대역폭에서 대략 몇 개의 채널을 얻을 수 있는가(Guard Band 무시)?

    a. 225개   b. 2,250개

    c. 22,500개   d. 222,500개

10 다음 설명 중 옳지 않은 것은?

    a. 신호의 주파수 스펙트럼은 그 신호를 구성하는 해당 대역의 정현파 신호의 조합이다.

    b. 신호의 대역폭은 통신 선로 상에서 운반되는 전송 주파수의 범위를 나타낸다.

    c. 대역폭과 채널의 용량은 직접적인 관계가 있다.

    d. 주파수 대역이 높아질수록 더 많은 채널을 얻을 수 있다.

11 신호 대 잡음비가 20데시벨(dB)이고, 대역폭이 2600Hz일 경우 채널용량은?

    a. 15,452bps   b. 17,301bps

    c. 19,134bps   d. 20,783bps

12 다음 중 주파수에 대한 설명으로 잘못된 것은?

    a. 시간에 대한 변화율이다.

    b. 짧은 기간 내의 변화는 높은 주파수를 의미한다.

    c. 긴 기간에 걸친 변화는 낮은 주파수를 의미한다.

    d. 시각 0시에 대해 파형의 상대적인 위치를 의미한다.

13 다음 중 진폭에 대한 설명으로 잘못된 것은?

  a. 신호의 높이를 말한다.
  b. 진폭의 단위는 신호의 종류에 따라 변한다.
  c. 전자신호의 단위는 보통 볼트, 암페어, 와트이다.
  d. 시간에 대한 변화율이다.

14 다음 중 대역폭에 대한 설명으로 잘못된 것은?

  a. 주파수 스펙트럼의 폭이다.
  b. 신호가 포함하는 모든 주파수 요소들의 모임이다.
  c. 주파수 구성 요소들의 범위이다.
  d. 대역폭은 그 범위의 최고 주파수에서 최저 주파수를 빼는 방식으로 계산한다.

15 주파수 스펙트럼의 무선통신 대역의 전파 설명으로 맞는 것은?

  a. VLF는 AM라디오에 사용되며, 지표면 전파 방식을 사용한다.
  b. MF는 대류권 전파 방식을 사용하기 때문에 신호가 흡수되는 단점이 있다.
  c. HF는 가시선 전파를 이용하여 원거리의 아마추어 무선 라디오에 사용된다.
  d. VHF는 전리층 전파를 이용하여 VHF텔레비전, FM라디오에 사용된다.

16 다음 중 가시선 전파 방식으로 전송되는 전파끼리 짝지은 것은?

  a. EHF – VLF   b. HF – MF
  c. UHF – SHF   d. VHF – UHF

17 아날로그 신호와 디지털 신호의 차이점을 적으라.

18 정현파(sinusoidal wave)는 주기적 아날로그 신호의 가장 기본적인 형태이다. 이러한 정현파를 표현하는 데 사용되는 세 가지 요소는 무엇인가?

19 한 정현파가 8KHz의 주파수를 가진다. 이 정현파의 주기를 계산하라.

20 사람의 음성의 경우 300~3,400Hz의 주파수 범위를 갖는 전자기 신호로 표현될 수 있다. 이 경우 대역폭은 얼마인가?

21 신호 대 잡음비가 20데시벨(dB)이고, 대역폭이 4,000Hz일 경우 채널용량을 계산하라.

22 신호의 대역폭이 케이블 대역폭보다 작아야만 하는 이유를 설명하라.

| 참고 사이트 |

- http://www.cisco.com/warp/public/3/kr/network/index.html: CISCO에서 제공하는 네트워크 용어정리 사이트로 표준적인 용어를 알파벳 순서로 정리
- http://www.tao.co.kr/study/network/network.asp: 네트워크에 관한 전반적인 내용을 간략하게 정리
- http://www.terms.co.kr: 컴퓨터에 관련된 용어 정리가 되어 있는 홈페이지
- http://www.exploratorium.edu/complexity/CompLexicon/Shannon.htm: 샤논의 정리에 관한 내용을 간략하게 정리
- http://www.santafe.edu/~moore: 무어의 정리 및 그의 여러 저서가 수록된 홈페이지

| 참고문헌 |

- Uyless Black(정진욱 역), 컴퓨터 네트워크(*Computer Networks*), 2nd ed, 희중당, pp409~415, 19
- Fred Halsall, *Data Communications, Computer Networks and Open Systems*, 4th ed, Addison-Wesley, pp23~80, 19
- 정진욱 · 변옥환, 데이터 통신과 컴퓨터 네트워크, Ohm사, pp66~89, 19
- William Stallings & Richard Van Slyke(정진욱 · 곽경섭 · 김준년 · 강충구 역), *Business Data Communication*, 광문각, pp76~128, 19
- 정진욱 · 안성진, 정보통신과 컴퓨터 네트워크,Ohm사, pp65~80, 19
- Behrouz Forouzan(김한규 · 박동선 · 이재광 역), 데이터 통신과 네트워킹(*Data Comm-unications and Networking*), 교보문고, pp79~100, 2000

CHAPTER

06

신호변환과 신호변환기

contents

신호변환과 신호변환기

전송하고자 하는 정보는 전송로에 의해 전송될 수 있는 신호의 형태로 변환되어야 하며, 이를 부호화(encoding)라 한다. 부호화의 이유는 전송매체에서 보낼 수 있는 신호 형태와 정보의 표현 형태가 다른 경우에 정보를 전송 가능한 형태로 변환해야만 전송이 가능하기 때문이며, 또한 전송의 효율화 때문이기도 하다. 이렇게 부호화된 정보는 전송로를 통해 전송되며, 수신측에서는 반대의 과정을 거쳐 원래의 정보로 복원하게 되는데 이를 복호화(decoding)라고 한다. 부호화와 복호화를 수행하는 기기를 일반적으로 신호변환기(Signal Conversion Device)라고 부르며 DSU/CSU, 모뎀, 코덱, PCM기기, 전화기, 방송장비 등이 여기에 해당된다.

앞에서도 말했듯이 정보는 디지털이나 아날로그의 형태로 존재할 수 있으며, 전송매체를 통해 전송할 수 있는 신호 또한 디지털이나 아날로그의 두 가지 형태가 될 수 있기 때문에 각 신호에 대한 부호화 방식을 이해하고 부호화 장비를 알아보는 것이 이 장의 목적이다.

- 디지털–디지털 부호화에 대해 이해한다.
- 디지털–아날로그 부호화에 대해 이해한다.
- 아날로그–디지털 부호화에 대해 이해한다.
- 아날로그–아날로그 부호화에 대해 이해한다.

6.1 디지털–디지털 부호화

디지털–디지털 부호화는 0과 1로 표현된 디지털 정보를 에러 문제와 동기화 문제를 고려하여 적절한 규칙에 따라 다른 디지털 신호로 표현하는 것이다. 이 부호화 방식은 베이스밴드(Baseband) 전송방식을 사용하는 LAN과 우리가 흔히 보는 PC에 직접 연결된 프린트나 주변 장치들과의 연결에서 이와 같은 부호화 형태를 볼 수 있다. [그림 6-1]은 디지털-디지털 부호화 과정을 나타내고 있다.

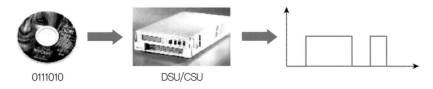

0111010   DSU/CSU

[그림 6-1] 디지털-디지털 부호화 과정

디지털-디지털 부호화는 0, 1을 표현하기 위해 (+)나 (-) 전압 중 하나만 사용하는 단극형 부호화, 하나의 논리상태는 (+)로 다른 하나는 (-) 전압을 사용하는 극형 부호화, 하나의 논리상태를 나타내기 위해 (-), 0, (+) 전압 모두를 사용하는 양극형 부호화, 또한 블록 코드형 그리고 3가지 이상의 신호레벨을 갖는 Multilevel형이 있다. [그림 6-2]는 디지털-디지털 부호화의 종류를 보여주고 있다.

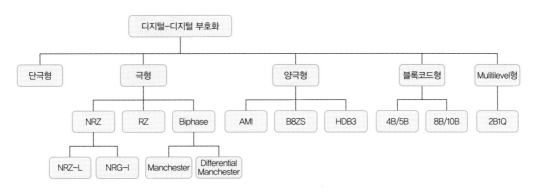

[그림 6-2] 디지털-디지털 부호화 종류

미니강의 Baseband와 Broadband 전송방식

Baseband와 Broadband 전송방식의 차이는 변조유무에서 비롯된다.

① Baseband 전송방식

Baseband는 기저대역으로 변조 없이 신호 그 자체를 전송하는 것으로, 디지털 신호를 직접 전송하게 된다. 따라서 이 방식에서는 한 채널에 동시에 하나의 신호만 양방향으로 전송할 수 있다. 변복조용 모뎀이 필요 없으므로 가격이 저렴하지만 거리는 수 km 정도까지이다. 주로 Ethernet, Token Ring에서 사용된다.

② Broadband 전송방식
Broadband 전송방식은 반송대역이라 하여 반송파 신호를 사용하여 변조하여 보내는 것으로 한정된 주파수 성분만 전송매체 상에 전송하는 방식으로 하나의 전송매체에 여러 채널을 갖을 수 있으며, 신호가 한 방향으로만 전달된다. 디지털 신호를 아날로그 신호로 변환하는 모뎀이 필요하며, 가격이 비싸지만 수십 km의 거리까지 연장할 수 있다. 주로 CATV에서 사용된다.

6.1.1 단극형(Unipolar)

단극형 부호화는 하나의 전압 레벨만을 사용하는데 0, 1을 나타내기 위해서 (+)나 (−) 전압 둘 모두를 사용하는 것이 아니라 일반적으로 0은 0 전압이나 아무것도 흐르지 않는 휴지(idle) 상태로 나타내고, 1을 나타내기 위해서 (+)나 (−) 전압 중 하나를 사용하게 된다. [그림 6-3]은 단극형 부호화 개념을 보여주고 있다. 이 방법은 매우 간단하고 구현 비용이 저렴한 장점이 있지만 직류성분과 동기화 문제 때문에 거의 사용되지 않고 있다.

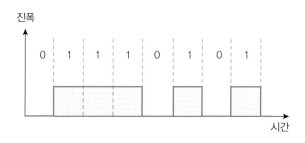

[그림 6-3] 단극형 부호화

(1) 직류성분(DC Component) 문제

단극형 부호화 신호의 평균 크기는 0이 아닌 상수값을 갖게 된다. 따라서 주파수가 0인 직류성분이 생기게 되고 이 때문에 마이크로파나 변압기와 같이 직류성분을 다룰 수 없는 기기를 통과하지 못하는 문제가 발생하게 된다.

(2) 동기화(synchronization) 문제

신호가 계속 0이거나 1인 경우와 같이 수신신호에 변화가 없을 때 수신측에서는 각 비트의 시작과 끝을 정확하게 결정할 수 없는 문제가 발생한다. 이와 같이 연속된 0이나 1의 신호를 받으면 수신측에서 자신의 클럭을 이용하여 수신신호의 시작과 끝을 구별해야 하는데 만약 송신측과 수신측의 동기가 서로 어긋나게 되면 수신측에서는 수신된 신호를 제대로 해독할 수 없게 된다. 이와 같은 문제를 해결하기 위해 별도의 선로로 클럭 신호를 같이 보냄으로써 수신측에서 이 신호를 통해 타이머를 재동기화시킨 후 전송신호를 해독하는 방법을 사용하지만 이 방법은 비용이 많이 들기 때문에 잘 사용되지 않고 있다.

| 미니요약 |

단극형 부호화는 오직 하나의 전압 레벨을 사용한다.

6.1.2 극형(Polar)

극형 부호화는 (+)와 (−) 전압 두 개의 레벨을 사용하기 때문에 평균 전압 크기가 단극형에 비해 줄어들어 직류성분 문제를 완화시킬 수 있다. 극형 부호화에는 NRZ(Non-Return to Zero), RZ(Return to Zero) 그리고 Biphase 등의 3가지가 있는데 NRZ에는 NRZ-L과 NRZ-I로 구분되고, Biphase 방식은 이더넷에서 사용되는 맨체스터(Manchester) 방식과 토큰링에서 사용되는 차등 맨체스터(Differential Manchester) 방식으로 나누게 된다.

(1) NRZ(Non-Return to Zero)

NRZ에서는 [그림 6-4], [그림 6-5]에서와 같이 신호의 레벨이 항상 (+)이거나 (−) 전압 둘 중에 하나의 전압만이 나타나며 0은 아무런 전송이 없는 휴지상태를 나타낸다. 각 보오(baud)는 하나의 비트를 나타내기 때문에 대역폭을 매우 효율적으로 사용할 수 있다. 하지만 연속되는 0이나 1은 채널 상에서 신호의 상태 변화가 없기 때문에 동기화를 위한 클럭 정보를 제공하는 능력이 부족하다. NRZ는 복잡한 인코딩이나 디코딩을 요구하지 않고 채널의 대역폭을 효율적으로 사용하기 때문에 저속통신에 널리 사용된다. NRZ에는 다음에 설명하는 두 가지 방법이 있다.

① NRZ-L(Non-Return to Zero Level)

0을 나타내기 위해 하나의 전압 레벨로 정해지면 다른 하나의 전압 레벨이 1을 나타내기 위해 사용된다. 즉 0을 위해 (+) 전압을 사용하면 1은 (−) 전압을 사용하여 표현하고 0을 위해 (−) 전압을 사용하면 1은 (+) 전압을 사용하여 표현하게 된다. [그림 6-4]는 NRZ-L 부호화 개념을 보여주고 있다.

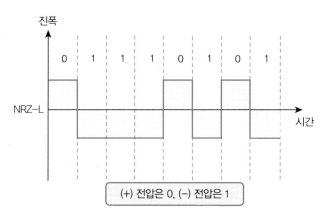

[그림 6-4] NRZ-L 부호화 개념

② NRZ-I(Non-Return to Zero Invert)

0일 때는 이전 신호 레벨을 유지하고, 1일 경우에는 이전 신호 레벨을 반전시키는 방식이다. 즉 NRZ-I에서는 0과 1을 표현하기 위해 (+), (−) 전압이 할당되는 것이 아니라 이전 신호 레벨의 반전을 통해 신호를 나타내며 반전이 있는 경우는 1, 반전이 없는 경우는 0을 나타내게 된다. [그림 6-5]는 NRZ-I 부호화 개념을 보여주고 있다.

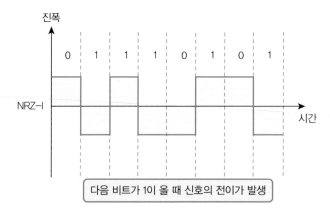

[그림 6-5] NRZ-I 부호화 개념

(2) RZ(Return to Zero)

NRZ 방식도 0이나 1이 계속되는 경우에는 동기화 문제가 발생할 수 있다. 이를 해결하기 위해서는 앞에서 언급하였듯이 동기화 신호를 같이 보내면 되는데 병렬로 동기화 신호를 따로 보내서 동기를 맞추는 방법은 비용 문제 때문에 비효율적이므로 신호에 동기화 정보를 포함시켜 같이 보내는 방법이 효과적이다.

RZ는 (+), 0, (−) 3개의 전압 레벨을 사용하여 0인 경우는 (−) 전압으로 시작해서 비트의 중간에 다시 0 레벨로 돌아가고 1인 경우는 (+) 전압으로 시작해서 비트의 중간에 다시 0 레벨로 바꾸는 방식이다. 이와 같이 매 비트마다 신호의 변화가 발생하므로 수신측에서는 신호 변화를 통해 동기화 문제를 해결할 수 있게 된다. 하지만 RZ는 동기화 문제를 효과적으로 해결하였지만 하나의 비트를 부호화하기 위해서 두 번의 신호 변화가 필요하게 되므로 상대적으로 많은 대역폭을 차지하는 단점이 있다. [그림 6-6]은 RZ 부호화 개념을 보여주고 있다.

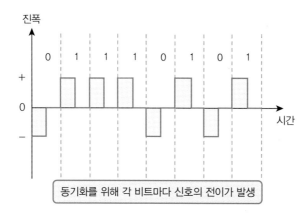

[그림 6-6] RZ 부호화

(3) Biphase

Biphase 역시 동기화 문제를 해결하는 방법 중 하나이다. Biphase는 비트의 중간에서 다른 전압 레벨로 변화되는 것은 RZ와 비슷하지만 RZ와 같이 0 전압 레벨로 돌아가는 것이 아니라 다른 전압 레벨로 바뀌게 된다. 이 방법 역시 매 비트마다 신호의 변화가 발생하므로 동기화 문제를 해결할 수 있는 여건을 제공한다. 앞에서 언급하였듯이 Biphase에는 맨체스터와 차등 맨체스터의 두 가지 방법이 있다.

① 맨체스터(Manchester)

동기화를 위해 비트 중간에서 신호의 반전이 발생하게 되는데 1은 (−) 전압에서 시작해서 비트 중간에 (+) 전압으로 바꿔 표현하고 0은 (+) 전압에서 시작해서 비트 중간에 (−) 전압으로 바꿔 표현하게 된다. [그림 6-7]은 맨체스터 부호화의 방법을 보여주고 있다.

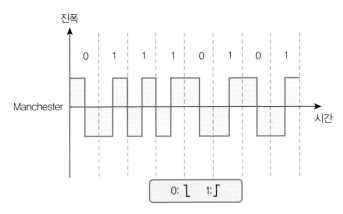

[그림 6-7] 맨체스터 부호화

② 차등 맨체스터(Differential Manchester)

동기화를 위해 맨체스터 방식과 같이 비트 중간에서 전압이 바뀌는 것은 같지만 0, 1을 표현하기 위해 정해진 패턴이 있는 것이 아니라 0인 경우는 이전 패턴을 그대로 유지하고 1인 경우는 이전 패턴이 반대로 바뀌게 된다. 즉, 전 신호가 (−) 전압에서 (+) 전압으로 전이된 경우 다음 비트가 0일 때는 이전 신호와 같이 (−) 전압에서 (+) 전압으로 전이되어 표현되고, 1일 때는 반대로 (+) 전압에서 (−) 전압으로 전이되어 표현하게 된다. [그림 6-8]은 차등 맨체스터 부호화 방법을 보여주고 있다.

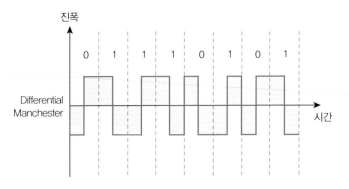

[그림 6-8] 차등 맨체스터 부호화

비트 흐름이 01101001 신호를 맨체스터(Manchester)와 차등 맨체스터(Differential Manchester)를 이용하여 부호화하라.

| 풀이 |

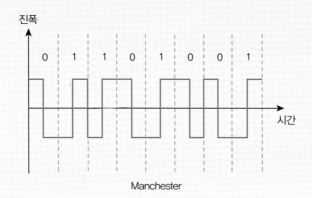

Manchester

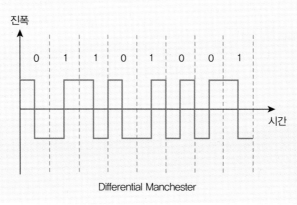

Differential Manchester

| 미니요약 |

극형 부호는 (+)와 (−)의 두 가지 전압 레벨을 사용하며, RZ, NRZ(NRZ-I, NRZ-L), Biphase (Manchester, Differential Manchester) 방법이 있다.

6.1.3 양극형(Bipolar)

양극형에서는 (+), 0, (−) 3개의 전압을 사용한다. RZ와 같이 0 전압 레벨은 0을 나타내기 위해 사용되고 1을 나타내기 위해서는 (+)와 (−) 전압 두 개가 모두 사용되는데 처음에 (+) 전압으로 1을 나타내면 다음에 나타나는 1은 (−) 전압을 사용하여 표현한다. 양극형에는 AMI, B8ZS, HDB3 등의 3개의 부호화 기법이 있다.

(1) AMI(Alternate Mark Inversion)

AMI에서 0 전압은 0을 나타내기 위해 사용되고 (+), (−) 전압은 1을 표현하기 위해 사용되는데 앞에서 설명하였듯이 처음 1을 표시하기 위해 (+) 전압 레벨이 사용되었다면 다음 1이 나오면 이때는 (−) 전압 레벨을 사용하여 나타내게 된다. 이렇게 하므로 1이 반복해서 나타나면 직류성분이 0이 되고 동기화 문제도 해결되지만 0이 연속적으로 나타나는 경우 동기화 문제가 발생할 수 있다. 이와 같이 연속적인 0으로 인해 발생하는 동기화 문제를 해결하기 위해 B8ZS(Bipolar 8−Zero Substitution)와 HDB3(High−DensityBipolar 3)의 두 가지 부호화 방법을 사용한다. [그림 6−9]는 AMI 부호화 개념을 보여주고 있다.

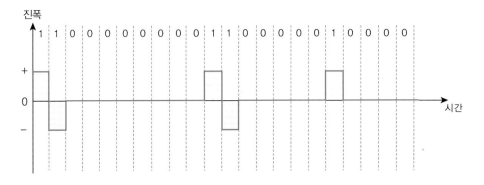

[그림 6−9] AMI 부호화와 동기화 문제

(2) B8ZS(Bipolar 8−Zero Substitution)

AMI에서 0이 연속적으로 나타나는 경우 발생하는 동기화 문제를 해결하기 위해 미국에서 사용되는 방법으로 연속해서 8개의 0이 나타나면 0 대신 알려진 비트 패턴을 삽입한다. 만일 마지막 2진수 1이 (−) 전압을 갖는다면, B8ZS는 00000000 대신에 000−+0+−를 전송한다. 또, 마지막 2진수 1이 (+) 전압이면, B8ZS는 00000000 대신에 000+−0−+를 전송한다. 수신측에서 000-+0+-, 000+-0-+와 같은 비트 패턴을 만나게 되면 대체 코드로 인식하고, 8개의 0 스트링으로 바꿔 넣는다. [그림 6-10]은 B8ZS 부호화 개념을 보여주고 있다.

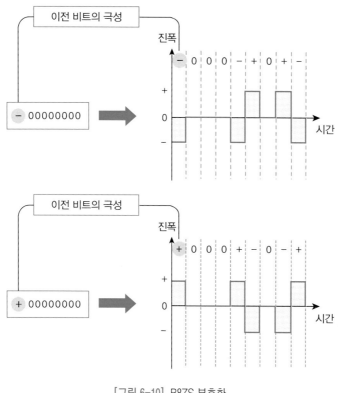

[그림 6-10] B8ZS 부호화

(3) HDB3(High-Density Bipolar 3)

HDB3는 AMI에서 0이 연속적으로 나타나는 경우 발생하는 동기화 문제를 해결하기 위해 유럽에서 사용되는 방법으로 연속적인 0이 3개 이상 발생하지 않도록 신호를 만든다. 연속해서 0이 4개 나타나면 마지막 변환을 한 이후로 1이 나타난 횟수에 따라 홀수 개일 때는 +0000 대신에 +000+를, 0000 대신에 000-를 전송하고 짝수 개일 때는 +0000 대신에 +-00-를, 0000 대신에 -+00+를 전송한다. [그림 6-11]은 HDB3 부호화 개념을 보여주고 있다.

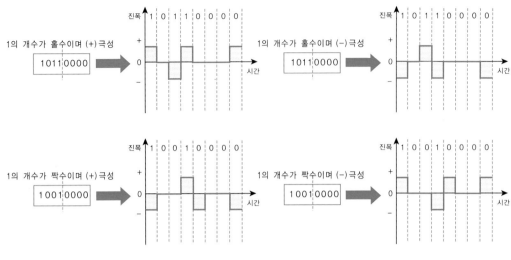

[그림 6-11] HDB3 부호화

| 미니요약 |

양극형 부호화에서는 (+), 0, (−)의 세 가지 전압 레벨을 사용하며, AMI, B8ZS, HDB3 부호화 방식이
있다.

6.1.4 mBnB 형태의 블록코드형

m비트 길이의 데이터를 n비트 길이의 코드로 변환하는 방식으로 주로 비트 동기화 문제를
해결하기 위해 사용되고 있다. 4B/5B와 8B/10B, 64B/66B, 1024B/1027B 방식 등이 있으
며, 여기서는 4B/5B와 8B/10B에 대해서 살펴보기로 한다.

(1) 4B/5B

4비트 길이의 그룹단위를 5비트 길이의 코드 비트로 변환하는 방식으로 패킷의 동기
화 등에 많이 사용되는 부호화 방식이다. 이 코드 방식은 '0' 또는 '1'이 연속되어 전송되
지 않도록 코드화하였다. 1980년대 FDDI 통신에 사용하고자 개발되었다. [그림 6-12]는
100Base-FX에서 NRZ-I와 함께 사용되고 있음을 보여주고 있으며, 〈표 6-1〉은 이에 대
한 코드 변환표를 보여주고 있다.

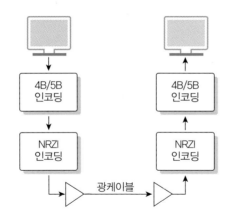

[그림 6-12] 4B/5B + NRZ-I 인코딩(100Base-Fx)

〈표 6-1〉 4B/5B + NRZ-I 코드 변환표

데이터 비트 (4비트)	코드 비트 (5비트)	NRZI
0000	11110	
0001	01001	
0010	10100	
0011	10101	
0100	01010	
0101	01011	
0110	01110	
0111	01111	
1000	10010	
1001	10011	
1010	10110	
1011	10111	
1100	11010	
1101	11011	
1110	11100	
1111	11101	

(2) 8B/10B

8비트 단위를 10비트의 코드로 변환시키는 블록코드 방식으로, 210개 코드 중 비트 반전이 많은 260여개의 코드들만 유효한 코드로 사용하여 연속적으로 같은 비트가 나오는 것을 최소화시켜 비트 동기화를 가능케 하였으며, 또한 '0'과 '1'의 발생비율을 평균적으로 같게 함(각각 5개씩 또는 4개, 6개씩)으로써 DC Balance 문제를 해결하였다. 이 방식으로 비교적 간단하고 신뢰성 있게 저가로 구현이 가능하다. 이 방식은 주로 Fibre Channel, 1000Base-X(Gigabit Ethernet), USB 3.0 등에서 활용되고 있다.

6.1.5 Multilevel형

Multilevel형에서는 3개 이상의 전압 레벨을 사용하는 방식을 말하며, 2B1Q, MLT-3(Multilevel Transmit 3 level) 방식이 있다. 여기서는 2B1Q 방식에 대해서 간단히 살펴보기로 한다.

2B1Q(2 Binary 1 Quartenary)

2진 데이터 4개(00, 01, 11, 10)를 1개의 4진 심벌(-3, -1, +1, +3)로 변환하여 사용하는 방식으로, 첫째 비트는 극성을, 둘째 비트는 심벌의 크기를 의미한다. 예를 들어 첫째 비트가 1이면 +, 0이면 -를 나타내고, 둘째 비트가 1이면 1, 0이면 3으로 표현한다. 이 방식은 1심벌이 2비트로 표시되므로 대역폭이 1/2로 줄어들게 된다. 즉, ISDN 경우에 160Kbps가 80KHz 대역폭으로 전송될 수 있다. xDSL 등의 변조 방식에도 적용되어 사용되고 있다.

> **TIP** 각 부호화 활용 사례
>
> 각 부호화가 실제 네트워크에 적용된 사례를 살펴보면 다음과 같다.
>
> | 부호화 | 활용된 사례 |
> | --- | --- |
> | NRZ | RS-232, V.24 |
> | NRZ-I | SDLC/HDLC, FDDI |
> | 2B1Q | xDSL, ISDN 등 |
> | 4B/5B + NRZ-I | FDDI, 100Base-FX |
> | 4B/5B + MLT-3 | 100Base-TX |
> | AMI | T1 |

CMI(Coded Mark Inversion)	SDH(E4)
Manchester	Ethernet
Differential Manchester	Token Ring
8B10B + NRZ	1000Base−X(Gigabit Ethernet)
8B6T(8Bits 6 Ternary)	100Base−T4
64B/66B	10G Ethernet
1024B/1027B	100G Ethernet

6.1.6 신호변환기(Signal Conversion Device)

디지털 부호를 디지털 신호로 변환하는 신호변환기는 전송하는 거리에 따라 단거리용 변환기와 장거리용 변환기로 나눌 수 있다. 단거리용 변환기는 주로 PC와 그 주변기기 사이에서 데이터를 전송하기 위해 신호를 변환하는 것이며, 장거리용 변환기는 데이터를 원거리까지 전송하기 위한 종단장치들인 DSU/CSU를 생각할 수 있다.

(1) DSU(Digital Service Unit)

DSU는 컴퓨터나 단말기에서 생성된 직렬 극형(Unipoloar) 신호를 변형된 양극형(Bipolar) 신호로 바꾸어서 전송하고, 수신된 양극형 신호를 극형 신호로 변환해 주는 장치로 기존의 모뎀을 이용한 아날로그 전송방식에서 벗어나 고속, 양질의 데이터를 전송하는 디지털 전송방식을 채택한 데이터 통신용 전용장비이다.

DSU는 가입자 회선 전송용 디지털 신호의 송수신 회로뿐만 아니라, 단말장치와 댁내 배선 케이블을 연결하기 위한 회로를 포함하기 때문에 단말장치와 통신망과의 접속점이 되는 중요한 장치이다. [그림 6-13]은 DSU의 기능적 구조를 나타내고 있다.

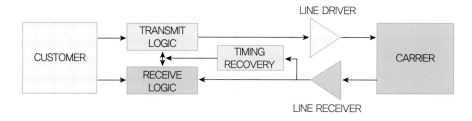

[그림 6-13] DSU 기능적 구조

(2) CSU(Channel Service Unit)

CSU는 T1 또는 E1 트렁크(trunk)에 접속할 수 있는 장비로 데이터를 각각의 트렁크를 속도에 맞게 분할하여 전송하는 장비이다. Channel Service에서 보통 64Kbps를 1채널로 간주하기 때문에 128Kbps라 함은 64Kbps 두 개의 채널을 사용하는 것이다. 따라서 속도가 128Kbps인가 아니면 256Kbps인가하는 것은 2개의 채널을 사용하는지, 4개의 채널을 사용하는지의 차이라고 말할 수 있다. 실제 전송 시에는 각 채널별로 전송하는 것이 아니라 멀티플렉서라는 집중화 장비가 여러 개의 채널들을 모아서 하나의 대용량 전송로를 통하여 한꺼번에 전송한다.

T1 라인은 24채널이 가능하고 E1 라인은 30채널을 수용할 수 있으며 둘 다 CSU의 옵션에 따라서 채널수가 지정되고 정해진 채널수에 따라서 전송속도가 결정된다. CSU는 DSU와 달리 타이밍 복원회로가 없다. [그림 6-14]는 CSU의 기능적 구조를 보여주고 있다.

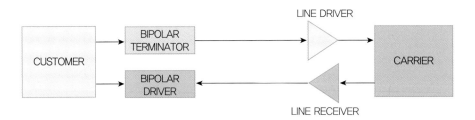

[그림 6-14] CSU의 기능적 구조

6.2 디지털-아날로그 부호화

디지털-아날로그 부호화는 디지털 정보를 아날로그 신호로 전송하는 경우에 행해진다. 어떤 속성의 정보를 아날로그 반송신호 주파수로 변환하는 것을 "변조(Modulation)"라고 한다. 이것을 전송 후 다시 원래의 정보로 변환하는 것을 "복조(Demodulation)"라고 한다. 따라서 변조기법들을 적용하여 변조된 신호는 수신측에서 복조의 과정을 거친다. 또한 아날로그 신호의 장거리 전송을 위해서는 전송선로에 적합한 주파수와 진폭을 갖는 정현파를 사용해야 하며 이러한 정현파를 반송파(carrier wave)라고 하고, 반송파에 데이터를 싣는 것을 변조라고 한다. 이러한 변조기법은 아날로그 신호 변수들(주파수, 진폭 또는 위상 등)의 하나 또는 그 이상의 조합을 통해서 가능하다. [그림 6-15]는 디지털-아날로그 부호화 과정을 보여주고 있다.

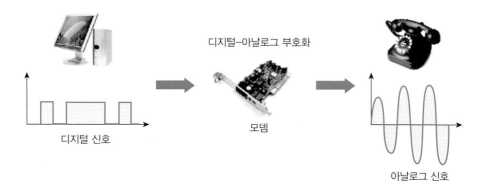

[그림 6-15] 디지털-아날로그 부호화 과정

미니강의 변조를 하는 이유

변조는 데이터를 담은 신호를 채널에 알맞은 전송 파형으로 변환하는 과정이라 할 수 있다. 이렇게 변조를 하는 이유는 다음과 같다.

전송매체에 알맞은 변조방식을 사용하면 장거리 전송이 가능하며, 특히 변조는 넓은 주파수대역에 걸쳐 이뤄지기 때문에 여러 채널을 그룹화할 수 있어 다중화가 가능하다. 또한 주파수를 높임에 따라 안테나의 길이 및 크기의 단축이 가능하고, 잡음과 간섭에 강하게 해준다.

디지털-아날로그 변조기법의 종류에는 다음과 같이 4가지 종류가 있다.

- 진폭편이변조(Amplitude Shift Keying: ASK)
- 주파수편이변조(Frequency Shift Keying: FSK)
- 위상편이변조(Phase Shift Keying: PSK)
- 직교진폭변조(Quadrature Amplitude Modulation: QAM) 또는 구상진폭변조

[그림 6-16]은 디지털-아날로그 부호화의 종류를 보여주고 있다.

[그림 6-16] 디지털-아날로그 부호화 종류

| 미니요약 |

디지털-아날로그 부호화는 반송파로 사용되는 정현파의 3가지 특성(진폭, 주파수, 위상) 중 하나 또는 그 이상을 조합하는 변환 방법을 사용하며, 종류에는 ASK, FSK, PSK, QAM 방식이 있다.

미니강의 **비트율과 보오율**

데이터 통신에서 비트율(bit rate)과 보오율(baud rate)이란 용어를 자주 접하게 된다. 비트율은 초당 전송되는 비트의 수를 나타내며, 단위는 bps이다. 예를 들어 110bps는 1초 동안에 110개의 비트가 전송될 수 있음을 의미한다. 보오율은 매초당 몇 개의 신호변화가 있었는지 혹은 매초당 몇 개의 다른 상태의 변화가 있었나를 나타내는 신호속도(signaling speed)로 단위는 baud이다. 한 비트가 한 신호단위로 쓰이는 경우에는 보오율과 비트율은 동일하다. 그러나 하나의 신호단위당 두 개의 비트가 전송된다면 비트율은 보오율의 두 배가 된다. 만일 하나의 신호단위당 세 개의 비트가 전송된다면 비트율은 보오율의 세 배가 된다. 예를 들면 110bps라 함은 1초 동안에 110개의 비트가 전송될 수 있음을 의미하며 두 개의 비트가 한 개의 신호단위를 이룬다면 보오율은 55baud가 된다. 그러므로 비트율은 항상 보오율보다 크거나 같다. 통신채널의 입장에서 보면 보오율이 중요한 의미를 갖는데 보오율이 증가함에 따라 통신채널의 필요 대역폭이 넓어지기 때문이다. 그러나 데이터 통신 이용자의 입장에서 보면 전송된 데이터의 총량이 중요하므로 비트율이 더 밀접한 관계를 갖는다.

6.2.1 진폭편이변조(ASK)

진폭편이변조에서는 0과 1을 표현하기 위해 반송파의 진폭을 변화시키게 된다. 이때 진폭은 변하지만 주파수와 위상은 변하지 않는다. 1보오당 1비트의 신호가 전송되므로 비트율과 보오율은 같다. 진폭편이변조는 회로구성이 간단하고 가격이 저렴하다는 장점이 있지만 잡음이나 신호의 변화에 약하다는 단점을 갖고 있다.

잡음이라는 것은 전송도중 선로 주위에 발생하는 열이나 전자기적 영향으로 회선에 유입되는 전압으로 신호판별에 영향을 줄 수 있다. 진폭편이변조는 단지 진폭으로 신호를 판별하므로 외부의 잡음에 의해 변화가 발생하면 원래 신호를 판별할 수 없는 경우도 발생하므로 잡음에 많은 영향을 받는 부호화 방법이다.

[그림 6-17]은 진폭편이변조 방식을 보여주고 있다.

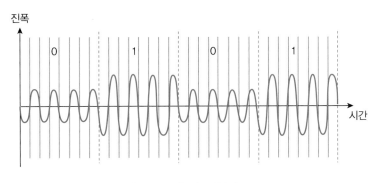

[그림 6-17] 진폭편이변조

6.2.2 주파수편이변조(FSK)

주파수편이변조는 0과 1을 표현하기 위해 반송파의 주파수를 변화시키는 방법이다. 이때 주파수는 변하더라도 진폭과 위상은 일정하게 유지되고 1보오당 1비트의 신호가 전송되므로 비트율과 보오율은 같다. 주파수편이변조는 진폭편이변조 방식보다 잡음에 강하고, 회로도 비교적 간단하기 때문에 많이 사용된다.

[그림 6-18]은 주파수편이변조 방식을 보여주고 있다.

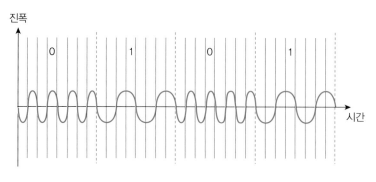

[그림 6-18] 주파수편이변조

6.2.3 위상편이변조(PSK)

위상편이변조는 반송파의 위상을 변화시켜서 0과 1을 표현한다. 이때 위상은 변하더라도 진폭과 주파수는 그대로 유지하게 된다. 위상편이변조 방법은, 예를 들어 0을 표현하기 위해 어떠한 위상에서 시작했다면 1을 표현하기 위해서는 180도의 위상차에서 시작하는 신호를 사용하게 되는데 보통 0을 표현할 때는 0도를 1을 표현할 때는 180도의 위상에서 시작한다.

위상편이변조는 진폭편이변조와 같이 잡음에 영향을 많이 받는 특성이나 주파수편이변조와 달리 대역폭 제한 같은 영향을 받지 않는다. 또한 위상편이변조는 위상을 2, 4, 8등분하는 것에 따라 2위상, 4위상, 8위상 변조방식으로 구분할 수 있는데 위상을 달리함으로써 심벌의 개수를 늘려 데이터 전송률을 향상시킬 수 있다. 2위상이 한 위상에 대해 1비트의 정보를 보낼 수 있는 반면, 4위상 같은 경우에는 한 위상에 대해서 두 개의 비트를 보낼 수 있게 된다. 예를 들어 0도의 위상에서 시작하는 신호는 00 두 비트를 나타내고 90도의 위상은 01을, 180도는 10을, 270도는 11에 해당되기 때문에 두 비트를 나타낼 수 있다. 이렇게 하면 2위상에 비해 전송률을 2배 늘릴 수 있다. 그리고 8위상은 각 위상이 3비트를 표현하게 된다. 예를 들어 0도의 위상에서 시작되는 신호는 000 3개의 비트를 표현하고, 45도의 위상을 갖는 신호는 001 비트를, 90도의 위상은 010 비트를, 135도의 위상은 011 비트를, 180도의 위상은 100 비트를, 225도의 위상은 101 비트를, 270도의 위상은 110 비트를, 315도의 비트는 111 비트를 나타내는 방식이다. 이렇게 하면 2위상에 비해 3배의 전송률 증가를 얻을 수 있다.

이렇게 위상변화의 경우의 수(심벌의 개수)를 늘리면 2위상보다 더 높은 전송률을 갖는데 그렇다고 한없이 위상의 변화의 경우의 수를 늘릴 수 있는 것은 아니다. 위상변화의 경우의 수를 늘리게 되면 각 심벌 간 위상차가 그만큼 줄어들게 되므로 외부의 잡음에 의해서 신호에 지연이 발생하거나 왜곡되면 원 신호의 판별이 힘들어지는 경우가 발생하므로 위상차의 종류를 늘리는 데도 한계가 있다. 이 위상편이변조는 주로 모뎀에서 많이 사용되는 방식이다. [그림 6-19]는 2-PSK 방식을 보여주고 [그림 6-20]은 4-PSK 방식을 보여준다.

〈표 6-2〉 위상의 종류

위상	설명
2위상	0은 0°, 1은 180°로 위상을 표현
4위상	90°간격으로 위상을 표시하기 때문에 2비트의 조합(00,01,10,11)이 가능
8위상	45°간격으로 위상을 표시하기 때문에 3비트의 조합이 가능

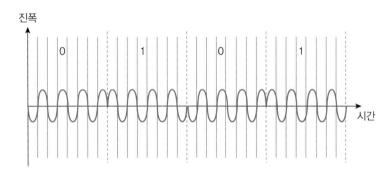

[그림 6-19] 2-PSK

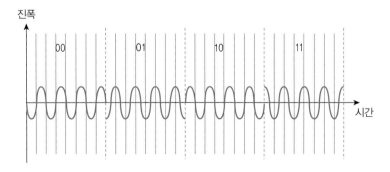

[그림 6-20] 4-PSK

PSK 방식은 주로 1,200~4,800bps의 모뎀에 적용되었으며, 모뎀 규격은 ITU-T의 V.22, V.26, V.27 등이 있다.

6.2.4 직교진폭변조(QAM)

상기한 변조방식들은 반송파의 세 특성(진폭, 주파수, 위상) 중 하나를 변경하는 방법을 취하였다. 하지만 직교진폭변조의 경우에는 하나가 아닌 두 가지 특성을 변경하는 방법인데 위상편이변조와 진폭편이변조의 복합 형태를 취하고 있다. 다시 말해 여러 개의 위상과 여러 개의 진폭을 갖는 신호의 조합을 사용하게 되면 이 둘의 수를 곱한 만큼의 경우수를 갖게 되고 이를 통해서 여러 비트를 표현할 수 있게 된다.

[그림 6-21]은 각각 4위상과 진폭 1인 경우(4-QAM)와 4위상과 진폭 2의 경우(8-QAM)를 보여주고 있으며, 4-QAM의 신호 종류가 4가지(4위상 × 1진폭)이므로 하나의 신호에 대해 2비트를, 8-QAM의 신호 종류가 8가지(4위상 × 2진폭)이므로 하나의 신호에 대해 3비트를 전송할 수 있게 된다. 직교진폭변조는 고속전송에서 사용되나 진폭편이변조와 같이 잡음에 약하고 위상의 변화보다 많은 편이 차이를 요구하기 때문에 직교진폭변조 시스템에서는 항상 진폭편이변조보다 위상편이가 많이 쓰인다.

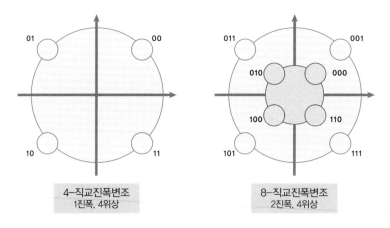

[그림 6-21] 직교진폭변조

[그림 6-22]는 [그림 6-21]의 8-QAM 신호에 대한 시간영역 도면이다.

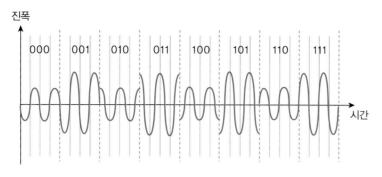

[그림 6-22] 8-QAM 신호의 시간영역

[그림 6-22]에서 보듯이 각각의 신호는 세 비트를 나타낸다. 그러므로 8-QAM을 사용하여 1,200bps를 내기 위해서는 400baud만이 필요하다.

예제　4위상 4진폭 변조를 하는 모뎀이 2,400보오(baud)라면 그 모뎀의 속도는?

| 풀이 |

4위상 4진폭 변조라 함은 8종류의 위상차를 이용하고 2종류의 진폭차를 이용하여 신호를 전송하는 것이다. 이렇게 하면 모두 16가지의 파형(심벌)을 나타낼 수 있어서 한 파형당 4bits($2^4 = 16$)를 전송한다.

보오(baud)는 매 초당 몇 개의 신호 변화가 있었는가를 나타내는 단위이다. 모뎀이 8위상 2진폭 변조를 하고 2,400보오를 가지고 있다면 초당 2,400번의 신호 변화가 있고 한 신호당 4bits를 전송할 수 있다는 의미이다.

그러므로 초당 전송되는 비트의 수는 2,400 × 4 = **9,600bps**가 된다.

| 미니요약 |

직교진폭변조(QAM)는 하나가 아닌 두 가지 특성을 변경하는 방법인데 위상편이변조와 진폭편이변조의 복합 형태를 취하고 있어, 하나의 신호로 여러 비트를 표현할 수 있게 된다.

6.2.5 신호변환기

우리가 일상생활에서 사용하는 공중전화망(PSTN)의 신호는 아날로그 신호로서 주로 음성을 전달하기 위해 사용된다. 반면, 컴퓨터에서는 일반적으로 직류 1.2V~5V 전압으로 0과

1로 이루어진 디지털 신호를 만들어 사용한다.

공중전화망은 300~3,300Hz의 음성 주파수 대역에서 신호를 송수신하고 교환하기 위해 만들어진 것으로 이러한 주파수 대역은 가청 주파수를 전달하기에 가장 적합하지만 컴퓨터의 디지털 신호를 전달하기엔 부적합하다. 따라서 전화선을 이용하여 데이터 전송을 하려면 디지털 신호를 전화선에서 사용하기에 알맞도록 신호의 형태를 바꾸어주는 기능이 필요하다. 따라서 송신측과 수신측 모두 디지털 신호를 아날로그화하는 변조기능과 아날로그 신호를 디지털화하는 복조기능을 동시에 가지고 있어야 한다. 이러한 두 가지의 기능을 가지고 있는 기기를 변복조기라고 하며 영문자의 앞 글자를 빌어서 모뎀(MODEM)이라고 한다.

〈표 6-3〉은 가정에서 80~90년대에 PC 통신을 하기 위해 사용되었던 모뎀에 대한 ITU-T 모뎀 표준을 보여주고 있다. 90년대 후반 PC 통신을 위해 사용되었던 고속 모뎀으로는 56K 모뎀과 그 후 초고속 인터넷을 위해 사용되었던 케이블 모뎀, DSL 모뎀 등이 있다.

〈표 6-3〉 PC 통신에 사용되었던 ITU-T 모뎀 표준

표준	의미
V.21	전화교환망 또는 2선식 전용선을 사용하는 양방향 통신 모뎀 변조방식으로, FSK을 사용하여 300bps 통신 속도로 동작
V.22	전화교환망 또는 2선식 전용선을 사용하는 양방향 통신 모뎀 변조방식으로, PSK을 사용하여 1,200bps 통신 속도로 동작
V.22bis	전화교환망 또는 2선식 전용선을 사용하는 양방향 통신 모뎀 변조방식으로, QAM을 사용하여 1,200bps 및 2,400bps 통신 속도로 동작. 가정에서 PC통신용으로 사용(이후 V.32로 대체됨)
V.26bis	전화교환망을 사용하는 양방향 통신 모뎀으로 PSK을 사용하여 2,400bps 속도
V.27terbo	PSK을 사용하며, 전송속도가 4,800bps로 팩시밀리에 있는 모뎀에 적용
V.32	QAM 방식을 사용하며, 오류수정 기능을 가지면서 9,600bps 속도로 압축하는 데 사용되는 표준 모뎀
V.32bis	QAM 방식을 사용하며, 오류수정 기능을 가지면서, 14.4Kbps 속도로 압축하는 데 사용되는 표준 모뎀
V.34	28.8Kbps의 속도를 제공, V.32 및 V.32bis 등과 호환
V.34bis	33.6Kbps의 속도를 제공
V.90	56Kbps 속도를 지원

(1) 케이블 모뎀

기존 케이블 TV가 사용하는 케이블망을 이용해 인터넷 접속하는 장비이다. 케이블 모뎀과 랜 카드를 이용하여 이론적으로는 10Mbps 이상의 속도를 제공할 수 있다. 0~52MHz의 저대역은 상향(업로드) 전송 공간으로, 450~750MHz의 고대역은 하향(다운로드) 전송 공간으로 활용하고 있어, 업로드는 다운로드보다 낮은 속도를 제공한다. 인터넷서비스업체(ISP)가 기존에 제공했던 T1(1.54Mbps)보다 수십 배 빠르고 모뎀과는 비교가 안 되는 속도이다.

[그림 6-23] 케이블 모뎀

케이블 모뎀의 장점으로는 56Kbps 모뎀이나 ISDN에 비해 빠른 접속 속도를 보장하고 월 정액으로 요금 부담이 없으며 항상 온라인 상태이고 전화와 무관하게 사용할 수 있다는 점을 들 수 있다.

단점으로는 여러 사람이 한 라인을 함께 쓸 때 생기는 속도 저하 문제이다. 같은 라인에 연결된 사람들이 많은 데이터를 한꺼번에 주고받으면 상대적으로 속도가 느려진다. [그림 6-24]는 기존 케이블 선을 이용하여 케이블 TV와 컴퓨터를 동시에 사용할 수 있는 구조를 보여주고 있다.

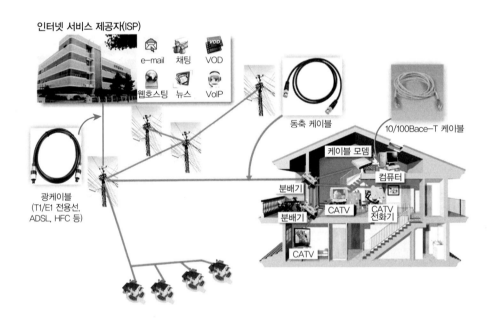

[그림 6-24] 케이블 망 구조

케이블 모뎀에서 사용하는 변조방식은 QPSK(Quadrature PSK)와 QAM 방식을 사용한다. QPSK 방식은 4개의 위상으로 2개의 디지털 신호를 전송하는 방식으로 4-PSK 방식이라고도 한다.

| 미니요약 |

케이블 모뎀은 기존 케이블 TV가 사용하는 케이블 망을 이용하며 10Mbps 이상의 속도를 제공할 수 있으며, 변조방식은 QPSK와 QAM 방식을 사용한다.

(2) DSL(Digital Subscriber Line) 모뎀

일반 전화회선에서는 4KHz 이하의 주파수 대역을 사용하지만 실제로 한 쌍의 동선을 통해 전송 가능한 주파수 대역은 약 1MHz 영역 이상의 대역까지도 가능하다. 하지만 4KHz 이상의 주파수로 음성 트래픽을 전송하는 데는 관내의 다른 선로 쌍에 상당한 누화(Crosstalk)를 발생시키므로 서비스를 효과적으로 제공할 수가 없었다.

DSL은 이러한 누화를 제어하는 기술을 제공함으로써 기존의 전화망에 최소한의 추가 설비비용으로 초고속 통신을 제공하는 네트워크를 구성할 수 있게 하였다. 이런 DSL 기술은 1989년 벨코어(Bellcore) 사에서 발표한 비대칭 디지털 가입자 회선(ADSL)이 최초이다. 당시에는 광대역통신망 구축의 필요에 의해 광케이블을 이용한 FTTH(Fiber-To-The Home)가 최적방안으로 고려되었으나 이를 실현하기 위해서는 너무 많은 비용과 시간이 소요됨에 따라 DSL 기술이 기존의 전화망을 수용하면서 동시에 새로운 FTTH 실현에 비용적인 측면과 시간적인 측면에서 과도기적 환경을 제공하고 있다.

DSL은 기존의 전화선을 이용해 잠재적인 대역폭을 최대한 확장하며 관로 내의 누화를 최대한 제어하여 비디오, 영상, 고밀도 그래픽 및 수십 Mbps 속도의 데이터 전송을 지원하는 서비스와 POTS 서비스를 동시에 제공할 수 있도록 하는 디지털 가입자 회선 기술들을 말한다. 일반적으로 DSL은 명칭과는 다르게 라인이 아닌 모뎀을 의미한다. 즉 라인에 적용되는 모뎀 한 쌍이 DSL을 생성하는 개념이다.

수년 동안의 연구 결과로 다양한 DSL 기술이 개발되었고 이들을 총칭하여 xDSL이라는 이름이 생겨났다. xDSL은 전송거리, 상향(upstream)과 하향(downstream) 전송속도, 비율, 응용서비스 등의 기준에 다음과 같이 구분된다.

- ADSL(Asynchronous Digital Subscriber Line)
- HDSL(High Speed Digital Subscriber Line)
- SDSL(Single Line Digital Subscriber Line)
- VDSL(Very High Bit Rate Digital Subscriber Line)

| 미니요약 |

xDSL은 전송거리, 상향(upstream)과 하향(downstream) 전송속도, 비율, 응용서비스 등의 기준에 의해 ADSL, HDSL, SDSL, VDSL로 구분된다.

xDSL에서 가장 중요한 기술적 요소인 변조방식은 DMT(Discrete Multi-Tone) 방식과 CAP(Carrierless Amplitude and phase) 방식, 2B1Q, QAM 등이 있는데, 이 가운데 DMT와 CAP 방식이 많이 이용된다.

① DMT 방식

사용하는 주파수대역(0KHz~1MHz)을 4KHz 단위로 잘라 256개의 균등 분할된 대역폭을 QAM 방식으로 변조하는 것을 말한다. DMT 방식은 하나의 QAM이 아닌 256개의 QAM을 사용하여 각각의 대역에 사용함으로써 많은 데이터를 병렬로 보낼 수 있다. 분할된 주파수 영역을 톤(Tone)이라고 하며 각각의 톤은 자신의 대역에서 사용 가능한 최대의 QAM 크기를 선정하여 통신하며 각각의 신호가 독립적으로 작동되므로 신호가 약해져도 데이터의 전송이 가능하다.

② CAP 방식

CAP 방식은 QAM 방식과 비슷한 변조방식을 수행하며 전송 데이터를 2개의 기저대역으로 분할하여 각각을 In-phase와 Quadrature-phase로 변조한 후 두 신호를 합하여 전송한다. CAP는 시분할 방식의 일종으로 광범위한 주파수대역의 사용이 가능하며 QAM 변조 방식을 이용하여 보내고자 하는 주파수대역에 데이터를 할당하는 방법으로 주파수 스펙트럼에 유연성을 갖고 데이터 영역으로 100KHz~500KHz를 이용한다. 〈표 6-4〉에서 xDSL 기술들에 대해 비교하였다.

〈표 6-4〉 xDSL 기술들에 대한 비교

구분	HDSL	SDSL	ADSL	VDSL
최대 전송속도 (하향/상향)	1.5/2Mbps	1.5/2Mbps	8Mbps/640kbps	13~52Mbps/ 1.6~6.4Mbps
변조방식	2B1Q CAP	2B1Q CAP	DMT/CAP	DMT/QAM
전송거리	3.6km	3km	5.4km	1.5km

| 미니요약 |

xDSL은 전송거리, 상향(upstream)과 하향(downstream) 전송속도, 비율, 응용서비스 등의 기준에 의해 ADSL, HDSL, SDSL, VDSL로 구분되며, 주요 변조기술로는 DMT와 CAP 방식이 많이 사용된다.

6.3 아날로그-디지털 부호화

아날로그-디지털 부호화는 아날로그 정보를 디지털 신호로 변환하는 것이다. 예를 들어 인터넷 전화를 사용할 경우 사람의 음성 신호를 네트워크에서 전송 가능한 신호인 디지털 신호로 변환해야 한다. 일반적으로 아날로그 정보를 디지털 신호로 변환하는 과정을 일반적으로 아날로그의 디지털화(digitization)라고 한다. 아날로그 정보를 디지털화하는 기법으로는 가장 많이 사용되는 방식이 펄스코드변조(PCM: Pulse Code Modulation) 방식이다.

6.3.1 펄스코드변조(PCM)

아날로그 정보를 입력 신호로 받아서 몇 가지 과정을 거쳐 디지털 신호를 생성하게 된다. 우선 아날로그 신호를 일정간격의 시간으로 표본화(Sampling)하여 펄스진폭 신호를 얻은 다음 표본화된 펄스진폭 신호를 양자화기를 통하여 진폭값을 평준화하는 양자화(Quantization) 과정을 거치고 다음에 양자화된 PCM 펄스를 디지털 신호로 나타내기 위한 부호화(Encoding)를 거치게 된다. 이렇게 디지털로 변한 신호를 수신측에서는 다시 아날로그 신호로 바꿔야 하는데 수신측은 재생(Regeneration), 복호(Decoding), 재구성(Reconstruction)의 과정을 거쳐야 한다. [그림 6-25]는 PCM 과정을 보여주고 있다.

[그림 6-25] PCM 과정

| 미니요약 |

아날로그의 디지털 부호화는 펄스코드변조(PCM)를 사용하며, 표본화, 양자화, 부호화의 3단계를 거치게 된다.

(1) 표본화(Sampling)

표본화는 [그림 6-26]과 같이 연속적인 아날로그 신호를 입력으로 받아 불연속적인 진폭을 갖는 펄스(PAM: Pulse Amplitude Modulation) 신호를 생성하는 과정인데 연속적으로 변화하는 영상신호나 음성신호를 표본화하는 경우, 표본값이 원신호를 충실하게 반영하도록 하기 위해서는 표본화 간격을 좁게 하여 많은 표본을 만들면 좋으나, 그것에는 낭비적인 표본값을 많이 포함하게 된다. 낭비 없이 적절한 간격으로 표본화하기 위해 나이퀴스트(Nyquist)의 샘플링 이론을 이용한다.

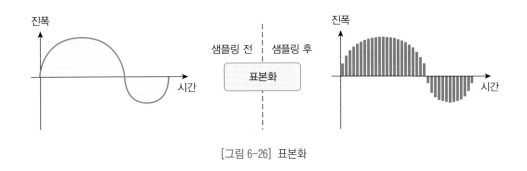

[그림 6-26] 표본화

나이퀴스트의 샘플링 이론은 어떤 연속하는 신호에 포함되어 있는 최고의 주파수를 fc라고 하면 적어도 1/2fc의 주기로 정보를 추출하면, 그 펄스에는 원신호 정보의 모든 것이 포함되어 있고 이 펄스로부터 원래의 신호를 재현하는 것이 가능하다는 것이다.

사람의 음성신호를 예로 들면 사람의 음성신호는 대개 300~3,300Hz의 범위 안에 있으나 대역폭은 가드밴드를 포함하여 4KHz를 사용한다. 따라서 1/8KHz, 즉 1초에 아날로그 신호를 8,000번 추출하면 원음에 거의 가깝게 재생할 수가 있다. 이렇게 샘플링 정리를 통해 얻어지는 펄스 신호를 표본화 신호(PAM 신호)라고 한다.

| 미니요약 |

나이퀴스트의 샘플링 이론(Sampling Theorem)에 의하면 샘플링 횟수는 원래의 신호를 복원화하기 위하여 최소한 원래 신호의 최고 주파수의 두 배가 되어야 한다.

(2) 양자화(Quantization)

양자화란 표본화 단계로부터 추출된 PAM 펄스를 정량화하는 단계이다. [그림 6-27]과 같이 PAM 신호의 진폭값을 한정된 양자화 레벨로 바꾸는 과정을 말한다. PAM 신호의 진폭값이 각 양자화 레벨에 있어서 양자화 레벨의 1/2보다 높은 진폭의 경우에는 상의 레벨의 값을 취하며, 1/2보다 낮은 경우에는 하위 레벨의 값을 취하는 일종의 근사화 방식이다. 이 때문에 원래의 파형과 양자화 파형과의 사이에는 약간의 오차가 있다. 이것은 PCM 처리에 있어서는 근본적인 문제가 되는데, 이를 양자화 오차(Quantization Error), 또는 양자화 잡음(Quantization Noise)이라고 부른다.

양자화 오차를 작게 하기 위해서는 양자화 레벨을 세밀하게 하면 가능하지만, 양자화 레벨을 세밀하게 하여 레벨수를 많게 하는 것은 부호화의 자릿수를 증가시켜 부호화 장치를 복잡하게 만들고 데이터의 양을 증가시킬 수 있다. 참고로 양자화 단계에서 동일한 간격으로 양자화하는 직선 양자화(균등 양자화)와 불균등하게 양자화하는 비직선 양자화(불균형 양자화) 방식이 있다. 입력신호의 작은 진폭에 대해서는 작은 레벨로 근사하고, 큰 진폭에 대해서는 큰 레벨로 대응하도록 하면 입력신호와 양자화 잡음의 비는 소진폭에서 대진폭까지의 범위에서 거의 일정하게 할 수 있다. 일반적으로 직선 양자화는 영상신호에 사용되며, 비직선 양자화는 음성신호에서 사용되고 있다.

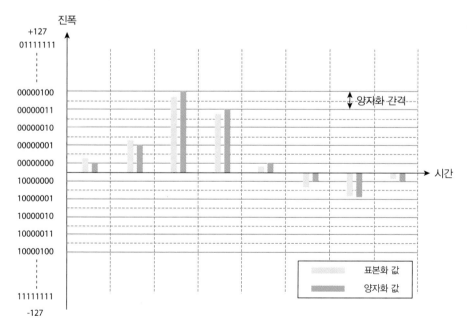

[그림 6-27] 양자화

(3) 부호화(Encoding)

표본화된 입력신호는 양자화에 의해 PAM 신호의 진폭값에 대응하는 양자화 레벨값을 갖게 되고, 이 값을 이진 데이터로 변환하는 과정을 부호화라고 한다. 부호화에 사용되는 비트는 양자화에 사용된 레벨이 몇 가지냐에 따라 결정되는데 레벨이 많을수록 원신호의 정보값을 유지할 수 있지만 그에 따라 오버헤드가 늘어나므로 레벨수를 한없이 늘릴 수는 없다. [그림 6-28]은 양자화된 신호를 디지털 신호로 변환해주는 부호화 과정을 보여주고 있다.

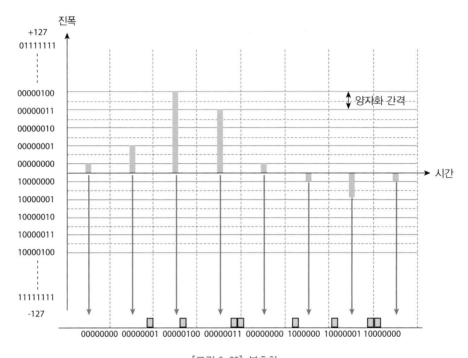

[그림 6-28] 부호화

예제 PCM 방식에서 양자화 레벨을 126단계로 구분하고 10,000Hz(1,000Hz에서 11,000Hz까지) 의 대역폭을 갖는 신호에 필요한 표본 채집률과 2진 부호화하는 경우 필요한 비트 수는?

| 풀이 |

양자화 레벨은 신호를 정량화할 때 사용되는데 레벨을 작게 하면 적은 비트의 수로 표현이 가능하지만 정확성이 떨어지고 크게 하면 정확성은 높아지지만 사용되는 비트수가 많아져서 전송률이 떨어진다. 그래서 보통 8bits로 양자화를 한다.

126단계의 양자화 레벨을 구분하기 위해서는 7bits가 필요하다.

$$2^6 = 64 \qquad 2^7 = 128 \qquad 2^8 = 256$$

초당 아날로그 신호의 최고 주파수의 2배 만큼의 펄스 정보를 추출해야 한다는 나이퀴스트의 샘플
링 이론을 이용하면 11,000 × 2 = 22,000 표본을 추출해야 한다.

(4) 재생(Regeneration)

송신측에서 표본화, 양자화, 부호화를 거쳐 생성된 디지털 신호를 수신측에서는 재생, 복
호, 재구성의 절차를 거쳐 원래의 신호로 다시 만든다. 재생과정에서는 펄스 유무만을 판
단하여 유효 펄스만이 재생되어 복호기로 들어간다.

(5) 복호(Decoding)

재생된 펄스 코드 신호는 복호기에서 부호화 과정의 역순으로 펄스 진폭 신호형태로 변환
된다. [그림 6-29]는 복호과정을 보여주고 있다.

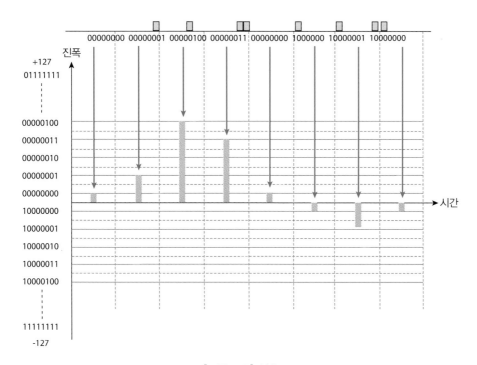

[그림 6-29] 복호

(6) 재구성

복호된 표본화 신호는 [그림 6-30]과 같이 저역통과필터(Low Pass Filter)를 통과해서 원래의 아날로그 신호로 재구성된다. 이 저역통과 필터는 4KHz 이상의 모든 주파수 성분은 제거해 버리므로 원하는 아날로그 신호만이 남게 된다.

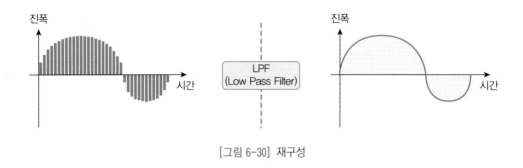

[그림 6-30] 재구성

6.3.2 신호변환기

아날로그-디지털 부호화를 수행하는 PCM은 코덱(Codec)이라는 장비의 집적회로나 칩에서 수행하게 된다. 코덱은 음성 또는 영상의 아날로그 신호를 디지털 신호로 변환하는 코더(Coder)와 디지털 신호를 음성 또는 영상으로 변환하는 디코더(Decorder)의 합성어이다. 코덱은 압축화 기법에 따라 자료를 압축하고, 압축된 정보를 원상태로 복원하는 기능을 수행하는 장치 및 S/W를 지칭하기도 한다.

> **미니강의** 오디오 코덱과 비디오 코덱
>
> ① 음성 부호화에 사용되는 오디오 코덱은 다음과 같은 표준들이 사용
> • 음성대역의 PSTN에서는 전통적인 단일 표준으로 G.711(PCM) 사용하고, 장거리 국제전화에는 G.726(ADPCM)이 사용
> • VoIP 등 패킷망에서의 음성 코덱은 G.711, G.723.1, G.729a 등이 사용
> • 이동통신에는 G.728 등이 사용
>
> ② 영상 부호화에 사용되는 비디오 코덱은 다음과 같은 표준들이 사용
> • 주로 통신용으로 ITU-T 영상 부호화 권고안인 H.261, H.262, H.263 등이 사용
> • 주로 정보 / 오락용으로 ISO/IEC 영상 부호화 권고안인 JPEG, MPEG-1,2,4,7 등이 사용

6.4 아날로그-아날로그 부호화

아날로그 정보를 아날로그 신호로 부호화하는 경우에는 이미 데이터가 아날로그이므로 변조할 필요가 없지만 효율적인 전송을 위해서 보다 높은 반송 주파수가 유리하고 주파수 분할 다중화가 가능하도록 하기 위해 아날로그 정보를 아날로그 신호로 부호화할 필요가 하다.

아날로그 데이터를 원래의 대역과 다른 고주파수 대역으로 전송하기 위해서는 해당 고주파수 대역의 반송파(carrier signal)를 택해 이 반송파의 진폭, 주파수, 또는 위상을 전달하고자 하는 데이터에 따라 변화시키므로 부호화를 수행한다. [그림 6-31]은 아날로그-아날로그 부호화 과정을 보여주고 있다.

[그림 6-31] 아날로그-아날로그 부호화 과정

아날로그-아날로그 부호화에는 다음과 같이 세 가지 부호화 방법이 있다.

- 진폭 변조(AM: Amplitude Modulation)
- 주파수 변조(FM: Frequency Modulation)
- 위상 변조(PM: Phase Modulation)

[그림 6-32]는 아날로그-아날로그 부호화의 종류를 보여주고 있다.

[그림 6-32] 아날로그-아날로그 부호화 종류

6.4.1 진폭변조방식(AM)

진폭변조는 입력 정보의 변화에 따라 반송파의 주파수나 위상은 그대로 두고 진폭만 변화시켜 전송하는 방식이다. 이와 같은 과정을 통해 전송하고자 하는 정보는 반송파의 외곽선의 형태로 나타나게 된다.

진폭변조 신호의 대역폭은 변조되는 신호의 대역폭의 2배이고, 외부 잡음에 민감하다.

| 미니요약 |

AM에 요구되는 총 대역폭은 변조 신호 대역폭의 2배가 된다.

6.4.2 주파수변조방식(FM)

주파수 변조에서는 입력 정보의 변화에 따라 반송파의 진폭이나 위상은 그대로 유지한 채 주파수를 변화시켜 전송신호를 생성하는 방식이다. 신호파형의 전압이 높을수록 주파수가 높아져서 파장이 조밀해지고, 그 반대로 전압이 낮을 때는 주파수가 낮아져서 파장이 넓어지게 된다.

주파수 변조 신호의 대역폭은 변조신호의 대역폭의 10배와 같고 반송 주파수를 중심으로 양쪽에 나타난다. 라디오 방송을 들을 때 흔히 사용하는 FM이 바로 이러한 신호변조방식을 말하는 것이다. 15KHz의 대역폭을 갖는 오디오 신호를 방송하기 위해서는 10배의 대역폭이 필요하므로 FM라디오 방송국에서는 최소한 150KHz의 대역폭이 필요하다. 그러나 실제로는 200KHz의 대역폭을 사용하는데 그 이유는 이웃 대역 신호와의 상호 영향을 배제하기 위해 보호 대역을 두기 때문이다.

6.4.3 위상변조방식(PM)

위상변조에서는 입력신호의 변화에 따라 반송파의 위상을 변조하는 방식인데 이때 반송파의 최고 진폭과 주파수는 일정하게 유지된다. 이 방식은 고속으로 데이터를 보내는 것이 가능하다는 이점이 있지만 잡음 방해를 받기 쉬운 특성을 갖고 있다. 그리고 진폭 변조나 주파수 변조 방식에 비해 변복조 회로가 다소 복잡하다.

[그림 6-33]은 AM, FM, PM의 아날로그 변조 개념을 보여주고 있다.

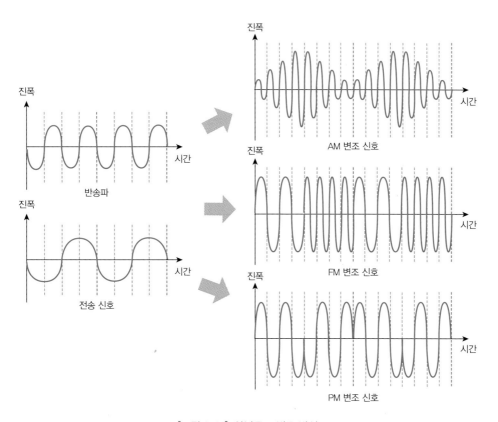

[그림 6-33] 아날로그 변조 방식

6.4.4 신호변환기

아날로그 신호를 아날로그로 변환하는 장비는 우리가 흔히 볼 수 있는 전화기와 방송국에서 사용하는 방송장비 등을 들 수 있다. 사람의 음성은 아날로그 신호이지만 보다 효율적인 전송을 위해 이러한 장비들을 이용한다. 하지만 요즘은 전화망이나 방송장비들도 점점 디지털화되어 가고 있다.

요약

01 모든 데이터는 전송로로 내보내기 위해 일정한 전기 신호로 표현해야 하는데 이 작업을 부호화(encoding)라 한다.

02 디지털-디지털 부호화는 0과 1로 표현된 디지털 정보를 적절한 규칙에 따라 디지털 신호로 표현하는 것이다.
- Unipolar 부호화: 0, 1을 표현하기 위해 (+)나 (−) 전압 중 하나만 사용
- Polar 부호화: 하나의 논리 상태는 (+)로 다른 하나는 (−) 전압을 사용
- Bipolar 부호화: 하나의 논리 상태를 나타내기 위해 (−), 0, (+) 전압 모두를 사용

03 어떤 속성의 데이터를 아날로그 반송신호 주파수로 변환하는 것을 "변조(Modulation)"라고 한다. 이것을 전송 후 다시 원래의 데이터로 변환하는 것을 "복조(Demodulation)"라고 한다.

04 디지털-아날로그 부호화 기법의 종류에는 다음과 같은 것이 있다.
- ASK(Amplitude Shift Keying): 두 가지 2진수 값을 서로 다른 진폭을 가진 신호로 표현
- FSK(Frequency Shift Keying): 두 가지 2진수 값을 두 가지 다른 주파수로 표현
- PSK(Phase Shift Keying): 반송 신호의 위상을 변화시켜서 데이터를 표현
- QAM(Quadrature Amplitude Modulation): 위상변조(PSK)와 진폭변조(ASK)의 복합형태

05 컴퓨터의 디지털 신호를 전화선에 맞는 신호로 변환 시켜주는 것을 변조(Modulation)라 하고 수신측에서 다시 아날로그로 입력된 신호를 다시 디지털 신호로 변환시켜야만 입력이 가능한데 이러한 것을 복조(Demodulation)라고 한다. 이러한 두 가지의 기능을 가지고 있는 기기를 변복조기라고 하며 영문자의 앞 글자를 빌어서 모뎀(MODEM)이라고 한다.

09 아날로그 데이터를 디지털 신호로 변환하는 과정을 일반적으로 아날로그 데이터의 디지털화(digitization)라고 한다.

10 아날로그 데이터를 디지털화하는 기법으로 가장 많이 사용되는 방식이 PCM(Pulse Coded Modulation) 방식이다.

11 아날로그 데이터를 디지털 데이터로 변환시키고, 이 디지털 신호를 원래의 아날로그 데이터로 복구시키는 장치를 코덱(CODEC: COder - DECder)이라고 한다.

12 PCM(Pulse Coded Modulation) 과정: 아날로그 데이터를 입력신호로 받아서 다음의 과정을 거쳐 디지털 신호를 생성한다.
   • 아날로그 신호의 PAM 신호 추출을 위한 표본화
   • 표본화된 진폭의 양자화(Quantization)
   • 양자화된 PCM 펄스를 디지털 신호로 나타내기 위한 부호화(Encoding)

13 아날로그-아날로그 부호화는 아날로그 데이터를 원래의 대역과 다른 고주파수 대역으로 전송하기 위해서는 해당 고주파수 대역의 반송파(carrier signal)를 택해 이 반송파의 진폭, 주파수 또는 위상을 전달하고자 하는 데이터에 따라 변화시키므로 부호화를 수행한다.

14 아날로그-아날로그 부호화의 대표적인 세 가지 부호화 방법이다.
   • AM(Amplitude Modulation: 진폭 변조): 반송파의 주파수나 위상은 그대로 두고 진폭만 변화시켜 전송하고자 하는 신호를 변조하는 방식
   • FM(Frequency Modulation: 주파수 변조): 입력신호에 반송파를 주파수에 의해서 변조하는 방식
   • PM(Phase Modulation: 위상 변조): 입력신호와 반송파를 위상에 의해서 변조하는 방식

연습문제

01 일반 가정에서 전화선을 통해 디지털 데이터를 전송하기 위해 필요한 장비로 디지털 데이터를 아날로그 신호로 변환하고 또 수신한 아날로그 신호를 원래의 디지털 데이터로 변환하는 역할을 한다. 이 장비는?

    a. 모뎀(MODEM)   b. ETC

    c. 코덱(CODEC)   d. PCM

02 아날로그 데이터를 디지털 신호로 변환하는 과정을 일반적으로 아날로그 데이터의 디지털화(digitization)라고 한다. 아날로그 데이터를 디지털화하는 기법으로 가장 많이 사용되는 방식이 PCM(Pulse Coded Modulation) 방식인데 이 PCM 과정을 맞게 나열한 것은?

    a. 아날로그 신호 – 양자화 – 표본화 – 부호화 – 디지털 신호

    b. 아날로그 신호 – 표본화 – 양자화 – 부호화 – 디지털 신호

    c. 아날로그 신호 – 표본화 – 부호화 – 양자화 – 디지털 신호

    d. 아날로그 신호 – 양자화 – 부호화 – 표본화 – 디지털 신호

03 PCM 과정을 거쳐 수신측에 도달된 디지털 신호는 다시 아날로그 신호로 변환되어야 한다. 이 변환 과정을 맞게 나열한 것은?

    a. 재생 – 복호 – 재구성   b. 복호 – 재구성 – 재생

    c. 재생 – 재구성 – 복호   d. 복호 – 재생 – 재구성

04 음성 또는 영상의 아날로그 신호를 디지털 신호로 변환하는 코더(Coder)와 디지털 신호를 음성 또는 영상으로 변환하는 디코더(Decorder)의 합성어로 '변복조기'라는 말로 풀이되는 장치는?

    a. 코덱(CODEC)   b. 모뎀(Modem)

    c. 전처리 장치(FEP)   d. 통신 제어 장치(CCU)

05 디지털 데이터의 아날로그 부호화 방법이 아닌 것은?

    a. 진폭편이변조(ASK)   b. 진폭변조(PM)

    c. 주파수편이변조(FSK)   d. 직교진폭변조(QAM)

06 디지털-아날로그 부호화 방법 중에 위상변조와 진폭변조의 복합형태로 캐리어의 진폭과 위상을 동시에 이동시키면서 2진수를 표현하는 방식은?

    a. ASK   b. PSK

    c. FSK   d. QAM

07 다음 신호변환장치들의 전송신호와 전송회선의 연결이 옳게 된 것은?

    a. 전화: 아날로그신호 – 아날로그회선

    b. 모뎀: 디지털신호 – 디지털회선

    c. 코덱: 디지털신호 – 디지털회선

    d. DSU: 아날로그신호 – 아날로그회선

08 케이블 모뎀에 대한 설명으로 잘못된 것은?

    a. 56Kbps 모뎀이나 ISDN에 비해 빠른 접속 속도를 보장한다.

    b. 전화와 무관하게 사용할 수 있다.

    c. 업로드와 다운로드 속도는 같다.

    d. 케이블 TV가 사용하는 케이블망을 이용한다.

09 다음 중 xDSL이 아닌 것은?

    a. ADSL   b. KDSL

    c. RADSL   d. VDSL

10 샘플링에 의해 얻어진 진폭값을 평준화하는 것으로 아날로그 양을 디지털 양으로 변환시키기 위해 계단 모양의 근사파로 만드는 과정에 생기는 잡음을 무엇이라고 하는가?

    a. 열 잡음   b. 백색 잡음

    c. 자기장   d. 양자화 잡음

11 다음 그림 (a)는 NRZ-I 방식에 의해 encoding된 결과를 보여주고 있다. 이 데이터를 그림 (b)와 같이 표현하는 Encoding 방식은?

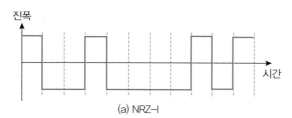

(a) NRZ-I

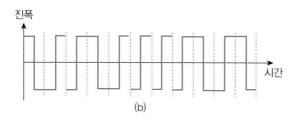

(b)

a. NRZ   b. NRZI
c. 맨체스터   d. 차등 맨체스터

12 데이터 '0'과 '1'을 표시하기 위해 전압 레벨을 몇 가지 사용하느냐에 따라 Unipolar, Polar, Bipolar로 분류하는데 다음 중에서 Polar에 속하지 않는 Encoding 방식은?

a. NRZ(Nonreturn to Zero)   b. RZ(Return to Zero)
c. Manchester   d. AMI(Alternate Mark Inversion)

13 대역폭이 12000Hz이고 두 반송파 간의 간격이 최소한 200Hz이 되어야 할 때 FSK 신호의 최대비트율을 구하라. 단, 전송은 전이중 방식으로 이루어진다.

14 4개의 진폭과 2개의 서로 다른 위상을 사용하여 임의의 8-QAM 다이어그램을 그려라.

15 전화선을 통한 통신에서 모뎀의 용도는?

16 RZ 부호화 방법의 가장 큰 단점은 무엇인가?

17 PM이 PSK와 다른 점은 무엇인가?

18 사용되는 전압 레벨의 수는?
   a. 단극형   b. NRZ   c. AMI

19 아래 방법에 대해 각각 00101100의 파형을 그려라.
   a. 단극형   b. RZ   c. AMI

20 각각의 대역폭을 계산하라.
   a. 대역폭이 3KHz인 신호의 AM 변조 신호
   b. 대역폭이 10KHz인 신호의 FM 변조 신호

| 참고 사이트 |

- http://www.ieeic.com/main.html: PCM에 관한 자료
- http://cip.pohang.ac.kr/chunja: 부호화와 변조에 관한 자료
- http://ns.daejin.or.kr/home/kjson/kyoan/DataCommuication/데이터전송기술3-2-1.htm: 신호변조에 관한 자료
- http://www.kora.or.kr/junggi/contents96/96_6.htm: 채널 부호화에 관한 자료
- http://myhome.dreamx.net/express02/: 네트워크에 관한 자료

| 참고문헌 |

- Fred Halsall, *Data Communications, Computer Networks and Open Systems*, 4th ed, Addison-Wesley, pp23~95, 1996
- 정진욱 · 안성진, 정보통신과 컴퓨터 네트워크, Ohm사, pp35~48, 1998
- 정진욱 · 곽경섭 · 김준년 · 강충구, 데이터통신 입문, 광문사, pp124~160, 1998
- 정진욱 · 변옥환, 데이터통신과 컴퓨터 네트워크, Ohm사, pp22~110, 1985
- 정진욱 · 안성진 · 김현철 · 구자환 공저, 정보통신배움터, 생능출판사, 2005

CHAPTER

07

기기 간의 접속규격

contents

6장에서는 사용자에 의해서 생성된 정보를 통신로 상에 전송하기 위해 부호화하는 방법들에 대해서 살펴 보았는데, 이러한 부호화는 주로 DCE 장비에서 수행하게 된다.

여기서는 데이터를 발생시키는 DTE와 데이터 전송을 담당하는 DCE 간의 원활한 데이터 교환을 위한 접속 인터페이스에 대해 알아보기로 한다. 이러한 접속 인터페이스를 통해 정확한 정보전송이 가능하기 때문이다.

- DTE-DCE 인터페이스를 이해한다.
- 고속 인터페이스에 대해 이해한다.
- 기타 인터페이스에 대해 이해한다.

7.1 DTE-DCE 인터페이스

디지털 장치가 생성한 데이터를 전송매체를 통해 직접 전송할 경우에 전송할 수 있는 거리가 매우 제한되어 있으므로 정보를 멀리 떨어진 다른 상대에게 전달하기 위해서는 정보를 다른 형태의 신호로 변환하여야 한다. 이러한 신호변화 기능은 별도의 전송장치를 통하여 전송매체에 연결하는 것이 일반적이다.

앞서 배웠듯이, 컴퓨터나 단말기와 같이 데이터를 생성하는 장비를 DTE라 부르며, 이러한 DTE는 신호변환 기능을 수행하는 전송장치인 DCE를 통해 전송매체에 연결된다. 따라서 DTE와 DCE 사이에는 엄격하게 정의되고 표준화된 인터페이스 규격이 필요하다. 이러한 DTE-DCE 간의 접속규격을 통해 정보뿐만 아니라 둘 사이의 효율적인 상호동작을 위한 제어정보도 교환하게 된다.

7.1.1 표준

DTE와 DCE가 서로 잘 조화되어 동작하기 위해서는 DTE와 DCE 간에 미리 정의된 접속 규격이 필수적이다. 통신시장에는 여러 제조업자들이 생산한 수많은 종류의 DTE와 DCE 가 있다. 만일 이들 DTE와 DCE 간을 상호 연결하기 위한 접속규격이 정의되어 있지 않다 면 이들을 접속하는 데 상당한 혼란이 야기될 것이다. 따라서 이를 막기 위해 현재 국제표 준기구인 ISO에서는 주로 접속규격 중 기계적 특성에 대한 표준을 내놓고 있으며, 국제전 신전화 자문위원회인 ITU-T(구 CCITT)는 전기적, 기능적, 절차적 특성을 정의하고 있다.

일반적으로 DTE/DCE 접속규격은 신호의 전송방식이나 사용하는 회선의 종류에 따라 여러 가지가 있으며, 현재 세계적으로 가장 널리 사용되고 있는 DTE/DCE 접속규격은 ITU-T의 V.24와 기능적으로 동일한 규격을 갖는 EIA-232(또는 RS-232)이다. 이밖에도 V.35, USB, IEEE 1394, HSSI, HIPPI 등이 있으며 이들 접속규격과 지원하는 최고 전송 속도는 〈표 7-1〉과 같다.

〈표 7-1〉 접속규격별 최고 속도 및 최대 거리

접속규격	최고 속도	지원하는 최대 거리
EIA-232	20Kbps	15m
EIA-530	2Mbps	100m 이상
V.35	6Mbps	60m
EIA-449	10Mbps	100m 이상
USB	12Mbps(버전 1.1) 480Mbps(버전 2.0) 5Gbps(버전 3.0)	4.5m
HSSI	52Mbps	25m
IEEE 1394 IEEE 1394b	400Mbps 800Mbps	5m
HIPPI	800/1600Mbps	200m

<table>
<tr><td>EIA-232</td><td>EIA-530</td><td>V.32</td></tr>
<tr><td>EIA-449</td><td>USB</td><td>HSSI</td></tr>
<tr><td>EIA-1394</td><td>HIPPI</td><td>1394b</td></tr>
<tr><td>USB 1.0</td><td>USB 2.0</td><td>USB 3.0</td></tr>
</table>

[그림 7-1] 다양한 DTE-DCE 접속규격

7.1.2 EIA-232 인터페이스

원래는 터미널 단말기와 모뎀의 접속용으로 사용하는 직렬 인터페이스이다. ISO 2110(25
핀 커넥터와 핀 배치)과 ITU-T의 V.24(DTE와 DCE 간 상호접속회로의 정의, 핀 번호와
회로의 의미), V.28(불평형 복류 상호접속회로의 전기적 특성) 권고안을 미국 EIA가 통신
용으로 규격화한 것으로 텔레타이프 라이터, PC 등의 DTE와 모뎀 등의 데이터 회선 종단
장치인 DCE를 접속해 데이터를 전송하기 위한 전기적, 기능적, 기계적, 절차적인 특성을
정의한 것이다.

기본적으로 25핀 커넥터를 표준으로 사용하고 있으나, 현재 많이 이용되고 있는 규격으로
는 IBM사가 만든 9핀 커넥터가 널리 보급되어 있다. 현재 주변기기의 접속 용도에는 USB,

IEEE 1394 등과, 통신 용도로는 이더넷(ethernet) 등에 그 역할이 대체되고 있다. 그러나 노이즈에 큰 영향을 받지 않고 먼 곳까지 신호를 전달하기 위해 단순히 사용하기 위해서는 아직까지도 유용하다. 요즘은 USB 인터페이스가 많이 사용되고 있어서 PC에 직렬 포트가 아예 없는 경우도 많지만 임베디드 소프트웨어 개발과정에서 PC와 임베디드 시스템을 EIA-232 인터페이스를 연결하여 사용한다.

예제 ▌ V.24와 V.28을 비교해 보자.

| 풀이 |

EIA-232 인터페이스는 DTE-DCE 간의 기계적, 전기적, 기능적, 절차적 특성을 정의하고 있다. V.24와 V.28은 ITU-T 권고안으로 EIA-232의 전기적, 기능적, 절차적 특성과 호환성을 갖고 있다.

V.24는 DTE와 DCE 간의 인터페이스 규격을 정의하는 권고안으로서 커넥터의 핀 배치와 각 핀의 기능들을 정의한다. 또한 신호에 관한 정의를 모은 것으로 특정 응용을 위해 다양한 회로가 사용되는 순서를 기술한다. V.24는 EIA-232의 기능적, 절차적 특성과 거의 동일하다.

V.28은 DTE와 DCE간의 신호를 정의한다. 신호 코드로 NRZ-L을 사용하는데 -3V 이하는 1을 나타내고 +3V 이상은 0을 나타낸다. V.28은 보통 15m 이내 거리에서 20Kbps 이하의 신호율로 전송한다. V.28은 EIA-232의 전기적 특성과 거의 동일하다.

(1) 기계적 특성(ISO 2110)

EIA-232는 25핀 배열의 DB-25(Data Bus-25) 커넥터와 9핀 배열의 DB-9 커넥터로 구현 가능하다. 실제 많이 이용되고 있는 규격은 IBM사가 만든 9핀 커넥터가 널리 이용되고 있다. PC의 뒤쪽에 나와 있는 직렬 포트용 DB-9커넥터가 그것이다.

(2) 전기적 특성(V.28)

EIA-232에서는 임의 신호를 수신하였을 때 그 신호 전압이 -3V 이하이면 이진값 '1'로 판정하고, +3V 이상이면 '0'으로 판정하게 된다. 또 출력(송신) 시에는 이진값 '0'과 '1'을 각각 +12V, -12V의 전압 값으로 표현한다. 여기서 입력과 출력 시의 전압 값이 서로 다른 것은 전송 중의 전압강하나 잡음을 고려하였기 때문이다. 또 이 접속규격의 데이터속도는 20Kbps 이하, 전송거리는 15m 이하이다.

(3) 기능적 특성(V.24)

[그림 7-2]는 25핀과 9핀 커넥터의 핀 배치를 보여주고 있고 〈표 7-2〉는 25핀 커넥터의 각 핀 명칭 및 기능에 대해 설명하고 있다. 25핀 커넥터 경우 사용 가능한 25개의 핀 중에서 단지 4개 핀(2, 3, 13, 16번 핀)만이 데이터 기능을 위해 사용된다. 나머지 21개는 제어와 타이밍, 접지, 테스트와 같은 기능을 위해 남겨진다. 9핀 커넥터는 2, 3번 핀만이 데이터 전송에 사용된다.

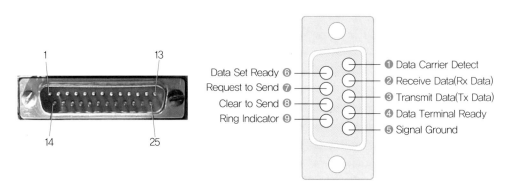

[그림 7-2] EIA-232C의 25핀과 9핀 커넥터 배치

〈표 7-2〉 EIA-232의 25핀 커넥터 명칭 및 회로정의

핀 번호	핀 명칭	신호방향	기능
1	Shield		보안용 접지로, 장치케이스나 케이블의 실드와 접속
2	Transmitted data	DTE →	DTE로부터 DCE로의 데이터선
3	Received data	← DCE	DCE로부터 DTE로의 데이터선
4	Request to send(RTS)	DTE →	DCE로 출력할 데이터가 있음을 통지
5	Clear to send(CTS)	← DCE	DCE가 통신회선으로 데이터전송이 가능함을 DTE에 통지
6	DCE ready(DSR)	← DCE	DCE가 동작할 수 있음을 통지
7	Signal ground common return		신호용 접지로, 모든 신호의 기준전압으로 되어 있음
8	Received line signal detector(DCD)	← DCE	DCE가 통신회선으로부터 캐리어신호 수신했음을 DTE에 통지

9	Reserved(testing)		
10	Reserved(testing)		
11	Unassigned		
12	Secondary received line signal detector	← DCE	2차 채널 수신캐리어 검출
13	Secondary clear to send	← DCE	2차 채널 송신가능
14	Secondary transmitted data	DTE →	2차 채널 송신 데이터
15	Transmitter signal element timing(DCE−DTE)	← DCE	DCE가 생성한 타이밍 신호
16	Secondary received data	← DCE	2차 채널 수신데이터
17	Receiver signal element timing(DCE−DTE)	← DCE	DCE가 생성한 타이밍 신호
18	Local loopback		
19	Secondary request to send	DTE →	2차 채널 송신요구
20	DTE ready(DTR)	DTE →	DTE가 DCE에 데이터 입출력 가능상태임을 통지
21	Remote loopback & signal quality detector	← DCE	DCE가 통신회선에서 수신한 데이터 내에 에러 확률이 높음을 통지
22	Ring indicator	← DCE	DCE가 통신회선으로부터 호출되었음을 통지
23	Data signal rate select	← →	DTE/DCE 간의 전송속도 2가지 선택
24	Transmitter signal element timing(DTE−DCE)	DTE →	DTE가 발생한 타이밍 신호
25	Test mode		

(4) 절차적 특성(V.24)

접속 시나리오를 통해서 접속 제어선들의 기능과 순서를 파악할 수 있다. [그림 7-3]은 EIA−232에서 어떻게 연결이 처음 설정되는지와 전이중 방식으로 두 DTE 사이에서 데이터 교환이 이루어지고 접속이 종료되는지를 다섯 가지 단계로 보여주고 있다.

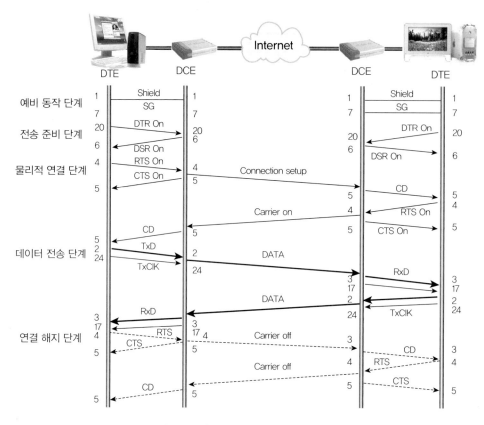

[그림 7-3] EIA-232 데이터 교환 절차

- 1단계(예비 동작 단계): 전송을 위한 인터페이스의 예비 동작 단계이다.
- 2단계(전송 준비 단계): 각 송수신에 있는 DTE, DCE가 전송 준비를 하는 단계이다.
- 3단계(물리적 연결 단계): 송수신 모뎀 간에 물리적인 연결을 하는 단계이다.
- 4단계(데이터 전송 단계): 데이터를 전송하는 단계이다.
- 5단계(연결 해지 단계): 전송이 완료된 단계로 각 송수신을 위해 on했던 신호를 off하는 단계이다.

| 미니요약 |

EIA-232는 DTE-DCE 인터페이스의 기계적, 전기적, 기능적, 절차적 특성을 정의하고 있다.

UART는 비동기 통신을 위한 전용 하드웨어를 뜻한다. UART를 사용한 비동기 통신은 미리 정한 직렬 통신 속도에 맞추어 병렬 데이터를 한 비트씩 출력 핀으로 보내야 한다. 이는 동기를 맞추기 위한 별도의 클럭 신호 없이 데이터를 주고받는 방법으로, 클럭 신호가 없기 때문에 송신자는 한 바이트의 데이터를 전송하기 전에 시작비트(start bit)와 마지막에는 통신의 끝을 알리는 정지비트(stop bit)를 보내는 방식이다. 일단 시작비트의 수신이 확인되면 그 때부터 정해진 통신 속도에 맞추어 한 비트씩 읽어 저장하면 된다. 이렇게 UART는 비동기 통신에 필요한 직렬-병렬 데이터 변환 작업을 자동으로 해주는 하드웨어 장치이다. 따라서 비동기 통신을 해야 한다면 반드시 UART가 꼭 필요하다.

UART가 있으면 비동기 통신이 가능하지만, UART 송수신 핀을 PC의 직렬포트에 바로 연결할 수는 없다. 그 이유는 UART 전압레벨이 TTL(Transistor Transistor Logic)로 EIA-232 전압 특성과 다르기 때문이다. TTL 전압레벨은 EIA-232와 다른 데이터를 0~3V(또는 3.3~5V)로 표현하는데, 이들의 변환기가 필요하다. 이러한 역할을 하는 IC를 RS-232 transceiver라고 한다.

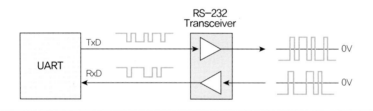

7.1.3 Null 모뎀

두 대의 컴퓨터를 모뎀과 전화선 없이 케이블로 연결하여 정보를 교환할 수 있도록 해주는 전송 방식을 Null 모뎀 방식이라고 하고, 연결에 사용하는 9핀 케이블을 Null 모뎀 케이블 또는 크로스오버 케이블(Crossover Cable)이라고 한다.

Null 모뎀 방식은 한쪽 컴퓨터의 송신 전선이 다른 쪽 컴퓨터의 수신 전선이 되고, 반대로 한쪽 컴퓨터의 수신 전선이 다른 쪽 컴퓨터의 송신 전선이 되도록 케이블의 송신용 전선과 수신용 전선을 교차함으로써 Null 모뎀을 구성한다. 15m 거리 이내에서 20Kbps로 데이터를 전송한다. 거리가 가까워지면 전송 속도는 더 높아진다.

공유기나 USB 메모리가 대중화되기 전에는 PC의 파일을 노트북으로 옮길 때 25핀의 FX 케이블을 주로 사용했는데, 이것이 Null 모뎀 케이블의 예가 될 수 있다. [그림 7-4]는 Null 모뎀의 상호 연결을 보여주고 있다.

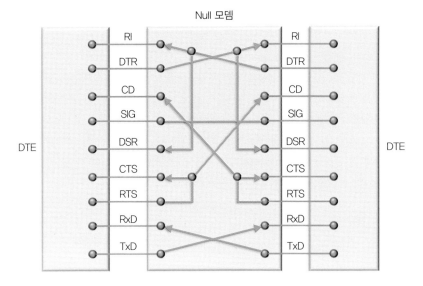

[그림 7-4] Null 모뎀 핀 연결

[그림 7-5] Null 모뎀 케이블

7.2 고속 인터페이스

현대에 이르러 점점 더 빠른 전송 속도를 원하고 더 먼 거리에 있는 사용자와 데이터 전송이 필요하게 되었다. 기존의 EIA-232에서는 20Kbps와 15m로 전송 속도와 거리를 제한하고 있어 사용자 요구를 충족시키기에는 부족한 점이 많다. 이를 위해 국제표준화기구는 다음과 같이 다양한 고속 인터페이스를 정의하고 있다.

7.2.1 EIA-449

EIA-232의 가장 큰 단점은 거리와 속도에 있어서 제한적이고 모뎀(DSU 또는 CSU)을 사용할 경우 DTE가 이를 거의 제어하지 못한다. EIA-449(RS-449 또는 TIA-449)는 고속 데이터 통신을 위해 개발된 인터페이스로 균형방식과 불균형방식으로 데이터전송 모드를 제공한다. 이 인터페이스는 접지상의 문제와 노이즈를 해결하여 멀리 떨어진 거리에서도 고속으로 통신이 가능하다.

EIA-449 표준은 EIA-232를 대체하려고 했지만, 이미 광범위하게 설치되어 있는 DB-25 커넥터와 설치 가능한 커넥터 수를 제한하는 37핀의 EIA-449 커넥터 때문에 널리 적용되지 못했다.

[그림 7-6] EIA-449

(1) EIA-449의 기계적 특성

EIA-449는 37핀 커넥터(DB-37) 하나와 9핀 커넥터(DB-9)라는 2개의 커넥터 조합으로 구성된다.

(2) EIA-449의 전기적 특성

EIA-449는 전기적 규격을 정의하기 위해 균형방식(RS-422)과 불균형방식(RS-423)인 두 가지 다른 표준을 사용한다.

① 불균형방식(Unbalanced Mode)

불균형방식은 하나의 회선으로 신호를 전송하고 공통 접지를 사용한다. 균형방식에 비해 통신 속도가 늦고 통신거리가 짧은 단점이 있으나 하나의 신호전송에 하나의 전송로만 필요하기 때문에 비용을 절감할 수 있다. [그림 7-7]은 불균형방식의 신호전송을 보여준다.

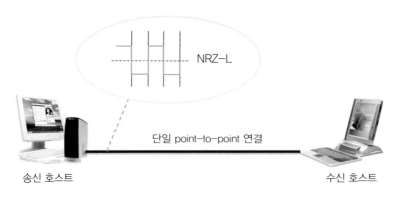

[그림 7-7] 불균형방식

② 균형방식(Balanced Mode)

균형방식은 두 개의 회선으로 신호를 전송하고 동일한 거리에서 불균형방식보다 데이터 전송률이 더 높으며 불균형방식과 마찬가지로 공통 접지를 사용한다. [그림 7-8]은 균형방식의 신호전송을 보여준다.

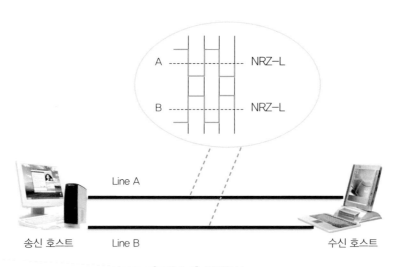

[그림 7-8] 균형방식

균형방식은 두 개의 회선으로 신호를 전송하나 두 회선이 같은 신호를 전송하는 것은 아니고 한 회선은 다른 회선의 보수(Complement) 신호를 전송한다. 이렇게 함으로써 전송 중 발생하는 잡음을 제거할 수 있는데 그 과정을 살펴보면 만약 전송 중에 잡음이 발생하면 한 회선과 보수화된 다른 회선에 동시에 영향을 미치고 뺄셈기를 거친 보수화된 신호를 다른 신호와 더하면 기존 신호의 두 배가 되고 전송 중에 발생된 잡음은 상쇄된다. 그 두 배의 신호를 다시 반으로 나누어 주면 처음 전송하려던 신호가 된다. [그림 7-9]는 균형방식을 사용한 잡음제거 절차를 보여준다.

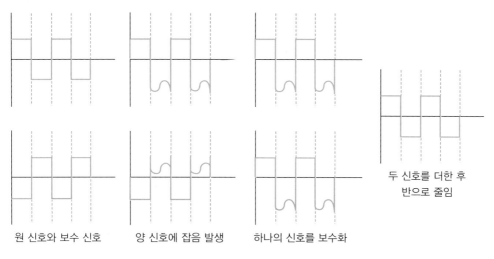

두 신호를 더한 후
반으로 줄임

원 신호와 보수 신호   양 신호에 잡음 발생   하나의 신호를 보수화

[그림 7-9] 균형방식을 사용한 잡음제거

(3) EIA-449 기능적 특성

EIA-449의 37핀 커넥터는 25핀 커넥터와 유사한 특성을 규정하나 2차 채널과 관련된 모든 기능들이 37핀 커넥터에서는 제거되었다는 점이 다르다. 대신 이러한 기능들은 9핀 커넥터에 넣어 2차 채널이 필요한 시스템에서 쓰일 수 있게 한다. [그림 7-10]은 37핀 커넥터와 9핀 커넥터를 보여주고 〈표 7-3〉과 〈표 7-4〉는 37핀 커넥터와 9핀 커넥터의 기능을 나타내고 있다.

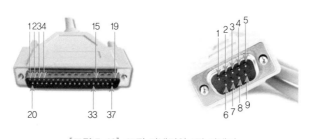

[그림 7-10] 37핀 커넥터와 9핀 커넥터

〈표 7-3〉 37핀 커넥터 내용

핀	기능	범주	핀	기능	범주
1	Shield		20	Receive Common	II
2	Signal rate indicator		21	Unassigned	I
3	Unassigned		22	Send data	I
4	Send data	I	23	Send timing	I
5	Send timing	I	24	Receive data	I
6	Receive data	I	25	Request to send	I
7	Request to send	I	26	Receive timing	I
8	Receive timing	I	27	Clear to send	I
9	Clear to send	I	28	Terminal in service	II
10	Local loopback	II	29	Data mode	I
11	Data mode	I	30	Terminal ready	I
12	Terminal ready	I	31	Receive ready	I
13	Receive ready	I	32	Select standby	II
14	Remote loopback	II	33	Signal quality	
15	Incoming call		34	New signal	II
16	Select frequency	II	35	Terminal timing	I
17	Terminal timing	I	36	Standby indicator	II
18	Test mode	II	37	Send common	II
19	Signal ground				

〈표 7-4〉 9핀 커넥터

핀	기능	핀	기능
1	Shield	6	Receive common
2	Secondary receive ready	7	Secondary request to send
3	Secondary send data	8	Secondary clear to send
4	Secondary receive data	9	Send common
5	Signal ground		

EIA-449는 EIA-232와 호환성을 유지하기 위해 사용되는 핀들을 포함한 범주 I과 EIA-

232에는 없거나 재정의하기 위해 사용되는 범주 Ⅱ를 정의한다. 이렇게 두 범주의 핀으로 정의하는 이유는 EIA-232와 호환성을 유지하기 위해서이다. 범주 Ⅰ 의 각각의 핀에 대해 EIA-449는 첫 번째 열과 바로 그 다음과 같은 기능을 하는 두 개의 핀을 정의한다. 불균형 방식에서는 첫 번째 열의 핀만 사용하고 균형방식에서는 양쪽 핀을 모두 사용한다.

7.2.2 EIA-530

EIA-530(RS-530)은 EIA-232와 같은 25핀 커넥터(DB-25)를 사용한다. EIA는 기존에 많은 투자를 한 25핀 커넥터 사용을 늘리기 위하여 EIA-449의 변형을 만들었는데 이것이 EIA-530이다. EIA-530은 EIA-449의 두 가지 전기적 구현형태인 RS-422와 RS-423 을 참조하며 100미터 거리 이상에서 2Mbps 이상의 데이터 전송률을 제공한다.

[그림 7-11] EIA-530(DB-25핀 커넥터)

7.2.3 X.21

X.21은 공중 데이터 통신망에 접속하여 동기식 전송하는 DTE와 DCE 사이의 접속규격을 규정한 ITU-T 권고안으로 회선 교환망에 대한 엑세스 표준이다. 권고안 내용은 접속규격 (15핀 커넥터), 전기적 특성, 기능적 특성, 통신망 제어 기능(물리 링크 제어, 호 설정, 데이 터 전송 및 해제)으로 되어 있다.

X.21bis는 기존의 EIA-232/V.24에 근거한 아날로그 장치들을 디지털 통신망에서 사용되 는 X.21 프로토콜에 쉽게 적용시키기 위한 대체용 인터페이스 프로토콜로, 즉 디지털 통신 망이 널리 사용되기 전에 아날로그 통신망에서 유용하게 사용했던 중간 단계의 표준안이 다. 사실상 8핀만 사용하는 EIA-232라고 생각해도 무방하다. 이것은 X.21과 마찬가지로 X.25 패킷 교환망에서 물리적인 인터페이스로 사용되었다.

1970년대 후반에 개발된 공중 데이터 네트워크(패킷 교환망)에서 DTE와 DCE 사이에 이루어지는 상호작용을 규정한 프로토콜로 세계적인 표준이다. 기능으로는 물리계층. 데이터링크 계층. 네트워크 계층으로 규정된 3계층 프로토콜이다.

① 물리계층: DTE와 패킷교환 노드(DCE)에 연결하는 링크 사이의 물리적 인터페이스를 다룬다. X.21에 기반을 두고 있으나. X21bis, EIA-232 모두를 사용할 수 있다.

② 데이터링크 계층: 패킷을 구성하여 데이터를 신뢰성 있게 전송하며. LAPB(Link Access Procedure Balanced) 프로토콜을 사용한다.

③ 네트워크 계층: 가상회선 서비스를 제공한다.

기존 저속 전화네트워크를 이용한 데이터 통신방식에서 상대적으로 안정적인 데이터 전용 네트워크로 등장했으나 최대 56Kbps 전송속도밖에 제공하지 못하여 현재는 거의 사용되고 있지 않다.

비동기 단말기(character mode DTE) 사용자가 패킷 교환망에 접속하고자 할 때. X.25 프로토콜에서 사용하는 패킷을 생성하기 위해 PAD(Packet Assembler/Disassembler) 장비를 사용하게 되는데. 이때 관련 표준으로는 [그림 7-12]와 같이 X.3, X.28, X.29가 있다.

① X.3: PAD 장비 특성 정의

② X.28: 비동기 단말기와 PAD 간에 주고받는 절차 정의

③ X.29: PAD와 X.25에서 사용하는 패킷형 단말기와 통신 규정

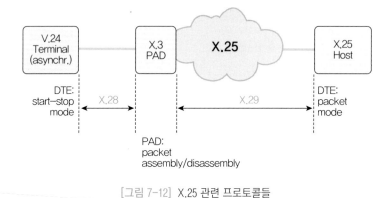

[그림 7-12] X.25 관련 프로토콜들

X.21은 균형방식(Balanced mode) 가진 EIA-422와 같은 속도와 거리의 제한이 있다. [그림 7-13]은 15핀 커넥터를 보여주고 있다.

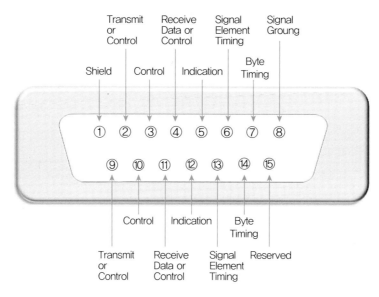

[그림 7-13] X.21 커넥터(15-pin)

7.2.4 V.35

V.35는 높은 전송속도를 지원하기 위해 개발되었다. V.35는 56Kbps는 물론 T-1과 E-1 데이터 전송률보다 더 높은 속도를 제공하는데, 대략 6Mbps의 전송속도를 지원하므로 화상회의나 라우터끼리 연결 등에 사용될 수 있다. V.35의 최대 데이터 전송률이 거리에 있어 거의 구애받지 않고 지원될 수 있는 케이블의 최대 길이는 60미터이다. 그리고 거리가 짧으면 보다 높은 데이터율을 제공한다. 특히, V.35 케이블은 DCE 장비 없이 라우터와 라우터를 직접 연결하는 경우에 전용 케이블로 사용하고 있다. V.35는 직사각형의 34핀 커넥터를 사용한다. [그림 7-14]는 V.35 커넥터를 나타내고 있다.

[그림 7-14] V.35 34핀 커넥터

| 미니요약 |

V.35는 56Kbps는 물론 T-1 과 E-1의 데이터율보다 더 높은 속도를 제공한다.

7.2.5 HSSI(High-Speed Serial Interface)

HSSI는 근거리통신망의 라우팅 및 스위칭 장비들을 광역통신망의 고속 회선과 연결하는데 주로 사용되는 단거리 통신 직렬 인터페이스이다. HSSI는 25미터 내에 있는 장치들 사이에서 사용되며, 최고 52Mbps의 속도를 낼 수 있다. HSSI는 토큰링과 이더넷 네트워크 상의 장비들을 SONET OC-1(51.84Mbps) 속도, 또는 T3(45Mbps) 회선에서 동작하는 장비들과 서로 연결하는 곳에 사용될 수 있다. 접속규격은 [그림 7-15]에서와 같이 50핀 커넥터를 사용한다.

[그림 7-15] HSSI 50핀 커넥터

[그림 7-16]은 네트워크 간의 T3 회선 연결을 위한 HSSI 케이블을 사용한 예를 보여 주고 있다.

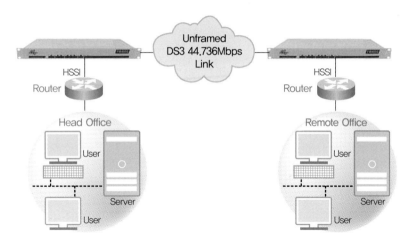

[그림 7-16] HSSI 케이블을 사용한 네트워크 구성

| 미니요약 |

HSSI는 근거리 통신망상의 라우팅 및 스위칭 장비들을 광역통신망의 고속 회선과 서로 연결하는 데 주로 사용되는 단거리 통신 직렬 인터페이스이다.

〈표 7-7〉은 지금까지 설명한 각 인터페이스들의 특징과 전송 방법을 설명한다.

〈표 7-7〉 인터페이스들의 특징과 전송 방법

인터페이스 명칭	특징	비고
EIA-232	DTE와 DCE 간의 입출력을 위한 인터페이스	송신: +12V는 0, -12V는 1 수신: +3V는 0, -3V는 1
NULL 모뎀	모뎀 없이 케이블로 연결	보통 병렬 포트로 전송
EIA-449	접지상의 문제와 노이즈 해결 먼 거리에서도 고속 통신 가능	불균형방식(RS-423) 균형방식(RS-422)
EIA-530	25핀 커넥터 사용을 늘리기 위한 EIA-449의 변형	RS-423, RS-422 방식 참조
X.21	전이중 동기 전송방식을 이용한 송수신	대부분 균형방식으로 전송
V.35	라우터 연결 등에 사용하기 위한 높은 전송속도 제공	
HSSI	근거리 통신망에서 사용되는 고속 직렬 인터페이스	

WAN연결을 위한 라우터 접속 케이블

WAN 접속을 위해서 라우터 장비를 사용하게 되는데, 라우터 뒷면 판넬에는 여러 개의 동기식 직렬 포트(Synchronous serial port)들을 가지고 있다. 이러한 동기식 직렬 포트는 주로 EIA-232, EIA-449, V.35, X.21, EIA-530, HSSI 표준 등과 연결하여 WAN에 접속하게 된다. 라우터는 이러한 표준들을 연결하기 위해서 [그림 7-17]에서와 같이 라우터 뒷면 판넬에 있는 26핀으로 되어 있는 DB-26 커넥터를 사용하게 되고, 다른 쪽은 각 표준에 맞는 커넥터를 아래 [그림 7-18]과 같이 사용하게 된다.

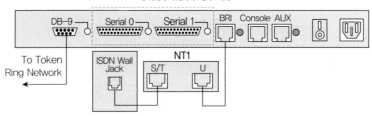

[그림 7-17] WAN 접속을 위한 라우터의 직렬 포트

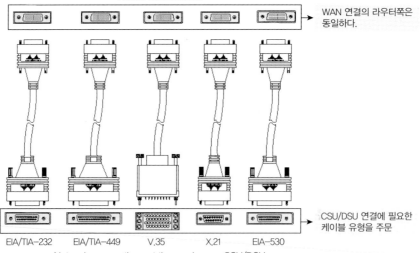

[그림 7-18] 라우터에 연결할 수 있는 serial transition cable들

7.3 기타 인터페이스

지금까지 우리가 알아본 인터페이스는 DTE-DCE 간의 인터페이스로 해당 커넥터를 사용하여 연결을 하여 데이터를 전송하는 인터페이스다. 이러한 인터페이스와 달리 컴퓨터와 주변기기 간의 데이터 전송을 위해 사용되는 USB, IEEE 1394, HIPPI 인터페이스도 있다.

7.3.1 USB(Universal Serial Bus)

1990년대 이전까지만 하더라도 컴퓨터와 주변기기를 연결할 때 사용하는 인터페이스(포트나 케이블)의 종류가 매우 다양했고 연결해서 사용하는 방법도 각각이었다. 때문에 컴퓨터에 대한 전문 지식이 없는 사람들은 주변기기를 추가 설치하기가 쉽지 않았다. 이는 사용자뿐 아니라 제조사 입장에서도 곤란한 점이었다. 컴퓨터 주변기기의 종류는 점차 다양지고 있는데 기기의 종류마다 다른 규격의 인터페이스를 사용한다면 PC에 어떤 인터페이스를 달아야 하는지, 혹은 주변기기를 어떤 인터페이스 기반으로 설계해야 하는지 혼란스럽기 때문이다.

만약 모든 컴퓨터 주변기기들이 같은 표준의 인터페이스를 사용한다면, 그리고 별다른 조작 없이 꽂는 즉시 사용이 가능한 상태가 된다면 이런 곤란은 크게 해소될 것이다. 그리고 여기에 연결된 주변기기가 별도의 외부 전원을 꽂지 않고 그대로 작동할 수 있다면 편리함은 더욱 좋을 것이다.

이 문제를 해결하기 위해 1996년 컴팩, DEC, IBM, 인텔, 마이크로소프트, NEC, Nortel의 7개 회사에 의해 USB 규격이 합의, 개발되었다.

(1) 간편하다

USB는 PC의 분해와 복잡한 선 연결 등의 작업이 필요 없이 주변기기(USB 포트 지원 가능한 제품)를 그냥 USB 포트에 꽂기만 하면 바로 사용할 수 있다. 이는 USB가 별도의 설정을 하지 않아도 연결하면 바로 사용할 수 있는 '플러그앤 플레이(plug & play)'와 PC 사용 중에도 바로 연결하여 리부팅 없이 사용할 수 있는 '핫플러깅(hot plugging)'을 지원하기 때문이다.

(2) 전송속도가 빠르다

USB 1.0/ 1.1은 편의성 면에서는 호평을 받았지만 초당 데이터 전송률이 최대 12Mbps
에 불과했기 때문에 데이터를 주고받을 때는 속도가 느리다는 지적이 많았다. 이를 개선
하기 위해 2000년에 발표된 것이 바로 USB 2.0이다. USB 2.0은 최대 480Mbps의 향상
된 속도로 데이터를 전송할 수 있기 때문에 USB 메모리나 외장 하드디스크 같은 데이터
보관장치, 혹은 랜 카드나 모뎀과 같은 네트워크 장치에 쓰기에도 큰 문제가 없었다. 그리
고 2008년에 발표된 최신 규격이 바로 USB 3.0이다. USB 3.0은 데이터 전송 속도가 최
대 5Gbps로 빨라진 것이 가장 큰 특징이다. 그리고 포트의 색상에 대한 별다른 규정이
없던 이전 버전들과 달리, USB 3.0 버전은 파란색의 포트를 사용할 것을 USB-IF(USB
Implementers Forum: USB의 표준을 정하는 협회)에서 제조사들에 권장하고 있다.

[그림 7-19] USB 3.0 접속규격(파란색)

(3) 확장이 유연하다

USB에 주변기기를 연결하는 방식은 SCSI처럼 케이블로 서로 연결하는 데이지 체인(Daisy
Chain) 방식으로 되어 있다. 이것은 PC의 USB 포트에서 나온 USB 케이블이 주변기기에
연결되고, 또 여기서 케이블이 나와 또 다른 주변기기에 연결되는 식으로 차례차례 연결하
는 방식이다. 이와 같은 방법으로 최대 127개까지 주변기기를 연결할 수 있기 때문에 케이
블 하나를 통해서 해결할 수 있다.

USB 3.0

Super-speed라 불리는 USB 3.0은 USB 2.0보다 10배가 빠른 5Gbps의 속도를 지원한다.
USB-IF는 2007년 11월 USB 3.0의 사양을 발표하였고, Intel은 2009 CES에서 USB 3.0
을 공식적으로 공개하면서 그 뛰어난 성능을 입증했다. 2010년부터 3.0 방식을 장착한 부

품들과 주변기기 등 관련 제품이 본격 출시되고 있다. USB 3.0은 다음과 같은 장점을 지니고 있다.

- **고속 데이터 전송속도**

5Gbps의 데이터 전송속도를 갖는 USB 3.0은 하드디스크의 전송 방식인 SATA Ⅱ (3Gbps)보다도 빠르며, 27기가바이트의 HD급 동영상을 70초 만에 전송 가능하다.

- **전원관리 강화**

USB 2.0은 전원 관리를 단순히 연결된 주변기기에서만 이루어졌던 반면, USB 3.0은 저전력 모드에서도 사용 가능하며, 자체적 전원 공급량이 900mA로 늘어나 따로 전원 어댑터를 연결할 필요 없이 주변기기를 연결하여 사용할 수 있다. 예를 들어 휴대전화를 충전하면서 동시에 데이터 전송이 가능하다.

- **기존 구 버전의 USB와의 호환성**

USB 3.0은 USB 1.0, 1.1 그리고 2.0과의 호환성도 보장된다. 포트 모양이 기존의 USB와 같고, 듀얼 버스 아키텍처를 사용함으로 인해 물리적으로나 전기적으로 모두 호환이 가능한 것이다.

- **효율적인 데이터 전송방식**

데이터 전송방식은 기존의 5미터보다 더욱 늘어났으며, Full Duplex 방식의 데이터 인터페이스를 사용하기 때문에 업로드와 동시에 다운로드가 가능하다.

TIP USB 보급의 가속화에 윈도우 XP가 한 몫했다?

이전에 사용하던 윈도우 95, OSR2나 윈도우 98은 USB 장치를 사용하려면 처음에 소프트웨어의 설치가 필요했으며 이후에 나온 윈도우 ME나 윈도우 2000은 USB 지원 능력이 향상되긴 했지만 운영체제 자체의 보급률이 낮았다. 하지만 윈도우 XP는 큰 인기를 끈 데다가 별도의 소프트웨어 설치 없이도 상당수의 USB 장치(키보드, 마우스, 웹캠, USB 메모리, 외장하드 등)들을 간단히 사용할 수 있었다. 그리고 2002년에 배포된 기능 향상 패치인 '서비스 팩 1'을 추가 설치하면 USB 2.0도 지원하기 때문에 USB 2.0 기기의 보급에 큰 영향을 미쳤다. 실제로 2011년 현재 쓰이고 있는 장치들은 대부분 USB 2.0 규격이다.

7.3.2 IEEE 1394

IEEE가 표준화한 새로운 직렬 인터페이스의 규격으로 USB보다 더욱 향상된 기능을 가지고 있는 프로토콜이다. 애초에는 애플컴퓨터 사가 SCSI를 대체할 규격으로 파이어와이어(FireWire)라는 이름으로 개발을 추진하다가, IEEE가 1995년에 정식 규격으로 채택되었다. IEEE 1394는 컴퓨터 주변 장치뿐만 아니라 비디오카메라, 오디오 제품, 텔레비전, 비디오카세트 녹화기(VCR)등의 가전기기를 개인용 PC에 접속하는 인터페이스로 개발되었으며 주변기기와 최대 거리는 5미터이다. 2000년에는 데이터 전송 및 전원 공급 기능의 안정성을 개선한 IEEE 1394a-2000 규격이 등장해 기술의 완성도를 높였다. 참고로, 2011년 현재 가장 많이 보급된 IEEE 1394 규격이 바로 IEEE 1394a-2000이며, 이는 '파이어와이어 400' 혹은 'IEEE 1394A'라고 부르기도 한다.

[그림 7-20] IEEE 1394 접속규격

(1) 직렬전송 버스

당시에는 직렬전송 버스는 병렬전송 버스보다 속도가 느릴 수밖에 없다는 게 일반적인 생각이었다. 그래서 새로운 형태의 전송버스가 나타난다면 그것은 SCSI처럼 병렬버스일 것이라고 추측해 왔다. 왜냐하면 직렬버스는 1비트씩 신호를 보내지만, 병렬버스는 그보다 몇 배 많은 8비트, 혹은 16비트씩 전송하므로 훨씬 효율적이기 때문이다. 그런데 차세대 버스 전송 규격으로 직렬전송을 사용하는 이유는 커넥터의 크기가 작기 때문이다. SCSI 케이블과 커넥터를 보면 50가닥의 선이 하나의 굵은 케이블 안에 들어가야 하고 커넥터 역시 마찬가지다. 속도를 더 빠르게 만든 Wide-SCSI의 경우는 핀이 무려 68핀씩이나 된다.

또한 케이블이 굵으면 길이를 길게 만들 때마다 비용이 배로 늘어나서 전송 거리를 길게 할 수 없다. 이러한 이유로 기존에 사용하던 병렬 버스를 직렬 버스로 대체하는 방안을 연구하기 시작했고, 이것이 IEEE 1394이다.

(2) 빠른 전송속도

1995년에 나온 첫 번째 규격인 IEEE 1394-1995는 100Mbps, 200Mbps, 그리고 400Mbps의 데이터 전송 모드를 지원했다. 당시 사용하던 병렬 방식 버스 중에서도 고속이라고 평가 받던 SCSI-2 규격의 최대 데이터 전송속도가 80Mbps 정도였으며 가장 많이 사용하는 직렬 방식 버스인 RS-232 규격은 불과 19.2kbps의 속도밖에 되지 않았다.

(3) 우수한 편의성

가장 대표적인 장점이 바로 플러그앤플레이(Plug and play)를 지원한다는 점이다. 따라서 장치를 연결하는 즉시 별다른 설정이나 조작을 하지 않아도 곧바로 사용이 가능하다. 또한 핫 플러깅 기능을 지원하므로 전원이 켜진 상태에서도 장치를 연결하거나 분리, 혹은 교환이 가능하다.

또한 케이블 길이를 4~5미터까지 연장할 수 있으며, 한 대의 컴퓨터에 최대 63개까지 포트를 증설하는 것도 가능하다. 이와 함께 연결 포트를 통해 자체적으로 기기에 전력을 공급할 수 있는 기능을 갖추고 있다.

| 미니요약 |

IEEE 1394는 IEEE가 승인한 고속 직렬 연결방식으로 PC나 각종 AV 기기에서 대량으로 고속 데이터 통신을 실행하기 위한 인터페이스. 파이어와이어(firewire)라고도 부른다.

IEEE 1394의 전반적인 특성은 또 다른 방식의 외부장치 연결 버스 규격인 USB(Universal Serial Bus)와 유사하다. 두 규격 모두 직렬 방식이며 플러그앤플레이, 핫 플러깅 등의 기능이 동일하기 때문이다. 다만, 포트와 케이블의 모양은 다르고, 최대 데이터 전달 속도에 차이가 난다. 단순히 생각해 본다면 USB 2.0(480Mbps)의 최대 데이터 전송률 수치가 1394A(400Mbps)보다 높기 때문에 USB 2.0 규격의 기기가 1394A 규격의 기기보다 우수할 것으로 예상할 수 있다. 하지만 실제로 사용해보면 1394A 방식이 USB 2.0 방식에 비해 훨씬 빠르게 데이터 전송을 할 수 있다. 이유는 USB 방식은 기기 간에 데이터를 주고받을 때 중간에 호스트(데이터 교환을 제어하는 장치)가 반드시 필요하기 때문이다. 호스트를 거치는 과정에서 상당한 속도 저하가 발생하기 때문에 USB는 사양 상의 최대 전송 속도를 내지 못하는 경우가 대부분이기 때문이다.

이렇게 장점이 많은 IEEE 1394이지만 결국은 USB와의 보급률 경쟁에서 밀리고 말았다. USB는 별도의 라이선스 비용이 없다시피 하지만 IEEE 1394가 적용된 기기를 생산하기 위해서는 IEEE 1394를 개발한 업체들에 상당량의 라이선스 비용을 지불해야 하기 때문이다. 더욱이 개발 업체간의 이해관계가 복잡하게 얽혀있어서 라이선스를 얻는 과정도 상당히 복잡했다. 심지어 IEEE 1394는 일반적인 명칭조차 통일되지 않았다. 애플에서는 '파이어와이어'라는 자사의 등록상표로 주로 부른 반면, 소니에서는 '아이링크(i-Link)' 혹은 'S400'이라고 부르기도 하여 소비자들을 혼란스럽게 하기도 했다.

이러한 이유로 IEEE 1394는 해당 규격의 개발에 주도적으로 참여한 업체들의 기기 외에는 그다지 쓰이지 않게 되었다. IEEE 1394가 적용된 대표적인 제품은 애플의 '아이팟' MP3 플레이어나 '매킨토시' 컴퓨터, 그리고 소니의 '핸디캠' 캠코더나 '바이오' 노트북 등이다. 이들 제품들에 적용된 IEEE 1394는 성능면에서 높은 평가를 받았지만 시장 전반적으로 IEEE 1394를 적용한 기기의 수가 적다 보니 호환성 면에서 불편하다는 단점을 떠안게 되었다. 이런 상황이 계속되면서 IEEE 1394를 적극적으로 도입하던 애플이나 소니도 2010년 즈음부터는 자사 제품에서 IEEE 1394를 생략하거나 주요 기능을 USB 위주로 사용하도록 설계하는 경우가 많아졌다. 더욱이, 2008년에 최대 전송률이 5Gbps로 향상된 USB 3.0이 나오면서 IEEE 1394의 최대 장점이었던 빠른 전송 속도도 빛이 바랬다.

하지만 IEEE 1394 역시 지속적인 기술 개발을 통해 성능을 향상시켜 온 것이 사실이다. 2002년에 최대 800Mbps 전송 모드를 지원하는 'IEEE 1394b-2002(파이어와이어 800, 혹은 1394B)'가 등장했으며 2008년에는 최대 1.6Gbps와 3.2Gbps 전송모드를 지원하는 'IEEE 1394-2008(파이어와이어 S1600, 파이어와이어 S3200)'가 발표되어 USB 3.0과의 경쟁을 본격화하고자 했다.

7.3.3 HIPPI(High Performance Parallel Interface)

HIPPI는 1988년 ANSI X3T11에서 처음 정의된 규격이다. 기가비트 속도를 구현할 수 있다는 점이 중요한 특징으로, HIPPI는 주로 슈퍼컴퓨터의 애플리케이션용으로 개발됐다. HIPPI가 제공하는 것과 같은 데이터 전송률은 일반적인 LAN 환경에서는 불가능하며 데이터 흐름의 혼잡을 막는 기기를 제어해 사용 가능한 대역폭을 모두 사용하게 함으로써, 멀티미디어 애플리케이션 사용을 더 적합하게 만든다는 이점이 있다. HIPPI는 트위스티드 페어케이블을 이용하여 32비트나 64비트 병렬 채널을 제공하며 50핀 SCSI-II 커넥터를 확장한 형태의 100핀 커넥터를 사용한다. ATM과 같은 고속의 네트워크로 HIPPI를 이용하기 위해서는 SONET 기반의 프레임을 사용해야 한다.

[그림 7-21] HIPPI(High Performance Parallel Interface)

| 미니요약 |

HIPPI는 기가비트 속도를 구현할 수 있으며 주로 슈퍼컴퓨터의 애플리케이션용으로 개발되었다.

요약

01 DTE와 DCE가 서로 잘 조화되어 동작하기 위해서는 DTE와 DCE 간에 미리 정의된 접속규격이 요구된다.

02 EIA-232(RS-232)는 ITU-T 권고 중 V.24(DTE와 ICE간 상호접속회로의 정의, 핀 번호와 회로의 의미)와 V.28(불평형 복류 상호접속회로의 전기적 특성)에 ISO2110(25핀 커넥터와 핀 배치)을 사용하는 접속규격과 기능적으로 호환성을 갖고 있다.

03 두 대의 컴퓨터를 모뎀 없이 케이블로 연결하여 정보를 교환할 수 있도록 해주는 전송 방식을 Null 모뎀이라고 한다.

04 EIA-449(EIA-422 그리고 EIA-423)는 고속 데이터 통신을 위해 개발된 균형모드 인터페이스다. 균형모드 인터페이스란 두 개의 선들이 각각 송신과 수신을 하는 것을 의미한다.

05 X.21은 ITU-T에서 권장하는 X.25를 사용하기 위한 물리계층 인터페이스이다.

06 V.35는 대략 6Mbps의 전송속도를 지원하므로 화상 회의나 라우터 간의 직접 연결 등에 사용된다.

07 HSSI는 근거리 통신망상의 라우팅 및 스위칭 장비들을 광역 통신망의 고속 회선과 서로 연결하는 데 주로 사용되는 단거리 통신 인터페이스이다.

08 USB는 범용 직렬 버스로 규격이 다른 마우스, 프린터, 모뎀, 스피커 등을 비롯한 주변 기기 등을 개인용 컴퓨터에 접속하기 위한 인터페이스의 공동화를 목적으로 한다.

09 IEEE 1394는 컴퓨터 주변 장치뿐만 아니라 비디오카메라, 오디오 제품, 텔레비전, 비디오카세트 녹화기(VCR) 등의 가전기기를 개인용 컴퓨터(PC)에 접속하는 인터페이스이다.

10 HIPPI는 기가비트 속도를 구현할 수 있으며 주로 슈퍼컴퓨터의 애플리케이션용으로 개발되었다.

연습문제

01 네트워크를 통해 아날로그나 디지털 신호의 형태로 정보를 전송하거나 수신하는 장치는?

    a. DTE   b. DCE

    c. TDM   d. FDM

02 EIA-232가 DTE-DCE 간의 인터페이스를 정의하고 있다. 정의하고 있는 특성들로 묶여진 것은?

    a. 기계적, 전기적, 기능적, 동기적   b. 기계적, 전기적, 기능적, 절차적

    c. 기계적, 전기적, 부호적, 동기적   d. 기계적, 부호적, 기능적, 절차적

03 고속 데이터 통신을 위한 균형방식 인터페이스는?

    a. EIA-232   b. NULL 모뎀

    c. EIA-449   d. EIA 530

04 가장 대표적인 비동기 직렬 전송의 표준으로 ITU-T의 V.24와 V.28과 같은 것은?

    a. EIA-449   b. EIA-232

    c. EIA-530   d. Null 모뎀

05 다음은 무엇에 대한 설명인가?

> 두 대의 컴퓨터를 모뎀 없이 케이블로 연결하여 정보를 교환할 수 있도록 해주는 전송 방식을 말하며, 연결에 사용하는 케이블을 크로스오버 케이블(Crossover Cable)이라고 부르기도 한다. 2개 단자의 전선이 서로 교차 배선되어 있어 한쪽 컴퓨터에 수신용으로 사용되는 전선이 다른 쪽 컴퓨터에서는 송신용으로 사용된다.

    a. EIA-449   b. EIA-232

    c. X.2   d. Null 모뎀

06 X.25를 사용하기 위한 물리계층 인터페이스이며 전이중 동기 전송방식을 이용하는 것은?

    a. X.21   b. X.29

    c. X.51   d. V.35

07 구 CCITT(International Telegraph and Telephone Consultative Committee)로 V 시리즈와 X 시리즈와 관련된 표준기관은?

    a. ISO   b. ITU-T

    c. CCITT   d. EIA

08 6Mbps의 전송속도를 지원하고 화상 회의나 라우터 등에 사용되는 기기는?

    a. V.35   b. HSSI

    c. USB   d. IEEE 1394

09 근거리 통신망상의 라우팅 및 스위칭 장비들을 광역통신망의 고속 회선과 서로 연결하는데 주로 사용되는 단거리 통신 인터페이스는?

    a. EIA-449   b. V.35

    c. HSSI   d. HIPPI

10 범용 직렬 버스로 규격이 다른 마우스, 프린터, 모뎀, 스피커 등을 비롯한 주변기기 등을 개인용 컴퓨터에 접속하기 위한 인터페이스의 공동화를 목적으로 하는 인터페이스는?

    a. USB   b. IEEE 1394

    c. HIPPI   d. HSSI

11 다음 중 USB의 특징이 아닌 것은?

    a. 주변기기의 설치가 간단하다.

    b. 12Mbps의 전송속도를 제공한다.

    c. 디바이스 간의 최대 거리는 10m이다.

    d. 최대 연결 가능한 디바이스 수는 127개이다.

12 기가비트 속도를 구현할 수 있으며 주로 슈퍼컴퓨터의 애플리케이션용으로 개발된 기기는?

    a. USB   b. IEEE 1394

    c. HIPPI   d. HSSI

13 EIA-232 인터페이스의 절차적 특성을 단계별로 설명하라.

14 균형방식을 사용한 잡음 제거 과정을 설명하라.

15 Null 모뎀이란?

16 ITU-T에는 V 시리즈와 X 시리즈가 있는데 이들 각각은 무엇을 명시하고 있는가?

17 DTE-DCE의 개념을 설명하고 DTE-DCE 인터페이스 표준과 관련이 있는 기관은?

| 참고 사이트 |

- http://www.jikime.co.kr: 네트워크에 관한 다양한 자료
- http://www.wonnet.co.kr: USB에 관한 자료
- http://libmart.co.kr/support/ieee1394/1394.htm: IEEE 1394에 관한 자료
- http://www.kyonggi.ac.kr/~webzine/left_menu/com/dic/HSSI.htm: HSSI에 관한 자료
- http://my.netian.com/~kgeb/sajun/sa1.htm: Null 모뎀에 관한 자료
- http://kmh.yeungnam-c.ac.kr/network/lesson/networking/wan/ats/rs449.htm: 각 종 인터페이스에 관한 자료
- http://www.websecurity.pe.kr/: DCE와 CSU에 관한 자료
- http://www.networkworld.cjb.net/: ADSL에 관한 자료

| 참고문헌 |

- GILBERT HELD, *Understanding Data Communications*, John Wiley & Sons Ltd., pp184~233, 2000
- Behrouz A. Forouzan, *Data Communications and Networking* 2nd ed, McGraw-Hill, pp139~185, 2000
- 정진욱 · 안성진, 정보통신과 컴퓨터네트워크, Ohm사, pp81~113, 1998

CHAPTER

08

전송매체

contents

전송매체

전기신호의 전송을 위해서는 전송회선이 되는 전송매체가 필요하다. 전송매체란 정보를 실제로 전송하는 물리적인 통로를 의미한다. 이러한 전송매체는 데이터통신에 있어 전송 기기와 함께 아주 중요한 요소이며, 물리적 도체를 기반으로 전자기적 또는 광학적 신호를 전송하는 유선매체와 특별한 도체 없이도 전자기적 신호를 송수신하는 무선매체로 나누어진다.

이 장에서는 전송매체에 대해 다음과 같은 내용을 다루고 있다.

- 유선매체의 종류 및 특성에 대해 살펴본다.
- 광통신 네트워크의 진화와 발전에 따른 광섬유의 종류 및 특성에 대해 살펴본다.
- 무선매체의 종류 및 특성에 대해 살펴본다.
- 전송매체의 불완전성 요인에 대해 살펴본다.

8.1 유선매체(Guided Media)

유선매체는 장비 간의 연결 통로(path)를 제공하는 선 형태의 전송수단을 말한다. 유선매체는 그 물리적인 특성에 따라 트위스티드 페어 케이블(Twisted-Pair Cable), 동축 케이블(Coaxial Cable) 그리고 광섬유로 이루어진 광케이블(Optical-fiber Cable)로 구분된다.

8.1.1 트위스티드 페어 케이블(Twisted-Pair Cable)

트위스티드 페어 케이블은 두 개 이상의 구리 도선이 꼬아진 모양이며 보통 간단한 외부 피복에 한 쌍 이상의 전선을 꼬아놓은 형태를 갖는다.

(1) 물리적 구조

트위스티드 페어 케이블은 일반적으로 두 개 이상의 꼬아진 구리 도선으로 구성되어 있으며 각각을 접지선과 신호선으로 구분하기 위해 특정 색깔의 플라스틱으로 절연하고 있다. 그 케이블 안의 특정 도선을 색깔 있는 플라스틱으로 피복함으로써 도선이 어느 쌍에 속하는지를 구별할 수 있다.

(2) 전송 특성

서로 근접해 있는 두 가닥의 도선에 전기가 통할 경우 전자기적 간섭이 발생한다. 두 도선을 평행상태로 위치하면 한 선에 흐르는 신호는 다른 선에 간섭을 일으키게 된다. 하지만 두 선이 직각으로 위치하게 되면 두 선이 서로 간섭에 대한 영향을 거의 받지 않게 된다. 이런 이유로 두 선을 가능한 직교상태로 위치시키기 위해 두 가닥씩 꼬게 된 것이다. 이렇게 도선을 꼬게 되면 한 선에서 방출된 파장이 다른 선에서 방출된 파장과 서로 엇갈리게 되어 파장을 상쇄시킬 수가 있다. 또한 각 쌍은 1인치당 꼬인 횟수가 서로 다르도록 구성되어 전자기적 간섭을 최소화할 수 있다.

> **미니강의** **케이블을 꼬는 이유**
>
> 병렬로 된 평행한 전선을 사용할 경우 외부 잡음원에 의해 발생한 전자기적 간섭에 의해 잡음이 유발되고 잡음원에 근접한 전선이 잡음원에 멀리 떨어진 전선에 비해 더 높은 전압준위를 가지므로 고르지 않은 부하와 손상된 신호를 유발한다. 그러나 두 전선이 규칙적인 간격으로 서로의 둘레를 감게 되면 각 전선은 잡음에 의해 영향 받는 시간의 절반 동안은 잡음의 근원에 더 가까워지고 나머지 반은 멀어지게 되어 결과적으로 잡음원으로부터 누적된 간섭은 두 꼬인 선에 동일하게 되어 수신기에 미치는 잡음의 전체 효과는 0이 된다.

(3) 종류

트위스티드 페어 케이블은 외부의 전계, 자계 또는 다른 전송선에서 유도되는 전계, 자계로부터 영향을 차단하기 위해 얇은 금속 박막으로 둘러싸는데 이러한 금속 박막에 의한 차단 유무에 따라 STP(Shielded TP) 케이블과 UTP(Unshielded TP) 케이블과 금속 박막은 없지만 내부 케이블을 은박이 감싸고 있는 케이블인 FTP(Foiled TP) 케이블이 존재한다.

① UTP 케이블

UTP 케이블은 [그림 8-1]에서와 같이 8가닥이 4개의 쌍으로 되어 있으며, 금속 박막에 의
한 차단 없이 최종 외부 피복으로 싸여져 있다. 앞서 설명한 바와 같이 각 쌍의 전선을 꼬
아 서로 교차시킴으로써 전선 상호간 간섭을 최소화 하였다. UTP 케이블은 〈표 8-1〉에서
와 같이 케이블의 성능에 따라 category 1(CAT.1)~category 7(CAT.7)까지 나뉘어 있으
며, 각각 상이한 전송속도와 전송거리를 제공한다.

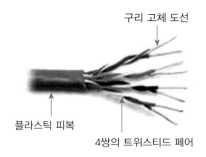

구리 고체 도선

플라스틱 피복

4쌍의 트위스티드 페어

[그림 8-1] 4개의 쌍으로 이루어진 UTP 케이블(CAT.5E 기준)

UTP 케이블은 주로 가정이나 회사에서 LAN 구축 시 사용되는 케이블로, 얼마 전까지는
가정까지 100Mbps를 제공하게 되면서 CAT.5를 주로 사용했으나 최근에는 CAT.5E가 보
급화되면서 CAT.5는 거의 사용되지 않는 규격이 되었다. 따라서 현재 가정이나 회사에서
LAN 케이블 구축시 가장 많이 보급된 케이블로는 CAT.5E 케이블이다.

CAT.5E가 기가비트 이더넷을 구축하기 위한 케이블로 사용할 수는 있으나, 속도와 거리에
있어서 제한적이기 때문에 기가비트 이더넷을 구축하기 위해서는 CAT.6 이상되는 케이블
을 사용해야 한다. 최근에는 10기가비트 이더넷의 보급으로 인해 이를 지원하기 위한 케이
블로 CAT.7 케이블을 사용하고 있다. 특히, CAT.7 케이블은 STP와 FTP 케이블이 결합된
구조로 되어있다.

〈표 8-1〉 성능에 따른 UTP 케이블 등급 분류

등급	전송속도	쓰이는 곳
CAT.1	낮은 전송속도	일반 전화회선에 사용
CAT.2	4Mbps	음성통신 및 낮은 속도의 데이터 전송에 사용
CAT.3	10Mbps	대부분 전화 시스템의 표준 케이블, 10Base-T에 주로 사용됨
CAT.4	16Mbps	Token-Ring과 10Base-T에 주로 사용됨
CAT.5	100Mbps	100Base-T와 10Base-T 같은 고속 회선에 사용됨
CAT.5E	1Gbps	155MHz의 대역폭으로 기가비트 이더넷까지 지원
CAT.6	1Gbps	250MHz의 대역폭으로 기가비트 이더넷 등에 사용
CAT.6E	10Gbps	500MHz의 대역폭으로 10GBase-T 등에 사용
CAT.7	10Gbps	600MHz의 대역폭으로 10GBase-T, 1000Base-TX 등에 사용

8가닥의 전선이 4개 쌍으로 되어 있는 UTP 케이블은 [그림 8-2]와 같이 8가닥이 서로 다른 색으로 되어 있으며, 각 색마다 번호가 지정되어 있으며, 이들의 연결 방식에 따라 [그림 8-3]과 같이 다이렉트(Direct) 케이블과 크로스(Cross) 케이블 2종류로 나누고 있다.

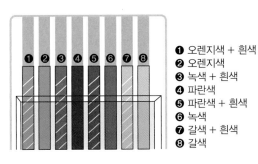

❶ 오렌지색 + 흰색
❷ 오렌지색
❸ 녹색 + 흰색
❹ 파란색
❺ 파란색 + 흰색
❻ 녹색
❼ 갈색 + 흰색
❽ 갈색

[그림 8-2] UTP 케이블 8가닥 전선 색 구분

[그림 8-3] 다이렉트 케이블(좌)과 크로스 케이블(우) 전선 배치

2쌍으로 통신하는 CAT.5 기준(CAT.5E는 송수신을 위해 4쌍을 사용)으로 송신을 위해서는 1, 2번과 수신을 위해서는 3, 6번으로 통신을 하는데 다이렉트 케이블은 송수신이 변함이 없지만, 크로스 케이블은 송수신이 바뀌어야 한다. 즉, [그림 8-3]의 우측 그림과 같이 1, 2번과 3, 6번 순서가 바뀌어야 한다.

다이렉트 케이블의 용도로는 PC와 허브, PC와 스위치 장비를 연결할 때 사용하며, 크로스 케이블은 PC와 PC 또는 허브와 허브를 연결할 때 사용하는 케이블이다.

UTP 케이블의 특성은 다음과 같다.

- 가격이 싸고 사용하기 쉽다.
- 유연하며 설치가 쉽다.
- 커넥터로는 RJ-45를 사용한다(CAT.5E 기준).
- 최대 전송거리 100m에 155MHz의 대역폭을 제공(CAT.5E 기준)한다.

[그림 8-4]는 RJ-45 커넥터를 나타내고 있다.

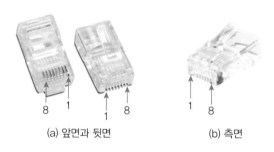

(a) 앞면과 뒷면   (b) 측면

[그림 8-4] RJ-45 커넥터와 핀 번호

> **미니강의** CAT.6과 CAT.7 케이블 구조
>
> CAT.5E 케이블은 [그림 8-1]에서와 같이 전선의 꼬임만으로 외부 간섭을 보호하고 있다. 하지만 CAT.6과 CAT.7 케이블을 사용하여 기가비트 또는 10기가비트 이더넷을 구현하기 위해서는 전선의 꼬임만으로는 속도를 구현할 수 없다.
> CAT.6 케이블 구조를 살펴보면 [그림 8-5]와 같이 4개의 쌍과 중간에 separator라고 하는 십자형 대가 각 쌍의 간섭을 막아주고 있는 구조이다.

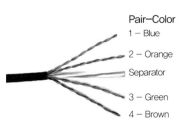

[그림 8-5] CAT.6 케이블 구조

CAT.7 케이블 구조는 [그림 8-6]과 같이 STP와 FTP가 결합된 S-FTP 케이블 구조를 가지고 있다. 즉, 각 쌍은 은막쉴드로 보호되는 FTP 구조와 전체 쌍을 금속 박막과 같은 편조쉴드로 보호되고 있는 STP 구조로 되어 있어 전기적인 간섭과 외부 간섭으로부터 보호하고 있다.

[그림 8-6] CAT.7 케이블 구조

② STP 케이블

STP 케이블은 UTP 케이블의 외부 피복 내에 외부 전자기 간섭으로부터 보호를 위해서 각 쌍들마다 얇은 금속 박막으로 둘러싸여 있으며 이 막은 땅에 접지된다. STP 케이블은 UTP 케이블에 비해 가격이 비싸고 다루기 어려운 반면 잡음의 영향을 덜 받는다. STP 케이블은 초기 LAN에 많이 사용되었으나 점차 UTP 케이블로 대체되고 있다. [그림 8-7]은 STP 케이블의 구조를 나타내고 있다.

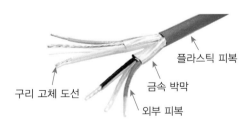

[그림 8-7] STP 케이블

STP 케이블의 특성은 다음과 같다.

- UTP 케이블에 비해 더 비싸다.
- 외부 전류로부터의 보호를 위해 사용되는 금속 박막을 접지시키기 위해 특별한 커넥터를 사용하므로 설치가 더 복잡하다.
- 이론상 100m 케이블에서 500Mbps까지 가능하나 155Mbps 이상으로 동작하도록 설치되는 경우는 드물다.
- 백본의 최대 사용 길이는 100m로 제한된다.
- 금속 박막에 의해 외부로부터의 간섭을 거의 받지 않는다.

③ FTP 케이블

FTP 케이블은 STP 케이블과 같이 각 쌍마다 은박쉴드로 보호하여 외부 간섭으로부터 보호하는 케이블로 8가닥의 전선과 함께 어스선(접지선)이 추가로 존재한다. UTP 케이블에 비해 좀더 나은 성능을 보여주지만, 제작이 UTP 케이블보다 어렵고 주로 공장이나 PC방 등 전문적인 장소에서 쓰는 케이블이다. CAT.5E를 FTP 케이블로 구현한 종류도 있다. [그림 8-8]은 FTP 케이블 구조와 커넥터의 모습을 보여주고 있다.

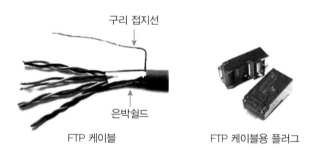

구리 접지선

은박쉴드

FTP 케이블　　　　FTP 케이블용 플러그

[그림 8-8] FTP 케이블 구조 및 커넥터

〈표 8-2〉를 보면 UTP 케이블과 STP/FTP 케이블의 비교를 보여주는데 그 중에서 STP 케이블은 가격이 UTP 케이블보다 비싼 만큼 성능면에서는 월등히 뛰어나지 못하고 설치의 불리함 때문에 특수한 경우를 제외하고는 거의 사용하지 않는다.

〈표 8-2〉 UTP와 STP/FTP의 비교

비교항목	UTP(Cat. 5E 기준)	STP/FTP
케이블구조	금속 박막에 의한 차단 없이 꼬인 선만으로 구성	꼬인 회선을 얇은 금속 박막 전도층이 있어 간섭보호 등을 제공
최대 전송 길이	100m	150m
속도	최대 1Gbps	16Mbps(최대 1Gbps)
외부간섭	외부 전기적 간섭에 영향을 많이 받는다.	잡음이나 충격에 강하며, 외부 전기적 간섭에 영향을 받지 않는다.
설치	설치가 쉽고 비용이 적게 든다.	취급이 어렵고 비용이 많이 든다.
커넥터	RJ-45 사용	금속 박막을 접지시키기 위해 특별한 커넥터를 사용한다.

8.1.2 동축 케이블(Coaxial Cable)

동축 케이블은 디지털 신호와 아날로그 신호를 모두 전송할 수 있으며 트위스티드 페어 케이블보다 높은 전송용량을 갖는다.

(1) 물리적 구조

중앙의 도선을 플라스틱 절연체가 감싸고 있으며 외부의 전류로부터 보호하기 위하여 싸고 있는 외부구리망 위에 최종적으로 플라스틱 절연체가 덮고 있는 구조를 이루고 있다. 중앙 내부 도선을 외부 구리망이 감싸고 있기 때문에 외부의 전기적 간섭을 적게 받고, 전력손실이 적으며 넓은 대역폭과 빠른 전송 특성으로 인해 고속 통신선로로 많이 이용되고 있다. 또한 동축 케이블은 바다 밑이나 땅속에 묻어도 그 성능에 큰 지장이 없다.

[그림 8-9]는 동축 케이블의 물리적 구조를 나타내고 있다.

[그림 8-9] 동축 케이블

AWG는 American Wire Gauge의 약어로 케이블의 굵기를 나타내는 단위이다. 미국이나 그 밖의 지역에서 구리, 알루미늄 및 기타 전선의 굵기를 나타내는 단위로 전선의 지름 11.680mm를 0 AWG로, 0.127mm를 36 AWG로 하고, 그 사이를 39단계로 나눈 번호 체계이다. 구리선은 대개 18 AWG에서 26 AWG 사이의 굵기를 가지며, 전화망에서 주로 22, 24, 26 AWG 등이 사용된다. AWG에서는 숫자가 크면, 전선은 오히려 더 가늘다는 것을 의미한다. 전선이 굵으면 간섭의 영향을 받을 여지가 더 적다. 일반적으로, 지름이 더 가는 전선은 동일한 거리에서 굵은 전선이 전송할 수 있는 양만큼의 전류를 전송하지 못한다. 참고로 CAT.5와 CAT.5E 케이블의 굵기는 24 AWG이고, CAT.6은 23~24 AWG를 사용하며, CAT.7 케이블은 22~23 AWG를 사용한다.

(2) 특성

동축 케이블의 특성은 다음과 같다.

- 동축 케이블은 구조적 특성 때문에 외부와의 차폐성이 좋아서 간섭현상이 적다.
- 트위스티드 페어보다 뛰어난 주파수 특성으로 인하여 높은 주파수에서 빠른 데이터의 전송이 가능하다.
- 전력손실이 적다.
- 커넥터로는 BNC(Bayonet Neil-Concelman)라고 부르는 원통형의 커넥터를 사용한다.
- 바다 밑이나 땅 속에 묻어도 성능에 큰 지장이 없다.
- 수백 Mbps의 고속 전송도 가능하다.

동축 케이블을 사용하여 LAN을 구축하기 위한 표준은 10Base2와 10Base5 두 종류가 있다. BNC 커넥터는 10Base2 LAN에서 컴퓨터를 동축 케이블에 연결하는 데 사용되는 커넥터로, 그 종류에는 [그림 8-10]과 같이 BNC Cable 커넥터, BNC T 커넥터, BNC Barrel 커넥터, BNC Terminator 등이 있다. BNC Cable 커넥터는 다른 커넥터와 케이블을 연결하기 위한 커넥터이고, BNC Barrel 커넥터는 10Base2 네트워크를 확장할 때 사용하는 커넥터이며, BNC T 커넥터는 10Base2 케이블과 컴퓨터에 있는 네트워크 카드를 연결하고자 할 때 사용한다. BNC Terminator는 10Base2 네트워크의 종단 장치로 케이블의 양끝단에 위치하여 신호의 무한루프를 막아주는 역할을 한다.

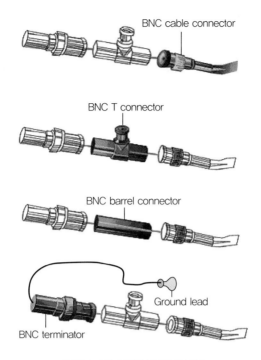

BNC cable connector

BNC T connector

BNC barrel connector

Ground lead

BNC terminator

[그림 8-10] 다양한 BNC 커넥터

| 미니요약 |

동축 케이블은 디지털 신호와 아날로그 신호를 모두 전송할 수 있으며 트위스티드 페어 케이블보다 높은 전송 용량을 갖는다.

미니강의   10Base2와 10Base5

동축 케이블을 사용하여 LAN을 구축하기 위한 표준 규격들이다. 10은 속도를 나타내어 10Mbps를 의미하며, Base는 기저대역(Baseband) 전송을 한다는 뜻이고, 숫자 2와 5는 구축할 수 있는 세그먼트의 최대 길이가 200m와 500m라는 것을 의미한다. 정확히 정의하면 10Base2는 IEEE 802.3으로 표준화된 구내 정보 통신망(LAN) 전송로 규격이며, 전송속도가 10Mbps, 신호 방식이 기저 대역(baseband), 세그먼트의 최대 길이가 200m인 것을 말한다. 전송매체로는 10Base5와 같은 50Ω의 동축 케이블을 사용하지만 케이블의 지름이 10Base5의 절반인 5mm의 세심 동축 케이블을 사용한다. 가느다란 케이블을 사용하므로 구부러진 부분에도 포설하기 쉽고, 인입선(drop wire)을 사용하지 않고 직접 단말까지 도달할 수 있다.

또한 10Base5는 전송속도가 10Mbps, 신호 방식이 기저 대역(baseband), 세그먼트의 최대 길이가 500m인 것을 말하며, 전송매체로는 임피던스가 50Ω이고 직경이 12mm인 동축 케이블을 사용한다. 10Base2에 비해 케이블이 굵은 만큼 감쇠가 적고 망의 총연장 거리가 10Base2의 2.5배가 넘는 2,500m이다. 케이블을 구부리는 것이 까다롭고 포설 공사가 복잡하다. 단말까지는 인입선을 사용하여 도달하는 것이 보통이다.

8.1.3 광케이블(Optical-fiber Cable)

광케이블은 석영 등을 소재로 한 광섬유를 몇 백 가닥씩 묶어 케이블로 만든 것을 말한다. 매우 가는 유리섬유를 이용해 정보를 보내는 것으로 넓은 대역폭을 가지며 전송속도가 매우 높고 오류가 적다. 또한 빛을 이용해 정보를 보내기 때문에 전기적인 간섭을 받지 않는다. 이렇게 우수한 전송 특성을 가지고 있는 광섬유를 이용하여 정보를 전송하는 것을 광통신이라 하며 광통신을 수행하기 위해서는 광신호를 발생시키기 위해 광섬유의 한쪽 끝에 레이저나 LED(Light-Emitting Diode) 같은 광원을 위치시키고 다른 한쪽에는 광 탐지기를 위치시킨다. 빛은 유리섬유를 통하여 다른 한쪽 끝으로 보내지게 되고 정보는 광원을 통하여 생성되는 빔에 실려서 전달된다. 광섬유는 이제까지 설명한 전송매체 중에 가장 이상적이라고 할 수 있으며, 보통 100MHz 이상의 대역폭을 갖는 네트워크나 LAN과 LAN을 연결하는 경우, 혹은 전화 네트워크나 대도시 네트워크의 백본(backbone) 전송용으로 사용된다.

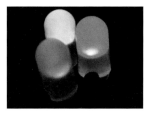

[그림 8-11] 광케이블에서 광원으로 사용되는 LED와 광원 장치, 광 탐지기

(1) 광섬유 구조

광섬유는 코어(core)와 클래딩(cladding) 그리고 코팅부분으로 구성된다. [그림 8-12]는 광섬유의 구조를 보여준다.

- 코어(core): 높은 굴절률의 투명한 유리(플라스틱) 원기둥 형태로 빛이 통과하는 통로 역할을 한다.
- 클래딩(cladding): 낮은 굴절률의 투명한 덮개로 코어 외부를 싸고 있으며 거울과 같은 역할을 수행하여 빛을 반사한다.
- 코팅(coating): 코어와 클래딩을 보호하기 위해 합성수지로 만든 피복을 이용해 외부를 감싼다.

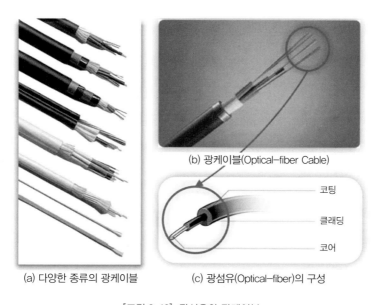

(a) 다양한 종류의 광케이블

(b) 광케이블(Optical-fiber Cable)

(c) 광섬유(Optical-fiber)의 구성

코팅

클래딩

코어

[그림 8-12] 광섬유와 광케이블

빛이 광섬유를 통과하여 나갈 때에, 코어를 따라 빛 신호가 이동하면서 클래딩에서 반사되는 과정을 반복하면서 빛의 전송이 이루어진다. 그리고 보통 합성수지로 만든 피복으로 코팅하여 코어와 클래딩을 보호한다.

광섬유 케이블은 직경 및 모드 수에 따라 단일모드 케이블과 다중모드 케이블로 구분되며 모두 빛의 전파와 반사, 굴절을 이용한다.

광섬유 이야기

19세기 John Tyndall이 자유 낙하하는 물줄기 속에서 빛이 빠져나가지 않고 진행할 수 있다는 것을 보였는데, 이것이 광섬유 원리의 공식적인 최초의 발표이다. 20세기 초반 유리로 된 광섬유가 나타 났지만, 당시의 광섬유는 손실이 무려 1000dB/km에 달하여 장거리로는 사용이 불가능했다. 단지 짧은 길이의 광섬유를 다발로 만들어, 영상을 한 쪽 끝에서 다른 한 쪽 끝으로 전달시키는 용도로만 사용했다. 1966년 영국의 스탠더드 통신 연구소의 K.C.Kao와 Hockham이 유리의 손실을 20dB/km 까지 줄일 수 있다는 주장과 함께, 이러한 유리로 만든 광섬유는 빛을 이용한 원거리통신에서 사용 이 가능하다는 주장을 제기하였다. 이때부터 미국, 영국, 일본 등 각국의 연구 그룹들이 저손실 광유 리섬유 개발을 서두른 결과, 1970년에 미국 코닝 유리회사의 R.D. Maurer가 20dB/km의 손실을 갖 는 광섬유를 발표하고, 후에 5dB/km의 저손실 광섬유를 개발하였다. 뒤이어 미국의 벨연구소에서 MCVD(Modified Chemica Vapor Deposition)법을 이용한 고순도 석영 광섬유가 개발되고, 영국 체 신청의 광섬유와 일본 판유리회사의 NEC 공동의 셀폭(Selfoc) 광섬유 등이 나타나서 실용화되기 시 작하였다. 1970년대 말에는 광섬유 손실이 최저 0.2dB/km까지 줄게 되었는데, 이것은 깊이 100km 의 바다 속에 있는 물체를 수면에서 구별할 수 있는 투명도이다. 우리나라의 광섬유 개발은 1978 년 한국과학기술연구소(KIST)에서 연구가 시작된 이후, 저손실 광섬유 개발 연구가 진행되어 1981년 MVCD법을 사용하여 최소 1dB/km의 손실을 가진 광섬유를 국내 독자적으로 개발하여 광통신시스 템을 운용할 수 있게 되었다.

전반사

밀(密)한 매질에서 소(疏)한 매질로 빛을 입사시킬 때 점차로 입사각을 증가시키면 특정 각 이상이 되었을 때 빛이 100% 반사되는 것을 전반사라 한다. 또한 전반사가 일어나는 순간의 각도를 임계각 이라고 한다. 즉 임계각보다 큰 입사각으로 빛이 들어오면 모두 반사를 하게 된다.

매질 1(n_1)에서의 입사각을 임계각으로, 매질 2(n_2)에서의 굴절각을 90도로 가정하고 굴절의 법칙 (Snell's law)을 적용한다. 이때 다음과 같은 식을 생각할 수 있다.

$$n_1 \sin \theta_c = n_2 \sin 90°$$

따라서 임계각은 다음과 같이 나타낼 수 있다.

$$\theta_c = \sin^{-1}\left(\frac{n_2}{n_1}\right)$$

공기-유리의 경우 상대 굴절률이 1.50 정도이므로 대략 임계각이 42도 정도임을 알 수 있다. 전반사 현상은 사진기, 쌍안경, 광통신, 위내시경 등에 이용된다.

(2) 광섬유의 종류

하나의 광섬유에 전송하는 빛의 모드 수에 따라 단일 모드와 다중모드로 나뉜다. 이것은 가는 줄(현)을 진동시키면 현의 길이 등으로 결정되는 기본파(기본모드)와 그 정수배의 파형이 발생한다. 광섬유 내부 광 신호의 진행도 이와 같은 형태이다. 즉 코어의 지름이나 굴절률 차이를 적당히 선택하여 전송함으로써 여러 가지 모드로 전송이 가능하게 하는 다중모드의 경우 분산 현상에 의한 파형의 퍼짐으로 정보전송 용량을 제한하게 된다. 광섬유 코어의 굴절률 변화 모양에 따라 계단형 모드(SI: Step Index)와 언덕형 모드(GI: Graded Index)로 분류된다.

〈표 8-3〉은 광섬유의 종류별 특징을 요약한 것이다.

〈표 8-3〉 광섬유 분류 및 특징

종류		언덕(GI)형 다중모드	계단(SI)형 다중모드	단일모드(SM)
재료	코어	석영	석영	석영
	클래딩	석영	석영	석영
직경 (㎛)	코어	50	50	9~10
	클래딩	125	125	125
전송대역폭		수백 MHz~ 수 GHz/Km	수십 MHz/Km	10GHz/Km 이상
용도		LAN, 데이터 링크용	고속 장거리 LAN, 데이터 링크용	대용량(100Mbps 이상), 장거리(30 Km 이상) 공중망용

① 단일모드(SM: Single Mode) 광섬유

하나의 광섬유에 단일 광선을 전송하는 데 사용되는 타입이다. 코어의 지름을 줄이고, 코어와 클래딩 간의 굴절률을 줄여 직진하는 빛만 지나가도록 한다. 코어 지름은 9~10마이크론, 클래딩의 지름은 125마이크론이며 ITU-T에 의해 표준화되었으며 다중모드 광섬유에 비해 데이터 손실이 적어 장거리 신호전송에 사용된다. 하지만 코어의 지름이 작으면 광섬유의 접속에 고도의 기술이 필요하게 된다. 따라서 이전에는 단일모드 광섬유는 고속전송을 실행하는 중계기로만 사용하였으나 광섬유의 접속점을 열로 녹여서 연결하는 자동 융착 기술이 가능해져 가입자 케이블에도 단일모드 광섬유를 이용한 통신서비스가 제공될 수 있게 되었다.

② 다중모드 계단형(SI: Step Index) 광섬유

하나의 코어(core) 내에 약간씩 다른 반사각을 갖는 광선을 동시에 전송할 수 있도록 설계된 것을 다중모드라 하며 30MHz/Km 이상을 지원한다.

다중모드 계단형 광섬유는 코어 내의 굴절률 분포가 일정하게 제조된 광섬유로 경계면에서 전반사된 빛이 계단 모양으로 진행되기 때문에 계단형이라고 한다. 계단형 광섬유는 입사된 빛의 입사각 조건에 따라 각 모드 간의 지연 시간 차가 생기는 특성을 가지고 있는데, 이 특성을 모드 분산이라고 하며 이로 인해 전송속도가 제한된다. 제조가 용이하여 가격이 저렴하고 근거리 단파장용으로 사용된다.

③ 다중모드 언덕형(GI: Graded Index) 광섬유

다중모드 언덕형 광섬유는 계단형 광섬유가 가진 모드 분산의 영향을 줄이기 위해 클래딩 쪽으로 갈수록 굴절률이 감소하게 만든 광섬유로 입사각이 달라지더라도 출력단 도착시간은 거의 차이가 없다.

[그림 8-13], [그림 8-14], [그림 8-15]는 앞에서 설명한 광섬유의 종류별 빛의 전파방식을 보여준다.

[그림 8-13] 단일모드 광섬유

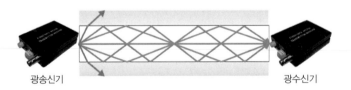

[그림 8-14] 다중모드 계단형 광섬유

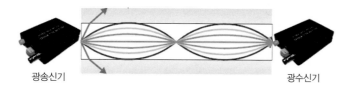

광송신기   광수신기

[그림 8-15] 다중모드 언덕형 광섬유

> **미니강의**   **FTTH/FTTC**
>
> FTTH(Fiber To The Home)는 음성, 데이터 및 멀티미디어 정보를 전송하기 위해 각 일반 가정까지
> 기존의 동선을 광섬유로 대체하여 서비스하는 방식이다. FTTH의 장점은 거의 무한대의 정보를 보낼
> 수 있고, 전송손실이 적으며, 전자파에 의한 간섭이 없다는 것이다. 또 가느다란 광섬유의 사용으로
> 인한 관로의 포화 해소가 가능하고, 동선가격의 상승 대비 경제성이 있다. FTTC(Fiber To The Curb)
> 는 가입자 수요가 밀집된 지역에 원격 터미널을 설치하고, 전화국에서 원격 터미널까지는 광케이블
> 을, 원격 터미널에서 가입자 댁내까지 기존의 동축 케이블을 사용하여 망을 구성하는 방식이다.

(3) 광섬유의 특징

광섬유는 전자기적 신호를 전송하는 구리선과는 다르게 광학 신호를 전송하는 방식이다. 따라서 광섬유는 구리선에 비해 가격이 비싸고 설치/유지/보수가 어렵다는 단점을 가지고 있기도 하지만 더 많은 장점들을 갖고 있다. 특히 태핑(Tapping)이 어려워 보안적인 측면에 강점을 제공해 데이터의 안전성이 증가하고 광섬유 고유의 고속전송을 가능하게 한다.

광섬유는 다음과 같은 일반적인 특징을 가지고 있다.

- 넓은 대역폭(3.3GHz)을 갖고 외부 간섭에 전혀 영향을 받지 않는다.
- 광통신 선로 연결 확장을 위한 탭(Tap)을 내는 것이 어렵기 때문에 네트워크 보안성이 높다.
- 아주 빠른 전송속도를 제공한다.
- 매우 낮은 전송 에러율을 제공한다.
- 케이블의 크기가 상대적으로 작고 가볍다.
- 설치 시 고도의 기술이 요구된다.
- 다른 매체와 달리 전기가 아니라 빛의 펄스 형태로 전달한다.
- 광송신기는 DTE에서 사용되는 정상적인 전기신호를 광신호로 변환하고 광수신기는 역 으로 변환시킨다.

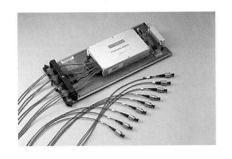

[그림 8-16] 하나의 광케이블을 다수의 광케이블로 확장시켜주는 광스위치

8.2 무선매체(Unguided Media)

무선매체는 특별한 도체 없이도 공기 중에 전파(wave)를 이용하여 정보를 전송하는 매체를 뜻하며, 종류로는 방송용 무선 라디오파, 지상 마이크로파, 위성 마이크로파 등이 있다.

8.2.1 방송용 무선 라디오파(Radio Frequency Wave)

(1) 개요

무선 라디오파는 빛의 속도로 정보를 전달할 수 있으며, 다른 곳에 흡수되지 않고 잘 반사되며, 대부분의 고체, 진공, 대기를 통과할 수 있기 때문에 통신에 유용하게 사용된다. 라디오파는 파장 또는 주파수에 따라 다양한 영역으로 나눌 수 있는데, 750KHz의 주파수를 사용하는 AM 라디오 방송은 파장이 대략 400m인 라디오파를 사용하며, FM 방송에는 대략 100MHz 정도의 주파수를 가지며, 그 파장은 약 3m정도이다. 휴대전화는 800MHz~28GHz(5G에서는 28GHz 사용: 304쪽 미니강의 참조)의 초단파가 이용된다.

무선 라디오파는 〈표 8-4〉와 같이 그 파장 및 주파수 대역에 따라 여러 종류로 나눠지며 다르게 이용된다. 장파는 해안이나 선박용 AM 라디오 방송 등에 이용되고, 중파는 AM 라디오 방송, 단파는 경찰 라디오, 항공기 라디오 등에 이용되며, 초단파는 FM 라디오, TV 방송, 원격조정 장난감 등에 이용되며, 극초단파는 TV 방송, 디지털 TV 방송 등에 이용된다.

〈표 8-4〉 무선주파수 스펙트럼

명칭	약어	주파수 대역	자유공간 파장
초장파(Very Low Frequency)	VLF	3KHz – 30KHz	33km – 10km
장파(Low Frequency)	LF	30KHz – 300KHz	10km – 1km
중파(Medium Frequency)	MF	300KHz – 3MHz	1km – 100m
단파(High Frequency)	HF	3MHz – 30MHz	100m – 10m
초단파(Very High Frequency)	VHF	30MHz – 300MHz	10m – 1m
극초단파(Ultra High Frequency)	UHF	300MHz – 3GHz	1m – 100mm
초고주파(Super High Frequency)	SHF	3GHz – 30GHz	100mm – 10mm
마이크로파(Extremely High Frequency)	EHF	30GHz – 300GHz	10mm – 1mm

(2) 특성

무선 라디오파의 가장 두드러진 특성은 특정한 방향이 없는 다방향성이라는 데 있다. 이런 특성 때문에 방송국을 통해 오랫동안 불특정 다수의 사람들에게 공중파 방송을 하는 데 사용되어 왔다. 무선 라디오파는 인접한 기지국과 다른 주파수 대역을 사용함으로써 한 주파수 대역을 재사용할 수 있다. 또한 기지국 내의 서비스 허용 범위 내에서 모든 컴퓨터에 무선 링크를 제공할 수 있고 장치들의 이동성을 보장해주며 선로의 설치비용을 줄일 수 있는 장점을 제공한다. 이러한 무선 라디오파의 특징들은 다음과 같다.

- 고출력 단일 주파수의 경우 원거리 전송이 가능하다.
- 감쇄 정도가 적다.
- 특정 주파수를 사용하고 있는 네트워크와 인접하지 않은 곳에서는 그 주파수 대역을 재사용할 수 있다.
- 지향성인 마이크로파와는 달리 특정한 방향이 없고 다방향성이다.
- 자연적, 인공적 물체에 의한 반사로 인해 많은 전송 경로로 전송된다.

이동통신(1세대에서 5세대까지)

통신은 송수신자가 지상의 특정 지역에 고정되어 있는 고정통신과 송신자 혹은 수신자가 이동 중에도 통신할 수 있는 이동통신으로 구분할 수 있다. 고정통신에서는 대부분의 경우 유선매체가 이용되나(고정통신에서도 무선매체를 사용하는 경우도 있음) 이동통신에서는 통신매체로 무선매체를 사용할 수밖에 없다. 이동통신에서도 통신 구간의 대부분은 유선 구간이며 무선 구간은 기지국과 휴대전화 사이만 무선이며 이 구간에서는 필히 무선통신기술을 이용한다. 음성이나 데이터를 무선으로 보내려고 하면 〈표 8-4〉에 나와 있는 주파수 중에서 어떤 것을 사용해야 한다. 현재 대부분의 이동통신은 UHF 대역(300MHz~3GHz)에서 이루어지고 있는데 초창기 1세대 이동통신에서는 800MHz 주파수를 사용하다가 최근에는 1.8GHz, 2.1GHz, 2.3GHz 등의 주파수를 사용하고 있다. 일반적으로 낮은 주파수는 신호가 널리 퍼지는 성질이 있어(회절, 굴절 등) 전파가 멀리 가므로 중계기 설치를 적게 해도 되기 때문에 경제성이 큰 반면에 넓은 대역폭을 확보하기 어려워 상대적으로 통신 속도가 낮은 단점이 있다. 반면에 높은 주파수는 잡음의 영향을 적게 받으며 더 넓은 대역폭을 확보할 수 있어 상대적으로 더 높은 통신 속도를 확보할 수 있으나 직진성이 크고 장애물에 취약하여 중계기를 더 촘촘히 설치해야 하기 때문에 비용이 많이 드는 단점이 있다. 세대가 발전하면서 좀 더 높은 통신 속도가 요구되고 넓은 대역폭을 필요로 하므로 사용하는 주파수도 좀 더 높은 주파수를 사용하는 방향으로 가고 있다. 음성만 전송 가능한 1세대 아날로그 방식에서 2세대 이후에는 CDMA, LTE 등의 디지털 전송방식으로 전환되었으며 2세대에서는 문자전송(SMS)이 가능해지고 3세대에서는 사진과 동영상 전송이 가능해졌으며 4세대에 진입하면서 LTE, LTE-A, 광대역 LTE, 광대역 LTE-A, 3밴드 LTE-A 등으로 계속하여 대역폭 확대를 통해 300Mbps의 고속 데이터 전송이 가능해졌다.

2020년 서비스를 목표로 5세대 이동통신의 표준화가 진행 중이며 5세대에서는 1Gbps의 빠른 데이터 전송이 가능해져 8K UHD 영상을 즐길 수 있고 응답 속도(4G 응답 속도 10~50Ms)도 10분의 1로 줄어 홀로그램, 자율주행차, IOT, VR 등에서 활용이 가능하게 된다. 5세대 이동통신에서 사용하는 주파수는 SHF(Super High Freqency 3GHz~30GHz)가 된다.

8.2.2 지상 마이크로파(Terrestrial Microwave)

(1) 개요

지상 마이크로파는 장거리 구간에서 수십 Mbps의 높은 데이터 전송속도를 제공하기 때문에 주로 장거리 통신 서비스용으로 사용되며 유선매체의 설치가 비싸거나 불가능할 때 주로 사용된다. [그림 8-17]은 지상 마이크로파의 구성형태를 보여준다.

마이크로웨이브는 지상의 대기를 통해 전파되며, 직진성의 성질이 높아 전송시 장애물(건물 등)이나 기후조건에 영향을 많이 받는다.

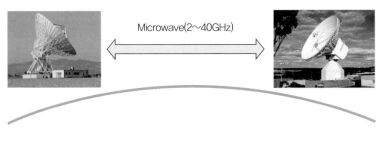

[그림 8-17] 지상 마이크로파

| 미니요약 |

지상 마이크로파는 장거리 구간에 걸쳐 수십 Mbps의 데이터 전송속도를 제공하며 주로 장거리 통신 서비스용으로 전송매체의 설치가 비싸거나 불가능할 때 주로 사용된다.

(2) 특성

지상 마이크로파는 직진하는 성질을 가지고 있으므로 건물이나 산과 같은 높은 구조물이나 나쁜 기후조건에 영향을 받을 수 있으나, 장애 구조물이 없는 일반 대기를 통해서는 50Km를 초과하는 거리에서도 신뢰성을 보장한다. 때문에 원거리상의 직통 중계가 가능한 지역에서 사용할 수 있다. 다음은 지상 마이크로파의 특성들이다.

- 보통 접시형(파라볼라) 안테나를 사용하고 가시선(line of sight) 조건을 충족해야 하기 때문에 고지대에 위치한다.
- 장거리 통신 서비스나 TV 또는 음성 전송용 동축 케이블의 대용으로 사용될 수 있다.
- 장거리구간에서는 높은 데이터 전송률을 제공한다.
- 동축 케이블에 비해 훨씬 적은 증폭기와 리피터가 필요하다.
- 지구 대기를 통한 가시거리 마이크로웨이브 통신은 50Km 이상 가능하다.
- 대기를 통해 통신이 이루어지므로 구조물이나 기상조건에 영향을 받는다.

[그림 8-18] 접시형(파라볼라) 안테나

 가시선(Line of sight)이란?

가시선이란 지상의 두 지점 간에 존재하는 직접 도달 가능한 자유 공간상의 경로를 의미한다. 무선 전송에서는 송신 안테나와 수신 안테나 간의 경로가 가시선상에 있는 것을 말하며, 실제로는 눈으로 보이는 경로로서 중간에 장애물이 없어야 하며, 장애물이 있는 경우에는 상대 지점이 보이도록 높은 지점을 선택해야 한다.

8.2.3 위성 마이크로파(Satellite Microwave)

(1) 개요

위성 마이크로파는 위성을 매개체로 전자기적 전파를 사용해서 데이터를 전송하게 된다. 위성 마이크로파를 이용한 통신은 2개 이상의 지상 송신국과 수신국이 중계역할을 하는 위성을 거쳐 데이터를 주고받는 형태를 취한다. 통신을 위해 보통 인공위성이 수신 지점과 전송 지점이 일치하는 곳에 떠 있고 인공위성을 통해서 양방향 전송이 이루어진다. 변조된 데이터를 마이크로파 빔(microwave beam)으로 지상에서 위성으로 전송되는 상향 링크(uplink)의 위성에서 수신된 주파수를 증폭하여 송신 주파수로 바꾸는 장치인 트랜스폰더(transponder)라는 장치를 사용하여 지상의 목적지로 다시 전송하는 하향 링크(downlink)를 통해서 통신이 이루어진다. 이때 지상의 지구국과 위성 사이에 상향링크와 하향링크가 서로 다른 주파수 대(상향: 6GHz, 하향: 4GHz)를 사용하게 되는데 이는 지구국에서는 높은 전력으로 송신하여 전파의 감쇄가 큰 고주파를 사용하지만 하향은 위성자체의 송신 전력에 제약이 있어 감쇄가 적은 저주파수를 사용하기 때문이다.

[그림 8-19] 트랜스폰더(Transponder)

[그림 8-20]은 인공위성을 통한 위성 마이크로파의 전송 형태를 나타내고 있다.

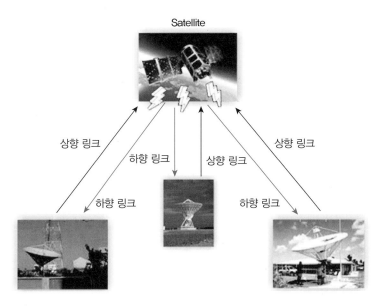

[그림 8-20] 위성 마이크로파

(2) 위성통신의 장점

① 대용량

일반적으로 통신용량은 대역폭에 비례한다. 위성통신에 할당된 대역폭은 현재 상용으로 가장 많이 이용되는 4/6GHz로 상향 링크는 5.925~6.425GHz, 하향 링크가 3.7~4.2GHz로 500MHz에 해당한다. 위성통신이 대용량을 갖고 있으므로 음성 1회선당 비용의 현저한 감소를 가져와 통신비용의 절감에 크게 기여하고 있다. 만일 이러한 통신 용량을 충족시키

위성통신의 유래

[그림 8-21] Syncom 2호 위성

1945년 영국의 A.C. Clarke가 Wireless World라는 무선잡지에 독일 나치 군이 만든 로켓으로 적도상공 36,000km 원 궤도에 3개의 물체를 120° 간격으로 쏘아 올리는 것이 가능해지면 지상에선 이 물체가 정지해 있는 것처럼 보이기 때문에 이 물체를 이용하여 대륙 간 전화중계나 라디오 방송을 할 수 있을 것이라고 기고하였다. 최초의 위성통신 실험은 1960년에 미국이 쏘아올린 Echo 1호이다. 이는 풍선 표면에 알루미늄 박을 입히고 지상에서 송신된 전파를 이 알루미늄 박에서 반사시키는 수동형 통신위성이었다. 하지만 수신되어 돌아온 전파는 너무 미약하여 실용성이 없었다. 이후에 1962년 미국의 벨 연구소와 NASA(National Aeronautics and Space Administration)에서 중계기를 통한 전파의 증폭을 이용하여 지상으로 재송신하는 능동형 통신위성을 잇따라 쏘아 올리게 되었다. 이 2개의 위성은 모두 지구 주위를 약 3시간 만에 도는 위성이었고 1963년 NASA에 의해 쏘아 올려진 Syncom 2호 위성이 바로 최초의 정지 위성이 된다. 이어서 1964년 쏘아올린 Syncom 3호에 의해 도쿄 올림픽이 전 세계에 중계되었다. 정지위성을 이용한 최초의 상업위성은 1965년 Intelsat(International Telecommunication Satellite Organization) 1호로부터 상업 위성통신이 시작되었다. 처음에는 위성의 제조 발사비용이 높고 수명이 짧았으나 기술의 급속한 발달로 초기에 1년 6개월이었던 위성 본체 수명이 10년 이상으로 늘어났다. 또한 위성의 크기도 확대되어 중계기도 많이 탑재할 수 있게 되었고 이에 따라 회선수도 많아져서 사용 비용이 저렴해졌다. 현재 위성통신을 이용하여 전화, 데이터 전송, 팩시밀리 전송, 영상회의 등의 서비스가 가능해졌고 TV 방송을 통해 세계 곳곳의 일들을 실시간으로 볼 수 있게 되었다. Clarke의 제안이 이렇게 빨리 현실화될 것이라고는 아무도 예상하지 못했다. 실제로 Clarke는 "내가 그 논문에 특허를 받아둘걸 그랬다. 내가 살아있는 동안에 인공위성이 정말로 상업적으로 사용되리라고는 예측하지 못했다."라고 고백했다.

기 위해 대서양, 인도양, 태평양 등에 해저 케이블을 구성하는 경우에 드는 비용은 천문학적 숫자에 달할 것이다.

② 향상된 에러율

데이터 통신의 수행에 있어 에러의 발생은 심각한 문제이다. 지상의 마이크로파 통신의 경우 에러율은 1×10^{-5} 정도이다. 그러나 위성통신의 경우 에러율은 1×10^{-8} 정도로 현저한 에러율의 감소를 가져올 수 있다. 에러의 발생은 주로 신호가 대기 중을 전파할 때 발생하는데 위성통신의 경우 신호의 대기 중 통과거리는 지상통신의 경우보다 현저히 짧게 되므로 에러의 발생정도가 현저히 줄게 된다.

③ 통신비용의 감소

장거리 특히 국제통신의 경우 통신비용의 절감효과는 현저하나 지상통신의 경우 통신비용은 통신구간의 거리에 비례하게 되나 위성통신의 경우 통신구간의 거리는 통신비용에 거의 영향을 미치지 않는다. 일단 통신위성이 발사되고 지구국이 설치된 후에는 지구국이 설치된 어느 지역 간에나 통신비용은 동일하게 된다.

(3) 위성통신의 단점

① 점대점(Point-to-Point) 네트워크 구성만 가능

지상통신의 경우 장거리 구간에 일단 점대점 네트워크가 구성되고 나면 두 지점의 인접지역은 적은 비용의 투자로 다중점 네트워크의 구성이 가능하다. 그러나 위성통신의 경우 새로운 지구국의 건설이 요구되므로 최초의 점대점 네트워크 구성과 동등한 비용이 소요된다. 이러한 단점은 지구국과 인접한 지역사이에 별도의 지상 통신로의 설치에 의해 해결되어야 한다.

② 전송지연

전화신호의 전송속도는 빛의 진행속도와 동일하므로 지상통신의 경우 전송지연에 의한 문제는 심각하지가 않다. 그러나 위성통신의 경우에 전파신호는 최소한 $2 \times 35,800 Km$를 여행하지 않으면 안 되므로 통신위성에서의 지연시간까지 포함하면 250ms에 이르게 된다. 만일 BSC protocol을 사용하는 터미널이 있다면 한 개의 블록을 송신 후 0.5초 후에야 ACK 혹은 NAK 신호를 받게 되고 다음 블록을 전송할 수 있게 된다. 그렇게 되어 통신 능률은 현저히 감소되어 큰 문제가 된다. 음성통신의 경우에도 이러한 지연시간은 "에코우"를 감지하는 데 충분한 시간으로 에코우 억제기가 설치되어야 한다. 데이터 통신의 경우에도 BSC와 같은 stop-and-wait ARQ 방식은 문제가 있으므로 SDLC와 같은 Go-back-N ARQ 방식의 프로토콜을 이용하든지 Forward Error Correction Code의 적극 활용으로 에러의 발생가능성을 극소화하는 방법 등이 이용되어야 한다.

③ 그 밖의 단점

그 밖에도 통신의 비밀 보장이 어렵다든지 사용 주파수가 높아질수록 기후현상(비·눈 등)에 의한 신호의 감쇄가 심하다든지 적은 가능성이지만 고장의 경우에 수리가 어렵다든지 일반 마이크로웨이브 통신과의 상호 장애를 피하기 위해 지구국은 항상 교외에 위치해야 한다든지 하는 문제점이 있다. 그러나 위성통신의 큰 이점에 비하면 이러한 단점들은 사소한 범주에 속한다 하겠다.

이리듐(Iridium)

이리듐은 780km의 저궤도에 66개의 통신위성을 띄워 전세계를 단말기 하나로 통화할 수 있게 하자는 '범세계위성이동통신(GMPCS : Global Mobile Personal Communication System)' 서비스의 하나이다. 지난 98년 11월 15개국 29개 사업자가 공동으로 출자해 서비스를 시작했다. 이리듐 컨소시엄엔 미국의 모토롤라사가 대주주로 되어있으며 일본의 DDI, 한국의 SK텔레콤 등이 참여했다. '이리듐'이란 이름은 77번째의 원소기호 iridium으로, 당초 77기의 인공위성을 사용하여 시스템을 구축하려 했기 때문에 붙여진 이름이다.

그러나 이리듐은 사막이나 정글 바다 도심을 가리지 않고 통화가 자유롭다는 선전과는 달리 도심에서는 통화가 어렵다는 약점과 전파장애로 인해 벽돌만한 위성단말기가 빌딩 안에서는 통화가 거의 불가능하며 더욱이 위성단말기와 통화료가 너무 비싸다는 단점으로 가입자들에게 외면을 받고 있다. 특히나 이동전화 기술의 발달로 기존 이동통신 업체들이 연대해 국제로밍서비스를 확대한 점도 이리듐 사용에 큰 악재가 되었다.

결국, 1999년 8월 미국 법원에 파산신청을 내면서 파산위기에 몰렸으며, 그 뒤 우여곡절 끝에 이리듐 새틀라이트가 2000년 12월 이리듐의 위성망과 지상 네트워크, 부동산, 지적재산권 등 이리듐의 자산 일체를 2500만 달러의 헐값에 인수했다. 이리듐의 새 주인인 이리듐 새틀라이트는 2001년 3월 30일(현지시각) 석유 시추선과 화물선 등 오지의 고객에 초점을 맞추고 통화료를 대폭 인하해 1년 만에 이리듐 위성 이동통신서비스를 재개하기도 했다.

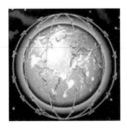 

[그림 8-22] 이리듐 계획

8.3 전송경로의 불완전성

전송신호는 전송경로를 경유하여 목적지까지 전송되는 과정에서 여러 가지 원인에 의해 송신신호와 달라지게 된다. 이는 열, 전자기장, 전송매체의 물리적 특징 등으로 인해 전송경로의 불완전성을 야기하며 일반적으로 이러한 전송로의 불완전성을 나타내기 위해 전송손상(Transmission Impairments)이라는 표현을 사용하기도 한다. 전송손상은 전송 왜곡(distortion)의 예측가능 여부에 따라, 주어진 어떤 채널에서든지 왜곡이 항상 발생하는 정적인 불완전성(Systematic Distortion)과 예측할 수 없게 무작위적으로 발생하는 우연적인 왜곡인 동적인 불완전성(Fortuitous Distortion)으로 구분한다.

여기서는 전송경로의 동적인 불완전성인 백색잡음, 충격성 잡음, 혼선(누화), 상호변조잡음, 에코(echo), 진폭변화, 위상의 변화, 라디오 페이딩(Radio Fading)과 정적인 불완전성인 손실, 지연왜곡, 진폭감쇄 왜곡, 주파수편이(frequency offset), 바이어스와 특성왜곡에 대해 알아보겠다.

8.3.1 동적인 불완전성(Fortuitous Distortion)

(1) 백색잡음(열잡음)

백색잡음은 도체 내에서 온도에 따른 전자의 운동량의 변화에 기인하며 시간에 대해 전혀 무작위한 진폭을 갖는다. 이러한 진폭의 분포는 가우시안의 분포를 따르기 때문에 가우시안(Gaussian) 잡음이라고 불리며 모든 주파수에 걸쳐 존재하기 때문에 백색잡음 또는 열

잡음이라고도 한다. 열잡음을 N이라고 하면 N은 다음과 같은 식으로 주어진다.

$$N=KTW$$

여기서 K는 볼츠만의 상수로 1.37×10^{-23}주울/초, T는 절대온도, W는 대역폭이다. 데이터 전송 시에는 전송 후의 신호세력이 전송로의 백색잡음 세력보다 커야 할 것은 물론인데, 이 때 신호 대 잡음 비는 30데시벨 이상이 되는 것이 바람직하다.

미니강의 **잡음의 측정과 에러율**

백색잡음을 측정하는 방법은 휴지상태잡음(idle noise) 측정과 신호상태잡음(noise with tone) 측정의 두 가지가 있다. 휴지상태잡음은 신호를 가하지 않은 상태에서 측정한 잡음이며 신호상태잡음은 일정 형태의 주파수 신호를 송신측에 가하고 수신측에서 이 신호 주파수를 제거한 후 잡음 성분을 측정한 것이다.

백색잡음이나 충격성 잡음은 결국 에러를 유발하게 되는데 데이터전송에서 에러 발생율은 비트 에러율(Bit Error Rate)과 블록 에러율(Block Error Rate)로 나타낸다. 비트 에러율과 블록 에러율은 다음과 같은 식으로 표시한다.

$$비트\ 에러율 = \frac{에러가\ 발생한\ 비트의\ 수}{총\ 전송한\ 비트의\ 수}$$

$$블록\ 에러율 = \frac{에러가\ 발생한\ 블록의\ 수}{총\ 전송한\ 비블록의\ 수}$$

예를 들어 10^6개의 비트/블록을 전송하여 5개의 비트/블록이 에러가 났다면 비트/블록 에러율은 5×10^{-6}이다. 블록은 프로토콜마다 그 크기가 다르며 비트 에러율이 증가하면 블록 에러율도 증가하는 것이 일반적이나 비트 에러 발생 패턴에 따라 그렇지 않은 경우도 발생한다.

| 미니요약 |

백색잡음은 도체 내에서 온도에 따른 전자의 운동량의 변화에 기인하며 잡음 세력이 시간에 대해 전혀 무작위한 진폭을 갖는다.

(2) 상호변조잡음(Inter-Modulation Noise)

서로 다른 주파수들이 전송매체를 공유할 때 이 주파수들이 서로의 합과 차에 대한 신호를 계산함으로써 발생하는 잡음이다. 즉 다중화된 신호들이 증폭기를 거칠 때 증폭기의 비직선성 때문에 이웃하는 채널끼리 상호변조를 일으킴으로써 발생한다. 상호변조란 독립된 두 개의 채널의 신호가 변조를 일으켜 제 3 채널의 대역에 속하는 주파수를 만드는 것을 의미한다. 따라서 제 3 채널에서는 이것이 일종의 혼선이 되는 것이다. 그리고 많은 수의 채널이 상호변조를 일으키게 되면 다른 채널에 배경잡음으로 작용한다. 또한 어떤 신호가 단일 주파수인 경우에 음성신호를 변조하게 되면 다른 채널에 명확히 음성이 들리게 되어 다른 채널의 통화자는 다른 사람의 통화내용을 듣게 된다. 따라서 단일 주파수의 신호는 가능하면 낮은 세력을 갖도록 해야 한다. 데이터전송에서는 단일 주파수 신호가 전송되는 경우가 많다. 즉 데이터신호의 코드가 반복적이면 결국 단일 주파수가 되며 데이터가 전송되지 않은 휴지상태 때 변복조기에서 변조되지 않은 캐리어 주파수를 내보내는 경우가 있는데 이때에도 단일 주파수가 된다. 따라서 변복조기의 설계 시에 반복되는 코드는 스크램블(scramble)하여 보내고 변조되지 않은 캐리어 주파수를 내보낼 때에는 출력레벨을 낮추도록 하는 것이 바람직하다.

> | 미니요약 |
>
> 상호변조잡음은 독립된 두 개의 채널의 신호가 변조를 일으켜 제 3 채널의 대역에 속하는 주파수를 만드는 것을 의미한다.

(3) 혼선(Crosstalk)

혼선은 한 신호채널이 다른 신호채널과 원치 않은 결합을 하여 잡음을 형성하는 것이다. 이 결합은 도선간의 유도성 혹은 용량성 결합인 경우도 있고 때에 따라서는 무선안테나 사이의 결합일 수도 있다. 전화 통화중에 다른 사람들의 통화내용이 들리는 것이 그 예이다. 혼선은 몇 개의 채널이 다중화되어 동일한 전송로를 통해 전달될 때 흔히 발생한다. 마이크로웨이브 링크에서는 이웃하는 안테나의 반사 신호가 침입하여 발생하기도 한다. 이런 경우 설계시의 혼선의 영향을 최소화하기 위해 엄격한 규제가 있으므로 혼선의 잡음량은 크지 않다.

때로는 어떤 선로의 신호가 너무 강하여 다른 선로에 유도를 일으키기도 한다. 이를 방지하기 위해서는 이웃하는 선로끼리 신호의 세기가 균형을 이루도록 해주어야 한다. 혼선은 선로의 길이가 길어지거나 신호의 세기가 커지거나 신호의 주파수가 높아질수록 더욱 심해질 가능성이 있다.

| 미니요약 |

혼선은 한 신호채널이 다른 신호채널과 원치 않는 결합을 하여 잡음을 형성하는 것이다.

(4) 충격성 잡음(Impulse Noise)

충격성 잡음은 전송 시스템에 순간적으로 일어나는 높은 진폭의 잡음이다. 주로 기계적인 충격에 의해 발생하며 데이터 전송 시 에러를 발생하게 하는 중요한 원인이다. 충격성 잡음이 지속되는 시간은 매우 짧지만 데이터 전송속도에 비하면 상당히 긴 시간으로 0.01초 정도의 짧은 순간은 사람이 통화 시에는 그 의미를 파악하는데 아무런 지장이 없지만 75bps의 데이터 전송속도라면 1비트의 데이터가 손상을 입으며 만일 4,800bps 전송속도라면 48비트 정도의 데이터가 손상을 입게 된다.

충격성 잡음은 이웃하는 두 개 이상의 비트를 동시에 손상시키므로 흔히 이용되는 패리티 검출방법으로 알아낼 수 없는 경우가 많다. 따라서 충격성 잡음에 의한 에러의 검출을 위해서는 좀 더 복잡한 에러제어 방법이 필요하다. [그림 8-23]은 충격성 잡음에 의한 에러의 발생을 보여준다. 이 예에서는 신호 대 잡음비가 매우 낮기 때문에 쉽게 에러가 발생하고 있다. 충격성 잡음을 일으키는 주요한 잡음원으로 기계식 교환기가 있다. 기계식 교환기의 여러 접점들이 붙거나 떨어질 때에 이러한 충격성 잡음이 발생하며 수백 밀리 초 동안 계속되는 경우도 있다. [그림 8-24]는 스토로우저형 교환기에서 발생하는 충격성 잡음을 보여주고 있다. 교환기에 의한 충격성 잡음은 교환기가 전자화하고 있으므로 점차 줄어들 것으로 보인다.

충격잡음은 낙뢰 등의 자연현상에 의하거나 선로의 접점불량, 계전기의 동작 등에 의해서 발생하는 경우도 있다. 전용선의 경우에는 교환회선에 비해 충격성 잡음의 발생 빈도가 비교적 낮다. 충격성 잡음은 보통 정상신호보다 6dB 이상의 잡음이 15분 동안에 몇 회 침입하였는지 계산한다. 경우에 따라 충격성 잡음세력의 한계치(threshold)가 다르게 정의될 수도 있다. 전용선에서 충격성 잡음의 허용한계는 벨 시스템에서는 15분 15개, ITU-T에서는 15분간 18개 그리고 60분에 70개까지로 정하고 있다. 국내의 경우 15분간 -18dBm에서 측정하여 18개 이내, 60분간 측정에서 70개 이내로 하고 있다.

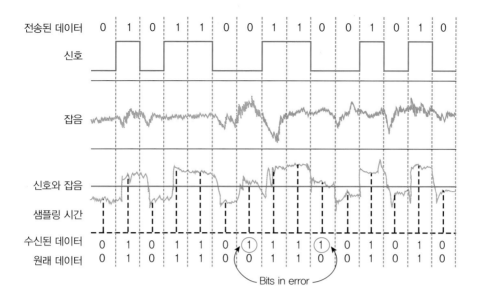

[그림 8-23] 충격성 잡음에 의한 에러의 발생

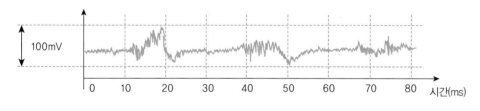

[그림 8-24] 스트로우저 교환기의 충격성 잡음

| 미니요약 |

충격성 잡음은 전송시스템에 순간적으로 일어나는 높은 진폭의 잡음이다. 주로 기계적인 충격에 의해 발생하며 데이터 전송에 에러를 발생하게 하는 중요한 원인이다.

(5) 에코(echo)

전송선에서 임피던스의 변화가 있을 경우 약해진 신호가 송신측으로 되돌아오는데 이것을 에코라고 한다. 전송선에서 에코의 영향은 혼선의 영향과 비슷하다. 신호 대 에코의 비는 보통 15데시벨 미만이나 이것도 백색잡음이나 혼선의 영향보다는 크다.

장거리 음성통신에서는 에코 억제기가 사용되나 데이터 통신에서는 에코 억제기가 필요 없다. 데이터 통신은 사람의 경우와 달리 송수신기가 별도로 있기 때문이다. 에코 억제기는 사람의 음성을 감지하여 동작을 시작하는데 데이터전송에서는 보통 에코 억제기의 기능을 정지시킨다. 음성 통화시 송화자의 에코가 45ms 이상 후에 돌아오게 되면 송화자가 방해를 받게 된다.

| 미니요약 |

에코는 전송선에서 임피던스의 변화가 있을 경우 약해진 신호가 송신 측으로 되돌아오는 것을 뜻한다.

(6) 위상의 변화

전송되는 신호의 위상은 때때로 변화를 일으킨다. 어떤 충격성 잡음은 진폭과 위상에 다같이 영향을 미치기도 한다. [그림 8-25]에는 이런 위상의 변화를 보였다. 이 그림에서는 변화된 위상이 원상 복구하였으나 어떤 경우에는 복구되지 않는다. 전형적인 위상의 변화는 1밀리 초 이내로 이러한 위상변화의 위상편이변조 방식을 사용하는 변복조기에서 데이터전송 시 에러를 유발할 가능성이 크다. 이러한 연속적인 위상의 변화를 위상 지터(phase jitter)라고 말하기도 한다. 위상의 불연속적인 순간 변화는 위상 히트(phase hit)라고 부르는데 데이터전송에 미치는 영향은 같다. [그림 8-26]은 위상의 히트현상을 보여준다.

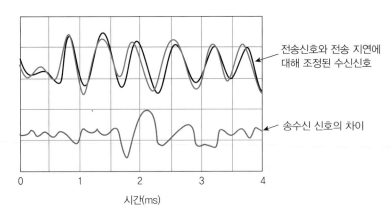

[그림 8-25] 위상의 일시적 변화

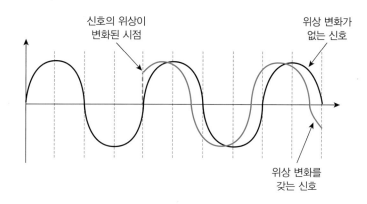

신호의 위상이
변화된 시점

위상 변화가
없는 신호

위상 변화를
갖는 신호

[그림 8-26] 위상의 히트현상

(7) 진폭 변화

어떤 때는 신호의 진폭이 순간적으로 변한다. 이는 보통 증폭기의 고장에 기인하는데 가변저항의 접점이 깨끗하지 못하든지 스위치 동작에 의해 새로운 부하가 걸리거나, 회로가 추가되든지, 유지보수가 진행 중이든지, 다른 전송경로가 선택되었든지 하는 경우이다. 이러한 갑작스러운 진폭의 변화는 데이터전송 시 한 비트를 잃어버리든지 한 비트가 추가되든지 하는 결과를 가져오기도 한다. 이러한 결과는 변복조기에 따라 달라진다.

> **미니요약**
>
> 충격성 잡음에 의해 전송되는 신호의 위상과 진폭이 모두 변화하기도 한다.

(8) 라디오 페이딩(Radio Fading)

라디오 링크는 경우에 따라 페이딩(fading)을 일으킨다. 페이딩은 전파의 세기가 시간에 따라 변화하는 현상이다. 장거리 전화회선은 마이크로웨이브를 이용하는데 이때 페이딩 현상이 일어날 수 있다. 이 현상이 심하지 않을 때는 자동 이득조정(automatic gain control) 회로에 의해 보상이 가능하다. 그러나 이러한 현상이 커지게 되면 신호 대 잡음 비에 크게 영향을 미친다. 심한 비나 눈도 페이딩 현상을 일으킨다. 격렬한 바람이 마이크로웨이브 안테나를 조금 움직여 놓는 경우도 있다. 그리고 드문 경우이기는 하지만 헬리콥터나 새떼가 전송경로에 침입하는 수도 있다. 때에 따라서는 높은 건물이 마이크로웨이브를 반사하여 전파경로를 방해하는 수도 있다. 보통의 고주파에서 이런 페이딩 현상이 더 자주 발생한다.

장파의 경우는 이온층을 이용하므로 이온층의 변화에 따라 여러 가지 전파 경로가 생기는데 이런 경로가 다른 전파끼리 간섭하여 매우 심각한 진폭이나 위상의 변화를 가져오기도 한다.

| 미니요약 |

동적인 불완전성에는 백색잡음, 충격성 잡음, 혼선(누화), 상호변조잡음, 에코(echo), 진폭 변화, 위상의 변화, 라디오 페이딩(Radio Fading)이 있다.

8.3.2 정적인 불완전성(Systematic Distortion)

(1) 손실

손실은 신호의 전송 중 신호의 세기가 약해지는 것을 말한다. 신호 송신단에서부터 수신단까지 사이에서 생기는 신호의 손실은 보통 16데시벨 이하이다. 이때 신호의 주파수는 보통 1,000Hz를 사용하기 때문에 1,000Hz 손실이라고도 한다. 손실은 장비의 노후화, 온도의 변화 등에 의해 변할 수도 있다.

| 미니요약 |

손실은 신호의 전송 중 신호의 세기가 약해지는 것을 뜻한다.

(2) 진폭감쇄왜곡

전송되는 신호는 주파수별로 다른 감쇄율을 보인다. 즉 일정한 신호세력으로 여러 종류의 주파수를 동일한 선로에 흘려 보내고 수신측에 도달한 수신신호 세력을 측정하여 보면 주파수별로 신호세력의 크기가 다르게 나타난다. 이를 보통 주파수 응답 곡선이라고 말하며 전용선의 경우 [그림 8-27]의 곡선 ①과 같다. 만일 모든 주파수에 따라 신호가 감쇄하는 정도가 같다면 ①의 곡선은 X축에 평행한 직선이 되었을 것이다. 그렇다면 감쇄된 정도만큼만 증폭하면 수신측에서 원래의 신호를 재생하는 데 아무런 문제점이 없을 것이다. 그러나 실제 전송로에서는 [그림 8-27]의 ① 곡선과 같기 때문에 데이터전송에서 에러가 발생할 가능성이 있다. 이러한 신호의 왜곡을 방지하기 위해 변복조기에 등화회로가 채용되며 원거리인 경우 장하선로(loaded cable)가 이용되기도 한다. 보통 등화회로(Equalizer)는 주파수에 따른 불균일한 신호세력 감쇄에 의한 신호의 찌그러짐을 보상하거나 주파수에 따른 불균일한 전송지연에 의한 신호의 찌그러짐을 보상하기 위하여 사용되기도 한다. [그림 8-27]의 ②는 등화 회로를 사용하였을 경우의 특성 곡선이다. 이 두 곡선은 1,000Hz를 기준으로 상대적인 값을 나타낸 것임에 주의해야 한다.

감쇄왜곡에 의해 손상된 신호를 일정 거리마다 복구할 필요가 있는데 디지털 신호와 아날로그 신호의 경우 각각 다음과 같은 방법으로 복구한다.

- 리피터(Repeater): 디지털 신호를 수신하여 이들로부터 0과 1을 구별한 후에 새로운 신호를 생성, 전송하기 때문에 감쇄 현상을 줄일 수 있다.
- 증폭기(Amplifier): 아날로그 신호를 전송할 경우 증폭기를 사용해서 신호의 세기를 증폭시킨다.

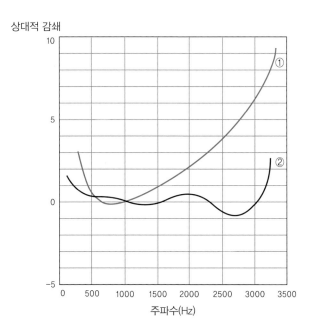

[그림 8-27] 전형적인 진폭감쇄 특성곡선

(3) 지연왜곡

지연왜곡은 전송매체를 통한 신호의 전달속도가 주파수에 따라 변하는 현상 때문에 발생한다.

여러 가지 주파수 성분을 갖는 신호의 전송에서 각 주파수 성분에 따라 각각 다른 속도로 전송되기 때문에 지연왜곡이 발생한다. 만일 지연왜곡이 없다면 수신한 신호의 주파수와 위상의 관계는 [그림 8-28]의 왼편과 같은 직선이 될 것이다. 그러나 실제로는 [그림 8-28]의 오른쪽 그림과 같은 곡선이 된다. [그림 8-29]는 제한된 대역폭의 회로에 펄스파를 전송할 때의 지연왜곡의 영향을 보여주고 있다.

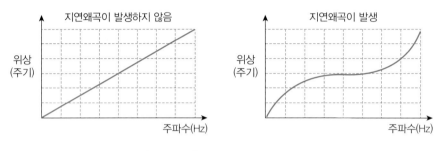

[그림 8-28] 주파수와 위상의 관계

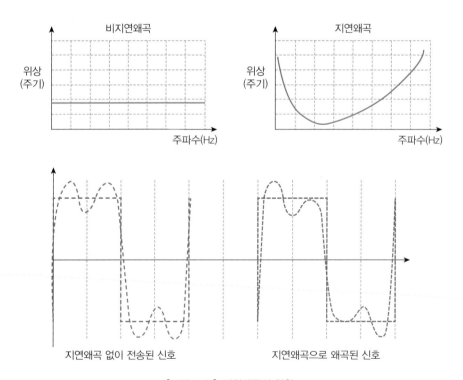

[그림 8-29] 지연왜곡의 영향

주파수 편이 변조방법에 의해 데이터전송을 시행할 때 "1"을 800Hz, "0"을 1,000Hz라고 가정하면 선로 상에는 800Hz와 1,000Hz가 교대로 나타나게 될 것이다. 이때 지연왜곡 때문에 수신 측에서는 "1"과 "0"을 재생하는 데 오류가 일어날 수도 있다. [그림 8-30]에는 전송 회선에서 주파수에 따른 전송 지연의 상대치를 마이크로초로 표시하였다. ① 곡선이 본래의 특성 곡선이고 ②의 곡선은 등화회로를 사용했을 때의 특성 곡선이다. 이때의 기준 주파수는 1,800Hz로, 다른 주파수들의 전송 시간은 1,800Hz에 대한 상대적인 지연시간이다.

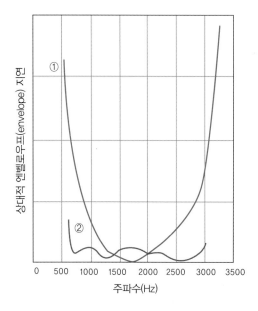

[그림 8-30] 전형적인 전용선의 전송지연 특성곡선

지연왜곡은 최대 전송속도를 결정하는 주요 요인이 된다.

| 미니요약 |

지연왜곡은 전송매체를 통한 신호의 전달속도가 주파수에 따라 변하는 현상을 뜻한다.

(4) 주파수 편이(frequency offset)

송신되는 주파수가 수신부에서 다른 주파수로 바뀌어 수신되는 것을 주파수 편이 현상이라한다. 예를 들어 1,000Hz가 보내졌는데 수신부에서 999Hz나 1,001Hz가 수신되는 경우를 볼 수 있다. 이러한 주파수 편이 현상은 주로 주파수 분할 다중화 기법 사용 시에 발생한다. 음성통화 시에 사람은 20Hz 정도까지의 주파수 편이가 있어도 불편함을 느끼지 않는다. 그러나 ITU-T는 링크 당 2Hz의 주파수 편이만을 인정하고 있다. 다섯 개의 링크로 구성된 회선이면 ±10Hz까지의 주파수 편이가 허용되고 장비의 잘못으로 순간적으로 이 값을 넘는 경우가 있으나 데이터전송에 크게 영향을 미치지는 않는다.

| 미니요약 |

송신되는 주파수가 수신부에서 다른 주파수로 바뀌어 수신되는 것을 주파수 편이 현상이라고 한다.

(5) 바이어스와 특성왜곡

리피터는 왜곡된 펄스의 모양을 정확히 재생한다. 이와 비슷하게 변복조기의 출력은 펄스를 만들기 위하여 슬라이스(slice)된다. 이때 시스템적인 왜곡은 펄스의 길이를 늘이거나 줄일 수 있다. 이를 바이어스 왜곡이라고 말하며 [그림 8-31]에 보인 바와 같다.

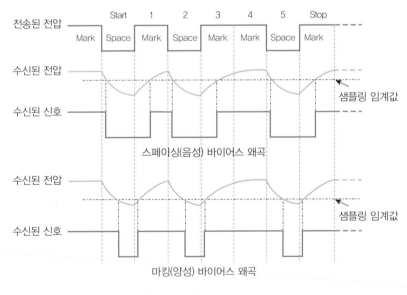

[그림 8-31] 바이어스 왜곡

만일 "1"비트가 늘어나면 양성 바이어스(positive bias) 혹은 마킹 바이어스(marking bias)라고 하고, 만일 짧아졌으면 음성 바이어스(negative bias) 혹은 스페이스 바이어스(space bias)라고 한다. 바이어스 왜곡이 심해지면 "1"과 "0"이 서로 바뀌는 잘못된 경우도 발생한다. 바이어스 왜곡과 비슷한 형태의 시스템적 왜곡 중의 하나가 특성왜곡이다. 특성왜곡은 "1"과 "0"이 서로 바뀌지는 않지만 영향은 비슷하다. 예를 들어 한 개의 "1"이나 "0"이 전송 중에 짧아지고 긴 마크나 스페이스에 이웃하는 "1"들이나 "0"들은 길어질 수도 있다. 이는 전송 시스템의 비직선적 특성 때문에 주로 발생하며 대역폭의 제한 등에 의해 발생할 수도 있다.

| 미니요약 |

정적인 불완전성에는 손실, 지연왜곡, 진폭감쇄왜곡, 주파수 편이(frequency offset), 바이어스와 특성 왜곡이 있다.

요약

01 통신을 수행하는 상대방에게 실제적인 정보를 전송하는 물리적인 통로를 전송매체라 한다.

02 전송매체는 전자기적 신호를 전송하는 물리적 도체를 기반으로 통신을 하는 유선매체 와 특별한 도체 없이도 전자기적 신호를 송수신하는 무선매체로 나뉜다.

03 유선매체는 물리적인 특성에 따라 트위스티드 페어 케이블(Twisted-Pair Cable), 동 축 케이블(Coaxial Cable) 그리고 광섬유로 이루어진 광케이블(Optical-fiber Cable) 로 구분된다.

04 트위스티드 페어 케이블은 금속 막에 의한 차단 유무에 따라 STP(Shield Twisted-Pair) 케이블과 UTP(Unshield Twisted-Pair) 케이블, 그리고 FTP(Foiled Twisted-Pair) 케이블로 분류된다.

05 트위스티드 페어 케이블은 두 도선을 서로 꼬아 선끼리의 상호 간섭을 최소화시킨다.

06 UTP 케이블 특징은 다음과 같다.
- 네 쌍 이상의 선을 금속 박막 차단 없이 외부 피복으로 감싼 구조
- 케이블의 단위 길이당 꼬인 횟수에 따라 category 1에서 7까지 등급으로 분류
- 현재 가장 많이 사용되고 있는 전송매체
- 최대전송거리 100m에 1GHz의 대역폭을 제공한다(Cat.5E 기준).
- 가격이 싸고 사용하기 쉽다.
- 유연하며 설치가 쉽다.
- 커넥터로는 RJ-45를 사용한다(Cat.5E 기준).

07 STP 케이블의 특징은 다음과 같다.
- 외부 잡음으로부터 신호를 보호하기 위해 얇은 금속 박막으로 차단한 구조
- 가격 대비 성능이 떨어지고 설치 및 사용이 어려움
- UTP에 비해 더 비싸다.

- 외부 전류로부터의 보호를 위해 사용되는 금속 박막을 접지시키기 위해 특별한 커넥터를 사용하므로 설치가 더 복잡하다.
- 이론상 100m 케이블에서 500Mbps까지 가능하나 155Mbps 이상으로 동작하도록 설치되는 경우는 드물다. 보통 16Mbps로 동작한다.
- 금속 박막에 의해 외부로부터의 간섭을 거의 받지 않는다.

08 동축 케이블의 특징은 다음과 같다.

- 중앙 도선을 플라스틱 절연체로 감싸고 외부 전류에 의한 간섭을 차단하기 위해 외부 구리망으로 둘러싼 구조
- 성능이 좋아 고속 통신로에 많이 사용됨
- 동축 케이블은 구조적 특성 때문에 외부와의 차폐성이 좋아서 간섭현상이 적으며 트위스티드 페어보다 뛰어난 주파수 특성으로 인하여 높은 주파수에서 빠른 데이터의 전송이 가능하다.
- 커넥터로는 BNC라고 부르는 원통형의 커넥터를 사용한다.
- 바다 밑이나 땅속에 묻어도 성능에 큰 지장이 없다.
- 수백 Mbps의 고속 전송도 가능하다.

09 광케이블의 특징은 다음과 같다.

- 유리섬유를 이용하여 빛의 신호를 전송하는 케이블
- 유선매체 중 가장 이상적인 전송매체
- 고속 통신선로를 구성하는 백본(backbone)으로 사용

10 광섬유는 코어, 클래딩, 코팅의 구조로 이루어져 있다.

- 코어(core): 낮은 굴절률의 투명한 덮개로 빛이 통과하는 통로를 제공
- 클래딩(cladding): 낮은 굴절률의 투명한 덮개로 코어 외부를 싸고 있으며 거울과 같은 역할을 수행하여 빛을 반사
- 코팅(coating): 코어와 클래딩을 보호하기 위해 합성수지로 만든 피복

11 다음은 광섬유의 일반적인 특징이다.

- 넓은 대역폭(3.3GHz)을 갖고 외부 간섭에 전혀 영향을 받지 않는다.
- 광통신 선로 연결 확장을 위한 탭(Tap)을 내는 것이 어렵기 때문에 네트워크 보안성이 크다.
- 아주 빠른 전송속도(데이터의 전송속도는 대략 1Gbit)를 가지고 있다.
- 매우 낮은 전송 에러율을 가지고 있다.

- 케이블의 크기가 상대적으로 작고 가볍다.
- 설치 시 고도의 기술이 요구된다.
- 다른 매체와 달리 전기가 아니라 빛의 펄스 형태로 전달한다.
- 광송신기는 DTE에서 사용되는 정상적인 전기신호를 광신호로 변환하고 광수신기는 역으로 변환시킨다.

12 무선매체는 특별한 도체 없이도 전자기적 신호를 주고받는 것을 뜻한다.

13 방송용 무선 라디오파(Radio Frequency Wave)는 다음과 같은 특징을 가지고 있다.
- 고출력 단일 주파수의 경우 저출력에 비해 원거리 전송이 가능
- 감쇄 정도가 적음
- 대역 확산의 경우는 여러 주파수를 동시에 사용 가능
- 파수는 제한되어 있으므로 네트워크 내 인접하지 않은 곳에서 재사용 가능
- 전송률이 비교적 낮은 편임
- 지향성인 마이크로파와는 달리 특정한 방향이 없고 다방향성이 있음
- 자연적, 인공적 물체에 의한 반사로 인해 많은 경로가 발생

14 지상 마이크로파는 다음과 같은 특징을 가지고 있다.
- 장거리 통신의 유선 전송매체 설치가 불가능한 경우 이를 대체하기 위해 사용
- 장거리에 대해 수십 Mbps의 데이터 전송속도를 제공
- 보통 접시형(파라볼라) 안테나를 사용하고 가시선(line of sight) 조건이 만족되어야 하기 때문에 고지대에 위치
- 지구 대기를 통한 가시거리 마이크로웨이브 통신은 50Km 이상 가능
- 대기를 통해 통신이 이루어지므로 높은 구조물이나 기상조건에 영향을 받음

15 위성 마이크로파는 다음과 같은 특징을 가지고 있다.
- 2개 이상의 지상 송신국과 수신국이 서로 중계역할을 하는 위성을 거쳐 데이터를 주고받는 형태
- 높은 대역폭(500 MHz)을 지원
- 상향 링크와 하향 링크에서 간섭 현상 때문에 서로 다른 주파수를 사용이 요구됨
- 장거리 전화, 텔렉스, TV 방송 등에 이용
- 국제 간의 원거리 통신용으로 가장 적합
- 전송지연으로 음성 전송에는 부적합

16 전송 신호는 열, 전자기장, 전송매체의 물리적 특징으로 인해 전송경로에 불완전성을 야기한다.

17 전송로의 불완전성을 나타내기 위해 전송 손상(Transmission Impairments)이라는 표현을 사용한다.

18 전송 왜곡(distortion)의 예측가능 여부에 따라 주어진 어떤 채널에서든지 왜곡이 발생하는 정적인 불완전성(systematic distortion)과 예측할 수 없게 무작위적으로 발생하는 우연적인 왜곡인 동적인 불완전성(fortuitous distortion)으로 구분한다.

19 동적인 불완전성에는 백색잡음, 충격성 잡음, 혼선(누화), 상호변조잡음, 에코(echo), 진폭 변화, 위상의 변화, 라디오 페이딩(Radio Fading)이 있다.

20 정적인 불완전성에는 손실, 지연왜곡, 진폭감쇄왜곡, 주파수 편이(frequency offset), 바이어스와 특성왜곡이 있다.

21 백색잡음은 도체 내에서 온도에 따른 전자의 운동량의 변화에 기인하며 잡음 세력이 시간에 대해 무작위한 진폭을 갖는다.

22 상호변조잡음은 서로 다른 주파수들이 똑같이 전송매체를 공유할 때 이 주파수들이 서로의 합과 차에 대한 신호를 계산함으로써 발생하는 잡음이다.

23 혼선(Crosstalk)은 인접한 트위스티드 페어에서처럼 한 신호 채널이 다른 신호 채널의 전기적 신호에 의해 영향 받을 때 생기는 잡음이다.

24 충격성 잡음(Impulse Noise)은 주로 기계적인 충격에 의해 발생하며 데이터 전송에 에러를 발생하게 하는 중요한 원인이 된다.

25 전송선에서 임피던스의 변화가 있을 경우 약해진 신호가 송신측으로 되돌아오는데 이것을 에코라고 한다.

26 전송되는 신호의 위상은 어떤 충격성 잡음에 의해 진폭과 위상에 다같이 변화를 일으킨다.

27 라디오 링크를 사용할 경우 전파의 세기가 시간에 따라 변화하는 페이딩 현상이 발생한다.

28 손실은 신호의 전송 중 신호의 세기가 약해지는 것을 말한다.

29 감쇄 현상은 전송신호가 약해지는 현상으로 신호의 세기는 전송매체를 통과하는 거리에 따라 점점 약화된다.

30 신호의 세기는 전송매체를 통과하는 거리에 반비례하여 감소한다.

31 감쇄된 디지털 신호를 복구하기 위해서는 리피터(Repeater)를 사용하며, 감쇄된 아날로그 신호를 복구하기 위해서는 증폭기(Amplifier)를 사용한다.

32 지연 왜곡은 전송매체를 통한 신호의 전달 속도가 주파수에 따라 변하는 현상을 뜻한다.

33 송신되는 주파수가 수신부에서 다른 주파수로 바뀌어 수신되는 것을 주파수 편이 현상이라 한다.

34 변복조기의 출력은 펄스를 만들기 위하여 슬라이스(slice)되는데 이 때 시스템적인 왜곡은 펄스의 길이를 늘이거나 줄일 수 있다.

연습문제

01 다음 중 외부의 전기적 간섭에 가장 영향을 많이 받는 전송매체는?

    a. UTP(Unshield Twisted-Pair) 케이블

    b. STP(Shield Twisted-Pair) 케이블

    c. 동축 케이블

    d. 광케이블

02 다음 중 STP(Shield Twisted-Pair) 케이블의 특징에 해당하지 않는 것은?

    a. 보통 16Mbps 전송속도를 제공한다.

    b. 금속 박막 전도층의 차단으로 인해 외부 전기적 간섭에 영향을 거의 받지 않는다.

    c. 취급이 어렵고 설치비용이 많이 든다.

    d. 커넥터로는 RJ-45를 사용한다.

03 광섬유를 구성하는 구성요소 중에서 클래딩(cladding)의 역할은?

    a. 광신호가 통과하는 통로역할을 한다.

    b. 거울과 같은 역할을 수행하여 빛을 반사시킨다.

    c. 선로를 외부 충격으로부터 보호하는 역할을 하며 합성수지로 만든 피복으로 선로를 감싼다.

    d. 외부 간섭을 방지하기 위해 금속 박막 전도층으로 내부를 차단한다.

04 동축 케이블이 트위스티드 페어 케이블보다 외부 잡음에 덜 민감하게 하는 요소는?

    a. 절연물질   b. 케이블의 직경

    c. 외부 도선   d. 내부 도선

05 광섬유가 다른 유선매체에 비해 네트워크 보안에 유리한데 그 이유로 적합하지 않은 것은?

    a. 광통신 선로를 확장하는 데 아주 정밀한 기술이 요구된다.

    b. 전송속도가 매우 빠르기 때문이다.

    c. 전송 신호로써 전기적 신호를 사용하지 않고 광신호를 전송하기 때문이다.

    d. 광섬유와 광섬유를 연결하기 위해 탭(tab)을 낼 경우 신호가 깨어질 수 있다.

06 다음 중 무선통신 스펙트럼의 대역이 분류되는 기준은?

    a. 전송매체   b. 진폭

    c. 주파수   d. 통신장비

07 신호가 매체를 통해서 전송될 때 지향성이 없고 다방향성 특성을 가진 전송매체는?

    a. 광섬유   b. 지상 마이크로파

    c. 위성 마이크로파   d. 방송용 무선 라디오파

08 장거리 통신 서비스용으로 지상에 유선매체를 설치 비용이 많이 들거나 장애물에 의해 설치가 불가능할 때 이를 대체하는 데 사용되는 무선매체는?

    a. 지상 마이크로파   b. 위성 마이크로파

    c. 초단파   d. 방송용 무선 라디오파

09 다음 중 디지털 신호가 전송되면서 감쇄현상에 의해 약해진 신호를 복구하려 한다. 어떤 장비를 이용하여야 하는가?

    a. 라우터   b. 다중화기

    c. 증폭기   d. 리피터

10 다음 중 여러 가지 주파수 성분을 갖는 신호의 전송에서 각 주파수 성분이 다른 지연시간을 가지고 도달하는 경우 발생하는 전송 손상은?

    a. 감쇄 현상   b. 지연 왜곡

    c. 누화   d. 충격잡음

11 다음 중 위성통신의 장점이 아닌 것은?

    a. 높은 대역폭을 지원한다.   b. 에러율이 낮다.

    c. 통신 비용이 감소한다.   d. 통신의 전파 지연이 감소한다.

12 다음 중 정적인 불완전성(Systematic Distortion)에 속하는 전송손상이 아닌 것은?

    a. 충격성 잡음   b. 손실

    c. 지연왜곡   d. 진폭감쇄왜곡

13 전송선로에서의 감쇄왜곡 원인은?

    a. 진폭에 대한 감쇄왜곡 불균형   b. 주파수에 대한 감쇄왜곡 불균형

    c. 주파수에 대한 속도 불균형   d. 진폭에 대한 속도 불균형

14 위성마이크로파(satellite microwave)에 관한 설명으로 옳지 못한 것은?

    a. 위성통신의 종류에는 임의 위성방식, 위상 위성방식, 정지위성 방식 등이 있다.

    b. 궤도 위성은 많은 주파수 대역에서 동작하는데 이 주파수 대역을 트랜스폰더 (transponder)라고 한다.

    c. 위성통신의 최상 주파수 범위는 1~10GHz로 1GHz 이하에서는 대기의 흡수와 강우에 의한 감쇄가 매우 크며, 10GHz 이상에서는 지연에 의한 심각한 잡음이 발생한다.

    d. 도체를 사용한 통신 회선의 통신 비용은 거리에 비례하지만 위성통신은 거리에 관계없이 일정하기 때문에 통신 비용이 절감된다.

15 데이터전송 시스템에 순간적으로 일어나는 높은 진폭의 잡음은?

    a. 충격성 잡음   b. 상호변조잡음

    c. 백색잡음   d. 가우시안 잡음

16 Graded형 다중 모드 파이버의 설명 중 옳은 것은?

    a. 광이 코어 내부를 직진한다.

    b. 모드 분산이 생긴다.

    c. 코어의 굴절률 분포가 2승 분포이다.

    d. 굴절률이 다른 클래드와의 경계면에 전반사를 한다.

17 광섬유에 의한 통신 기술에 대한 설명으로 틀린 것은?

    a. 광 검출기는 PIN(P Insulated N Channel) 다이오드와 APD(Avalanche Photo Diode)가 주로 사용된다.

    b. 광원으로는 발광 다이오드(LED)와 레이저가 이용된다.

    c. 전기적 에너지 형태의 정보를 광원에 의해 빛 에너지로 변환한다.

    d. 광섬유를 통하여 전송된 빛은 수신측의 광원에 의하여 다시 전기적인 에너지 형태로 복원된다.

18 트위스티드 페어 케이블의 내부 전선을 각 쌍으로 꼬는 이유는 무엇인가?

19 전송매체로서 광섬유의 단점은 무엇인가?

20 데이터가 특정 매체를 통해서 전송될 때 물리적 매체에 의해 전달될 수 있는 신호의 범주 또는 범위를 무엇이라 하는가?

| 참고 사이트 |

- http://www.siemon.com/category6/: category6에 대한 white paper 및 성능분석 자료
- http://www.cableu.net/: 케이블에 대한 기술적인 내용 및 제품정보
- http://www.thetech.org/hyper/satellite/: 위성이 작동하는 방법, 위성의 구성요소, 위성의 역할 등에 대한 설명
- http://opt-fibres.phys.polymtl.ca/Fibers_html/node32.html: WDM에 대한 정보
- http://www.research.ibm.com/wdm/: IBM 사에서 제공하는 WDM에 대한 정보
- http://www.itfind.or.kr: 한국전자통신연구원(ETRI)에서 운영하고 있는 IT 정보센터
- http://www.timhiggins.com/About/index.php: 개인이 운영하고 있는 네트워크 상식사이트
- http://eepia.kaist.ac.kr/~optolab/: 광섬유를 이용한 초고속 장거리 전송 시스템, 완전 광전송 망, 광가입자 망과 관련 각종 서브시스템 및 소자에 관한 내용
- http://www.anixter.com/techlib/vendor/cabling/d0503p02.htm: UTP 케이블 및 STP 케이블의 비교 및 케이블 시스템에 대한 상세자료

| 참고문헌 |

- 문병주 · 박광량 · 최완식 · 이병헌 연구원, 위성시대의 통신과 방송 한국전자통신연구소 조사 분석서 13호, 한국전자통신연구소, pp16~172, 1996
- 정진욱 · 변옥환 공저, 데이터통신과 컴퓨터 네트워크, Ohm 사, pp59~112, 1988
- Djafar K. Mynbaev and Lowell L. Scheiner, *Fiber-Optic Communications Technology*, Prentice Hall, pp210~248, 2001
- 정진욱 · 안성진 공저, 정보통신과 컴퓨터 네트워크, Ohm 사, pp117~131, 1998
- FRED HALSALL, *Data Communications, Computer Networks and Open System*, 4th ed, AddiSon Wesley, pp23~55, 1996

CHAPTER

09

전송 효율화 기술

contents

전송 효율화 기술

다중화 기술은 전송기술 및 교환기술 등과 함께 매우 중요한 기술 중의 하나이다. 이는 통신 기술이나 통신망을 평가할 때 얼마나 다중화를 효과적으로 수행하는가를 평가하기 때문이다. 다중화의 목적은 전송 시 자원이용의 효율성 및 통신망 구축비용 절감이다. 즉 다수의 사용자 또는 통신 주체가 하나의 전송회선을 공유하여 사용할 수 있게 하는 기술이다. 이 장에서는 주어진 대역폭을 이용하여 전송효율을 최대화시킬 수 있는 다중화와 데이터 압축 기술에 관한 내용을 다루고 있다.

- 다중화 기법의 종류 및 특성에 대해 살펴본다.
- 디지털 서비스 계층구조를 이해하고, T 디지털 계층과 E 디지털 계층 시스템에 대하여 자세히 살펴본다.
- 다중화 기술의 응용 및 확장(DSL, SONET/SDH, 파장분할 다중화 방식)에 대해 살펴본다.
- 일반적인 데이터 압축 기법의 종류에 대해 알아보고, 각 압축 기법의 동작과정에 대해 살펴본다.

9.1 개요

데이터를 전송하고자 할 때 소요되는 비용을 최소화하고자 하는 문제는 일반 공학에서 추구하는 경제성의 문제와 동일하다. 따라서 주어진 통신자원을 이용하여 데이터 전송효율을 극대화하고 데이터를 압축하여 전송량과 전송시간을 단축하는 것은 매우 중요하다. 이러한 경제성을 실현하는 기술로 다중화(Multiplexing)와 데이터 압축 기술은 중요한 의미를 갖는다.

데이터 전송에 있어 링크의 전송용량보다 데이터의 전송용량이 작은 경우, 링크의 이용효율을 높이기 위한 목적으로 다중화를 통해 자원의 이용효율을 높일 수 있다. 또한 여러 가지 압축 기법을 사용하여 전송시간을 줄이고 전송효율을 높일 수 있다.

9.2 다중화 기법

다중화란 다수의 저속 신호 채널들을 결합하여 하나의 고속 통신회선을 통하여 전송하고, 이를 수신측에서 다시 본래의 신호 채널로 분리하여 전달하는 기술을 뜻한다. 이때 송신측에서 여러 채널로부터의 신호를 하나의 고속 링크로 전달하도록 모아주는 장치를 다중화기(Multiplexer)라고 한다. [그림 9-1]은 일반적인 다중화 개념을 표현한 그림이다.

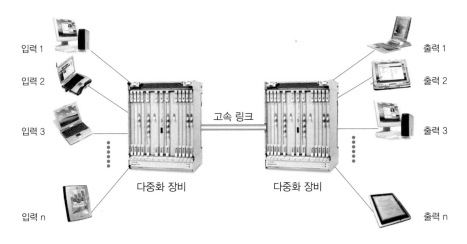

입력 1
입력 2
입력 3
입력 n

고속 링크

다중화 장비

다중화 장비

출력 1
출력 2
출력 3
출력 n

[그림 9-1] 다중화

| 미니요약 |

다수의 신호 채널들이 하나의 통신회선을 통하여 저속 채널들이 결합된 형태로 전송하고, 이를 수신측에서 다시 몇 개의 신호 채널로 분리하여 전달할 수 있도록 하는 것을 다중화라 한다.

송신측에서 수신측으로 데이터를 전송 시 각 채널들은 하나의 회선을 공유하므로 회선을 통과하는 데이터들을 구별하기 위한 기준이 있어야 하는데 데이터 신호를 주파수 영역 또는 시간 영역 중 어떤 영역에서 다중화하는가에 따라 다음과 같이 구분할 수 있다.

- **주파수 분할 다중화(FDM) 방식**: 하나의 회선을 다수의 주파수 대역으로 분할하여 다중화한다. 아날로그 음성 전송을 위해 개발되었으며 동축 케이블, 광케이블 전송 등에 이용되고 있다.
- **시분할 다중화(TDM) 방식**: 하나의 회선을 다수의 짧은 시간 간격(time slot)으로 분할하여 다중화한다. 디지털 전송을 위해 개발되었으며 디지털화 한 음성이나 데이터 전송에 이용되고 있다.
- **코드분할 다중화(CDM) 방식**: FDM과 TDM을 복합한 방식으로 일종의 확산대역(spread spectrum)을 이용하여 다중화한다. 디지털 이동통신을 위해 개발되었으며 CDMA 방식의 기본개념이다.

> | 미니요약 |
>
> 다중화 방식의 종류로는 주파수 분할 다중화(FDM) 방식과 시분할 다중화(TDM) 방식, 코드 분할 다중화(CDM) 방식 등이 있다.

9.2.1 주파수 분할 다중화(FDM: Frequency Division Multiplexing) 방식

주파수 분할 다중화 방식은 마치 넓은 도로를 몇 개의 차선으로 나누는 것과 같이 넓은 대역폭을 몇 개의 좁은 대역폭으로 나누어 사용하는 것으로, 겹치지 않는 주파수 대역을 갖는 각각의 신호들이 더해져서 전송된다.

(1) 동작과정

주파수 분할 다중화 방식의 동작과정은 다음과 같다.

- 주파수 분할 다중화 방식은 각각의 신호 소스를 다중화하기 위해, 각 신호를 각기 다른 주파수 (f1, f2, …, 6)로 변조한다.
- 변조된 신호 각각의 해당 반송 주파수를 중심으로 채널(Channel)이라고 하는 일정량의 대역을 할당 받는다.
- 두 개의 채널 사이에는 실제로 사용하지 않는 대역인 보호 대역(Guard Band)을 사용하여 인접한 채널 간의 간섭을 막는다.
- 수신측에서는 보호대역을 이용해 신호를 안전하게 분리해낸다.

[그림 9-2]는 주파수 분할 다중화 방식의 동작과정을 나타내고 있다.

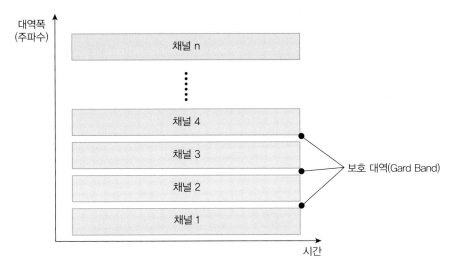

[그림 9-2] 주파수 분할 다중화 방식

(2) 특징

주파수 분할 다중화 방식의 가장 큰 특징은 아날로그 신호를 다중화하는 데 사용된다는 것이다.

- 가장 고전적인 다중화 방법이다.
- 주파수 분할 다중화 방식에서는 사람의 음성이나 데이터가 아날로그 형태로 전송된다.
- 시분할 다중화 방법에 비해서 비교적 구조가 간단하고, 가격이 저렴하다.
- 가드 밴드에 의해 대역폭 낭비가 심하다.
- TV, AM, FM 방송과 유선방송에서 많이 사용되고 있다. 예를 들어 케이블 TV 신호의 경우 필요한 채널 당 대역폭은 6MHz이므로 500MHz 정도의 전송 대역폭을 갖는 동축 케이블에는 수십 개의 TV 채널이 사용될 수 있다.

9.2.2 시분할 다중화(TDM: Time Division Multiplexing) 방식

시분할 다중화 방식은 하나의 고속 전송 회선에 대한 전체 사용 시간을 작은 시간 단위(time slot)로 나누고, 이렇게 나눈 작은 시간을 하나의 터미널에 할당하여 여러 개의 터미널로부터 전달된 정보들을 하나의 블록으로 묶어 전송하는 방식이다. 전송은 디지털 방식으로 이루어지며 따라서 본래 아날로그인 음성은 PCM 방식을 사용하여 디지털로 변환해야 시분할 다중화기를 이용할 수 있다.

이때 고속회선의 시분할 속도는 각 터미널들의 채널 총 속도를 넘지 못한다. 일반적으로 대부분의 고속 데이터 다중화 장비 또는 집중화 장비들은 시분할 방식을 사용한다.

[그림 9-3]은 시분할 다중화 방식의 개념을 보여주고 있다.

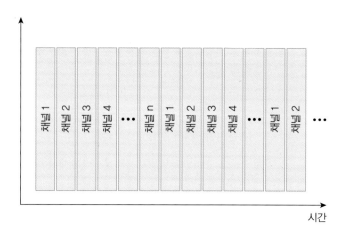

[그림 9-3] 시분할 다중화 방식

(1) 동작과정

시분할 다중화 방식의 동작 과정은 다음과 같다.

- 송신지 측에 존재하는 다중화기는 여러 터미널로부터의 입력 데이터를 블럭에 적합한 형태로 나눈다.
- 각 데이터들을 고속의 공통채널 내에 번갈아가며 할당하는 작업을 반복한다. 따라서 공통채널은 모든 터미널로부터 온 데이터를 포함하게 된다.
- 한편 수신측에서는, 디멀티플렉서(Demultiplexer)라고 불리는 회로장치에 의해서 개별 신호로 분리된다.
- 분리된 신호는 적절하게 터미널로 전달된다.

(2) 특징

주파수 분할 다중화 방식과는 달리 디지털 신호로 다중화하여 전송한다.

- 여러 회선들의 음성정보(아날로그 신호)를 아주 작은 타임 슬럿으로 나누어 일정 순서대로 배정하여 주기적으로 고속의 한 전송로로 전송한다.
- 디지털 전송에 적합하다.
- 고속 전송이 가능하며, point-to-point 방식에 주로 이용된다.

(3) 분류

시분할 다중화는 각각의 입력 장치에 타임 슬럿을 할당하는 방식에 따라 동기식 다중화방식과 비동기식 다중화 방식으로 나누어진다.

- 동기식 TDM(Synchronous TDM)은 각 터미널에 대한 타임 슬럿 위치가 항상 일정하게 고정되어 있는 방식이다. 따라서 모든 터미널들은 전송 사이클에서 항상 고정된 위치의 타임 슬럿을 할당받게 된다.
- 비동기식 TDM(Asynchronous TDM)은 각 사용자 장치들에 대한 타임 슬럿 위치가 동적으로 결정되는 방식이다. 각 전송 사이클에서 전송할 데이터가 있는 장치들에만 타임 슬럿을 할당하는 방식이다. 통계적 TDM(Statistical TDM)이라고도 부른다.

여기서 동기식이니 비동기식이라고 말하는 것은 타임 슬럿 할당의 규칙을 두고 말하는 것으로 동기식은 규칙적으로, 비동기식은 필요에 따라 할당하는 것을 의미한다.

① 동기식 TDM(Synchronous TDM)

기본적인 시분할 다중화 방식을 동기식 시분할 다중화(Synchronous TDM)라고 한다. 동기식 시분할 다중화 방식은 전송매체의 데이터 전송률이 전송할 디지털 신호의 데이터 전송률보다 높을 때 사용할 수 있는 적절한 방법이다.

동기식 시분할 다중화는 논리적으로 형성되는 채널이라고 하는 가상 전송로를 생성하고 각 터미널에 규칙적으로 타임 슬럿을 할당해주는 방법으로 각 터미널들에서 전송할 데이터의 유무에 관계없이 무조건 타임 슬럿을 할당한다.

동기식 시분할 다중화 방식의 동작과정은 다음과 같다.

- 각 단말장치에서 생성된 일련의 정보들이 버퍼에 저장된다.
- 타임 슬럿이 할당될 때까지 터미널들은 버퍼에 정보를 저장한다.

- 타임 슬롯이 할당되면 저장된 버퍼의 내용을 전송매체를 통해서 전송한다. 이때 타임 슬롯은 각 터미널이 같은 비율로 할당받도록 설계되어 있다.
- 전송된 프레임은 수신측에서 다시 정해진 순서대로 타임 슬롯들을 분리한다.

동기식 시분할 다중화를 통해서 전송될 때 각 터미널에서 생성된 입력 데이터가 버퍼에 일시 저장되는 단위에 따라 비트 삽입식(bit-interleaving)과 문자 삽입식(character interleaving)으로 나눠진다.

예제 다음은 입력 장비가 5개인 동기식 TDM의 예이다. 각 프레임은 5개의 문자로 구성되어 있으며 프레임마다 동기를 위해서 2bit를 할당한다. 각 문자는 8bit이고, 각 입력단의 장비는 4200bps로 보낸다고 할 때 다중화된 후의 프레임 속도는 어떻게 되는가?

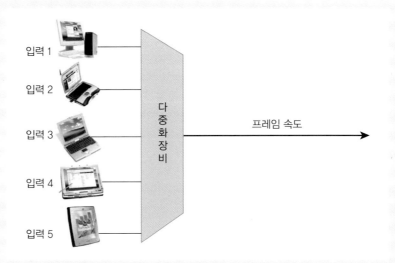

| 풀이 |

위 경우 문자 크기 단위로 타임 슬롯을 구성하고 각 입력 장비는 4200bps의 속도로 전송할 프레임을 가지고 있다. 동기식 TDM 시스템에서 데이터는 여러 개의 타임 슬롯으로 이루어진 프레임에 의해 전송되며 위 문제에서는 각 프레임은 5개의 문자로 이루어지고 프레임 당 정보소스에 2bits를 할당하고 있다. 각 프레임이 5개의 문자로 구성되며 2bits의 프레이밍 비트가 부가되므로 5 × 8 + 2 = 42가 되어 다중화 후의 각 프레임은 42bits가 된다. 입력단의 속도가 4200bits/second로 전송 시의 프레임은 42bits가 되므로 100frame/second가 되고 5개의 입력 채널로 다중화되므로 다중화된 후의 속도는 5 × 100 = 500frame/second가 된다.

- 비트 삽입식은 타임 슬롯의 크기가 비트 단위로 이루어지므로 버퍼의 크기가 작아도 된다는 장점이 있다.
- 문자 삽입식은 타임 슬롯의 크기가 문자 크기 단위로 주어지므로 비트 삽입식에 비해 상대적으로 수신측에서 문자를 재구성하는 데 걸리는 오버헤드가 불필요하다는 장점이 있다.

동기식 TDM에서는 데이터를 갖고 있지 않은 터미널에도 타임 슬롯이 할당되기 때문에 타임 슬롯이 낭비되는 비합리적인 면이 있다. 이러한 동기 TDM의 효율을 개선한 것이 비동기식 TDM(통계적 TDM, 지능형 TDM으로 불리기도 함)이다.

② 비동기식 TDM(Asynchronous TDM)
비동기식 TDM은 동기식 TDM의 타임 슬롯 낭비 요인을 없애기 위해 실제로 전송할 데이터를 갖고 있는 터미널에만 타임 슬롯을 할당하고 전송할 데이터가 없는 터미널에는 타임 슬롯을 할당하지 않는 방식이다. 따라서 데이터에는 송신 터미널을 나타내기 위한 주소가 반드시 필요하다. 비동기식 TDM의 동작과정은 다음과 같다.

- 각 터미널에서 데이터가 발생하면 지정된 프레임 크기만큼 데이터를 모았다가 각 터미널의 프레임 주소와 함께 임시버퍼로 저장된다.
- 가장 일찍 버퍼에 저장된 데이터 프레임에 타임 슬롯을 할당하여 전송한다. 이 같은 과정을 반복하면서 다중화를 수행한다.
- 수신부에서는 수신된 프레임의 주소에 따라 프레임을 분리한다.

위 과정에서 볼 수 있듯이 전송할 데이터가 있는 터미널에만 타임 슬롯이 할당되어 타임 슬롯이 낭비되는 경우가 발생하지 않는다. 이러한 이유 때문에 같은 대역폭을 갖는 경우에 동기식 TDM보다 더 많은 터미널을 지원할 수 있다.

비동기식 시분할 다중화기가 대역폭의 이용효율을 높여주는 것은 틀림없으나 트래픽이 모든 단말기에서 연속적으로 발생하는 경우에는 오히려 전송 시 주소 영역을 함께 전송해야 하는 만큼 성능저하를 가져올 수 있고 전송지연이 발생할 수도 있다.

그러나 데이터 트래픽은 통계적으로 모든 단말기에서 연속적으로 발생할 확률이 높지 않기 때문에 비동기식 시분할 다중화기를 사용함으로써 대역폭 이용효율을 극대화시킬 수 있는 것이다. 이러한 이유는 통계적 TDM이라 부르기도 한다.

③ 동기식 TDM과 비동기식 TDM의 비교

[그림 9-4]에서와 같이 통계적 시분할 다중화 방식이 동기식 시분할 다중화보다 회선을 더 효율적으로 사용할 수 있다. 반면에 비동기식 시분할 방식에서는 각 터미널에 전송할 데이터의 존재 여부를 항상 검사해야 하고 각 터미널의 주소에 대한 오버헤드가 추가되므로 회로구성이 복잡해진다.

동기식 시분할 다중화 방식의 경우엔 터미널의 데이터 전송 여부에 관계없이 일정하게 타임 슬롯을 할당하므로 모든 터미널이 자신에게 할당된 최고 속도의 트래픽을 연속적으로 발생하여도 문제가 발생하지 않는다. 그러나 비동기식 시분할 다중화 방식에서는 링크의 대역폭 용량보다 더 큰 용량의 데이터를 발생시킬 수 있는 터미널들이 접속되어 있는 경우 각 터미널이 최고 속도의 트래픽을 연속적으로 발생시킨다면 데이터의 분실 우려가 있다. 따라서 분실을 막기 위해서는 흐름제어 기법이 필요한데 이 흐름제어 기법은 프로토콜마다 차이가 있기 때문에 비동기식 다중화 방식이 프로토콜 의존적이라고 하는 것이다. 반면에 특별한 흐름제어가 필요하지 않은 동기식 TDM은 프로토콜에 영향을 받지 않는다.

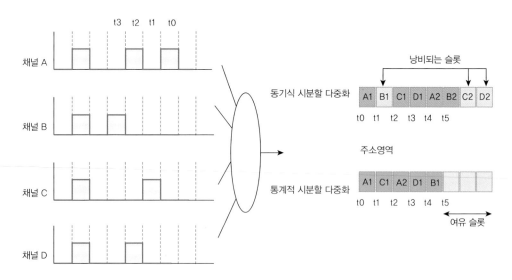

[그림 9-4] 동기식 TDM과 비동기식 TDM의 비교

〈표 9-1〉 시분할 다중화 기법 비교

방식	장점	단점
동기식 TDM	• 모든 프로토콜에 투명성을 가진다.	• 타임 슬롯, 즉 대역폭이 낭비된다.
비동기식 TDM	• 대역폭의 이용효율을 높인다.	• 데이터 안에 터미널 주소 정보가 필요하다. • 흐름제어가 필요하며 흐름제어를 위한 프로토콜에 의존적이다. • 데이터 트래픽 발생비율이 고르게 분포되어 있을 때 전송 지연 및 성능 저하를 야기할 수 있다.

9.2.3 코드분할 다중화(CDM: Code Division Multiplexing) 방식

CDM 방식을 먼저 설명한 다중화 방식인 FDM이나 TDM과 비교하여 좀 더 쉽게 설명하면 다음과 같다. 어떤 모임 장소에서 여러 사람이 모여서 이야기를 한다고 가정하자. FDM 방식은 모임 장소를 대화할 수 있는 작은 구역으로 나누어서 모든 사람이 같은 언어로 이야기를 하는 것이고, TDM 방식은 역시 같은 언어를 사용하지만 사람들마다 이야기하는 시간을 정해서 자기에게 할당된 시간 동안에만 이야기를 하는 것이다. 여기에 비해 CDM은 모든 사람이 같은 장소에서 이야기하는 것과 같다. 다만 서로 다른 언어를 사용하기 때문에 자기와 같은 언어를 사용하는 사람의 내용만 알아들을 수 있는 것이다.

즉, CDM는 여러 사용자가 시간과 주파수를 공유하면서 각 사용자에게 서로 다른 코드(부호)를 부여하여 전송하고, 수신시에는 송신시 사용했던 코드와 동일한 코드를 곱하여 원래의 신호를 복원하는 FDM과 TDM의 혼합 방식으로 사용자 단위로 할당되는 코드가 서로 직교관계(orthogonal)에 있기 때문에 서로 영향을 미치지 않는 다중화 방식이다. 또한, 각 사용자에게 서로 영향을 미치지 않는 코드를 할당하여 다중화함으로써 사용자간 간섭에 의해 시스템 용량이 제한되므로 수신전력을 일정하게 하는 전력제어가 필요하다. 그렇지 않으면 수신전력이 큰 신호가 다른 신호에 간섭을 일으켜 통화가 불가능해지기 때문이다.

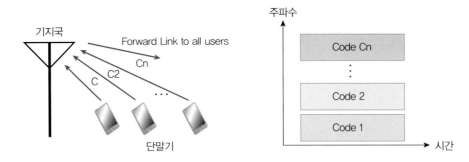

[그림 9-5] CDM 개념도

CDM 방식은 1960년 군용통신에서 출발하여 1990년 미국의 퀄컴 사에 의해 디지털 셀룰러용으로 제안(IS-95)되었으며, 800MHz 주파수 대역폭을 사용하게 된다.

(1) 특징
CDM 방식의 특징은 다음과 같다.

- 같은 주파수 대역을 사용하지만 각 가입자가 서로 다른 부호분할 다중화 방식을 사용한다.
- 여러 사용자가 시간과 주파수를 공유하면서 신호를 송·수신할 수 있는 통신 방식이다.
- 주파수 대역확산 기술(Spread-Spectrum Technology)을 사용하여 정보를 전송한다.

(2) 장단점
CDM 방식의 장단점은 다음과 같다.

① 장점
- 큰 전송용량을 확보할 수 있어 멀티미디어 서비스가 가능하다(FDM 방식의 최대 20배).
- 도청과 간섭을 방지하여 통신 비밀 보장이 가능하다.
- 간섭의 최소화로 회선품질이 양호하다.

② 단점
- 정밀한 전력제어 기능이 요구된다. 그렇지 않으면 통화가 혼선이 많이 생긴다.
- 송신부와 섬세한 동기화를 위해 수신부에서는 높은 하드웨어 기술이 필요하다.
- 송·수신시 사용된 코드가 동기화되지 않으면 잡음으로 처리된다.

9.2.4 다중화 기술 적용 예

우리는 다중화 기술에 대한 다양한 종류에 대해 공부했다. 여기서는 다양한 다중화 기술이 현재 적용되고 있는 분야 및 기술에 대해 〈표 9-2〉에서 살펴보도록 한다.

〈표 9-2〉 다중화 기술 적용 예

다중화 기술	적용 예
주파수 분할 다중화(FDM) 방식	• 구식 아날로그 전화망 • 아날로그 이동 전화(AMPS 등)
시분할 다중화(TDM) 방식	• 전화망(PSTN) • 전용회선(T1, E1 등) • 동기 디지털 계위 전송망(SDH) • 유럽 디지털 이동통신(GSM)
통계적 다중화(S-TDM) 방식	• LAN 등 • 인터넷(IP) • 초고속 국가망(ATM, Frame Relay)
코드 분할 다중화(CDM) 방식	• 국내 디지털 이동통신(011, 016, 017, 019) • 군용 무선통신(미국)
직교 주파수 분할 다중화(OFDM) 방식	• WiBro, WiMAX • LTE, LTE-A

미니강의 직교 주파수 분할 다중화(OFDM)

OFMD(Othogonal Frequency Division Multiplexing) 방식은 FDM 방식이 가드밴드를 사용함으로써 발생되는 주파수 낭비 문제점을 해결하기 위해 하나의 정보를 다수의 반송파로 분할하여 전송하고, 이의 간격을 최소화하기 위해 직교성을 부여함으로써 전송효율을 높인 다중화 기술이다. [그림 9-6]에서와 같이 FDM 방식(a)는 가드밴드를 사용하여 주파수를 낭비하고 있지만, OFDM 방식(b)는 각 채널들을 잘 overlap시켜, 스펙트럼 중심 부위에서는 주변 채널의 간섭이 일어나지 않게 함으로써 절반 이상의 주파수 대역을 절약하고 있는 것을 볼 수 있다.

또한, 전송하려는 데이터열을 여러 개의 부채널로 동시에 나란히 전송하는 다중 반송파 전송방식의 형태를 보여준다. 즉, 한 개의 고속채널에 데이터열을 여러 개의 채널로 동시에 전송한다는 측면에서는 다중화 기술이며, 여러 개의 반송파에 분할하여 실어 전송한다는 측면에서는 변조기술이다. 각 부반송파의 파형은 시간축 상으로는 직교하나, 주파수축 상에서는 겹치게 된다.

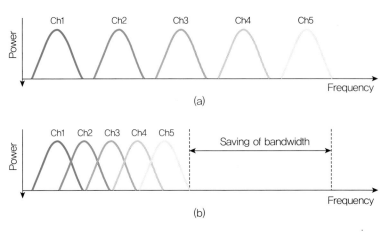

[그림 9-6] FDM 방식(a)과 OFDM 방식(b) 차이점

OFDM 방식의 장점으로는 주파수 효율성이 높고, 데이터를 병렬로 전송할 때 심벌 간에 적당한 보호구간을 두면 심벌 간의 간섭(inter-symbol interference)을 없앨 수 있으며, 이를 통해 multipath fading에 강한 강점을 갖게 된다. 또한 고속 구현이 용이하며, 이동통신 셀 간 간섭이 없고, 자원할당에 용이하다. 이러한 이유는 OFDM 방식은 WiBro/WiMAX 및 LTE와 현재 서비스되고 있는 LTE-A 기술에 사용되고 있다.

9.2.5 역다중화(Inverse Multiplexing)

[그림 9-7]에서 보는 바와 같이 고속 데이터 스트림을 여러 개의 저속 데이터 스트림으로 변환하여 전송하고 수신측에서 다시 저속 데이터 스트림들을 합하여 본래의 고속 데이터 스트림으로 재구성하는 방식을 역다중화라고 한다.

역다중화기의 동작과정은 다음과 같다.

- 송신측에서 먼저 역다중화기가 목적지로 데이터를 전송하는 데 사용할 회선들을 설정한다.
- 높은 비트 전송률의 디지털 스트림을 여러 개의 낮은 비트율의 회선으로 전송하기 위해 설정된 회선의 개수만큼 분할한다.
- 이렇게 분할된 디지털 스트림은 각기 다른 회선을 통해 전송된다.
- 수신측에서는 분할된 비트 스트림을 하나의 높은 대역폭을 가지고 있는 회선을 통해 수신측 터미널 장비로 전송하기 위해 재조립한다.

서로 다른 채널을 통해 전송된 데이터는 지연에 아주 민감할 수 있고 각 채널의 호 설정 기능이 요구된다. 따라서 역다중화기는 이런 지연에 대한 처리와 재조립된 비트 스트림의 재동기를 수행하며 각 채널에 적절한 대역폭의 호 설정 및 해제를 통해서 역다중화를 수행한다. [그림 9-7]은 역다중화의 개념을 나타내고 있다.

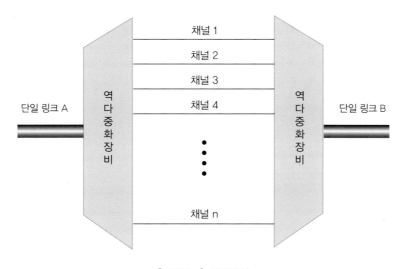

[그림 9-7] 역다중화

미니강의 Multiplexing과 Multiple Access

Multiplexing(다중화)은 몇 개의 저속신호 채널들을 결합하여 하나의 통신 회선을 통하여 전송하고 이를 수신측에서 다시 원래 신호 채널들로 분리하여 전달하는 기술이고, Multiple Access(다중 접속)는 multiplexing 기술과 switching 기술이 합해진 기술이다. 그대로 Multiple Access는 비어 있는 채널을 각 터미널에 동적으로 할당하는 일반적인 방법으로 주파수 분할 다중접속(frequency-division multiple access: FDMA), 시분할 다중접속(time-division multiple access: TDMA), 부호 분할 다중접속(code-division multiple access: CDMA), 공간 분할 다중접속(space-division multiple access: SDMA) 방식 등이 있다.

9.3 다중화 응용(디지털 서비스의 계층구조)

다중화는 전화 서비스 제공을 위한 가장 기본적인 통신기술이다. 초기 전화망은 아날로그 네트워크를 기반으로 서비스를 제공하였지만 디지털 기술의 발전으로 인해 디지털 네트워크 환경에서 디지털 서비스를 제공하고 있다.

역사적으로 디지털 음성전송을 실현한 것은 1960년대 미국 벨 사에서 주도한 T급 시스템으로 현재까지 그 명맥이 유지되고 있다. T급 회선시스템은 전송속도가 1.544Mbps인 T1 회선을 기본 회선으로 하며 오늘날 인터넷 서비스 공급자들에 의해 인터넷 접속에 사용되기도 한다. 이 회선 시리즈는 1.544Mbps의 전송속도를 제공하는 T1부터 274.176Mbps의 전송속도를 제공하는 T4까지 제공하는 전송속도에 따라 T1, T2, T3, T4로 분류된다. 미국에서 사용하는 T급 회선 시스템에 대응하여 유럽에서는 디지털 전송규격으로 E급 회선시스템을 도입하여 오늘까지 사용하고 있다.

여기서는 디지털 서비스 계층구조의 원리를 알아보고 T급 시스템과 E급 시스템을 살펴보도록 하겠다.

9.3.1 디지털 서비스 계층구조

디지털 네트워크는 네트워크의 종단에서부터 여러 가입자를 연결하기 위해 일정 규격의 각기 다른 대역폭의 회선을 사용하게 되는데 종단 가입자에 연결된 64Kbps 서비스(DS-0)부터 274.176Mbps 서비스(DS-4)까지 5가지 등급의 서비스를 제공한다. 이러한 디지털 서비스 계층구조는 T급 시스템에서 사용하는 시스템 구조와 동일한데 각 디지털 서비스들이 다중화되는 것은 각각의 T급 회선 시스템과 동일한 개념이다.

[그림 9-8]은 각 단계에서 지원되는 데이터 속도와 다중화 단계를 나타내고 있는 것으로, 각 단계에서 제공하는 서비스는 상위 단계로 가면서 다중화된다. 다음은 각 단계별 서비스에 대한 설명이다.

- DS-0: 64Kbps의 디지털 채널을 제공한다.
- DS-1: 1.544Mbps를 제공하며 24개의 64Kbps에 8Kbps의 오버헤드를 더한 것이다. 24개의 DS-0 채널를 다중화하는 데 사용될 수 있다.
- DS-2: 6.312Mbps를 제공하며 96개의 64Kbps에 168Kbps의 오버헤드를 더한 것이다. 96개의 DS-0 채널 또는 4개의 DS-1 채널 및 그 이상의 서비스를 조합한 것을 다중화

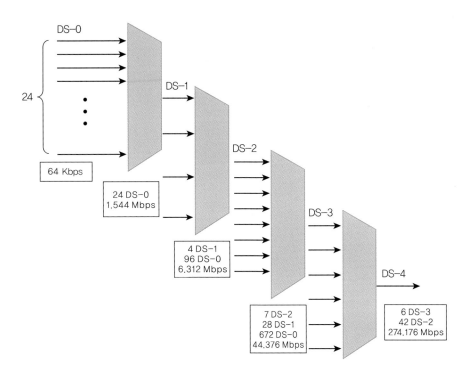

[그림 9-8] 디지털 서비스 계층구조

하는 데 사용될 수 있다.

- DS-3: 44.376Mbps를 제공하며 672개의 64Kbps에 1.368Mbps의 오버헤드를 더한 것이다. 672개의 DS-0 채널, 28개의 DS-1 채널, 또는 7개의 DS-2 채널 또는 이상의 서비스를 조합한 것을 다중화하는 데 사용될 수 있다.
- DS-4: 274.176Mbps를 제공하며 4,032개의 64Kbps에 16.128Mbps의 오버헤드를 더한 것이다. 4032개의 DS-0 채널, 168개의 DS-1 채널, 42개의 DS-2 채널, 6개의 DS-3 채널 또는 이상의 서비스를 조합한 것을 다중화하는 데 사용될 수 있다.

서비스를 제공하기 위해서 각 서비스 속도에 정확히 부합하는 규격이 필요한데 이러한 내용을 규격화한 것이 T회선이다.

(1) T 디지털계층(T-carrier)

T 디지털계층은 펄스 부호화 변조(PCM) 및 시분할 다중화(TDM)를 사용하는 완전한 디지털 회선이다. T1 디지털 신호는 음성전화에 요구되는 대역폭에 기반을 두어 24개의

64Kbps 채널들을 1.544Mbps 광대역 신호에 실어서 전송하게 된다. T1 시스템에서 하나의 음성신호는 나이키스트 샘플링(Nyquist sampling) 이론에 따라서 초당 8,000번 샘플링되며, 이것은 125μs마다 8비트의 측정값을 만들어낸다. 생성되는 연속적인 프레임에 대해 각각 프레임 시작에 1과 0이 계속 바뀌는 단일비트를 넣어서 프레임 동기화를 수행한다.

다시 설명하면, 신호 정보는 여섯 번째와 열두 번째 슬롯의 첫 비트를 사용하여 전송되며, 이로 인해 해당 슬롯의 사용자 정보는 7비트만 사용한다. 각 프레임은 하나의 프레임 비트에 의해 동기화되므로 전송률은 (24time slots×8bit+1 framing bit)bit/125μs =1.544Mbps가 되고 이것이 T1의 전송 속도가 되는 것이다. 즉, T1은 DS-1 신호를 전송하는 것이다. 여기서 DS-0은 디지털 채널에서 만들어진 64Kbps 채널을 말하는데 이는 디지털화된 하나의 음성채널에 해당되며 64Kbps의 데이터 전송도 가능하다. 결국 DS-1은 DS-0의 신호 24개를 다중화하여 전송하는 것이 된다. T2는 T1의 4배의 전송속도를 가지며 T3는 T2의 7배, T4는 T3의 6배의 전송속도를 갖는다. 즉 T1은 24개의 64Kbps 채널이 다중화되어 이루어질 수 있고 T3는 7개의 T2회선이, 마찬가지로 T4는 6개의 T3이 다중화되는 구조를 유지한다. [그림 9-9]는 T1의 프레임 구조를 나타낸다.

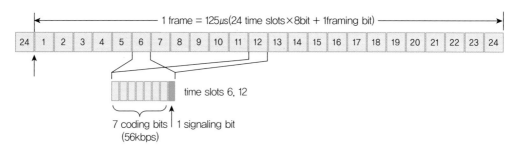

[그림 9-9] T1 프레임 구조

〈표 9-2〉는 각 단계에서의 서비스 수준과 다중화 채널 수이다.

〈표 9-2〉 T 디지털 계층

Service	Line	속도(Mbps)	데이터 채널 수
DS-1	T-1	1.544	24
DS-2	T-2	6.312	96
DS-3	T-3	44.736	672
DS-4	T-4	274.176	4,032

(2) E 디지털 계층(E-carrier)

T급에 상응하는 유럽의 전송 규격인 E 디지털 계층은 ITU-T에 의해 고안되었으며, 30개의 채널을 그룹화해서 사용하고 있다. 0번 타임 슬롯은 동기화에 사용되며 이는 수신기가 프레임의 경계를 해석할 수 있게 해주므로 프레임 정렬이라 한다. 신호(Signaling) 정보는 16번째 타임 슬롯에 의해 전송된다. 따라서 E1 전송률은 32 time slots×8 bit/125μs는 2.048Mbps가 된다. E1의 신호 형식은 64Kbps 속도의 채널 32개를 수용함으로써, 2.048Mbps의 속도로 데이터를 전송할 수 있다. E2부터 E5까지 규정되어 있으며 2.048Mbps의 전송 속도를 가진 E1 프레임 배수 전송속도를 제공한다.

[그림 9-10]은 E1 프레임 구조를 나타내고 있다.

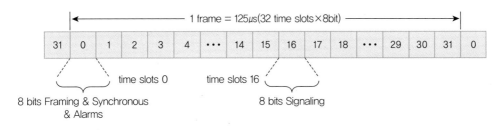

[그림 9-10] E1 프레임 구조

〈표 9-3〉은 E회선의 속도와 채널 수를 나타내고 있다.

〈표 9-3〉 E 디지털 계층

표준	Line	속도(Mbps)	데이터 채널 수
ITU-T	E-1	2.048	30
	E-2	8.448	120
	E-3	34.368	480
	E-4	139.264	1920
	E-5	565.148	7680

T 디지털 계층과 E 디지털 계층은 T1과 E1을 각각 최하위 회선으로 간주하고 상위회선과의 연결을 위해서 몇 배수의 동급 하위회선이 다중화되는 구조를 이루고 있음을 알 수 있다.

이러한 다중화 관계를 [그림 9-11]에 나타내었다.

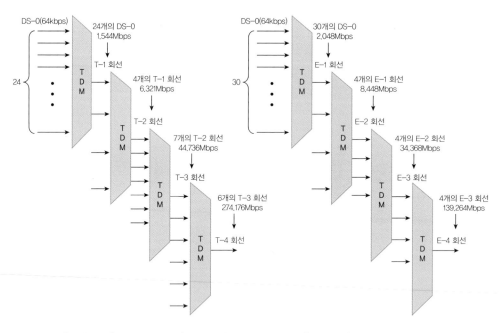

[그림 9-11] T 디지털 계층(T-carrier) 및 E 디지털 계층(E-carrier)의 다중화 계층구조

9.3.2 SONET/SDH

광통신 네트워크로 진화하는 과정에서 광대역 종합정보통신망(B-IDSN: Broadband Integrated Services Digital Network)의 표준화가 진행되면서 기존의 E 회선, T 회선과 광통신 선로가 함께 네트워크를 구성하게 되는데, 이때 동기식 전송방식으로의 전환에 대한 필요성이 제기되어 1980년대 중반 범세계적이고 융통성 있는 광통신 네트워크를 실현하기 위해 미국과 유럽에서 각각 SONET(Synchronous Optical Network)와 SDH(Synchronous Digital Hierarchy)라는 이름으로 광통신 전송에 대한 표준화를 시작하였다.

SONET은 광통신 시스템에 의한 네트워크 구축을 가능하게 하기 위한 동기식 광 통신망 접속 방식으로 북미에서 표준화로 채택되었으며, SDH는 E1, T1, DS3 및 기타 저속 신호를 고속의 광신호로 동기식 시분할 다중화하여 전송하는 방식의 전 세계 표준이다. 여기서도 물론 다중화 기법이 사용되었는데 동기식 광 통신망 또는 동기식 디지털 계위라는 말에서의 동기 의미는 다중화 기법에서와 동일하다고 할 수 있다.

이 절에서는 SONET과 SDH의 개요와 프레임 구조, 그리고 동작방식 및 특징에 대해 알아보겠다.

[그림 9-12] SONET/SDH

| 미니요약 |

SONET는 광통신 시스템에 의한 네트워크 구축을 가능하게 하기 위한 동기식 광 통신망 접속 방식으로 북미에서 표준화로 채택되었으며, SDH는 E1, T1, DS3 및 기타 저속 신호를 고속의 광신호로 동기식 시분할 다중화하여 전송하는 방식의 전 세계표준이다.

(1) 개요

전 세계에 여러 가지 다른 네트워크로 이루어진 인터넷을 단일화된 광전송 인터페이스를 기반으로 하기 위해 미국과 유럽의 표준화 기구에 의해서 SONET(ANSI)과 SDH(CCITT: 현재 ITU-T)가 탄생되었다. SONET과 SDH 두 표준안의 근본적인 차이는 기본 출발점이 SDH는 150Mbps급인데 비해 SONET는 50Mbps급이라는 점이다.

초기의 디지털 전송 시스템은 아날로그 시스템을 점진적으로 업그레이드하며 도입되었는데 각각의 저속 스트림을 다중화할 때 저속신호들의 클럭 차이 때문에 생기는 시간 차이를 보정하기 위해 각 프레임 사이에 조정비트를 삽입하여 다중화하였다. 이러한 높은 순위의 다중화를 준동기식 다중화 또는 유사 비동기식 다중화라 하며 이러한 다중화 단계를 PDH(Plesiochronous Digital Hierarchy)라 한다. SDH와 SONET이 탄생하게 된 배경에는 이러한 PDH에 잠재해 있던 다양한 문제점, 즉 유럽과 미국의 서로 다른 전송 시스템에 따르는 트래픽 변환을 위한 비용, 서로 다른 벤더들 사이에 호환, 시스템 복구와 테스트에 소요되는 비용, DS-1 대역폭 이상에서의 동기화 부재 문제 등을 해결하기 위한 방법을 모색하고 있었던 상황이 있다.

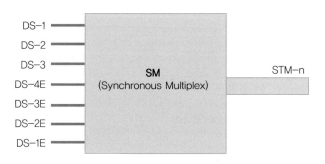

[그림 9-13] 동기식 디지털 계위

[그림 9-11]과 [그림 9-13]을 비교해 보면 기존의 디지털 계층구조와 동기식 디지털 계층구조의 차이를 알 수 있다. 동기식 디지털 계층구조를 따르는 SONET/SDH의 디지털 계층구조는 기존 디지털 계층구조에 비해 외형상 구조가 대단히 단순하며 유럽식과 미국식 모두 단지 하나의 다중화만이 존재한다. 이렇게 계층구조를 단순화시킨 SONET/SDH는 동기식 다중화구조를 사용함으로써 다음과 같은 장점이 있다.

• 운용 및 보수(OAM: Operation, Administration, and Maintenance)가 용이하다.

• 대역폭의 확장이 쉽다.

또한 SONET/SDH는 비동기식 시스템에서의 비트단위 대신에 바이트 단위로 계층화시킴으로써 비동기식 광대역 망의 문제점인 복잡한 네트워크 구조와 비동기식 네트워크와 광통신의 호환에 따르는 작동 및 유지, 보수문제를 해결하였다.

| 미니요약 |

SONET와 SDH 두 표준안 사이에 근본적인 차이는 기본 출발점이 SDH는 150Mbps급인데 비해 SONET은 50Mbps급이라는 점이다.

(2) SONET

SONET는 기본적으로 810바이트를 포함하는 STS-1이라고 하는 프레임 단위로 전송된다. 구조적으로 하나의 프레임은 가로 90바이트 세로 9바이트의 형태를 가지며 [그림 9-14]에서처럼 크게 전송 오버헤드와 사용자 데이터(payload) 영역의 두 부분으로 구성된다. 각 행의 처음 3바이트로 구성된 27바이트의 오버헤드 중 9바이트는 섹션 오버헤드를 위해 사용되며 나머지 18바이트는 회선 오버헤드로 사용된다. 그리고 각 행의 나머지 87×9=783바이트는 사용자 데이터로 사용된다. 사용자 데이터 중 한 행은 회선 오버헤드에서 포인터에

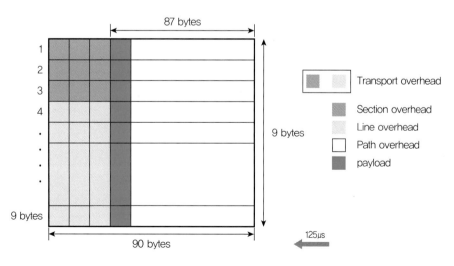

[그림 9-14] SONET STS-1 프레임 형식

의해 위치되는 경로에 관한 오버헤드이다. 매 125ms마다 하나의 프레임이, 위에서 아래, 왼쪽에서 오른쪽 순서로 전송되기 때문에 51.84Mbps의 데이터 전송속도를 제공한다.

| 미니요약 |

SONET의 기본 전송단위는 STS-1이라고 하는 프레임으로 기본적으로 가로 90바이트 세로 9바이트 의 형태를 가지며 전송 오버헤드와 사용자 데이터 영역의 두 부분으로 구성된다.

(3) SDH

SDH는 최소 전송프레임으로 STM-1을 사용하는데 이는 SONET의 STS-3과 같은 프레임 크기이다. SDH에 대해서는 사용자 데이터를 가상으로 구분하여 서브신호 집합을 표현하는 가상 콘테이너(Virtual Container)와 섹션 오버헤드의 포인터에 대해 알아보겠다.

① 프레임 구조

SDH는 STM(Synchronous Transmission Module)이라고 하는 기본 단위를 N개씩 묶어서 하나의 프레임을 만든다.

가장 기초 프레임인 STM-1은 [그림 9-15]에서와 같이 가로 270바이트, 세로 9의 270×9=2430바이트 크기를 가지며 각 행의 처음 9바이트들로 구성된 81바이트는 섹션 오버헤드를 위해 사용되며 나머지 부분은 Administrative Unit(AU)라고 하며 261×9인 2349바이트가 사용자 데이터를 위해 사용된다.

섹션 오버헤드(SOH)는 다시 재생섹션을 위한 오버헤드(RSOH), 멀티플렉싱을 위한 오버헤드(MSOH), 그리고 9바이트의 포인터로 구성된다. AU는 STM-1 프레임에서 실제 정보가 담겨있는 부분이다.

높은 전송을 제어하기 위해서는 STM-1 프레임을 N배하면 된다. 즉 STM-N 프레임은 N개의 STM-1 프레임이 모여서 구성된다. 현재까지 N은 1, 4, 16까지 정의되어 있다. SDH도 매 125ms마다 하나의 프레임을 전송하므로 STM-1의 전송속도는 155.520Mbps가 되며 STM-4는 STM-1의 4배인 622.08Mbps, STM-16은 STM-116배인 2488.320Mbps이다.

② 가상 콘테이너(Virtual Container)

SDH는 [그림 9-15]에서와 같이 가상 콘테이너(VC)라는 하위 단계 신호들의 집합을 규정하여 다양한 속도의 하위 신호들의 전송할 수 있도록 설계되어 있다. 가상 콘테이너는 STM 프레임 내에 수용되고 그들의 페이로드와는 독립적으로 망 노드에서 처리된다. 하나의 VC는 경로 오버헤드(POH: Path 오버헤드)와 콘테이너(C: Container)로 구성되는데 콘테이너 하위 VC들 또는 다른 신호를 수용할 수 있다.

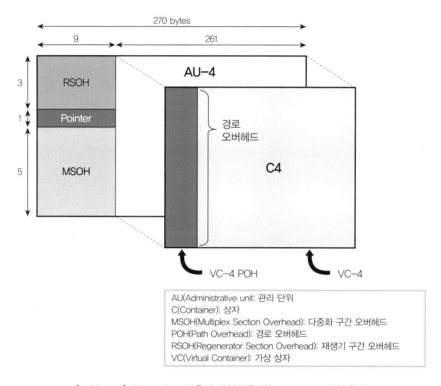

[그림 9-15] SDH VC-4 사용자 데이터를 갖는 STM-1 프레임 형식

| 미니요약 |

SDH은 STM(Synchronous Transmission Module)이라고 하는 기본 단위를 N개씩 묶어서 하나의 프레임을 이루며 가장 기초 프레임인 STM-1은 가로 270바이트, 세로 9의 270×9=2430바이트 크기를 가지며 각 행의 처음 9바이트들로 구성된 81바이트는 섹션 오버헤드를 위해 사용되며 나머지 부분은 Administrative Unit(AU)라고 하며 261×9인 2349바이트의 사용자 데이터로 구성된다.

③ 포인터(Pointer)

포인터는 AU 내에서 VC의 위치에 대한 정보를 포함하며 또한 정상 속도보다 빠르게 또는 느리게 수신되는 VC들을 수용하기 위해 필요에 따라 위치를 조절하는 기능을 제공한다. 포인터의 사용은 전송 장비들의 클럭 차이로 인해 발생할 수 있는 속도차를 해결함으로써 다중화 및 역다중화 기능을 용이하게 한다.

(4) SONET와 SDH의 비교

앞서 언급했듯이 SONET와 SDH는 서로 상호 보완적인 관계를 유지하고 있으며 SDH는 기본 전송신호로 155.520 Mbps 속도를 제공하는 STM-1을 사용하고 있는데 이는 SONET의 기본전송 프레임 단위인 STS-1 3개를 연접한 신호와 같다.

SDH는 전송률의 다양성에 있어서 SONET에 비해 덜 섬세한 편이다. SDH는 STM-1(155.520Mbps)를 기본 단위로 하며 4의 배수 단위로 정의한다. 반면에 SONET은 STS-1(51.84 Mbps)을 기본으로 하며 STS-3, STS-9, STS-12, STS-18, STS-24, STS-36, STS-48(2,488.320 Mbps)로 정의한다. 〈표 9-5〉는 SONET과 SDH의 전송속도에 대한 비교를 보여준다.

〈표 9-5〉 SONET 및 SDH의 전송속도

SONET		SDH	선로속도 (Mps)
북미 STS level	북미 OC(Optical Carrier) level	유럽 STM level	
STS-1	OC-1	-	51.84
STS-3	OC-3	STM-1	155.52
STS-12	OC-12	STM-4	622.08
STS-48	OC-48	STM-16	2,488.32
STS-192	OC-192	STM-64	9,953.28

SDH의 기본 전송 프레임이 STM-1이 155Mbps 급이고 STS-1이 50 Mbps 급이기 때문에 구성신호 단위에 있어서 다소 많은 차이를 보인다. STM-1은 DS-1부터 DS-4E까지 모든 계위 신호를 다중화하지만 STS-1은 DS-1, DS-1E, DS-1C(3.152Mbps), DS-2, DS-3의 다섯 가지 계위 신호만을 효율적으로 다중화시킨다. 따라서 STM-1을 사용하는 SDH는

다양한 중간단위 신호들을 설정하고 체계적으로 다중화하는 반면 SONET의 STS-1은 단지 가상 계위 신호(VT: Virtual Tributary)라는 중간 단위 한 가지만을 설정한다. 이 VT는 SDH의 VC에 상응한다.

기본적으로 이러한 차이점들은 형식상 차이일 뿐 실제 기능이나 개념에 있어서의 차이는 거의 없다. SDH와 SONET는 모두 계층화 개념을 토대로 하고, 프레임을 사용하며, 동일한 포인터 기법에 의해 동기화를 사용한다. 그리고 체계적인 오버헤드를 활용하고 동일한 기본 전송률을 가지고 있어 전체 유럽식의 디지털 계위 신호 및 북미 디지털 계위 신호를 동일하게 수용할 수가 있고 일단계 다중화 과정을 포함한다.

9.3.3 파장 분할 다중화(WDM: Wavelength Division Multiplexing)

WDM은 손실이 적은 주파수 대역을 이용하여 파장이 다른 복수의 광신호를 한 가닥의 광섬유에 다중화시킨 것으로 전자적인 신호는 레이저와 같은 소자에 의해 광신호로 변환된다. 광신호는 특정 파장을 가지고 있고 하나의 파장을 통해 전자적으로 처리할 수 있는 최대 속도로 데이터를 보낼 수 있다. 따라서 여러 개의 파장을 사용하면 전자적인 최대 속도의 몇 배의 속도로 데이터를 보낼 수 있다.

서로 다른 파장으로 발생된 광 멀티플렉서(Multiplexer)에 의해 하나의 광신호로 합쳐질 수 있고, 다시 광 디멀티플렉서(Demultiplexer)에 의해서 원래의 파장을 갖는 광신호로 분리해 낼 수 있다. 이렇게 분리된 광신호는 수신측에서 필터를 이용하여 원하는 파장만을 선택하여 전자 신호로 바꿀 수 있다.

[그림 9-16]은 WDM의 동작방식을 나타내고 있다.

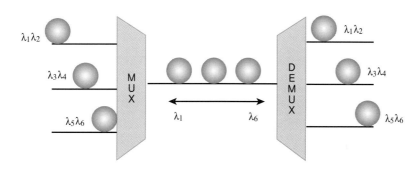

[그림 9-16] WDM의 방식

[그림 9-16]에서 서로 다른 파장 λ_1, λ_2, λ_3, λ_4, λ_5, λ_6 광신호는 광 다중화기에 의해 하나의 광신호로 합쳐지며 광 역다중화기를 통해서 다시 본래의 파장의 신호로 나누어질 수 있다.

> | 미니요약 |
>
> WDM은 저 손실 파장대를 이용하여 파장이 다른 복수의 광신호를 한 가닥의 광섬유에 다중화시킨 것으로 전자적인 신호는 레이저와 같은 소자로 이루어진 송신기에 의해 광신호로 변환된다.

(1) 특징

WDM은 양방향 전송이 가능하며 다른 파장을 갖는 신호를 동시에 전송할 수 있다. 단일 모드, 다중 모드에 모두 사용되며, 광케이블의 증설 없이 회선 증설이 용이하고, 대용량화가 가능하다.

(2) 네트워크 구조

WDM 네트워크 구조는 크게 방송 선택(Broad-and-Select) 네트워크와 파장 라우팅(Wavelength routing) 네트워크로 나누어진다.

① 방송 선택 네트워크(Broad-and-Select Network)

각 노드가 보내는 신호가 다른 모든 노드로 전달된다. 신호를 수신할 노드에서는 자신에게 보내진 신호만을 선택하여 받아들여 전자 신호로 변환한다.

한 노드에서 보내진 신호가 다른 모든 노드로 전달되게 하기 위해서는 주로 스타형(Star Topology) 또는 버스(Bus Topology)를 사용하여 네트워크를 구성한다. 단일홉 방식 및 다중 홉 방식을 사용할 수 있으며, 단일 홉이란 신호가 광신호로서 전송된 후 중간에 전자적인 신호로 변환을 거치지 않고 광신호 그대로 목적지까지 도달하는 것을 말한다. 이 때문에 전광(all optical) 네트워크라고도 한다.

[그림 9-17]은 방송 선택 네트워크의 구조를 보여준다.

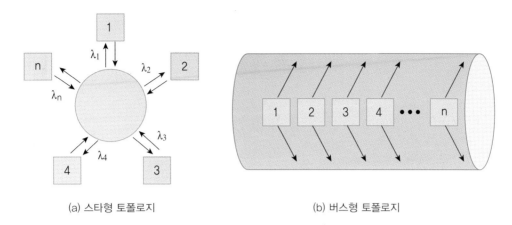

(a) 스타형 토폴로지   (b) 버스형 토폴로지

[그림 9-17] 방송 선택 네트워크의 구조

[그림 9-17]의 (a)는 스타형 토폴로지에서 파장을 방송하는 형태를 나타내며 (b)는 버스형 토폴로지에서 신호가 방송되는 형태를 나타낸다.

② 파장 라우팅 네트워크(Wavelength Routing Network)

파장의 재사용이 가능하며, 각 노드는 다른 몇몇 노드와 논리적 연결을 가지고 있는데, 이러한 연결은 두 노드 사이에 임의의 파장을 할당함으로써 이루어진다. 임의의 두 노드를 연결하는 경로가 서로 겹치지 않는다면, 두 경로에서는 하나의 파장을 동시에 사용할 수 있으며, 그 결과 네트워크에서 필요한 파장의 수를 크게 줄일 수 있다.

예를 들면 [그림 9-18]에서 노드 A에서 노드 B로의 연결과 노드 B에서 노드 E로의 연결은 경로가 겹치지 않기 때문에 같은 파장을 사용할 수 있고, 노드 C에서 노드 D로의 연결은 이들과 다른 파장을 사용해야만 한다. [그림 9-18]에서 파장 라우팅 노드들은 여러 개의 입출력 포트를 가지고 있으며, 이들 포트들 중에서 일부는 다른 라우팅 노드들과 연결되어 있고, 일부는 종단노드와 연결되어 있다.

각 입력포트는 여러 파장의 입력신호를 받아들일 수 있으며 라우팅 노드는 입력포트로부터 하나의 파장으로 받아들인 신호를 다른 파장의 신호에는 영향을 주지 않고 임의의 출력포트로 내보낼 수 있다. 방송선택 네트워크와 마찬가지로 단일 홉과 다중 홉 모두 구성이 가능하며, 특히 다중 홉을 사용할 경우 빠른 동조가 가능하다.

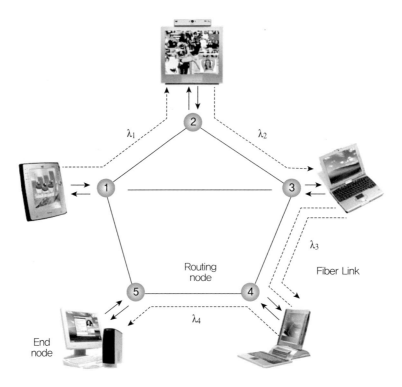

[그림 9-18] 파장 라우팅 네트워크

| 미니요약 |

WDM 네트워크 구조는 크게 방송 선택(Broad-and-Select) 네트워크와 파장 라우팅(Wavelength routing) 네트워크로 나누어진다.

미니강의 파장 분할 다중화(WDM: Wavelength Division Multiplexing) 방식

기존의 광섬유망을 통한 전송이 하나의 광섬유 내에 단일 파장의 광신호를 전송하고 있음에 반해 WDM은 하나의 광섬유 내에 서로 다른 다수 파장의 광신호를 다중화하여 전송하는 방식이다.

수신 장치에서는 파장에 따라서 광신호를 분리(역다중화)함으로써 광섬유의 용량을 크게 증대시켜 주며, 광섬유 망을 추가적으로 구축하거나 고속전송 장비를 사용하지 않고도 망 용량을 증대시킬 수 있다. WDM은 현재 한 채널당 2.5Gbps의 전송속도를 제공하는 시스템이 상용화되었으며 16채널을 다중화하며 최대 40Gbps의 전송 용량을 갖는다.

9.4 데이터 압축

일정한 대역폭을 사용하면서 더 많은 데이터 정보를 전송한다면 전송효율은 그만큼 높아진다. 최근 xDSL이나 광통신 기술과 같은 전송기술이 발달함에 따라 회선의 대역폭이 커지긴 했지만 멀티미디어 데이터양이 급격히 늘고 있는데다 또한 무선 데이터 통신 또한 급격히 늘어나고 있기 때문에, 이러한 현실에서는 데이터 압축 기술의 발전은 필연적이라 하겠다. 아날로그부터 디지털 멀티미디어 전송 시대로의 변환에 핵심역할을 한 MPEG 기술도 데이터 압축 기술의 한 형태이다.

9.4.1 압축 기법 분류

데이터 압축 기법을 분류하는데 있어 관점에 따라 여러 가지 분류방식이 있는데 압축한 데이터의 복원성에 따른 분류와 압축 메커니즘에 따른 분류가 그것이다.

(1) 압축한 데이터의 복원성에 따른 분류

압축한 데이터의 복원하였을 때 복원 결과가 원래 데이터와 비교하였을 때 손실 유무에 따른 무손실 기법과 손실 기법으로 나눌 수 있다.

① 무손실(lossless) 기법

압축한 데이터를 복원했을 때 복원한 데이터가 압축 전의 데이터와 완전히 일치하는 것을 말한다. 즉, 복원한 비트 스트림이 압축 전의 비트 스트림과 완전히 일치하는 것을 말하는 것이다. 이 기법은 압축할 때 압축할 데이터에 어떤 변경이나 수정도 가하지 않는다. 무손실 기법은 또한 비트 보존 압축 기법이라고도 부른다. 문자, 도형, 일반 데이터, 컴퓨터 파일의 경우와 같이 손실을 허용하지 않는 데이터를 압축할 경우 무손실 압축 기법을 적용하는데 약 50%의 압축률을 가지고 있다.

② 손실(lossy) 기법

복원한 데이터가 압축 전의 데이터와 일치하지 않는 기법을 말한다. 이 기법은 대체로 연속 매체(음향, 비디오, 동영상)를 압축하는 데 적당하다. 손실 기법이라고 해서 사용자가 압축/복원 후의 정보가 본래의 정보와 다르다고 느낄 정도의 차이를 말하는 것은 아니다.

즉, 사용자들이 손실 기법으로 압축/복원한 데이터(예를 들면 영상)를 보았을 때 본래의 데이터(본래의 영상)와 거의 동일하다고 느낄 수 있을 정도가 되어야 한다. 이 경우 1/30까지 압축이 가능하며, 음성의 경우 1/6로 압축할 수 있다.

(2) 압축 메커니즘에 따른 분류

특정 문자나 데이터의 연속적인 반복성을 이용해 물리적으로 압축하는 Run-Length Encoding 방식과 서로 인접한 데이터값의 차이를 이용하는 Difference Mapping, 자주 출현하는 패턴의 데이터 블록을 하나의 압축 부호어로 할당하는 패턴 치환(Pattern Substitution), 데이터의 출현 빈도에 따라 빈도가 높은 문자에 짧은 부호를 빈도가 낮은 문자에 긴 부호어를 할당하는 허프만(Huffman) 기법, 그리고 데이터 정보의 통계적 성질을 이용하여 일정 패턴을 생성해 압축을 수행하는 LZW(Lempel-Ziv-Welch) 압축 기법으로 분류할 수 있다.

9.4.2 데이터 압축 기법

(1) Packed decimal 압축 기법

숫자로만 구성된 데이터의 경우 2바이트로 한 문자를 전송하게 되는 ASCII 코드 대신 이진법으로 표시된 십진수 코드인 BCD를 사용하여 한 바이트를 사용하여 두 문자를 전송하는 압축효과를 낼 수 있는 기법이다.

예 7을 ASCII 코드로 전송하면 '011 0111'을 전송한다(8비트 소요).
BCD 코드로 전송하면 '0111'만을 전송한다(4비트 소요).

(2) Relative Encoding 압축 기법

차이가 크지 않은 숫자들을 전송할 경우 특정 기준값과의 차이만을 전송하여 그 크기를 줄일 수 있는 압축 기법이다. 이 방식은 데이터를 기록하고 저장하는 애플리케이션에 주로 쓰인다.

예 강의 수위를 원거리에서 감시하는 경우 정해진 시간마다 강의 수위를 조사하여 저장하는데 실제 수위 수치를 전송하는 대신 일반적인 평균값을 전송하여 압축효과를 얻을 수 있다.

(3) Character suppression 압축 기법

이 기법은 연속적으로 반복되는 문자들(또는 데이터 단위)을 문자와 그 길이로 대체하는 방법을 사용하는 방식이다.

그러나 이러한 압축 기법은 데이터가 중복되어 있어야 한다는 조건에서 출발하기 때문에 연속되지 않은 데이터에서는 큰 효율을 보지 못한다. 반면에 반복되는 문자가 길거나 더 자주 나타날수록 압축효율이 높아지는 장점이 있다.

예 aaaaabbbbcccddddeeee → a5b4c3d4e5

(4) 허프만(Huffman) 방식

허프만 압축 방식은 표현할 수 있는 알파벳 심볼을 이용해 평균적인 코드의 길이를 줄이는 통계적인 압축 방식이다. 허프만 압축과정은 다음과 같다.

① 먼저 압축할 파일을 읽어 각 문자의 출현 빈도수를 구한다. 즉, 압축할 파일의 문자를 분석해 전체적으로 각 문자가 몇 개가 들어있는지 파악한다.
② 읽어 들인 각 문자들 중에서 출현 빈도가 가장 적은 문자들끼리 연결해 2진 트리를 만든다. 여기서 만든 2진 트리로부터 각 문자들을 대표할 수 있는 대표 값을 얻는다.
③ 파일의 문자들은 대표값으로 압축파일을 만든다.

허프만 코드의 압축과정을 예를 들어 설명하면 다음과 같다.

104 바이트의 크기를 가지며 6개의 문자로 구성된 파일이 있다고 하자. 각 문자의 출현빈도가 〈표 9-6〉과 같다고 가정하자.

우선 나열한 문자들 중에서 가장 빈도수가 낮은 것을 2개 고른다. 〈표 9-6〉에서 보듯이 A가 가장 낮고 C와 E가 그 다음으로 낮다. 이때 A와 C 혹은 A와 E 가운데 어떤 조합을 선택해도 상관없다. 여기서는 A와 C를 사용하겠다.

이 둘을 묶어 하나의 노드를 만들고 두 문자들의 빈도에 합을 구한다. 이렇게 만들어진 노드는 새로운 문자로 간주하고 낮은 빈도를 가진 노드를 두 개 선택하여 다시 묶어 트리 구조를 만들어 나간다. 따라서 가장 빈도가 낮은 두 문자는 (D+F) 노드와 A로 이 둘을 묶어 또 하나의 노드를 생성한다. 이러한 방법으로 모든 문자들이 하나의 노드로 연결되도록 계속 노드를 연결해나간다. 즉, 모든 문자들에 대해 하나의 트리를 만든다.

〈표 9-6〉 문자의 출현 빈도 예

문 자	빈 도
A	2
B	18
C	9
D	30
E	9
F	36

트리 구조를 완성한 뒤에 각 문자에 고유의 대표값을 부여한다. 즉, 가장 위의 노드에서 시작해 왼쪽으로 가면 0, 오른쪽으로 가면 1이다. 이렇게 해서 각 문자에 대표값을 부여할 수 있다. [그림 9-19]를 보면 빈도수가 적은 문자들일수록 표현하는 비트수가 많아짐을 알 수 있다.

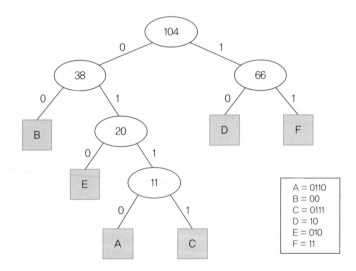

[그림 9-19] 허프만 압축을 수행한 결과 트리와 부호화된 알파벳

허프만 압축법은 기존의 아스키 코드의 값보다 더 작은 크기의 대표값을 새로 만들어 사용하는 것이라고 말할 수 있겠다. 허프만의 압축법을 사용한 결과는 〈표 9-7〉과 같다. 832비트 길이의 파일이 240비트로 줄었으므로 파일의 길이는 28.85%가 줄었다.

〈표 9-7〉 압축 전과 압축 후의 파일 크기 비교

문자	빈도	원래크기	압축된 크기	차이
A	2	$8 \times 2 = 16$	$4 \times 2 = 8$	8
B	18	$8 \times 18 = 144$	$2 \times 18 = 36$	108
C	9	$8 \times 9 = 72$	$4 \times 9 = 36$	36
D	30	$8 \times 30 = 240$	$2 \times 30 = 60$	180
E	9	$8 \times 9 = 72$	$3 \times 9 = 27$	45
F	36	$8 \times 36 = 288$	$2 \times 36 = 72$	216
계	104	$104 \times 8 = 832$	240	592

앞에서 설명한 것처럼 높은 압축률을 보이나 압축을 풀 때는 대표값을 생성한 트리에 대한 정보가 없으면 불가능하므로 압축파일과 트리에 대한 정보를 같이 저장해야 한다.

허프만 압축법은 처음 파일 내의 문자가 나오는 빈도를 계산할 때와 실제로 압축하기 위해 동작할 때 등 파일을 두 번 읽어야 하므로 처리속도가 늦고 언급된 바와 같이 트리에 대한 정보도 같이 저장해야 하므로 그만큼 효율이 떨어지는 단점이 있다.

| 미니요약 |

허프만 압축 방식은 표현할 수 있는 알파벳 심볼을 이용해 평균적인 코드의 길이를 줄이는 통계적인 압축 방식이다.

> **미니강의** 다이나믹 허프만 압축 방식
>
> 허프만 압축 알고리즘에서 평문을 두 번씩 읽어서 부호화 및 복호화 시에 계산량이 입력 데이터 길이의 지수함수 이상으로 급증하는 단점을 보완하기 위해 Faller, Gallager, Knuth에 의해 평문을 한 번만 읽어서 처리하는 다이나믹 허프만 압축 알고리즘이 제안되었다. 따라서 다이나믹 허프만 압축 알고리즘을 FGK라고 통칭하기도 한다. 다이나믹 허프만 알고리즘은 송수신자가 같은 초기상태에서 시작해서 트리구조를 변경하는 알고리즘을 사용함으로써 계속 동기를 유지할 수 있다. t+1번째 문자를 코드화하기 위해서 평문의 처음 t번째에 대한 허프만 트리를 사용하는 방법이 다이나믹 허프만 부호 압축방식이다. 즉 평문의 처음 t개의 문자를 Ut라고 하면 Ut를 Ut+1로 바꾸는 알고리즘을 사용하기 때문에 서로 동기를 유지하게 되어, 결국 임의 문자에 대해 같은 트리를 사용해서 처리하므로 허프만 알고리즘처럼 트리의 형태나 리프(leaf) 노드에 대한 정보의 전송이 필요치 않게 된다.

(5) LZW 압축 기법

LZW는 파일을 읽어 들이면서 연속된 문자열들에 대한 표를 만들고 다음에 같은 문자열이 발견되면 이 표를 참조하는 압축 기법이다. LZW 압축 기법은 GIF 포맷의 압축 방식과 PKZIP이라는 상용 압축 프로그램에 적용되었다. 압축 동작과정은 다음과 같다.

① 기억장소 내에 문자열에 대한 표를 만드는 것으로 시작된다. 표에는 보통 4,096개의 항목이 있는데, 각 항목은 2바이트의 선행문자(Prefix)와 1바이트의 후위 문자(Suffix)로 이루어진다. 이 가운데에서 0~255번은 특별한 용도로 사용하기 위해 남겨둔다.
② 실제로 파일에서 연속된 두 문자를 읽어 해당 문자열이 기억장소 내의 작성된 표에 이미 존재하는지를 검사한다.
③ 만약 이 문자열이 존재하지 않으면 표의 다음 위치에 문자열에 대한 정보를 보관하고, 출력파일(압축파일)에는 해당 문자가 위치하는 주소를 기록한다. 만약 문자열이 이미 기억장소 내에 존재한다면 출력파일에 그 문자열의 주소를 기록하면 된다.

LZW 압축 기법은 다음과 같은 장점을 가지고 있다.

- 파일을 한 번 읽어서 압축할 수 있기 때문에 속도가 빠르다.
- 압축 파일 내에 트리에 대한 정보를 같이 저장할 필요가 없어 압축 효율이 훨씬 높다.

LZW 압축 기법의 단점은 다음과 같다.

- 파일의 크기가 작을 때는 압축 효율이 떨어진다.
- 연속된 두 개의 문자열이 파일의 다른 부분에 존재하지 않을 때는 압축할 수 없다.

| 미니요약 |

LZW는 파일을 읽어 들이면서 연속된 문자열들에 대한 표를 만들고 다음에 같은 문자열이 발견되면 이 표를 참조하는 압축 방법이다.

9.4.3 정지/동영상 압축 기법

멀티미디어 데이터들은 기존의 텍스트 위주의 데이터에 비해 엄청나게 정보양이 많아 대단히 높은 통신 속도를 요구한다. 그러나 대부분의 네트워크에서는 멀티미디어를 자유스럽게 전송할 수 있는 속도를 제공하기가 매우 어렵다. 따라서 네트워크를 통한 멀티미디어 데이터들의 전송은 영상 압축 기술이 발전을 이룸으로써 가능하게 되었다. 정지/동영상 압축 기술은 앞에서 설명된 압축방법을 기본원리로 하고 있으며 중복성을 제거하는 것과 가시성의 원리를 사용한다. 여러 가지 압축 기술들 중 기본적인 압축 기술인 JPEG, M-JPEG, H.261, MPEG에 대해 알아보도록 하겠다.

(1) JPEG

JPEG(Joint Photographic Experts Group)은 국제표준화기구(ISO) 산하의 TC97/SC2라는 연구단체에서 제정한 정지화상을 압축하는 데 사용되는 기술이다.

JPEG은 컬러 또는 그레이 스케일의 정지영상을 처리하며, 손실 기법과 무손실 기법을 수학적으로 구현하여 이미지를 압축 저장 및 재생한다. 압축률은 평균 25:1이고, 하드웨어, 또는 소프트웨어적으로 처리한다. JPEG은 동영상의 기본인 하나의 영상, 즉 프레임에 대하여 모든 프레임에 대한 압축의 정보를 그대로 유지하기 때문에 프레임 검색과 재생이 비교적 쉽지만 정지된 영상의 측면에서 압축을 행하므로 데이터의 양이 큰 단점이 있다.

JPEG은 GIF와 함께 웹 프로토콜에서 지원되는 그래픽 이미지 파일 형식 중 하나이며, 보통은 "jpg"라는 파일 확장자를 갖는다.

(2) M-JPEG(Motion JPEG)

원래 정지화면을 효율적으로 압축하기 위한 국제표준인 JPEG 기술을 이용한 동영상 압축방식으로 동영상의 한 프레임을 JPEG으로 압축하고 재생시킨다. 기수/우수 프레임마다 또는 필드마다 압축하는 M-JPEG은 원래가 정지화면에만 프레임 단위의 편집에 응용할 수 있고 목적에 따라 압축률을 선택할 수 있으나 국제 표준으로는 사용되지 않고 있으며 MPEG에 비하여 효능 및 화질 면에서 떨어지므로 프레임 단위의 영상을 편집하는 특별한 용도로만 사용된다.

(3) H.261

H.261은 1988~1990년에 CCITT에 의해 개발된 동영상 압축 알고리즘으로 동화상 비디오의 압축과 부호화 기법에 대한 표준으로 높은 압축률(100:1~2000:1)과 실시간 압축을 지원한다. 이것은 낮은 속도의 비디오 폰이나 비디오 콘퍼런스를 위한 것이며 이 표준은 ISDN 채널 용량인 64Kbps ~1.92Mbps를 지원한다.

(4) MPEG

MPEG(Moving Picture Expert Group)는 1988년에 설립된 동화상 전문가 그룹으로 디지털 비디오와 디지털 오디오의 압축, 해제에 대한 표준을 개발한다.

ISO(International Organization for Standardization)의 후원 하에 일련의 MPEG 표준들이 제정되었는데, 각각은 서로 다른 목적으로 설계된 것이다. MPEG의 국제표준화 작업은 응용분야별, 필요 기술 특성에 따라 MPEG1, MPEG2, MPEG4, MPEG7, MPEG21 등 단계별로 진행되고 있다.

각 표준들은 다음과 같은 기능을 제공한다.

- MPEG1: CD를 포함한 저장매체의 동영상 압축표준
- MPEG2: 고선명(HDTV)을 포함한 디지털 방송에 필요한 고화질 영상압축 표준
- MPEG4: 콘텐츠의 사물이나 사람을 각각의 객체로 분할해 이를 기반으로 압축하고 표현하는 표준
- MPEG7: 디지털 멀티미디어 데이터 검색을 위한 표준
- MPEG21: MPEG 관련 기술을 통합하여 디지털 콘텐츠 제작 및 유통, 보안 등의 모든 과정을 관리할 수 있게 하는 기술 표준

[그림 9-20] MPEG 보드

미니강의 인터넷에서 사용되는 이미지 압축 방식

현재 인터넷에서는 이미지 압축을 위해 GIF 형식과 JPG 형식이 사용된다. 이미지를 저장하는 방식은 여러 가지가 있는데 윈도즈 Bitmap 파일인 BMP 형식이 있고, 인터넷상의 이미지 형식으로 GIF나 JPG가 있다.

BMP는 윈도우즈에서의 기본 포맷으로 대체로 IBM PC에서 사용되는 표준포맷이라고 할 수 있다. 이 포맷을 사용하면 속도는 빠르지만 용량이 상당히 커지므로 그다지 많이 사용되는 형태의 포맷은 아니다.

GIF는 컴퓨서브(Compuserve)라는 미국 통신망 회사에서 전화선을 통해 그래픽 이미지 파일을 신속히 교환할 목적으로 개발한 것으로 압축 포맷으로 저장하기 때문에 그래픽 파일을 올리거나 다운받는 데 비교적 적은 시간이 걸린다. GIF는 컴퓨터 시스템의 종류에 상관없이 잘 작동하고 인터넷상에서 이미지를 띄우는 데 시간이 적게 걸린다. 일반적으로 GIF 형식은 256컬러 이상은 지원하지 않으나 GIF24라는 표준은 24비트 이상의 해상도를 지원한다.

JPG는 모니터에 보이는 이미지는 픽셀의 집합으로 각각의 비슷한 밝기와 색으로 연결되어 있다는 데 착안하여 만들어진 형식으로 인터넷에서 가장 많이 쓰이는 이미지 형식이다. 가장 압축률이 좋은 것으로 알려져 있으나, 압축 과정에서 데이터가 손실되는 경향이 있다고 해서 Lossy(손실이 있는)라고도 한다.

MPEG 비디오 압축의 기본적인 아이디어는 비디오 프레임과 프레임 사이의 공간적인 여분 내에서 불필요한 반복성을 제거하는 것이다.

① MPEG-1

1991년 ISO 11172로 규격화한 영상압축기술이다. CD-ROM과 같은 디지털 저장매체에 VHS 테이프 수준의 동영상과 음향을 최대 1.5Mbps로 압축, 저장할 수 있다. 이 규격으로 상품화된 것이 비디오 CD와 CD-1/FMV이다.

② MPEG-2

1994년 ISO 13818로 규격화한 영상압축기술이다. 디지털 TV, 대화형 TV, DVD 등은 높은 화질과 음질을 필요로 하는 분야로 높은 전송속도 처리가 필요한데, 영상 및 음향을 압축하기 위해 MPEG1을 개선한 것이다. 현재 DVD 등의 컴퓨터 멀티미디어 서비스, 직접 위성 방송 · 유선방송 · 고화질 TV 등의 방송서비스, 영화나 광고편집 등에서 널리 쓰인다.

③ MPEG-4

멀티미디어 통신을 전제로 만들고 있는 영상압축기술로 1998년에 완성되었다. 낮은 전송 률로 동화상을 보내고자 개발된 데이터 압축과 복원기술에 대한 새로운 표준을 말한다. 매초 64Kbps, 192Kbps의 저속 전송으로 동화상을 구현할 수 있다. 인터넷 유선망과 이동통 신망 등 무선망에서 멀티미디어 통신 · 화상회의 시스템 · 컴퓨터 · 방송 · 영화 · 교육 · 오 락 · 원격감시 등의 분야에 널리 쓰인다.

④ MPEG-7

동영상 데이터 검색과 전자상거래 등에 적합하도록 개발된 차세대 동영상 압축 재생기술이 다. 원하는 그림이나 영화의 한 장면 또는 특정 음악의 일부 등을 검색할 용도로 1996년부 터 표준화작업이 시작되었다. 색상이나 물체의 모양에 관한 정보를 입력하는 것만으로 웹에서 필요로 하는 멀티미디어 자료를 찾을 수 있는 기술이다.

⑤ MPEG-21

MPEG1과 MPEG2, MPEG4 등 MPEG 관련 기술을 통합하여 디지털 콘텐츠의 제작 및 유통, 보안 등의 모든 과정을 관리할 수 있게 하는 기술이다. 콘텐츠 제작자와 유통업자, 최종 사용자가 편리하게 국제적 호환성을 가지고 콘텐츠를 식별하고 관리하며 보호할 수 있 도록 하는 멀티미디어 프레임워크 핵심기술의 표준화를 목표로 한다.

JPEG는 컬러, 또는 그레이 스케일의 정지 영상을 처리하며, 손실 기법과 무손실 기법을 수학적으로 구현하여 이미지를 압축 저장 및 재생한다.

M-JPEG(Motion JPEG)는 정지화면을 효율적으로 압축하기 위한 국제 표준인 JPEG 기술을 이용한 동영상 압축방식으로 동영상의 한 프레임을 JPEG으로 압축하는 방식이다.

H.261은 동영상 압축 알고리즘으로 동화상 비디오의 압축과 부호화 기법에 대한 표준으로 높은 압축률(100:1~2000:1)과 실시간 압축을 지원한다.

MPEG(Moving Picture Expert Group)는 1988년에 설립된 동화상 전문가 그룹으로 디지털 비디오와 디지털 오디오의 압축, 해제에 대한 표준을 개발한다.

요약

01 다중화란 몇 개의 신호들이 하나의 통신회선을 통해 저속채널의 결합된 형태의 신호를 전송하고 이를 수신측에서 다시 몇 개의 신호 채널로 분리하여 전달할 수 있도록 하는 것이다.

02 주파수 분할 다중화(FDM: Frequency Division Multiplexing) 방식은 하나의 회선을 다수의 주파수 대역으로 분할하여 다중화하고 TV, AM, FM 방송과 유선방송에서 많이 사용하며 시분할 다중화 방법에 비해서 비효율적이다.

03 시분할 다중화(TDM: Time Division Multiplexing) 방식은 하나의 회선을 다수의 아주 짧은 시간간격(time interval)으로 분할하여 다중화하며 타임 슬롯 할당 방식에 따라 동기식과 통계적 방식으로 분류된다.
- 동기식 시분할 다중화 방식은 논리적으로 형성되는 채널이라고 하는 가상 전송로를 통해서 데이터를 전송하는 각 터미널에 규칙적으로 타임 슬롯을 할당해주는 방법으로 각 터미널들이 전송할 데이터를 생성하는지 여부에 관계없이 무조건 타임 슬롯을 할당하는 방식으로 대역폭이 낭비된다.
- 통계적(Statistical) 시분할 다중화 방식은 전송할 데이터를 갖고 있는 터미널에만 타임 슬롯을 할당하고 전송할 데이터가 없는 터미널에는 타임 슬롯을 할당하지 않는 방식으로 트래픽이 연속적으로 발생하는 경우에는 오히려 전송 시 삽입된 주소 영역을 전송하는 만큼 성능저하를 가져올 수 있고 전송지연이 발생할 수도 있으며 흐름제어가 필요하다.

04 코드(Code) 시분할 다중화 방식은 전송될 신호들은 주파수 시간 영역에서 합성되기 전에 인코더를 통하여 특유한 형태를 가지며 수신단에서는 알려진 코드를 기준 신호로 상관시켜 디멀티플렉싱을 수행하며 도청과 간섭을 방지한다.

05 역다중화는 하나의 높은 비트 전송률의 회선에서 받아들인 데이터를 여러 개의 낮은 비트 전송률의 회선들을 전송하는 것을 의미한다.

06 디지털 서비스 계층구조는 종단 가입자에 연결된 64Kbps 서비스(DS-0)부터

274.176Mbps 서비스(DS-4)까지 DS-0, DS-1, DS-2, DS-3, DS-4 단계의 5가지 등급의 서비스를 제공한다.

07 T 디지털 계층은 전송속도가 1.544Mbps인 T1 회선을 기본 회선으로 하며 T1은 24개의 64Kbps 채널을 그룹화하여 사용되며 미국과 일본에서 주로 사용하며 T2는 T1의 4배의 전송속도를 가지며 T3는 T2의 7배, T4는 T3의 6배의 전송속도를 가진다.

08 E 디지털 계층은 T급 회선 시스템에 대응하기 위해 유럽을 중심으로 전송속도가 2.048Mbps인 E1 회선을 기본 회선으로 하며 E1은 30개의 64Kbps 채널을 그룹화하여 사용하며 E2부터 E5까지 2.048Mbps의 전송속도를 가진 E1 형식의 배수로 증가한다.

09 DSL(Digital Subscriber Line)은 기존의 전화망에서 같은 동선 1쌍을 통해 잠재적인 대역폭을 최대한 확장하며 같은 관로 내의 누화를 제어하여 기존의 전화망에서 적은 설비비용으로 초고속 통신 서비스와 POTS(Plain Old Telephone Service)를 동시에 제공하는 기술로 DSL은 전송거리, 상향(upstream)과 하향(downstream) 전송속도, 비율, 응용서비스 등의 기준에 의해 구분된다.

- ADSL(Asynchronous Digital Subscriber Line)은 인터넷 접속, 주문형 비디오, 홈쇼핑, 원격 LAN 접속, 멀티미디어 서비스 등을 제공하기에 적합하도록 상향과 하향이 비대칭적인 전송속도를 제공하는 기술로 변조 방식은 주로 DMT(Discrete Multi Tone) 방식과 CAP(Carrierless Amplitude and phase) 방식 중 하나를 선택한다.
- HDSL(High Rate Bit Rate Digital Subscriber Line)은 두 개의 트위스티드 페어를 이용하여 양방향 통신을 하는 대칭적인 전송 형태로 기본적으로 약 2Mbps의 서비스를 제공할 수 있는 DSL 기술이다.
- RADSL(Rate Adaptive Digital Subscriber Line)은 트위스티드 페어를 이용하며 비대칭 양방향 통신을 통해 데이터와 음성 신호를 전송하는 ADSL과 거의 비슷한 서비스를 제공하며 회선이 지니고 있는 전송상의 특징에 따라 동적으로 대역폭을 할당한다.
- SDSL(Single Line Digital Subscriber Line)은 HDSL과 거의 비슷한 서비스를 제공하며 HDSL이 두 개의 트위스티드 페어를 이용하여 양방향 대칭 서비스를 제공하는데 반해 SDSL은 하나의 트위스티드 페어를 이용하기 때문에 전송 속도가 HDLS보다 느린 최대 송수신 속도는 2.3Mbps이다.
- VDSL(Very High Bit Rate Digital Subscriber Line)은 전화선을 이용한 서비스 중 가장 빠른 속도를 제공하며 가구 내까지 광섬유를 설치하는 것(FTTH: Fiber-To-The Home)을 제외하고 채택할 수 있는 가장 마지막 방식이다.

10 SONET은 광통신 시스템에 의한 네트워크 구축을 가능하게 하기 위한 동기식 광통신 망 접속 방식으로 북미에서 표준화로 채택되었으며, SDH는 E1, T1, DS3 및 기타 저속 신호를 고속의 광신호로 동기식 시분할 다중화하여 전송하는 방식의 전 세계 표준이다.

11 SONET의 기본 전송 단위는 STS-1이라고 하는 프레임으로 기본적으로 가로 90바이트 세로 9바이트의 형태를 가진다.

12 SDH은 STM(Synchronous Transmission Module)이라고 하는 기본 단위를 N개씩 묶어서 하나의 프레임을 이루며 가장 기초 프레임인 STM-1은 가로 270 바이트, 세로 9의 270×9=2430바이트 크기를 가진다.

13 파장 분할 다중화(WDM: Wavelength division Multiplexing) 방식은 저손실의 파장대를 이용하여 광파장이 서로 다른 복수의 광신호를 한 가닥의 광섬유에 다중화시킨 것으로 전자적인 신호는 레이저와 같은 소자로 이루어진 송신기에 의해 광신호로 변환이다.

14 Relative Encoding 압축 기법은 숫자로만 구성된 데이터의 경우 ASCII 코드 대신 BCD를 사용하여 한 바이트로 문자를 전송하여 압축 효과를 낸다.

15 Character suppression 압축 기법은 특정 기준값과의 차이만을 전송하여 그 크기를 줄인다.

16 허프만 압축 방식은 표현할 수 있는 알파벳 심볼을 이용해 평균적인 코드의 길이를 줄인다.

17 LZW 압축 기법은 파일을 읽어 들이면서 연속된 문자열들에 대한 표를 만들고 다음에 같은 문자열이 발견되면 이 표를 참조하여 압축효과를 낸다.

18 동영상 압축 기술은 앞에 설명된 압축 방법을 기본원리로 하고 있으며 중복성을 제거하는 것과 가시성의 원리를 이용한다.

19 기본적인 정지/동영상 압축 기술로는 JPEG, M-JPEG, H.261, MPEG 등이 있다.

연습문제

01 여러 개의 터미널로부터 발생한 신호들을 하나의 통신회선으로 전송하고 이를 수신측에서 다시 원래 신호로 분리하는 장치는?

    a. 변복조기(Modem)   b. 다중화 장비(Multiplexer)

    c. 디지털 서비스 유닛(DSU)   d. 채널 서비스 유닛(CSU)

02 다음 중 아날로그 신호를 전송하는 다중화 방식은?

    a. 주파수 분할 다중화 방식   b. 동기식 시분할 다중화 방식

    c. 비동기식 시분할 다중화 방식   d. 통계적 시분할 다중화 방식

03 다음 중 시분할 다중화 방식과 가장 관련이 없는 것은?

    a. 디지털 전송   b. 포인트 투 포인트에 주로 이용

    c. 보호 대역(Guard Band)을 사용   d. 문자 삽입식(character interleaving)

04 다음 중 시분할 다중화 방식을 동기식과 비동기식 시분할 다중화 방식으로 분류하는 기준은?

    a. 데이터 전송 시 송신부와 수신부의 동기를 맞추는지에 대한 여부

    b. 각 터미널에 타임 슬롯을 할당하는 방식

    c. 주파수 대역을 할당하는 방식

    d. 데이터 전송 시 각 터미널에서 생성된 데이터가 버퍼에 일시 저장되는 단위에 따라

05 다음 중 통계적 시분할 다중화 방식의 특징이 아닌 것은?

    a. 모든 터미널로부터 트래픽이 한꺼번에 연속적으로 발생할 경우 전송지연이 발생할 수 있다.

    b. 흐름제어가 필요한 경우가 발생한다.

    c. 모든 프로토콜에 투명성을 가진다.

    d. 지능형 다중화 방식이라고도 한다.

06 송신 터미널로부터 수신 터미널로 신호를 전송할 때 복수 개의 경로를 통해서 신호를 전송하는 다중화 방식이 아닌 것은?

    a. 주파수 분할 다중화   b. 동기식 시분할 다중화

    c. 비동기식 시분할 다중화   d. 역다중화

07 다음 중 다중화 기법이 적용되지 않은 경우는?

    a. T1   b. E1   c. Modem   d. DSL

08 다음의 DSL 기술 중 상향과 하향이 대칭적인 전송속도만을 제공하는 것들로만 짝지어진 것은?

    a. ADSL, HDSL   b. HDSL, SDSL

    c. RADSL,VDSL   d. SDSL, ADSL

09 다음 중 코드 분할 다중화 방식의 특징이 아닌 것은?

    a. TDM과 FDM을 복합한 방식으로 일종의 확산 대역(spread spectrum)을 이용한 방식이다.

    b. 도청과 간섭을 방지할 수 없는 단점이 있다.

    c. 수신부에서 신호를 분리하기 위해 인코딩에 사용되는 코드를 알아야한다.

    d. 수신부는 올바르게 디코딩을 적용하기 위해 송신부와 섬세한 동기화가 요구된다.

10 전화선을 이용한 서비스 중 가장 빠른 속도를 제공하며 광케이블과 연결하여 광케이블이 설치된 300m 내에 있는 가구에 초고속 통신 서비스를 제공할 수 있는 DSL은?

    a. VDSL   b. ADSL   c. HDSL   d. RADSL

11 SONET/SDH에 대한 설명으로 옳지 못한 것은?

    a. 동기식 디지털 계층구조이다.

    b. 기본 출발점이 SONET은 150Mbps급이고 SDH는 50Mbps급이다.

    c. 광통신 전송에 대한 표준이다.

    d. 통신상의 신뢰성 있는 연결을 제공한다.

12 다음 중 WDM의 특징이 아닌 것은?

    a. 이종 신호의 동시 전송 가능   b. 양방향 전송 가능

    c. 단일 모드에서만 동작   d. 회선 증설용이, 대용량화 가능

13 다음 중 동영상 표준 기법에 해당하지 않는 것은?

    a. M-JPEG   b. LZW

    c. H.261   d. MPEG

14 허프만 압축 기법에 대한 설명 중 잘못된 것은?

    a. 각 문자들의 발생빈도를 조사해 그 통계적 특성을 이용한 압축 기법이다.

    b. 압축할 문자들의 빈도를 계산하고 곧바로 압축하기 위한 동작에 들어간다.

    c. 압축을 풀 때 대표값을 생성한 트리에 대한 정보가 필요하므로 압축 시 압축파일과 트리에 대한 정보를 같이 저장해야 한다.

    d. 허프만 코드 트리는 이진트리이며, 각 가지는 0 또는 1의 값을 가진다.

15 통계적 시분할 다중화의 동작과정을 설명하라.

16 역다중화(inverse multiplexing)가 사용되는 예를 설명하라.

17 200바이트의 크기를 가지며 5개의 문자로 구성된 파일이 있다고 하자. 각 문자의 출현빈도는

A : 12, B : 5, C : 35, D : 30, E : 18

와 같이 주어져 있다. 이 파일을 허프만 방식에 의해 압축하라.

18 50대의 컴퓨터를 하나의 회선으로 동기식 시분할 다중화하였다. 만약 각 컴퓨터가 28.8Kbps의 속도로 데이터를 전송한다면 다중화된 데이터가 전송되는 회선의 최소 비트율은 무엇인가? T-1회선이 이 데이터를 전송할 수 있는가?

19 DSL 기술 중 ADSL이 현재 인터넷상에 가장 적합한 기술로 각광받는지 그 이유를 설명하라.

20 WDM의 신호 전송 과정 및 특징에 대해서 설명하라.

| 참고 사이트 |

- http://williams.comp.ncat.edu/Networks/multiplexing.htm: 다중화에 대한 상세한 설명
- http://www.aspextechnology.com/products/DSL-Whitepaper.htm: DSL에 대한 whitepaper 및 기술정보를 제공
- http://www.techfest.com/networking/wan/sonet.htm: SONET/SDH에 관한 관련 단체 및 기술에 대한 정보를 제공
- http://opt-fibres.phys.polymtl.ca/Fibers_html/node32.html: WDM에 대한 정보
- http://www.research.ibm.com/wdm/: IBM사에서 제공하는 WDM에 대한 정보
- http://www.sonet.com/edu/edu.htm: WDM, SONET에 대한 튜토리얼 및 기술정보를 제공

| 참고문헌 |

- Behrouz A. Forouzan, *Data Communications and networking*, 2nd edition, McGraw-Hill, pp231~272, 2001
- FRED HALSALL, *Data Communications, Computer Networks and Open System, 4th ed*, AddiSon Wesley , pp96~167, 1996
- Curtis A. Siller and Jr. Mansoor shafi, SONET/SDH: *a sourcebook of synchronous networking*, Tutorial, IEEE Communications Society sponsor, pp1~72, 1996
- Jochen Schiller, *Mobile Communications*, Addison-Wesley, pp23~82, 2000
- 정진욱 · 안성진 공저, 정보통신과 컴퓨터 네트워크, Ohm사, pp117~134, 1998

CHAPTER

10

에러 제어와 흐름 제어

---

contents

에러 제어와 흐름 제어

현재 우리가 사용하고 있는 네트워크의 물리적 환경은 상당히 많은 간섭에 노출되어 있다. 대표적인 것은 낙뢰와 같이 강력한 전자기장에 의한 데이터 손실이나 온도변화로 인한 전송매체의 전송능력 저하, 각종 자연에 의한 신호왜곡이나 전자기장을 뿜어내는 각종 인접 장비 또는 회선 등에서 발생되는 간섭 등이 있다. 또한 전송매체의 질이 낮아 전송할 수 있는 최대 대역폭이 좁은 경우도 있을 것이다. 이러한 문제점들로 인하여 전송 중인 데이터들은 전송매체 내에서 변형되거나 손실될 위험이 있다. 위와 같은 손실을 최소화하고 에러 발생 문제를 해결하기 위해서 에러 제어 및 흐름 제어 기술을 사용한다. 데이터의 안정성을 보장하는 것은 네트워크의 신뢰성을 높이는 일이며 신뢰성이 높은 네트워크의 전송률은 자연히 높아지기 마련이다.

이 장에서는 에러 제어 및 흐름 제어 기술에 대해 다음과 같은 내용을 다루고 있다.

- 에러 제어(Error Control)의 개념 및 그 특징들에 대해 살펴본다.
- 에러 제어에 있어 검출(Detection)의 개념 및 그 동작방식에 대해 살펴본다.
- 에러 제어에 있어 복구(Recovery)의 개념 및 그 동작방식에 대해 살펴본다.
- 에러 제어에 있어 정정(Correction)의 개념 및 그 동작방식에 대해 살펴본다.
- 흐름 제어(Flow Control)에 대한 개념 및 방법에 대해 살펴본다.

10.1 에러 제어(Error Control)

전기 신호는 매체를 따라 흐를 때 열이나 자기장 등의 간섭을 받아 신호의 변화가 생길 수가 있다. 예를 들면 '0'의 신호가 '1'로 바뀐다든지, '1'의 신호가 '0'으로 바뀔 수가 있다. 이렇게 전송 장비나 전송 매체로 구성된 전송로를 통해 정보를 주고받을 때 수신한 정보에 오류가 발생했다면 수신측에서 정확한 의미를 알 수 없게 된다. 따라서 수신된 정보로부터 올바른 의미를 전달 받기 위해서는 수신정보 내에 포함된 에러를 찾아내고, 더 나아가 이를 수정하는 절차 즉 에러 제어 기술이 필요하다.

이러한 기술에는 에러 검출 기법과 에러 복구 기법 및 에러 정정 기법이 있다. 일반적인 경우에 전송하고자 하는 정보를 원시프레임이라 하고, 전송되는 데이터는 에러 제어 방법에 따라 재구성된다. 〈표 10-1〉에는 주로 사용되는 에러 제어 방법에 대하여 나열하였다.

〈표 10-1〉 에러 제어 방식

---

① 에러를 무시: 에러를 무시한다.
② 루프(Loop) 혹은 에코(Echo)에 의한 점검: 수신된 데이터를 송신측에 그대로 전송해서 전송 중에 에러가 있는지 판단한다.
③ 에러 검출 방식
  − 패리티 비트 방식, 블록 합 검사, CRC, Checksum
④ 에러 검출 후 재전송(ARQ: Automatic Repeat reQuest)
        A. Stop-and-Wait ARQ
        B. 연속적 ARQ(Continuous ARQ)
            i. Go-Back-N ARQ
            ii. Selective Repeat
⑤ 전진에러수정(FEC: Forward Error Correction)

〈표 10-1〉에서와 같이 에러 제어에는 검출, 복구, 전진에러수정이 있다. 에러 검출 후 재전송을 하는 방법은 수신측에서 에러 검출 방법을 이용하여 에러를 검출하고 에러가 검출되면 복구의 방법으로 송신측에 재전송을 요청한다. 반면 전진에러수정은 수신측에서 에러를 검출하면 에러의 수정과정도 함께 수행한다. 〈표 10-1〉의 각 기법을 자세히 설명하면 다음과 같다.

10.1.1 에러 검출(Error Detection)

수신된 정보 내에 에러가 포함되어 있는지 여부를 검사하기 위해서 송신측과 수신측에서는 다음과 같은 방법을 수행한다.

• 송신측에서 보내고자 하는 원래의 정보 이외에 별도로 잉여(Redundancy) 데이터를 추

가한다.

- 수신측에서는 이 잉여 데이터를 검사함으로써 에러 검출이 가능하다.

| 미니요약 |

에러를 검출하기 위해서는 송신측에서 에러 검출을 위한 잉여 데이터를 추가하고 수신측에서는 이를 검사함으로써 가능하다.

에러 검출을 위해서 패리티 검사, 블록 합 검사, CRC(Cyclic Redundancy Check), 체크섬(Checksum)등의 검출 기법들을 사용한다. 각각의 기법을 자세히 설명하면 다음과 같다.

(1) 패리티 검사(Parity Check)

패리티 검사는 한 블록의 데이터 끝에 한 비트를 추가하는 가장 간단한 에러 검출 기법으로서 구현이 간단하므로 가장 널리 사용된다. 패리티 검사는 단 하나의 비트라는 적은 부담으로 에러검출을 구현할 수 있다는 장점을 갖고 있다. 패리티 검사에는 다음의 방법이 있다.

- 짝수 패리티(Even parity): 1의 전체 개수가 짝수가 되게 하는 방법이다.
- 홀수 패리티(Odd parity): 1의 전체 개수가 홀수가 되게 하는 방법이다.

① 동작과정

패리티 비트를 추가하고 검사하는 동작과정은 다음과 같다.

① [그림 10-1]에서와 같이 송신측은 7비트 길이의 ASCII 문자에 패리티 비트가 추가되어 8비트로서 데이터를 전송한다.

② 이때 추가하는 비트 값은 문자 전체에서 1의 개수가 짝수(짝수 패리티) 또는 홀수(홀수 패리티)가 되도록 선택한다.

③ 수신측은 수신한 데이터의 비트 내 1의 개수가 짝수(짝수 패리티) 또는 홀수(홀수 패리티)인지 확인한다.

④ 수신측은 위 과정이 맞지 않는 경우 재전송을 요청한다.

② 동작 예

보내고자 하는 데이터가 다음과 같다고 할 때,

  1101001 → (전송 방향)

위의 데이터를 홀수 패리티를 이용하여 전송한다고 하면, 보내고자 하는 데이터의 1의 개수가 짝수 개이므로 홀수로 만들기 위해 1을 추가하여 전송하게 된다.

  11101001 → (전송 방향)

만약 수신측에서 다음과 같은 데이터를 받게 된다면 1의 개수가 짝수임을 감지하고 에러가 발생했음을 감지하게 된다.

  11001001   (수신된 에러 데이터)

즉, 홀수 패리티를 사용하는 경우 수신측에서는 패리티 비트를 포함한 1의 개수가 홀수가 되어야 한다는 것을 알고 있고, 이러한 사실을 검사하는 것이다.

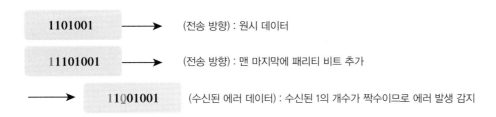

[그림 10-1] 홀수 패리티 비트의 동작과정

③ 단점

패리티 검사방법은 간단하다는 이점이 있으나 에러가 짝수 개 발생하게 되면 검출이 불가능하다는 단점이 있다. 만약 수신측의 수신데이터가 [그림 10-2]에서와 같이 송신측 데이터와 두 비트 이상(짝수 개)의 오류가 있다고 가정하면,

[그림 10-2] 패리티 검사를 통해 에러를 검출하지 못하는 경우

수신측에서는 1의 개수가 홀수 개임을 감지하고 에러가 없다고 판단하게 된다. 패리티 검사는 한 비트 이상의 에러가 발생한다면 정확한 에러 검출을 수행할 수 없다.

| 미니요약 |

패리티 검사는 한 블록의 데이터 끝에 한 비트를 추가하는 가장 간단한 에러 검출 기법이다.

(2) 블록 합 검사(Block Sum Check)

블록 합 검사는 이차원의 패리티 검사이다. 블록의 각 비트를 가로와 세로로 두 번 관찰하여 데이터에 적용되는 검사의 복잡도를 증가시킴으로써 다중 비트 에러(Multi-bit Error)와 집단 에러(Burst Error)를 검출할 가능성을 높여준다. 이렇게 가로와 세로로 에러 발생을 검사하기 때문에 단순 패리티 검사에 비해서 높은 에러검출 성능을 보여준다.

① 동작과정

블록 합 검사는 데이터 각 비트들을 배열에 넣고 마지막 열과 행을 비워둔 채로 패리티 비트 생산을 수행하여 미리 비워 놓은 배열의 열과 행에 계산된 결과를 집어넣는 방식이다. 블록의 재구성에서부터 수신측이 검사를 수행하는 과정을 살펴보면 다음과 같다.

① [그림 10-3]에서와 같이 전송하고자 하는 데이터들을 일정 크기의 블록으로 묶는다.
② [그림 10-4]의 블록을 배열로 봤을 때 각 행의 패리티를 수행한 결과를 마지막 열에 붙인다.
③ 모든 행에 대해 패리티 비트가 추가되면, 열을 중심으로 첫 번째 열부터 마지막에 각 행의 패리티 비트로 구성된 열까지 다시 패리티를 수행하여 마지막 행에 추가한다. 이러한 작업으로 블록은 재구성된다.
④ 송신측은 재구성된 블록을 행단위로 전송하게 된다.
⑤ 수신측은 송신측과 미리 약속된 크기의 데이터를 수신하게 되면 블록을 구성하고, 블록 합을 검사함으로써 에러를 검출한다.
⑥ 검사가 완료되면 수신측은 패리티 비트들을 제거하여 순수한 데이터만 얻게 된다.

② 동작 예

[그림 10-3]과 같이 데이터를 전송한다고 하자.

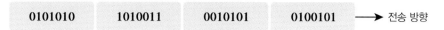

| 0101010 | 1010011 | 0010101 | 0100101 | → 전송 방향 |

[그림 10-3] 전송할 데이터

[그림 10-4]는 블록 합 검사를 계산하는 방법을 나타낸다.

① 최하위 비트들이 함께 더해지고 블록 합에 따라 짝수 또는 홀수 중 하나의 패리티를 얻는다.

② 그리고 두 번째 비트들이 더해지고 패리티 비트가 얻어진다.

③ 블록 합의 마지막 비트는 블록 합 데이터 단위 자체를 위한 패리티 비트이고 블록 내의 모든 패리티 비트들을 위한 비트이다.

0	1	1	1	1
1	1	0	0	0
0	0	1	1	0
1	0	0	0	1
0	1	1	0	0
1	0	0	1	0
0	1	0	0	1
1	0	1	1	1

[그림 10-4] 짝수 패리티 비트를 이용한 블록 합 검사의 진행 과정

블록 합 검사가 완료된 후 전송할 데이터는 다음과 같다.

| 10101010 | 01010011 | 10010101 | 10100101 | 11001001 | → 전송 방향 |

③ 단점

패리티 검사에 비해서 다중비트 에러와 폭주에러를 검출할 확률은 증가시켰지만 블록 합 검사로도 검출하지 못하는 패턴이 있다. 예를 들어, 하나의 데이터 단위 내에서 두 비트가 손상되고 다른 데이터 단위 내에서 정확히 같은 위치의 두 비트가 손상되면 블록 합 검사는 에러를 검출하지 못하게 된다. [그림 10-5]는 에러를 검출하지 못하는 경우를 나타낸 것이다.

[그림 10-5]에서 1번째 데이터의 4번째와 5번째의 비트가 에러이며 4번째 데이터 또한 같은 위치에서 에러가 발생하였다. 그러나 [그림 10-5]에서 가로와 세로로 모든 연산을 수행해도 에러는 검출되지 않는다. 이 논리는 짝수 개수의 데이터 단위 내에서 짝수 개의 대응되는 위치의 에러에 대해 모두 적용된다.

0	1	1	1	1
1	1	0	0	0
0	0	1	1	0
1	1	0	0	0
0	0	1	0	1
1	0	0	1	0
0	1	0	0	1
1	0	1	1	1

[그림 10-5] 에러를 검출하지 못하는 경우

| 미니요약 |

블록 합 검사는 각 비트를 가로와 세로로 두 번 관찰하여 데이터에 적용되는 검사의 복잡도를 증가시킴으로써 다중 비트 에러(Multi-bit Error)와 폭주 에러(Burst Error)를 검출할 가능성을 높여준다.

(3) CRC(Cyclic Redundancy Check)

CRC는 현재 컴퓨터 네트워크에서 널리 사용되고 있는 에러 검출 방법으로 다항식코드(polynomial codes)로도 알려져 있다. 그 이유는 CRC 계산 방법이 특정한 방정식에 의한 연산결과를 원시프레임에 삽입하기 때문이다. 패리티 검사 방법은 문자 단위로 된 데이터의 전송에는 효율적으로 적용될 수 있으나 문자 단위가 아닌 연속적인 2진 데이터의 전송인 경우에는 이것을 문자 단위로 분리하기 힘들기 때문에 효율적으로 적용할 수 없다. 따라서 전체 블록검사를 할 수 있는 방법이 필요하게 되었다. CRC가 바로 전체 블록을 대상으로 에러 검출을 한다. CRC는 전체 블록 검사를 할 수 있으며 이진 나눗셈을 기반으로 하므로 패리티 검사보다 효율적이고 에러 검출 능력이 뛰어난 방법이다.

① 동작과정

CRC의 계산방법은 다음과 같다.

① 이 방식에서 전송되는 메시지는 하나의 긴 2진수로 간주된다.
② 이 수는 특정한 제수(generator)에 의해 나누어지며 이때 생긴 나머지는 송신되는 프레임에 첨부된다. 이 나머지를 CRC 비트 또는 FCS(Frame Check Sequence), BCC(Block Check Character)라고도 한다.
③ 프레임이 수신되면 수신기는 같은 제수(생성다항식)를 사용하여 나눗셈의 나머지를 검사한다.
④ 나머지가 0이면 에러가 없음을 의미한다.

② CRC 부호화 과정

부호화 과정은 다음과 같이 각 비트들의 값을 보면서 하나의 함수를 만드는 과정으로, 정보 비트를 다항식에 의한 표현으로 바꾼다. 예를 들어 입력 데이터가 10001101이라 할 때 번호를 부여하여 다항식으로 표현하면 [그림 10-6]과 같으며, 각 자리에 1이 들어있는 자릿수를 x의 지수로 정한다.

7	6	5	4	3	2	1	0
1	0	0	0	1	1	0	1

$$P(x)=x^7+x^3+x^2+x^0=x^7+x^3+x^2+1$$

[그림 10-6] 10001101의 다항식 표현

③ CRC 비트(FCS)를 만드는 방법(송신측 과정)

우선 알아 두어야 할 것이 있다. CRC에서 사용하는 모든 연산은 캐리(Carry)가 없는 Modulo-2 연산이다. 즉 윗자리로 올리거나 빌리지 않는다. 이러한 연산방법을 다음에 보였다.

$$
\begin{array}{r} 1111 \\ -1001 \\ \hline 0110 \end{array}
\qquad
\begin{array}{r} 1111 \\ \oplus 1001 \\ \hline 0110 \end{array}
$$

앞과 같이 두 연산의 결과는 같게 나온다. 이것은 CRC의 제수로 나누는 데 있어 사용되는 연산이 바로 이러한 연산이기 때문이다. 그럼 이를 염두에 두고 [그림 10-7]을 보자.

[그림 10-7]에 대한 설명을 하면, 다음과 같다.

① 연산과정에서 산출되는 CRC 비트의 길이를 n이라 했을 때 제수는 n+1이 된다.
② 제수는 송신측과 수신측의 합의 하에 정의된다.
③ 전송하고자 하는 데이터 뒤쪽에 n개의 0을 붙인다.

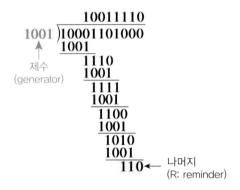

[그림 10-7] 10001101에서 CRC 비트(나머지) 산출

이제 연산과정과 CRC의 추가에 대하여 그 과정을 살펴보자.

① [그림 10-7]과 같이 원시 데이터의 뒤에 n개의 0을 덧붙인 값을 제수로 나눈다.
② 이렇게 나눈 나머지 R을 n개의 0을 삽입한 자리에 각각 대체시킨다.
③ 그렇게 나온 값 10001101110이 최종 송신할 데이터가 된다.
④ 이 값을 프레임에 실어서 전송한다.

④ 에러 검출 방법(수신측 과정)
송신측이 제수를 이용해 CRC를 산출해 내는 방법과 유사하게 연산함으로써 수신측은 데이터의 에러 유무를 판단할 수 있다. [그림 10-8]은 그 연산과정을 보여준다.

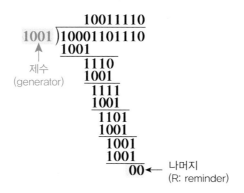

[그림 10-8] 1001101110을 받은 수신측의 에러 검출 방법

이제 연산과정에 대하여 살펴보자.

① 우선 수신측은 전송받은 데이터를 송신측과 합의된 제수로 나눈다. 역시 Modulo-2연
산으로 이루어진다.

② 연산결과 나머지가 0이 된다면 정확한 값을 전송받은 것이 된다. 즉, [그림 10-8]은 나
머지가 0이 되었으므로 정확한 값을 전송받은 것이다.

③ 그렇지 않다면 에러가 있으므로 재전송 요청을 하게 된다.

⑤ 하드웨어로 구성된 CRC

전형적인 데이터 통신에서는 CRC 비트를 생성하기 위해 하드웨어로 구성된 시프트 레지스
터(Shift Register)로 되어 있으며, 사용하는 제수는 생성 다항식(generator polynomial)
형식으로 만들어 사용하고 있다. 시프트 레지스터는 생성 다항식의 차수(degree)와
Exclusive-OR 요소들과 같은 구성으로 되어 있다. 이렇게 CRC 비트 생성을 하드웨어로
구현한 이유는 컴퓨터가 가장 빨리 할 수 있는 연산이 시프트 연산이기 때문이다. 사용하는
생성 다항식에 따라 국제 표준으로 CRC-16, CRC-CCITT, CRC-32 등이 사용되고 있다.

데이터 비트가 101110이고, 제수가 1001을 사용한다고 할 때 CRC 비트는 얼마이고, 수신 측으로 전송할 데이터는 얼마인가?

| 풀이 |

먼저 제수가 1001에서 4 bits이므로, CRC 비트가 3 bits임을 알 수 있다. 따라서 101110에 3개의 0을 추가하면 101110000이 된다. 이제 이 값을 아래와 같이 제수인 1001로 나누게 된다.

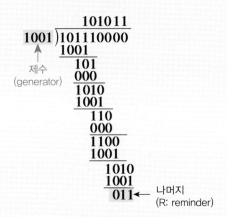

결과에 의해서 나머지는 0110이 되고, 이것이 CRC 비트가 된다. 이것을 원래 데이터의 끝 부분에 추가하여 전송하게 되는데 수신측으로 전송할 데이터는 101110011이 된다.

CRC-16

CRC-16으로 생성되는 BCC 값은 16비트가 된다. 또한 생성다항식은 $x^{16}+x^{15}+x^2+1$이다. 이 생성다항식은 앞서 보았던 제수인데, 이것을 제수로 표현하면 생성다항식의 각각의 차수의 값이 '1'인 비트 열이 된다. 즉, 제수는 $1100000000000101_{(2)}$로 표현된다. 집단에러 검출은 최대 16비트길이까지 검출할 수 있으며, 또한 에러의 집단이 16비트보다 큰 경우는 99% 이상의 확률로 에러검출이 가능하다. [그림 10-9]에 송신측에서 16비트 데이터 워드 ("1" 다음에 15개의 "0"이 온다)를 사용한 BCC 값을 보여주고 있다.

- 최초의 레지스터는 모두 제로("0")로 해둔다.
- 16비트 데이터워드가 레지스터의 입력이 된다.
- 시프트를 행하기 전에 최초의 데이터 비트(1)를 레지스터의 LSB(0)와 Exclusive-OR 회로에 도입한다.
- 직렬 몫(Serial Quotient)에는 1이 되며, 회로에서 보는 바와 같이 각 Exclusive-OR 회

로와 연산이 되어 각 레지스터에 삽입된다.

- 이러한 과정이 16비트의 데이터 워드에 대하여 반복된다.

[그림 10-10]는 수신측에서 수신 데이터에서 처리를 행하는 경우의 BCC 처리 과정을 보이고 있다.

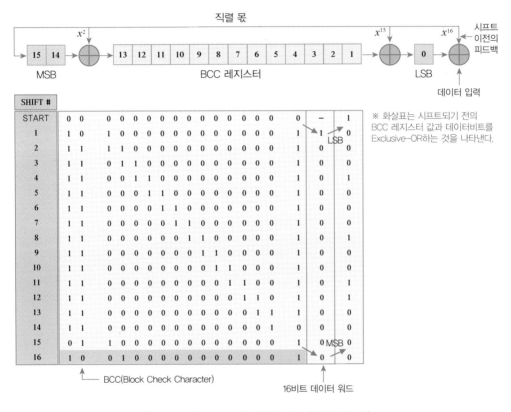

[그림 10-9] CRC-16을 사용한 BCC 축적(송신순서)

여기에서 데이터 및 BCC 생성과정은 [그림 10-9]와 동일하다. [그림 10-10]에 있어서 생성과정은 시프트번호 16까지 [그림 10-9]에 표시한 경우와 같고, [그림 10-10]에서 시프트번호 17부터는 BCC가 데이터 입력에 LSB를 선두로 보내는 것으로부터 시작된다. 바르게 전송된 BCC의 결과는 처리 후에 모두 "0"으로 되어 BCC 레지스터에 나타난다. 실제로는 송신 BCC와 수신측에서 처리한 것을 비교한 것이 된다. 비교결과가 올바른 경우의 나머지는 "0", 즉 BCC 레지스터의 내용은 모두 "0"이 된다.

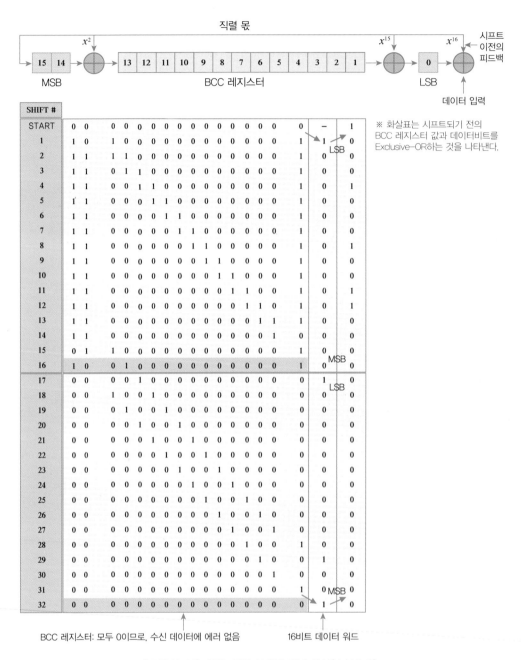

직렬 몫

x^2 · · · x^{15} · · · x^{16} · · · 시프트 이전의 피드백

| 15 | 14 | ⊕ | 13 | 12 | 11 | 10 | 9 | 8 | 7 | 6 | 5 | 4 | 3 | 2 | 1 | ⊕ | 0 | ⊕ |

MSB BCC 레지스터 LSB

데이터 입력

※ 화살표는 시프트되기 전의 BCC 레지스터 값과 데이터비트를 Exclusive-OR하는 것을 나타낸다.

SHIFT #	15	14	13	12	11	10	9	8	7	6	5	4	3	2	1	0		
START	0	0	0	0	0	0	0	0	0	0	0	0	0	0	0	0	–	1
1	1	0	1	0	0	0	0	0	0	0	0	0	0	0	0	1	1	0
2	1	1	1	1	0	0	0	0	0	0	0	0	0	0	0	1	0	0
3	1	1	0	1	1	0	0	0	0	0	0	0	0	0	0	1	0	0
4	1	1	0	0	1	1	0	0	0	0	0	0	0	0	0	1	0	1
5	1	1	0	0	0	1	1	0	0	0	0	0	0	0	0	1	0	0
6	1	1	0	0	0	0	1	1	0	0	0	0	0	0	0	1	0	0
7	1	1	0	0	0	0	0	1	1	0	0	0	0	0	0	1	0	0
8	1	1	0	0	0	0	0	0	1	1	0	0	0	0	0	1	0	1
9	1	1	0	0	0	0	0	0	0	1	1	0	0	0	0	1	0	0
10	1	1	0	0	0	0	0	0	0	0	1	1	0	0	0	1	0	0
11	1	1	0	0	0	0	0	0	0	0	0	1	1	0	0	1	0	1
12	1	1	0	0	0	0	0	0	0	0	0	0	1	1	0	1	0	1
13	1	1	0	0	0	0	0	0	0	0	0	0	0	1	1	1	0	1
14	1	1	0	0	0	0	0	0	0	0	0	0	0	0	1	0	0	0
15	0	1	1	0	0	0	0	0	0	0	0	0	0	0	0	1	0	0
16	1	0	0	1	0	0	0	0	0	0	0	0	0	0	0	1	0	0
17	0	0	0	0	1	0	0	0	0	0	0	0	0	0	0	0	1	0
18	0	0	1	0	0	1	0	0	0	0	0	0	0	0	0	0	0	0
19	0	0	0	1	0	0	1	0	0	0	0	0	0	0	0	0	0	0
20	0	0	0	0	1	0	0	1	0	0	0	0	0	0	0	0	0	0
21	0	0	0	0	0	1	0	0	1	0	0	0	0	0	0	0	0	0
22	0	0	0	0	0	0	1	0	0	1	0	0	0	0	0	0	0	0
23	0	0	0	0	0	0	0	1	0	0	1	0	0	0	0	0	0	0
24	0	0	0	0	0	0	0	0	1	0	0	1	0	0	0	0	0	0
25	0	0	0	0	0	0	0	0	0	1	0	0	1	0	0	0	0	0
26	0	0	0	0	0	0	0	0	0	0	1	0	0	1	0	0	0	0
27	0	0	0	0	0	0	0	0	0	0	0	1	0	0	1	0	0	0
28	0	0	0	0	0	0	0	0	0	0	0	0	1	0	0	1	0	0
29	0	0	0	0	0	0	0	0	0	0	0	0	0	1	0	0	1	0
30	0	0	0	0	0	0	0	0	0	0	0	0	0	0	1	0	0	0
31	0	0	0	0	0	0	0	0	0	0	0	0	0	0	0	1	0	0
32	0	0	0	0	0	0	0	0	0	0	0	0	0	0	0	0	1	0

LSB ··· MSB ··· LSB ··· MSB

BCC 레지스터: 모두 0이므로, 수신 데이터에 에러 없음 · · · 16비트 데이터 워드

[그림 10-10] CRC-16을 사용한 BCC 생성(수신순서)

CRC-CCITT

CRC-CCITT는 유럽 시스템들의 표준 BCC로 널리 이용되고 있는 방식으로 이때 생성된

BCC 값은 16비트이다. 생성다항식은 $x^{16}+x^{12}+x^5+1$이다. 이 방식에 의하면 집단 오류의 검출은 최대 16비트 길이까지 된다. [그림 10-11]은 16비트의 데이터워드("1" 다음에 15개의 "0"이 온다)를 사용한 BCC 값을 표시하고 있다.

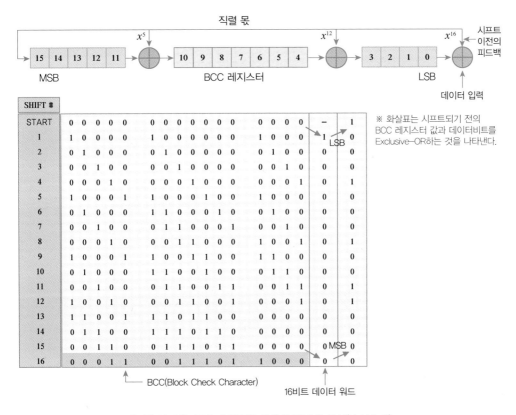

[그림 10-11] CRC-CCITT를 사용한 BCC의 생성(송신순서)

CRC-32

CRC-32에서 생성된 BCC 값은 32비트이다. 생성다항식은 $x^{32}+x^{26}+x^{23}+x^{16}+x^{12}+x^{11}+x^{10}+x^8+x^7+x^5+x^4+x^2+x+1$이다. 이 방식에 의하면 집단 오류의 검출은 최대 32비트 길이까지 된다.

| 미니요약 |

CRC는 전체 블록 검사를 할 수 있으며 이진 나눗셈을 기반으로 하므로 패리티 검사보다 효율적이고 에러 검출 능력이 뛰어난 방법이다.

CRC 사용 분야

국제 표준으로 되어 있는 CRC-16, CRC-CCITT, CRC-32의 사용분야는 서로 다르다. 크게 WAN에서는 CRC-16, CRC-CCITT를 주로 사용하고 있으며, LAN에서는 CRC-32를 사용하고 있다. 따라서, HDLC는 CRC-CCITT를 IBM에서 만든 SDLC는 CRC-16을 사용하고 있으며, IEEE802표준인 이더넷과 토큰링은 CRC-32를 사용하여 에러를 검출하고 있다.

(4) 검사합(Checksum)

데이터의 정확성을 검사하기 위한 용도로 사용되는 방법이다. 데이터의 전송이 제대로 되었는지를 확인하기 위해 전송 데이터의 맨 마지막에 앞서 보낸 모든 데이터를 다 합한 합계를 보수화하여 보낸다. 수신측에서는 모든 수를 합산하여 검사하는 방법이다.

① 송신측 동작과정

검사 합의 에러검출코드 생성방법은 데이터를 분할하는 데에서 시작된다. 다음은 검사 합의 에러검출코드 생성 및 삽입과정이다.

① 송신측에서 검사 합을 연산할 때는 데이터 단위를 n(보통은 16)개의 비트로 이루어진 세그먼트로 나눈다.
② 이 세그먼트들은 전체 길이도 또한 n비트가 되도록 1의 보수 연산을 이용하여 함께 더해진다.
③ 전체 합은 보수화되고 원래 데이터 단위의 끝에 덧붙여진다.
④ 이렇게 확장된 데이터 단위는 네트워크를 통해 전송된다.

이 과정은 [그림 10-12]와 같으며 다음은 이에 대한 설명이다.

① 데이터 단위는 각각 n비트인 k개의 세그먼트로 나눈다.
② 세그먼트 1과 2는 1의 보수를 이용하여 더해진다.
③ 세그먼트 3은 이전 단계의 결과에 더해진다.
④ 같은 방식으로 세그먼트 k가 이전 단계의 결과에 더해질 때까지 반복한다.
⑤ 최종 결과는 보수화한다.
⑥ 보수화한 결과를 송신 데이터의 끝에 추가한다.

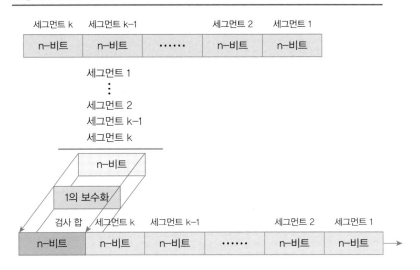

[그림 10-12] 검사합의 동작과정

② 수신측 동작과정

수신측이 [그림 10-13]와 같이 송신측이 삽입한 검사 합을 포함하여 모든 세그먼트들을 더하고, 그 값을 1의 보수화했을 때 0이 나오지 않으면 에러가 발생했음을 알 수 있다.

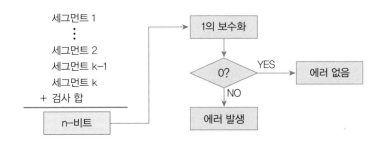

[그림 10-13] 에러 검출 과정

이러한 동작과정이 이루어질 수 있는 것은 송신측에서 검사 합을 최종 삽입할 때 1의 보수를 삽입하기 때문에 원래의 세그먼트들의 합을 더해주면 1이 되기 때문이다.

③ 동작 예

다음은 검사 합의 간략한 예이다.

송신측에서 전송하고자 하는 데이터가 (11100101, 01100110, 11100110)이라고 할 때, 송신
측은 [그림 10-14]와 같은 검사 합을 생성한다.

$$
\begin{array}{r}
11100101 \\
+01100110 \\
\hline
01001011
\end{array}
\qquad
\begin{array}{r}
01001011 \\
+11100110 \\
\hline
00110001
\end{array}
$$

1의 보수 값 = 11001110

[그림 10-14] 검사 합의 계산과정

이제, 이를 전송받은 수신측에서 확인하는 과정을 보자. 전송받은 데이터는 (11001110,
11100101, 01100110, 11100110)이 된다. 그럼 모든 값을 더해보자.

$$
\begin{array}{r}
11100101 \\
+01100110 \\
\hline
01001011
\end{array}
\qquad
\begin{array}{r}
01001011 \\
+11100110 \\
\hline
00110001
\end{array}
\qquad
\begin{array}{r}
00110001 \\
+11001110 \\
\hline
11111111
\end{array}
$$

1의 보수 값 = 00000000

[그림 10-15] 검사 합의 에러검출 과정

[그림 10-15]에서 보는 바와 같이 모든 세그먼트 값의 합의 1의 보수값이 0이 되었다. 이
것은 데이터 전송이 올바르게 되었다는 의미가 되고, 수신측은 해당 데이터를 받아들이게
된다.

| 미니요약 |

검사 합은 데이터 단위를 세그먼트로 나누어 에러 검출을 수행하는 방법이다.

예제 검사 합과 CRC를 사용하는 프로토콜에는 어떠한 것들이 있는지 조사하라.

| 풀이 |

프로토콜은 각각의 특성에 따라 주로 CRC나 검사합을 사용한다. 〈표 10-2〉에서 볼 수 있듯이 대부분
의 데이터링크 프로토콜들은 CRC를 사용한다. 이는 데이터링크 계층의 에러에 대한 신뢰성 확보를

위한 것이다. CRC가 검사 합에 비해 복잡한 에러 제어 방법이지만 데이터링크 계층은 이미 하드웨어로 대부분 구성되어 있어 CRC를 사용하여도 빠른 연산을 수행할 수 있다. 반면 상위 계층에서는 CRC와 같은 복잡한 에러 제어 방법보다는 쉽고 빠른 검사 합을 사용한다.

TCP(Transmission Control Protocol)와 UDP(User Datagram Protocol)는 신뢰성 측면에서 상당한 차이를 보인다. 에러 제어의 관점에서 보았을 때에는 TCP의 검사 합은 의무적인 반면, UDP의 검사 합은 선택적이다. UDP는 검사합 필드의 모든 비트들을 0으로 하여 0x0000으로 전송하면 검사 합을 사용하지 않는다는 것을 뜻한다. UDP의 이러한 성질은 데이터 송·수신에 있어 신뢰성을 떨어뜨리는 반면 신속성을 부가할 수 있다. 이러한 방법은 IPX(Internetwork Packet eXchange)에도 쓰이는데, IPX는 모든 비트를 1로 설정하여 0xFFFF로 전송하면 검사 합을 사용하지 않는다는 것을 뜻한다.

〈표 10-2〉 프로토콜별 에러 제어 방법

계층	프로토콜	에러 제어 방법
데이터링크	HDLC	2byte CRC
	IEEE 802.2/802.3	4byte CRC
	Ethernet	4byte CRC
	SLIP	없음
	PPP	2byte CRC
네트워크	IP	2byte checksum
	IPX	2byte checksum
전송	TCP	2byte checksum
	UDP	2byte checksum

10.1.2 에러 복구(Error Recovery)

에러 복구 기법의 기본은 재전송을 요청하는 것이다. 우선 수신측은 수신 받은 데이터에 대한 에러 검출과정을 수행한다. 이때 에러가 검출되면 송신측에 재전송을 요청하게 되는데 데이터가 재전송됨으로써 수신측은 에러 없는 데이터를 수신하게 되어 에러를 복구하게 된다. 이러한 일련의 과정을 ARQ(Automatic Repeat reQuest)라고 한다. 간략히 얘기하자면 ARQ는 수신측에서 에러가 검출된 데이터에 대하여 재전송을 요청하는 것이다. ARQ 방식은 크게 Stop-and-Wait ARQ 방식과 Sliding Window라는 버퍼를 사용하는 연속적인 ARQ(Continuous ARQ)로 나누어지고, 연속적인 ARQ 방식은 다시 Go-back-N ARQ와 Selective-repeat ARQ 방식으로 나누어진다.

(1) Stop-and-Wait ARQ(Idle RQ)

Stop-and-Wait 방식은 가장 고전적인 방식으로 송신측이 하나의 프레임을 전송하면 수신측에서는 해당 프레임의 에러유무를 판단하여 에러가 없을 경우 송신측에 ACK(Acknowledgement)를 전송하고, 에러가 있을 경우에는 NAK(Negative-Acknowledgement)를 전송하여 송신측으로부터 재전송을 유도하는 방식이다.

미니강의 ACK(Acknowledgments)

ACK는 수신응답의 긍정적 의미로 사용된다. 그러나 요즘 LAN(Local Area Network)이나 WAN(Wide Area Network)에 관계없이 신뢰도가 상당히 높기 때문에 ACK를 사용할 필요성이 거의 없다. 사용한다고 해도 프레임의 그룹을 대상으로 포괄적 수신확인(inclusive acknowledgement)과 같은 방식을 사용하며 그 빈도도 상당히 낮은 편이다.

더욱이 TCP/IP의 TCP는 자체적으로 타이머(timer)를 갖고 있으며 TCP의 패킷을 전달할 때 각각의 타이머가 동작하여 타임아웃을 일으키게 되면 패킷 재전송이 자동으로 이루어지기 때문에 보통 'ACK를 예측한다(Expectational Acknowledgment)'라고 말한다.

---

① 특징

Stop-and-Wait ARQ의 특징은 다음과 같다.

- ARQ 방식 중에 가장 간단한 형태이다.
- 한 번에 한 개의 프레임만 전송이다.
- 한 개의 연속적인 블록이나 프레임으로 메시지를 전송할 때 효율적이다.
- 전송되는 프레임의 수가 한 개이므로 송신측이 기다리는 시간이 길어져 전송효율이 떨어질 수 있다.
- 송·수신측 간의 거리가 멀수록 각 프레임 사이에서 응답을 기다리는 데에 낭비되는 시간 때문에 효율은 떨어진다.

② 동작과정

이 방식에서 송신측은 각 프레임을 보낸 후에 확인응답(ACK 또는 NAK)이 올 때까지 다음 전송을 중지하고 기다린다. 이때 수신측은 수신 프레임에 대하여 에러검사를 수행하고 에러가 없으면 ACK를 송신하고, 에러가 있으면 NAK를 송신한다. 송신측에서는 NAK를 수신할 경우 프레임을 재전송해야 한다. 이 경우 버퍼의 크기는 전송해야 할 데이터 블록 중 가장 큰 것을 수용할 수 있어야 한다. 만일 에러가 계속하여 발생한다면 재전송도 계속하여 이루어져야 할 것이다. [그림 10-16]에서 2번 데이터에 대해 수신측에서 에러를 감지하고 NAK를 보냄으로써 재전송을 요청하게 된다. 송신측은 0번 데이터에 대해 재전송을 하게 된다.

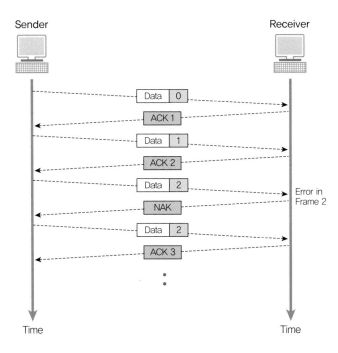

[그림 10-16] Stop-and-Wait ARQ의 동작과정

Stop-and-wait 방식은 [그림 10-16]과 같이 데이터 채널을 통해 수신된 메시지 블록을 디코드하여 제어신호가 생성되고 역 채널을 통해 전송되는 데에 소요되는 시간 동안 대기 상태에 머무르게 된다. 이러한 오버헤드는 효율성을 상당히 저하시키며 이러한 ARQ 방식에서는 보통 매우 긴 데이터블록을 사용하는 것이 유리하다.

| 미니요약 |

Stop-and-Wait 방식은 송신측에서 각 프레임을 하나씩 보내고 수신측으로부터 확인 응답을 받는 방식이다.

Stop-and-wait ARQ 방식의 다른 사례

Stop-and-wait ARQ 방식의 또 다른 사례를 보면 첫 번째, [그림 10-17]과 같이 송신측에서 전송되는 프레임이 손실된 경우와 두 번째, [그림 10-18]과 같이 수신측에서 전송하는 ACK 데이터가 손실된 경우를 생각할 수 있다.

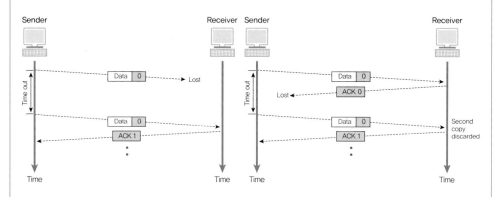

[그림 10-17] 프레임 손실된 경우   [그림 10-18] ACK 데이터 손실된 경우

[그림 10-17]과 같이 프레임가 손실된 경우에는 송신측은 항상 프레임 전송 후 그 프레임에 대한 ACK 데이터가 오기를 기다리면서 타이머를 작동시키는데, 타이머가 끝나도 ACK 데이터가 도착하지 않았을 경우 보낸 프레임이 손실되었다고 판단하고 재전송하게 된다.
또한 [그림 10-18]과 같이 ACK 데이터가 손실되었을 경우에도 타이머가 끝나도 오지 않기 때문에 프레임을 다시 재전송하게 된다.

(2) Go-back-N ARQ

Go-back-N ARQ는 연속적 ARQ(continuous ARQ)의 한 종류로, Stop-and-wait에서의 송신으로부터 응답을 받기까지 발생하는 오버헤드를 줄이기 위해 설계된 것이다. 이 ARQ 방식은 에러가 발생한 프레임부터 모두 다시 재전송하는 방식이다.

① 특징
Go-Back-N ARQ의 특징은 다음과 같다.

• 송신측은 확인응답이 올 때까지 전송된 모든 프레임의 사본을 갖고 있어야 한다.
• 송신측은 n개의 sliding window를 가지고 있어야 한다.

- 프레임에 순서번호를 삽입한다.
- 포괄적 수신확인을 사용하여 여러 개의 프레임에 대한 수신확인을 하나로 수행할 수 있다.
- 재전송시에 불필요한 재전송 프레임들이 많다.

② 동작과정

Go-Back-N ARQ는 여러 개의 프레임들을 순서번호를 붙여서 송신하고, 수신측은 이 순서번호에 따라 ACK 또는 NAK를 보내게 된다. NAK일 경우 해당 번호의 프레임부터 모두 재전송하게 된다.

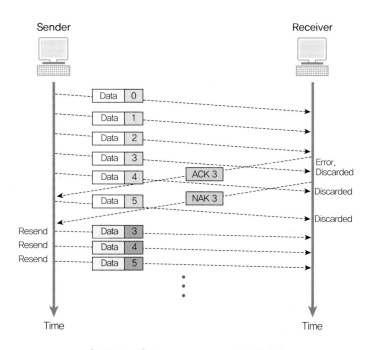

[그림 10-19] Go-back-N ARQ의 동작방식

[그림 10-19]에서 보는 바와 같이 Go-back-N ARQ 방식에서는 송신측이 1~5번 프레임까지 전송했지만 수신측에서는 3번 프레임에 대한 NAK를 송신측으로 전송했다(NAK3을 수신했을 때 송신측은 5번 프레임까지 전송이 완료되었다). 그러면 송신측은 3번 프레임부터 5번 프레임까지 모두 다시 재전송하게 된다. 이는 또 하나의 오버헤드가 되는 것이다.

Go-back-N ARQ 방식은 에러가 발생한 프레임부터 모두 다시 재전송하는 방식이다.

미니강의   Go-back-N ARQ 방식의 다른 사례

Stop-and-wait ARQ 방식과 마찬가지로 Go-back-N ARQ 방식의 다른 사례는 [그림 10-20]과 같이 데이터 손실과 [그림 10-21]의 ACK 데이터 손실로 나누어 생각해 볼 수 있다.

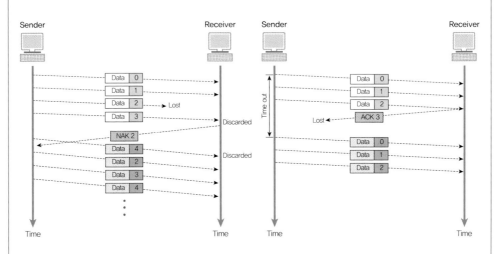

[그림 10-20] 데이터 손실된 경우   [그림 10-21] ACK 데이터 손실된 경우

[그림 10-20]과 같이 데이터가 손실된 경우에는 수신측은 0, 1번 프레임을 수신하고 2번을 기대하고 있는데 3번 프레임을 수신하게 되면 3번 프레임은 폐기되고 NAK2를 송신측으로 전송하게 된다(그때, 송신측은 4번 프레임까지 전송이 완료되었다). 그러면 송신측은 2번 프레임부터 4번 프레임까지 모두 다시 재전송하게 된다.

또한 [그림 10-21]과 같이 수신측 ACK가 타이머 완료 전까지 도착하지 않았을 경우 0번 프레임부터 다시 재전송하게 된다.

---

(3) 선택적 재전송(Selective Repeat ARQ)

선택적 재전송은 Go-back-N과 함께 연속적 ARQ를 대표하며 이들은 큰 차이점을 갖고 있다. 선택적 재전송은 Go-Back-N의 단점인 재전송시의 불필요한 대역폭 낭비를 줄이는

반면 버퍼사용으로 구현이 까다롭다. 이 방식은 에러가 발생한 해당 프레임만 재전송하는 방식이다.

① 특징

선택적 재전송의 가장 큰 특징은 Go-Back-N과 달리 순서에 영향을 받지 않는 윈도우 관리에 있다. 다음은 선택적 재전송의 특징들이다.

- 송신측과 수신측이 모두 n개의 동일한 크기의 Sliding-window를 갖고 있다.
- 수신측은 순서에 상관없이 프레임들을 받아들인다(버퍼 필요하다).
- 개별적인 수신확인도 가능하다.

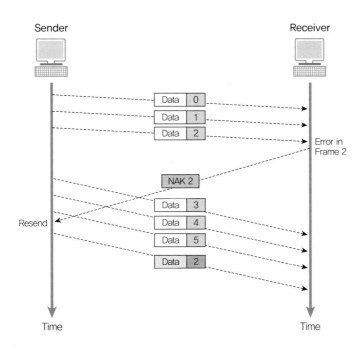

[그림 10-22] 선택적 재전송의 동작방식

② 동작과정

선택적 재전송은 Go-back-N과는 달리 에러가 검출된 프레임에 대한 개별적인 처리가 가능하다. 즉, Go-back-N이 에러에 해당하는 프레임과 그 이후의 모든 프레임에 대하여 재전송하는 것에 반해 선택적 재전송은 해당 프레임에 대해서만 재전송을 수행한다.

[그림 10-22]에서 보는 바와 같이 2번 프레임에서 에러가 발생하여 NAK2가 송신측으로 전송되었다. 그러면 송신측은 에러가 난 2번 프레임만 다시 재전송하게 된다. 수신측은 이미 3~5번 프레임까지 전송받고 2번 프레임을 다시 재전송 받았기 때문에 프레임을 순서를 다시 재배치해야 할 필요가 있다. 이를 위해서 수신측은 버퍼가 필요하다.

③ Go-back-N과 Selective Repeat ARQ 방식의 비교

Go-back-N의 수신측 버퍼 요구량은 단 하나의 프레임을 저장할 정도만 있으면 된다. 그 이후의 수신되는 프레임은 모두 이 하나의 버퍼를 거치게 되고, 이곳에서 순서번호를 검사하여 순서에 맞지 않는 것이 발견되면 그 이후의 모든 프레임에 대하여 폐기처분을 하고 재전송 요청을 하는 것이다. 그러나 선택적 재전송은 순서에 상관없이 입력받은 프레임을 송신측과 동일한 크기의 버퍼에 저장하며 잘못 수신되거나 수신되지 않은 프레임에 대해서만 재전송을 요청하게 되는 것이다. 이것은 Go-back-N에서 발생되는 불필요한 재전송 프레임의 수를 줄여 대역폭 낭비를 감소시킬 수 있으나 버퍼의 사용으로 다소 복잡하다는 단점이 있다.

〈표 10-3〉 Go-back-N과 Selective Repeat ARQ의 비교

항목	Go-back-N ARQ	Selective Repeat ARQ
Sliding-window	• 송신측만 갖고 있음 • 수신측은 수신버퍼 하나만 필요	• 송·수신측 모두 동일한 크기를 갖고 있음
수신확인	• 포괄적 수신확인 사용	• 개별적인 수신확인도 사용
재요청방식	• 에러발생 또는 잃어버린 프레임 이후의 모든 프레임을 재요청을 하거나 타임아웃으로 자동 재송신된다.	• 에러발생 또는 잃어버린 프레임에 대해서만 재요청 또는 타임아웃으로 인한 자동 재송신이 된다.
프레임 수신 방법	• 프레임의 송신순서와 수신순서가 동일해야 수신한다.	• 순서와 상관없이 윈도우 크기만큼의 범위 내에서 자유롭게 수신한다.
상위계층으로의 전달	• 수신 프레임이 순서적으로 들어올 때 하나씩 상위계층으로 올려 보낸다.	• 순서에 상관없이 수신하여 일정수의 윈도우만큼이 되면 전달
장·단점	• 구현이 간단하다. • 수신측 버퍼 사용량이 적다. • 재전송을 할 때 불필요한 대역폭 낭비가 크다.	• 구현이 복잡하다. • 버퍼 사용량이 크다. • 재전송 대역폭이 적다.

다음은 Go-Back-N ARQ와 선택적 재전송에서 재전송 요청이 발생했을 경우의 성능비교 문제이다. 송신측은 10개의 프레임을 동시에 전송할 수 있다. 이러한 환경에서 송신측이 프레임을 1개부터 10개까지 하나씩 증가시켜가면서 전송했다. 즉, 처음엔 1개, 다음엔 2개씩 전송하여 마지막에는 10개의 프레임을 한 번에 전송하였다. 그러나 항상 첫 번째 프레임에 에러가 발생하여 수신측은 재전송 요청을 하였다. 이 때 Go-Back-N ARQ와 선택적 재전송의 재전송 프레임 수에 대하여 비교하고 그래프를 작성하라.

| 풀이 |

- Go-Back-N ARQ: 에러가 발생한 프레임을 포함하여 그 이후에 전송된 모든 프레임을 재전송해야 한다. 즉, 4개의 프레임을 보냈고 첫 번째 프레임에서 에러가 발생하였다면, 4개의 프레임을 모두 재전송해야 한다.
- 선택적 재전송: 에러가 발생한 프레임에 대해서만 재전송을 하는 방식이다. 즉, 아무리 많은 프레임을 한 번에 보냈다고 해도 문제에서 첫 번째 프레임에 에러가 발생했다고 했으므로 첫 번째 프레임만 재전송해주면 된다.

〈표 10-4〉와 [그림 10-23]은 Go-Back-N ARQ와 선택적 재전송의 재전송 프레임 수를 표와 그래프로 나타낸 것이다.

〈표 10-4〉 재전송 프레임 수의 비교

전송된 프레임 수	재전송할 프레임 수	
	Go-Back-N ARQ	선택적 재전송
1개	1개	1개
2개	2개	1개
3개	3개	1개
4개	4개	1개
5개	5개	1개
6개	6개	1개
7개	7개	1개
8개	8개	1개
9개	9개	1개
10개	10개	1개

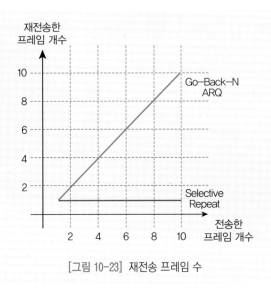

[그림 10-23] 재전송 프레임 수

10.1.3 전진에러정정(Forward Error Correction)

전진에러정정 기법은 송신측에서 보낸 프레임에 에러가 있으면 단순히 검출에 그치는 것이 아니라 수신측에서 그 에러를 정정하기 위한 기법이다. 전진에러정정 기법에는 크게 두가지 방법이 있다. 에러가 발생했을 때 해당 프레임을 재전송 요청하여 다시 수신하는 방법과 원래의 코드에 에러 정정용 코드를 삽입하는 방법이다. 전자는 다음에 나올 흐름 제어의 ARQ를 이용하는 것이며, 후자의 경우는 전진에러정정 기법인 FEC(Forward Error Correction)를 사용하여 비블록형 코드 또는 블록형 코드를 원래의 코드에 삽입하는 것이다. FEC를 사용할 경우 코딩이 복잡해지는 단점이 있으나 재전송으로 발생되는 대역폭의 낭비를 줄일 수 있는 장점이 있다. 그러므로 회선 전송시간이 긴 경우에는 FEC를 사용하는 것이 효율적이다.

일반적으로 에러 정정 코드는 에러 검출 코드보다 훨씬 복잡하고 많은 패리티 비트를 요구한다. 다중비트 에러나 폭주 에러를 정정하기 위해서는 부가적으로 필요한 비트의 수가 너무 많아서 비효율적이다. 그래서 대부분의 에러 정정은 수 비트내의 에러로 제한된다.

| 미니요약 |

에러 정정 기법은 수신측에서 에러가 있는 데이터를 수신 시에 이를 정정하기 위하여 수행하는 방법이다.

다음은 에러 정정 기법의 몇 가지 방법에 대하여 설명하겠다.

(1) 단일 비트 에러 정정(Single bit error correction)

에러 정정을 이해하기 가장 간단한 예로 단일 비트 에러에 대해 생각해 보자. 단일비트 에러는 앞서 말한 패리티 비트를 추가함으로써 에러의 유무를 검출해 낼 수 있다. 그러나 에러 검출뿐만 아니라 정정을 위해서는 어느 비트에 에러가 발생했는지를 알아야 한다. 예를 들어 ASCII 문자 상의 단일비트 에러를 정정하기 위해 에러 정정 코드는 7개의 비트 중 어느 비트가 변경되었는지를 찾아야 한다. 이러한 경우에 에러가 없는 경우부터 첫 번째 자리의 에러, 두 번째 자리의 에러, 이런 식으로 일곱 번째 자리의 에러까지의 8개의 다른 상태를 구별해야 한다. 이것은 8개의 상태를 나타내는 데 충분한 패리티 비트가 필요함을 의미한다.

그러나 패리티 비트 자체에 에러가 발생할 가능성도 있으므로 추가되는 비트에 대한 모든 가능한 에러 위치를 표시할 필요가 있다. 여기서 소개할 내용은 이러한 단일 비트 에러에 대하여 검출뿐만 아니라 해당 비트를 정정하는 작업까지 수행할 수 있는 방법이다.

| 미니요약 |

단일 비트 에러 정정은 수신된 데이터의 한 비트가 에러가 있을 시에 이를 정정하기 위한 기법이다.

(2) 해밍코드(Hamming Code)

해밍코드는 에러를 검출하는 데 필요한 잉여 데이터 비트들의 수를 최소화한 방법 중 하나로, 스스로 데이터의 에러를 검출하고 수정하는 에러 수정 코드이다. 이것은 수학자 리처드 웨슬리 해밍이 1940년대 벨전화 연구소에서 개발해 1950년에 펴낸 저서에 소개한 것이다. 해밍코드는 원래의 데이터들을 이용하여 연산한 결과를 덧붙여 수신측에서 에러를 검출하여 해당 비트를 정정할 수 있게 해준다. 다음의 연산과정을 보자.

[그림 10-24]는 전송하고자 하는 7비트 데이터(1100110)에 해밍비트(4bit)들이 더해져 모두 11개의 비트 코드이다. 그럼 해밍비트를 계산하는 과정을 보자.

[그림 10-24] 해밍비트가 포함된 데이터 비트

[그림 10-24]와 같은 코드가 전송된다고 할 때, [그림 10-25]와 같이 1의 값을 가진 비트들의 위치 값을 모두 Exclusive-OR하고, 그 결과를 해밍코드 자리에 추가한다. 일반적으로 7비트의 ASCII 문자를 전송하는 데 있어서 해밍코드가 추가될 자리는 2의 제곱승 자리(2^0, 2^1, 2^2, 2^3 자리)에 들어가게 된다.

Decimal	Binary
11	1011
10	1010
6	0110
5	$\oplus$ 0101
Exclusive-OR	0010

[그림 10-25] Exclusive-OR를 이용한 해밍비트의 계산

송신될 프레임의 최종 형태는 [그림 10-26]과 같이 된다.

11	10	9	8	7	6	5	4	3	2	1	위 치
1	1	0	0	0	1	1	0	0	1	0	데이터

[그림 10-26] 생성된 해밍비트가 추가된 모습

[그림 10-26]의 프레임을 수신한 수신측은 [그림 10-27]과 같이 송신측과 동일한 방법으로(1의 값을 가진 비트들의 위치값을 모두 Exclusive OR 연산한다) 수신 프레임 내의 에러를 검출한다.

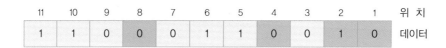

$$
\begin{array}{lll}
1011 \cdots 11 & & \\
1010 \cdots 10 & 0001 & \\
0110 \cdots\ 6 & 0110 & 0111 \\
0101 \cdots\ 5 & 0101 & 0101 & 0010 \\
0010 \cdots\ 2 & \oplus\ 0010 & \oplus\ 0010 & \oplus\ 0010 \\
\hline
 & & & 0000
\end{array}
$$

※ 결과 값이 0000이므로 에러가 없다.

[그림 10-27] 수신측의 에러 검출 방법

그러면 에러가 있는 프레임에 대해서는 어떠한 결과가 나오는지 보자.

[그림 10-28]은 [그림 10-26]과 비교했을 때 11번째 비트에 에러가 있음을 알 수 있다.

위 치	11	10	9	8	7	6	5	4	3	2	1
데이터	0	1	0	0	0	1	1	0	0	1	0

Decimal	Binary
10	**1010**
6	**0110**
5	**0101**
2	⊕ **0001**
Exclusive-OR	**1011**

※ 결과 값이 1011이므로 11번째 비트에 에러가 있다.

[그림 10-28] 11번째 비트에 에러가 발생한 경우

수신측은 송신측과 동일한 방법을 통하여 Exclusive-OR 연산의 최종 값을 얻어 내고, 이 값이 0이 아닐 경우 해당 값의 위치에 있는 비트에 에러가 있음을 판단하고 해당 에러를 정정한다.

해밍코드를 좀 더 정리해 보면 단일에러의 수정 및 다중 에러의 검출이 가능하다. 해밍코드는 데이터 비트 수에 따라 해밍 비트의 수가 결정되는데 다음과 같은 수식으로 가능하다.

$$2^m \geq n+m+1$$

n : 사용자 데이터의 크기(앞의 예에서는 7비트)
m : 해밍비트의 크기(앞에서는 4비트)

앞 식에서 일반적으로 데이터 비트의 수는 고정되며, 해밍비트 수는 조건을 만족하는 최소의 수로 정해진다. 따라서 앞서 설명한 예에서 데이터 비트 수가 7비트이면, 조건을 만족시키기 위해서 4비트의 해밍 비트가 필요한 것이다.

(3) 상승코드(Convolutional Code)

IS-95나 IMT-2000과 같은 이동통신에서 사용하는 비터비 코드(Viterbi code)와 터보코드(Turbo-code)가 상승코드의 예이다. 비터비 코드는 IS-95(CDMA)에 사용되었으며, 터보코드는 IMT-2000에서 사용되었다. 상승코드는 이들의 기본이 되는 이론이다. 상승코드는 현재의 입력이 과거의 입력에 대하여 영향을 받아 부호화되는 방법이며 비블록화 코드 중 하나이다. 다음은 상승코드를 구현함에 있어 기본적으로 필요한 요소들이다.

- 쉬프트 레지스터(shift register): 정보를 암호화할 때 사용되는 일종의 기억장치이다.
- 생성 다항식: 쉬프트 레지스터와 결과값을 연결할 때 사용되는 식이다.

출력은 원시 비트들을 시프트 레지스터를 통과시켜 modulo-2 가산기를 사용하여 전송비트를 만들어 내게 된다. [그림 10-29]는 상승화 인코더(Convolutional Encoder)를 도시한 것으로 $x=(x1, x2, \cdots, xL)$의 정보비트가 $y=(y1, y2, \cdots, yN)$의 전송비트를 생성하는 것을 보여 주고 있다. 여기서 가산기 1, 2, $\cdots$, v는 modulo-2 연산을 의미한다.

[그림 10-29]에서 쉬프트 레지스터의 개수를 k라 하고, 가산기의 개수를 v라 한다.

① 인코딩(encoding) 동작과정

① 모든 쉬프트 레지스터를 0으로 초기화한다.
② 각 입력측으로부터 한 비트씩 쉬프트 레지스터로 삽입된다.
③ 가산기는 쉬프트 레지스터의 값들을 modulo-2 연산을 통하여 계산한다.
④ 멀티플렉싱 스위치(multiplexing switch)는 가산기의 값을 차례로 하나씩 취한다.
⑤ 멀티플렉싱 스위치에서 취한 값들을 나열한 것이 출력값이 되며 이 값을 전송한다.

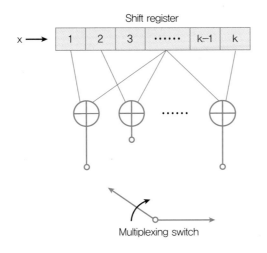

[그림 10-29] 상승화 인코더

② 인코딩 예

우선 [그림 10-30]을 보자. $k=4$, $L=1$, $v=5$이다. 즉, 쉬프트 레지스터는 4개, 입력 1개, 출력은 5개를 의미한다.

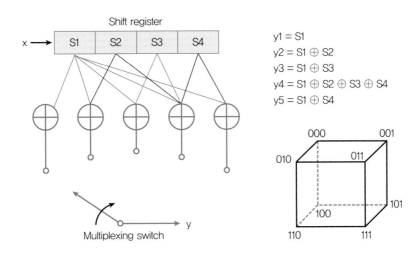

$y1 = S1$
$y2 = S1 \oplus S2$
$y3 = S1 \oplus S3$
$y4 = S1 \oplus S2 \oplus S3 \oplus S4$
$y5 = S1 \oplus S4$

[그림 10-30] $k=4$, $v=5$인 경우의 상승화 인코더

정보비트 x=(1, 1, 0, 1)이 쉬프트 레지스터에 입력된다고 하면 인코딩 과정은 다음과 같다.

① 초기 쉬프트 레지스터의 값이 모두 0이므로 입력 1이 들어가면 s=(1, 0, 0, 0)이 된다.

② 가산기는 각 s의 값을 계산하고, y=(1, 1, 1, 1, 1)이 출력된다.

③ 쉬프트 레지스터에 계속 값이 들어가면 s=(1000, 1100, 0110, 1011)이 된다.

④ s값에 대해서 전송되는 y값은 다음과 같이 된다.

$$y = (11111\ 10101\ 01101\ 11011)$$

③ 디코딩(decoding)

상승코드의 디코딩 방법은 경계값(Threshold) 디코딩과 순차적(sequential) 디코딩으로 구분된다. 전자는 적은 수의 에러를 포함하고 있는 짧은 코드에 적합하며, 후자는 에러 제어 방법이 더욱 강력하지만 복잡한 회로가 필요하게 된다. 이 중에서 순차적 디코딩은 Wozencraft에 의해 발명된 이래 계속 발전하여 앞으로 FEC 응용에서 주류를 이룰 것으로 기대된다.

기본개념은 디코딩 트리(decoding tree)를 만들어 놓고 이것을 따라가면서 가능성이 높은 코드단어를 찾아내는 것이다.

④ 디코딩 예

[그림 10-31]은 앞의 인코딩된 값에 대하여 수신측에서 디코딩할 때 사용되는 트리를 나타낸다. 디코딩은 다음과 같은 과정을 거친다.

① y=(11111 10101 01101 11011)이므로 처음의 11111이 입력되면 아래쪽으로 이동한다.

② 다음 값이 10100이므로 다시 아래쪽으로 이동한다.

③ 이렇게 y의 각 값을 따라가면 최종위치가 나온다.

④ 이때 아래로 내려가면 1의 값이고, 위로 올라가면 0의 값을 갖게 되는 것이다.

⑤ 이렇게 나온 값은 (1, 1, 0, 1) 즉 최초 전송된 정보비트 x=(1, 1, 0, 1) 값을 얻게 된다.

그럼 이제 에러가 있을 때의 디코딩 예를 들어보자. 다음의 r은 y가 전송 중에 변형된 경우이다.

$$y = (11111\ 10101\ 01101\ 11011)$$
$$r = (01101\ 10110\ 01101\ 11110)$$

이라고 하자.

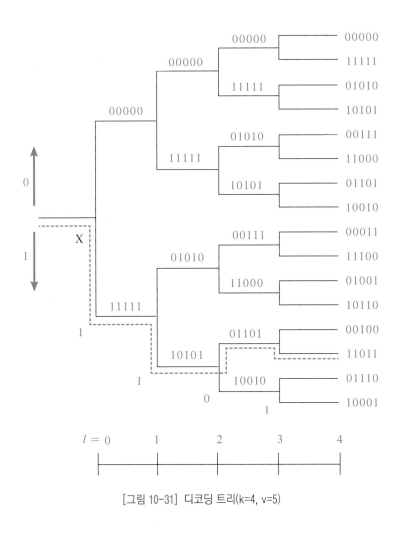

[그림 10-31] 디코딩 트리(k=4, v=5)

r이 디코딩 트리를 통과하게 되면 각 노드에서 어느 패스(path)로 갈 것인가는 해밍거리 (Hamming distance)를 보고 결정하게 된다. 만일 에러 없이 y가 디코더에 도달을 했다면 11111 10101 01101 11011 패스를 따라가서 최초의 정보비트가 (1101)이라는 것을 알게 된다. 그러나 앞의 r과 같은 에러가 발생한 비트들이 수신되었을 경우에는 다음과 같은 과정을

거친다.

① r의 처음 5비트가 l=0의 위치에 있는 노드에서 나뉘는 00000과 11111의 각각의 해밍거리를 비교하여 작은 쪽으로 패스를 결정한다. 00000과는 3비트의 차이가, 11111과는 2비트의 차이가 있으므로 11111쪽으로 내려간다.
② 두 번째 비트열 10110은 01010과 3비트, 10101과는 2비트이므로 내려간다.
③ 위와 같은 방법을 되풀이한다.
④ 마지막에 11111 10101 01101 11011을 거쳐 도달하게 되며, 이때 역시 정확한 x값을 얻게 된다.

〈표 10-5〉는 앞에서 살펴본 에러 검출 기법과 정정 기법의 특징을 간략히 정리한 것이다.

〈표 10-5〉 에러 검출 기법과 정정 기법의 특징

	종류	특징
에러 검출 기법	패리티 검사	• 한 블록의 데이터 끝에 한 비트를 추가하는 가장 간단한 방법 • 에러가 짝수 개 발생하게 되면 검출이 불가능
	블록 합 검사	• 각 비트를 가로와 세로로 두 번 관찰하여 데이터에 적용되는 검사의 복잡도를 증가시킴으로써 에러 검출능력 증대 • 하나의 데이터 단위 내에서 두 비트가 손상되고 다른 데이터 단위내에서 정확히 같은 위치의 두 비트가 손상되면 블록 합 검사는 에러를 검출하지 못함
	CRC	• 전체 블록 검사를 수행 • 이진 나눗셈을 기반으로 하므로 패리티 비트보다 효율적이고 에러 검출능력이 뛰어남
	Checksum	• 전송 데이터의 맨 마지막에 앞서 보낸 모든 데이터를 다 합한 합계를 보수화하여 보냄 • 수신측에서는 모든 수를 합산하여 검사하는 방법이다.
에러 정정 기법	단일 비트 에러 정정	• 에러를 정정하기 위해서는 에러위치를 파악해야 함 • 위치를 찾기 위한 패리티 비트를 추가
	해밍코드	• 데이터와 패리티 비트 간의 관계를 이용 • 각각 다른 데이터 비트들의 조합을 위한 패리티인 네 개의 패리티 비트 삽입
	상승코드	• 현재 값과 과거 값 사이의 상관관계에 의한 값을 얻는다. • 미리 약속된 디코딩 트리를 갖고 있어야 한다. • 해밍거리를 이용하여 에러에 대한 신뢰성을 갖는다.

우리말로는 '유효정보비트 전달속도'라고 한다. 이것은 ANSI(American National Standard Institute)에서 정의하여 권고하고 있다.

$$TRIB = \frac{\text{정보처리원이 수신한 정보비트수}}{\text{수신정보비트를 획득하는 데 소요되는 총 시간}} \times (1 - \text{재전송 확률})$$

이 관계식은 제어문자, 잉여비트, 제어신호를 기다리는 데 소요되는 시간, 그리고 재전송 등과 관련된 오버헤드를 버린 후의 유효시스템 효율(throughput)을 나타낸다.

10.1.4 에러 복구 및 정정 기법의 응용

앞서 보았듯이 에러가 발생한 데이터에 대한 복구 방법으로는 ARQ가 있으며, 정정 방법에는 FEC가 있다. 그렇다면 이 두 가지 방법 중 어떤 것을 사용하는 것이 효율적일까? 여기서는 그들의 특성을 알아보고 각각이 사용되었을 때 유용한 형태에 대한 고찰하겠다.

- ARQ 및 FEC의 차이점을 알아본다.
- 각각의 특성에 따른 응용에 대하여 학습한다.

(1) ARQ와 FEC를 이용한 에러 정정의 차이점

지금까지 우리는 ARQ와 FEC에 대하여 공부했다. ARQ는 에러 복구 방법의 기본 개념으로 사용되며, FEC는 에러 정정 이론으로 사용된다. ARQ는 원시프레임에 에러 검출기법을 사용하여 프레임 자체를 재전송하도록 유도하는 것과는 달리 FEC는 원시 프레임에 수신측에서 해석하여 에러를 정정할 수 있는 별도의 코드를 덧붙여서 전송하게 된다.

ARQ는 CRC를 이용하기 때문에 추가되는 코드의 양이 그리 크지 않는 장점을 가지지만 재전송 방식의 문제인 대역폭의 낭비를 초래할 수 있다는 단점을 갖고 있다.

반면 FEC의 장점은 재전송에 드는 대역폭이 필요 없다는 것이다. 수신측에서 에러정정코드를 이용하여 손상된 프레임을 복구하는 데 필요한 정보만 있다면 재전송을 요청할 필요가 없기 때문이다. 그러나 그러한 에러정정코드로 인한 중복(Redundancy)이 커지고 구현이 어렵다는 단점을 갖고 있다.

〈표 10-6〉 FEC와 ARQ의 장단점

	FEC(Forward Error Correction)	ARQ(Automatic Repeat reQuest)
장점	• 수신측에서 에러를 정정할 수 있다. • 재전송을 하지 않아 대역폭 관리에 효율적이다.	• 필드에 에러정정코드를 넣을 필요가 없어 구현이 비교적 간단하다. • 원시프레임의 크기에 CRC만 붙는다.
단점	• 에러정정코드의 삽입으로 원시프레임의 크기가 커진다. • 구현이 어렵다.	• 수신측이 자체 에러 정정을 못한다. • 재전송에 드는 대역폭 손실이 크다.

(2) ARQ가 적합한 응용

ARQ는 주기적으로 인터럽트(Interrupt)가 가능한 형식으로 전송하는 데이터 전송 응용이라 할 수 있다. ARQ는 FEC보다 경량이라는 장점 때문에 신속한 전송을 가능하게 한다. 다음은 ARQ가 적합한 응용 분야의 예이다.

• 종이 혹은 자기테이프장치는 전송된 메시지의 사본을 만들 수 있어 ARQ에 적합하다.
• ARQ의 응용에서는 어떤 코드의 검출능력이 실질적으로 그것의 수정 능력보다 더 커야 한다. 즉, 코드의 잉여도가 크지 않으면 ARQ 기법이 FEC보다 유리하다.
• ARQ는 데이터 자체에 대한 재전송을 요청하기 때문에 에러의 수와는 직접적인 상관관계가 없다. 따라서 에러가 집단적으로 발생하는 경우에 적합하다.
• 평균 비트 에러율이 현저하게 줄어든 현재의 네트워크에서는 경량의 ARQ가 FEC보다 적합하다.
• 간단한 패리티검사코드는 그 경제성으로 인하여 실시간 폴링에 사용된다.

(3) FEC가 적합한 응용

송신측과 수신측 사이에 인터럽트를 받지 않는 연속적인 형태로 데이터가 교환되는 응용에는 FEC가 적합하다. 이는 터미널이 버퍼가 없어도 되므로 외형적으로 버퍼가 구비될 수 없거나 경제성이 없을 때 적절하다. 다음은 FEC가 적합한 응용 분야의 예이다.

• 역 채널이 ARQ에 만족할 만한 사항이 아닐 경우 사용된다.
• 채널의 전파지연시간이 너무 길어 Stop-and-Wait ARQ가 부적합한 경우에 적절하며 FEC의 대안으로 연속적 ARQ를 사용할 수도 있다.
• 4800bps 이상 속도의 시분할 멀티플랙서(TDM: Time Division Multiplexer) 사이에서

의 전이중방식 전송은 데이터 전송과정에서의 인터럽트가 정상적으로는 허용될 수 없으므로 FEC의 사용이 적합하다.

(4) ARQ 또는 FEC 어느 것이나 이용될 수 있는 응용

두 가지 중 어느 쪽이나 사용할 수 있는 경우는 ARQ와 FEC의 설치에 필요한 모든 특성들을 만족시키는 경우이다. 일반적으로 FEC가 특별한 채널이나 터미널기기의 특성에 대한 요구사항이 더 적은데, 이는 FEC가 일반적으로 신호변환기 내에서 제공되기 때문이다. FEC를 선택하지 않는 주요한 이유는 기기에 소요되는 경비와 허용 가능한 에러율 등과 같은 사용자의 목적이나 또는 요구조건 때문이다. 반면에 ARQ가 선택되지 않는 주요 이유는 채널이나 터미널 장비의 제약 때문이고 경제성이나 에러율 등 사용자의 목적에 의한 것은 아니다.

어떠한 모드가 이용되든지 응용 상황에 따라 사용자는 유연하게 터미널 장비, 모뎀, 채널 등을 선택해야 하며 가능한 대안을 모두 검토하여야 한다. 또한 비트 에러율에 대한 사용자의 요구정도가 항상 적절히 유지되어야 하는데 이는 허용 가능한 에러율의 높고 낮음에 따라서 두 가지 중 한 가지가 더 적합한 것으로 선택되기 때문이다.

🔟.2 흐름 제어(Flow Control)

흐름 제어는 송신기가 확인 응답(ACK: Acknowledgement)을 기다리기 전에 보낼 수 있는 데이터의 양을 제한시키기 위해 사용되는 기법으로 다음과 같은 문제를 사전에 막기 위한 목적을 가지고 있다.

- 수신 장치에서 유입되는 데이터를 처리할 수 있는 속도보다 유입 속도가 빠르면 점차 버퍼에 쌓이게 되고 결국 버퍼를 초과하여 데이터의 손실이 생긴다.
- 데이터의 손실은 재전송을 유발하고 이는 네트워크의 자원을 낭비한다.

흐름 제어에 사용되는 방법으로는 Xon/Xoff, RTS/CTS, Sliding Window 기법 등이 있다.

10.2.1 Xon/Xoff

Xon/Xoff는 단순한 흐름 제어 통신 방법이다. Xon/Xoff는 ANSI/IA5 전송 문자 중 Ctrl-Q(DC1)와 Ctrl-S(DC3)로 표현된다. 주로 컴퓨터와 주변기기 간의 비동기 통신 제어에 사용되는 프로토콜이다. 또한 Xon/Xoff는 모뎀에서 데이터의 흐름 제어를 위해 사용되기도 한다.

(1) 특징

Xon/Xoff는 다음과 같은 특징을 가진다.

- 컴퓨터와 주변기기 간의 상이한 전송속도로 인해 발생되는 통신상의 문제를 해결한다.
- 부호화된 문자로 비트통신에서 인식되지 않을 가능성을 갖고 있다.
- 수신측이 송신측의 데이터 송신을 제어한다.

(2) 동작과정

[그림 10-32]를 보면서 Xon/Xoff의 동작과정에 대하여 살펴보자.

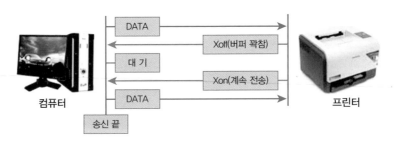

[그림 10-32] 컴퓨터와 프린터 간의 Xon/Xoff 동작과정

① 컴퓨터는 프린터에 출력할 데이터를 전송한다.

② 컴퓨터가 보내는 속도보다 프린터가 출력하는 속도가 느리기 때문에 프린터의 버퍼는 꽉 차게 될 것이고 이때 프린터는 Xoff를 보내어 컴퓨터의 송신을 잠시 멈춘다.

③ 버퍼에 여유가 생기면 프린터는 다시 컴퓨터에 송신을 하라는 Xon을 보낸다.

④ Xon을 받으면 컴퓨터는 데이터를 계속해서 송신한다.

⑤ 이러한 과정이 컴퓨터가 데이터를 모두 송신할 때까지 계속된다.

앞에서 설명한 특징과 같이 프린터가 자신의 버퍼 여분에 따라 컴퓨터의 송신을 제어하게 된다. 이러한 이유에서 Xon/Xoff는 수신측이 주가 되어 동작한다고 말하기도 한다.

10.2.2 RTS/CTS(Request To Send/Clear To Send)

RTS/CTS는 주로 EIA-232에서 사용되며, 모뎀을 이용해 서로 상이한 보오율(baud rate) 상에서 통신할 때 보오율을 맞추기 위하여 사용하기도 한다. 산업용 네트워크에서 주로 사용된다.

(1) 특징

RTS/CTS의 특징으로는 다음과 같다.

- 네트워크상의 통신이 없는 상황에서도 충돌을 방지하기 위해 상호간에 전송 예비신호를 보낸다.
- 특정 핀(pin)을 이용하여 원하는 신호를 전달한다.

(2) 동작과정

다음은 EIA-232에서의 예를 보인 것이다.

[그림 10-33]을 보면서 RTS/CTS의 동작과정에 대해 알아보자.

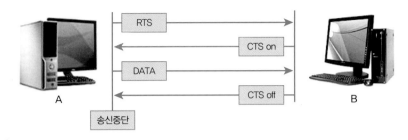

[그림 10-33] RTS/CTS의 동작과정

① A는 보내고자 하는 데이터가 있을 때 4번 핀을 이용하여 RTS를 set(raising:1)한다.

② B는 이에 받을 준비가 되었다는 CTS 5번 핀을 set(raising:1)하여 응답한다.

③ A는 응답을 받고, 2번 핀을 이용하여 실제 데이터를 전송하기 시작한다.

④ 이때 B측이 데이터를 더 이상 받지 않기를 원하면 5번 핀을 reset (lowering:0)한다.

⑤ A는 이를 알아채고 데이터 송신을 중단한다.

앞 과정에서 보면, 4번과 5번 핀은 RTS/CTS 신호를 각각 탐지(probing)하고 있어야 하며 데이터 전송은 2번 핀으로만 전송됨을 알 수 있다.

〈표 10-7〉은 Xon/Xoff와 RTS/CTS의 공통점과 차이점에 대하여 정리하였다.

〈표 10-7〉 Xon/Xoff와 RTS/CTS의 비교

	Xon/Xoff	RTS/CTS
공통점	• 데이터의 흐름을 제어한다. • 모뎀에서 송/수신 흐름 제어용으로 사용된다.	
차이점	• 흐름 제어를 문자형의 프로토콜을 사용하여 제어한다. • 수신측이 주가 된다.	• 흐름 제어에 물리적 신호를 사용한다.

10.2.3 Sliding-window(연속적 ARQ)

Sliding-window 방식은 Stop-and-Wait 방식의 단점인 송신측의 송신된 하나의 프레임과 수신측의 수신확인 프레임 간의 일대일 대응 방식을 탈피하기 위하여 송·수신측 간

에 버퍼(buffer)를 이용한 전송방식을 이용하며 수신측의 응답에 대하여 포괄적 수신확인 (inclusive acknowledgement)을 허용한다.

> | 미니요약 |
>
> 포괄적 수신확인(Inclusive Acknowledgement)은 수신측이 다수의 프레임에 대해 하나의 응답으로 수신확인을 전송하는 것이다. 예를 들어 수신측이 송신측으로부터 0번~4번까지의 프레임을 수신하였고, 모두 에러가 없는 정상적인 프레임이었다면 수신측은 송신측에 ACK5라고 보냄으로써 자신은 4번까지 잘 받았고 5번을 받을 차례라고 알리는 것이다.

(1) 특징

Stop-and-Wait의 단점을 보완한 Sliding-window의 특징으로는 다음과 같다.

- 수신측으로부터 응답 메시지가 없더라도 미리 약속한 윈도우의 크기만큼의 데이터 프레임을 전송한다.
- 송수신측 모두 같은 크기의 윈도우 크기를 갖는다.
- 수신측은 ACK를 이용하여 송신측 윈도우의 크기를 조절함으로써 전송 속도를 제한한다.

(2) 동작과정

[그림 10-34]의 예에서 최대 윈도우 크기는 8로 하였다(그림에서는 하나 작은 크기에 유의하자). 이는 0~7까지 순서번호가 매겨지고 다시 이 순서번호가 반복됨을 의미한다. 또한 시스템 A에서의 빗금 친 부분은 전송할 수 있는 프레임 수이고, 시스템 B의 빗금 친 부분의 왼쪽 흰 부분은 수신이 제대로 되었음을 의미하고, 빗금 친 부분은 수신할 수 있는 프레임의 수를 의미한다.

① 처음에 송신측과 수신측은 프레임 0(Data0으로 표현)으로부터 시작해서 7개의 프레임을 송신할 수 있는 윈도우를 가진다(윈도우 크기는 8이다).
② 송신측은 응답 없이 2개의 프레임(Data0, Data1)을 전송한 후, 윈도우를 5개로 줄인다. 따라서 송신측의 윈도우는 순서번호 2번 프레임으로부터 시작해서 6까지 5개의 프레임을 전송할 수 있음을 알 수 있다.
③ 수신측은 그러고 나서 ACK2(포괄적 수신확인)를 전송한다. 이는 "나는 1번 프레임까지

프레임을 잘 수신했고, 2번 프레임을 수신할 준비가 되어있다."라는 의미가 된다. 또한 이것은 "나는 2번 프레임부터 0번 프레임까지 7개의 프레임을 수신할 준비가 되어있다"라는 의미도 된다.

④ 이러한 응답을 받은 송신측은 2번 프레임부터 7개의 프레임을 전송할 수 있는 허가까지 받은 것이 된다. 송신측은 2번 프레임을 전송하고, ACK3을 받고, 다시 3, 4, 5번 프레임을 전송하게 되고, ACK6을 수신하게 된다.

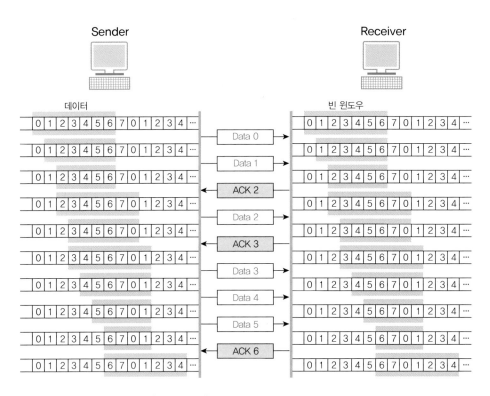

[그림 10-34] Sliding-window의 동작과정

| 미니요약 |

Sliding-window는 응답 메시지가 없더라도 미리 약속한 윈도우의 크기만큼의 데이터 프레임을 전송함으로써 효율을 개선한 방법이다.

흐름 제어는 수신측의 데이터 처리 능력에 맞춰 전송 흐름을 조절하는 것이다. 이는 불필요한 재전송을 막아 네트워크 자원의 낭비를 미연에 방지하여 높은 전송 효율을 얻기 위함이다. 각각의 특징을 요약하면 〈표 10-8〉과 같다.

〈표 10-8〉 Stop-and-Wait와 Sliding-window의 특징

종류	특징
Stop-and-Wait	• 송신측에서 각 프레임을 하나씩 보내고 수신측으로부터 확인 응답을 받는 방식 • 한 번에 한 개의 프레임만 전송 • 송신측이 기다리는 시간이 길어져 전송효율이 낮음
Sliding- window	• 확인 응답 없이 한 번에 약속된 윈도우 크기만큼 프레임 전송 • 한 번에 윈도우 크기만큼 프레임 전송 • 여러 개의 프레임이 동시에 전송되므로 전송 효율이 높음

미니강의 **에러 제어와 흐름 제어의 적용 예**

실제로 우리가 사용하는 HDLC(High-level Data Link Control), TCP(Transmission Control Protocol) 등의 프로토콜에 에러 제어가 어떻게 반영되어 있는지 알아보자.

① HDLC

11장에 자세히 언급할 HDLC는 에러 제어를 위해 CRC 프레임을 포함하고 있다. 또한 RR(Re-ceive Ready)이나 RNR(Receive Not Ready)을 사용하여 흐름 제어를 하고 있으며 Sliding-window로는 0~7번의 원형 윈도우를 블록단위로 사용한다.

② TCP

HDLC 프로토콜이 링크계층의 프로토콜인데 반해 TCP는 전송계층의 프로토콜이다. TCP는 16bit의 Checksum 필드를 이용해 에러 제어를 한다. 또한 HDLC와는 달리 ACK, NAK 그리고 비트단위의 Sliding-window(65536비트)를 이용하여 흐름 제어를 한다. 이때 송·수신측은 서로 윈도우 크기 광고(Window size advertisements)를 하여 그 크기를 맞춘다. 이를 통해 송·수신측의 데이터 흐름의 양을 조절해 준다.

앞에서 살펴본 것 이외에도 대부분의 프로토콜은 에러 제어를 위한 필드를 포함하고 있으며, 송·수신측 상호 간에 약속된 프로토콜에 따라 에러 제어를 수행한다.

요약

01 전송매체를 통해 데이터가 전송될 때 신호의 변화가 생기게 되는데, 정확한 데이터를 송수신하기 위해서는 에러 제어가 필요하다.

02 에러 제어에는 에러 검출, 에러 복구, 에러 정정의 기법들이 있다.

03 에러 검출은 송신측에서 보내고자 하는 원래의 정보 이외에 별도로 잉여분의 데이터를 추가함으로써 수행되는데, 패리티 검사, 블록 합 검사, CRC, Checksum 방법이 있다.

04 패리티 검사(Parity Check)는 한 블록의 데이터 끝에 한 비트를 추가하는 가장 간단한 에러 검출 기법이다.

05 블록 합 검사(Block Sum Check)는 이차원의 패리티를 검사하여 다중 비트 에러와 폭주 에러를 검출할 가능성을 높여 준다.

06 CRC(Cyclic Redundancy Check)는 이진 나눗셈을 기반으로 하므로 효율적이고 에러 검출 능력이 뛰어난 방법이다.

07 실제로 SDLC, HDLC, PPP는 CRC를 사용하고 있으며, TCP는 Checksum을 사용한다.

08 에러 복구(Error Recovery)는 수신측에서 수신데이터에 대한 에러 검출 과정을 거친 후 에러가 존재하면 자동으로 송신측에 재전송 요청을 하는 방법으로 Stop-and-Wait ARQ, Go-Back-N, 선택적 재전송이 있다.

09 에러 정정(Error Correction)은 에러가 발생하였을 때 단순히 검출에 그치는 것이 아니라, 그 에러를 정정하기 위한 기법이다.

10 에러 정정(Error Correction)의 방법에는 단일비트 에러 정정(Single bit Error Correction)과 해밍코드(Hamming Code) 그리고 상승코드(Convolutional code)가 있다.

11 수신 장치에서 유입되는 데이터를 처리할 수 있는 속도보다 유입 속도가 빠를 시에 데이터의 손실을 방지하고 네트워크의 자원 낭비를 막기 위해 흐름 제어(Flow Control)를 수행한다.

12 흐름 제어(Flow Control)에는 Sliding Window, RTS/CTS, Xon/Xoff가 사용된다.

13 Sliding Window는 수신 스테이션으로부터 응답 메시지가 없더라도 미리 약속한 윈도우의 크기만큼의 프레임을 전송하고, 수신측에서는 확인(ACK) 메시지를 이용하여 송신측 윈도우의 크기를 조절함으로써 전송 속도를 제한하는 방법이다.

14 RTS/CTS(Request To Send/Clear To Send)는 EIA-232에 주로 사용되며, 물리적 신호를 이용하여 송수신 간의 충돌을 예방한다.

15 Xon/Xoff는 컴퓨터와 주변기기 간에 데이터 송·수신을 제어하며 문자형 프로토콜을 사용한다.

연습문제

01 전송 에러 제어 방식에서 에러 제어용 코드 부가 방식이 아닌 것은?
   a. 패리티 검사   b. Stop-and-Wait ARQ
   c. 블록 합 검사   d. 해밍코드

02 송신기가 ASCII 코드를 짝수 패리티를 사용하여 전송할 때 틀린 것은?
   a. 11100011   b. 00110011
   c. 11000110   d. 00111111

03 이차원의 패리티 검사방법으로 가로와 세로로 두 번 검사함으로써 검출 능력을 증가
   시킨 방법은?
   a. 패리티 검사   b. 블록 합 검사
   c. CRC   d. Checksum

04 ARQ 방식에서는 송신측이 데이터를 송신한 후 수신측의 응답을 확인하여 에러 발생
   유무를 검사한다. 이때 긍정적인 확인 응답은?
   a. NAK   b. ACK
   c. SDH   d. QCK

05 다음 중 에러를 검출하기 위한 방법이 아닌 것은?
   a. 패리티 검사   b. CRC
   c. Checksum   d. 해밍코드

06 ASCII 문자 전송 시에 H를 전송하였는데 I를 수신하였다면 어떤 에러의 종류인가?
   a. Single-bit error   b. Multi-bit error
   c. Burst error   d. Random error

07 Go-Back-N ARQ에서 7번 프레임까지 전송하였는데 수신측에서 4번 프레임에 에러가 있다고 재전송 요청을 해 왔다. 재전송되는 프레임의 개수는?

a. 1 b. 2
c. 3 d. 4

08 Go-Back-N ARQ에서 Sliding-Window를 갖고 있는 측은?

a. 송신측 b. 수신측
c. 송신측과 수신측 모두 d. 없다.

09 해밍코드를 이용하여 에러 복구를 수행하는데, 1이 있는 비트의 위치 값을 모두 Exclusive-OR한 결과가 (0010)이 나왔다. 에러가 발생한 비트는?

a. 2 b. 4
c. 5 d. 8

10 다음 중 에러 정정 기법이 아닌 것은?

a. 단일 비트 에러 정정 b. 해밍코드
c. CRC d. 상승코드

11 10011010의 데이터에 대하여 1의 보수를 취하면 어떻게 변화되는가?

12 짝수 패리티를 사용하는 송신측이 패리티 비트를 연산하려 한다. 다음 데이터의 패리티 비트는?

(1) 1010011
(2) 0110110
(3) 1100100

13 송신될 데이터가 10010101이다. 이것을 생성 다항식으로 표현하라.

14 짝수 패리티를 사용하는 블록 합 검사방식에서 다음과 같은 데이터 블록을 수신하였다. 몇 번째 비트에서 에러가 발생하였는가?

| 01001011 | 11011010 | 01101000 | 11011011 |

15 송신측으로부터 (11000110000)의 프레임이 수신되었다. 이 프레임엔 다음과 같은 위치에 해밍코드가 삽입되었다고 가정한다.

$(2^3, 2^2, 2^1, 2^0)$

수신된 위 프레임을 해밍코드(Exclusive-OR)를 이용하여 검사했을 때 에러가 있는지 판단하고 있다면 몇 번째 비트에서 에러가 발생했는지 설명하라.

16 상승코드를 사용하는 네트워크에서 송신측이 전송한 데이터는 (01110)이었다. 그러나 수신측이 수신한 데이터는 (01010)으로 상이했다. 이때, 해밍거리를 계산하라.

17 Go-Back-N과 Selective Repeat에 대하여 비교·설명하라.

18 연속적 ARQ 방식에서 에러가 발생한 프레임을 포함하여 그 이후에 전송한 프레임을 모두 재전송하는 방식은?

19 다음과 같은 특징을 갖는 에러 제어 방법은 무엇인가?

- 수신측에서 에러를 정정할 수 있다.
- 재전송을 하지 않아 대역폭 관리에 효율적이다.
- 구현이 어렵다.
- 에러 정정코드의 삽입으로 원시프레임의 크기가 커진다.

20 Sliding-window에서 수신측이 송신측의 전송속도를 조절하기 위한 방법으로 사용되는 것은?

| 참고 사이트 |

- http://www.rad.com/networks/1994/err_con/err_ctl.htm: 에러 제어에 관한 간략한 설명과 헤밍코드등의 실제 에러 정정코드들의 설명
- http://www.nwfusion.com/netresources/0913flow.html: 흐름 제어에 대한 정보를 제공
- http://intranets.about.com/: 네트워크에 대한 각종 문제점들의 해결 방안 등을 제시하고 각종 용어에 대한 상세한 설명
- http://www.networkmagazine.com: 현 네트워크 업계의 흐름을 꿰뚫어 볼 수 있는 정보를 제공

| 참고문헌 |

- Uyless Black(정진욱 역), *Computer Networks*, 2nd ed, Prentice-Hall(희중당), pp31~62, 1994
- James F. Kurose, Keith W. Ross, *Computer Networking*, Addison-Wesley, pp96~207, 2000
- Nathan J. Muller, *Desktop Encyclopedia of Telecommunications*, McGRAW-HILL
- Behrouz A. Forouzan, *Data Communications and Networking* 2nd ed, McGRAW-HILL, pp273~293, 2001
- Tom Sheldon, *Encyclopedia of Networking & Telecommunications*, McGRAW-HILL, 2001

CHAPTER

11

데이터링크 프로토콜

contents

데이터링크 프로토콜

앞서 살펴본 OSI 7계층에 대한 설명 중 우리가 살펴볼 데이터링크 계층에 대하여 간략히 설명하자면 데이터링크 계층은 네트워크 세그먼트 내에서 회선제어방식을 통해 데이터를 채널로 전송해주고 비트들 간의 동기 및 식별기능을 제공하고 전송의 신뢰성 보장을 위한 에러검출 및 복구와 더불어 흐름제어를 수행한다. 이 장에서는 이러한 기능을 제공하는 데이터링크 계층에서 사용하는 프로토콜의 종류와 동작에 대해서 살펴보기로 한다.

- 회선제어방식에는 어떤 것들이 있으며 이들의 구체적인 개념에 대하여 기술한다.
- 전송방법에 있어서 비동기식과 동기식 전송방법에 대한 개념을 이해한다.
- 비동기식과 동기식에 속하는 각종 프로토콜에 대해 알아본다.
- 그밖에 최근에 사용하는 프로토콜을 이해한다.

11.1 회선제어방식

회선제어방식은 크게 두 가지로 나눌 수 있는데 회선경쟁방식(contention-based system)과 폴링/셀렉션(Polling/Selection) 방식이 그것이다. 이 두 가지 방식을 선택하는 데 있어서 중요한 결정요소로 통신회선의 연결구조, 트래픽 레벨, 요구되는 응답시간 등을 고려해 선택하게 된다.

11.1.1 회선경쟁방식(Contention)

회선제어 형태 중 회선경쟁방식은 비교적 간단하다. 일반적으로 이러한 방식을 채택한 네트워크에서 터미널들은 회선제어경쟁을 통해 회선의 사용권을 얻게 된다. 회선경쟁방식의 특징 및 장·단점에 대하여 구체적으로 알아보자.

(1) 특징

터미널들의 의사를 수렴하는 호스트가 해당 터미널에 회선의 제어권을 주는 방식인 회선경쟁의 특징은 다음과 같다.

- 터미널들은 회선의 제어를 위하여 서로 경쟁한다.
- 터미널이 회선에 대한 제어권을 획득하게 되면 회선은 해당 터미널에 의해서 점유된다.
- 점대점(point-to-point) 방식에서 주로 사용된다.
- 일반 전화회선과 유사한 방식이다.

(2) 회선 제어권의 획득 과정

회선 제어권을 특정 터미널이 획득하는 방법은 먼저 터미널이 호스트로 사용 요청을 하면 호스트는 여분의 회선이 있는지를 점검하고 제어권을 줄 것인지 아니면 대기시킬 것인지를 결정하게 된다. 다음은 터미널이 호스트에 회선 제어권을 요청하고 획득하는 일련의 동작을 순서대로 설명한 것이다.

① 터미널이 전송할 데이터가 있으면 회선사용을 요청한다.
② 회선을 획득하면 터미널은 데이터를 전송한다.
③ 모든 회선이 점유상태에 있으면 터미널은 대기상태로 전이된다.
④ 대기상태로 전이되는 터미널은 호스트 컴퓨터의 통신제어 프로그램이 관리하며 일반적으로 대기행렬(queue)에 추가된다. 대기행렬은 FCFS(First-Come First-Serve) 방식이나 필요에 따른 우선순위 방식에 의해 터미널을 관리하기도 한다.
⑤ 회선이 점유상태에서 풀리게 되면 대기행렬에 있던 터미널 중에 관리방식에 따라 다음 터미널이 해당 회선을 점유하게 된다.
⑥ 회선을 점유한 터미널은 데이터를 전송한다.

[그림 11-1]은 터미널의 회선 획득 과정을 나타내고 있으며, 첫 번째 그림은 대기하는 터미널이 없을 경우 호스트가 터미널의 요청에 즉시 응답했을 때를 나타내고 두 번째 그림은 회선이 다른 터미널에 의해 사용 중일 때 대기행렬에 추가된 후 회선을 획득하는 과정을 나타내고 있다.

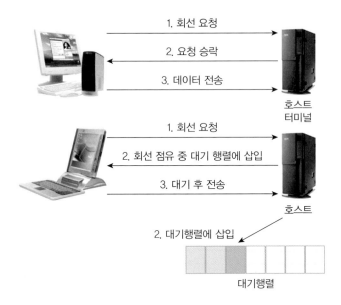

[그림 11-1] 터미널의 회선 획득 과정

(3) 장점

회선경쟁방식의 장점은 다음과 같다.

- 회선제어 형태 중 가장 간단한 방식이다.
- 위선통신과 같은 전파지연시간(propagation delay)이 큰 통신망에서 효율적이다.

(4) 단점

회선경쟁방식의 단점은 주로 다중점(multi-point) 회선에서 발생하는 문제점과 같다.

- 회선을 점유한 터미널이 실제로 데이터를 전송하고 있지 않아도 회선을 점유하고 있기 때문에 트래픽이 많은 네트워크에서는 비효율적이다.
- 다중점 회선 네트워크에서 두 개의 터미널이 동시에 회선 점유를 요청하는 경우 문제가 발생할 수 있기 때문에 회선경쟁방식은 주로 점대점 네트워크에서 사용된다.

> **미니강의** CSMA/CD
>
> 현재의 LAN에서 사용되는 CSMA/CD(Carrier Sense Multiple Access with Collision Detection) 방식은 회선경쟁방식의 한 형태라 할 수 있다. LAN에서는 호스트와 터미널의 개념이 아닌 독립적인 스테이션(station)이라는 개념을 사용한다. 각 스테이션은 회선을 점검하고 회선이 휴지상태(idle state)에 있을 때 데이터를 전송하게 되고 다른 스테이션이 사용 중인 것을 감지하면 전송 데이터를 버퍼(buffer)에 저장하고 잠시 대기한 후에 수차례에 걸쳐 재전송을 시도하는 방식이다.

11.1.2 폴링/셀렉션(Polling/Selection)

폴링/셀렉션을 사용하는 네트워크는 주로 호스트와 터미널이 주·종(master/slave) 관계를 이루고 있는 형태이다. 폴링의 의미는 호스트가 터미널에 전송할 데이터가 있는지의 여부를 묻는 행위를 의미하며, 셀렉션은 호스트가 터미널에 전송할 데이터가 있을 경우 사용하는 행위이다. 우선 폴링/셀렉션에 대한 개념을 설명한다.

- **폴링**: 호스트가 터미널에 전송할 데이터가 있는지 묻는 것이다.
- **셀렉션**: 호스트가 터미널에 전송할 데이터가 있을 때 수신준비를 하라는 것이다.

앞에서 폴링과 셀렉션의 주체는 호스트이다. 그러나 실제 데이터를 전송하는 주체는 호스트나 터미널 모두가 될 수 있다.

(1) 특징

폴링/셀렉션은 회선경쟁방식과는 달리 다중점(멀티포인트) 형식의 네트워크에서 효율적이다. 다음은 폴링/셀렉션의 장점이다.

- 네트워크는 다중점 네트워크 형태를 갖는다.
- 터미널 간의 충돌은 호스트가 관리한다. 즉, 호스트는 한 시점에 하나의 터미널과 통신하게 되어 있고, 터미널은 호스트의 폴링/셀렉션에 의해서만 동작된다.
- 호스트는 터미널에 가변적인 우선순위를 부여할 수 있다. 이는 주소의 순서와 빈도수에 의해 결정된다. 관리자는 이 값을 임의로 조정함으로써 특정 터미널에 대해 폴링/셀렉션을 빈번히 요청하게 할 수 있다.

(2) 동작방식

폴링/셀렉션은 일반적으로 호스트와 터미널로 구성된 네트워크에서 사용되며, 호스트가 터미널을 선택하여 전송할 것이 있는지, 또는 데이터 수신을 준비하라는 명령을 전달하는 방식으로 이루어진다. 다음은 호스트가 터미널에 폴링과 셀렉션을 수행하는 과정이다.

① 폴링

① 호스트는 터미널에 전송할 데이터가 있는지 묻는다.

② 해당 터미널은 전송할 데이터가 없는 경우 호스트에 데이터 없음을 알려준다.

③ 이를 수신한 호스트는 다음 터미널에 폴링을 수행한다.

④ 터미널이 전송할 데이터가 있는 경우, 호스트는 해당 터미널에 점유권을 부여한다.

⑤ 점유권을 받은 터미널은 송신하고자 하는 데이터를 보낸다.

② 셀렉션

① 셀렉션은 호스트가 터미널에 보낼 데이터가 있는 경우에 수행된다.

② 호스트는 전송할 데이터의 목적지로서 터미널을 선택한다.

③ 수신을 준비하라는 데이터를 전달한다.

④ 터미널은 수신준비가 되었다는 응답을 한다.

⑤ 호스트는 데이터 전송을 시작한다.

[그림 11-2]는 폴링 과정을, [그림 11-3]은 셀렉션 과정을 나타내고 있다.

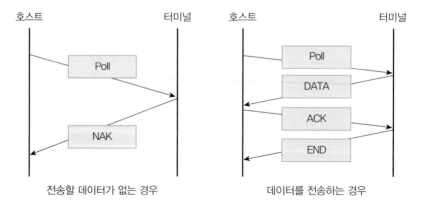

[그림 11-2] 폴링 동작방식

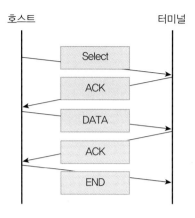

[그림 11-3] 셀렉션 동작방식

폴링은 주로 폴링 목록에 나타나는 터미널 주소의 순서와 빈도수에 의해 결정되고 빈도수는 관리자가 임의로 조정이 가능하다. 모든 터미널이 항상 데이터를 송신하고자 하는 것은 아니기 때문에 특정 터미널의 트래픽이 다른 터미널에 비해 많을 때 빈도수를 조정함으로써 트래픽 관리를 유동적으로 수행할 수 있다. 또한 여러 개의 터미널을 폴링하고자 할 때는 그룹의 주소를 이용하여 특정 그룹에 대한 폴링을 수행할 수 있어 하위 네트워크의 그룹형 관리가 가능하다.

(3) 장점

폴링/셀렉션은 터미널들 간의 경쟁이 아니라 호스트에서 터미널을 선택하기 때문에 몇몇 장점을 갖는다.

- 회선경쟁방식과 달리 두 개 이상의 터미널이 동시에 요구하는 등의 충돌은 없다.
- 하나의 회선을 여러 개의 터미널이 공유하므로 회선비용이 절감된다.

(4) 단점

회선경쟁방식에 비해 폴링/셀렉션으로 인해 발생하는 전파지연시간이 크다는 단점을 갖는다. 다음은 그 밖의 폴링/셀렉션의 단점이다.

- 터미널에 폴링을 수행하는 동안에 상당한 제어 오버헤드가 수반된다.
- 터미널은 원하는 시간에 메시지를 보낼 수 없고 오직 셀렉션을 받은 다음에만 전송이 가능하다.

- 즉각적이고 지속적인 연결을 원하는 응용프로그램에서는 사용이 곤란하다.
- 위성망과 같이 전파지연시간이 큰 네트워크에는 폴링/셀렉션에 지연되는 시간이 크기 때문에 비효율적이다.
- 폴링 응용시스템에서는 모뎀의 동기지연시간이 너무 커져 이용자 응답시간이 상당히 길어지기 때문에 보통 4,800bps 이상에서는 사용되지 않는다.

지금까지 회선경쟁방식과 폴링/셀렉션 방식에 대하여 살펴보았다. 이 두 가지 방법은 각각 장단점이 있으며 〈표 11-1〉은 두 가지 방식의 장단점을 비교하고 있다.

〈표 11-1〉 회선경쟁방식과 폴링/셀렉션의 비교

비교	회선경쟁방식	폴링/셀렉션
회선할당방식	터미널이 호스트에 요청한다.	호스트가 폴링으로 할당한다.
장점	• 설계가 간단하다. • 전화망과 유사한 방식이다. • 전파지연시간이 긴 경우 유리하다.	• 터미널 간 충돌이 없다. • 하나의 회선으로 여러 개의 터미널이 공유함으로써 회선비용이 절감된다.
단점	• 데이터 전송을 하지 않아도 회선을 점유할 가능성이 있다. • 두 개의 터미널이 동시에 회선 요청할 경우 문제가 발생한다.	• 폴링/셀렉션 시간 동안 제어 오버헤드가 크다. • 터미널이 원할 때 회선 점유권을 할당받기 어렵다. • 즉각적이고 지속적인 연결을 요구하는 응용프로그램에서는 사용하기 곤란하다. • 전파지연시간이 긴 경우 불리하다.

미니강의 Pull과 Push 기술

인터넷을 할 때 기본적으로 폴링과 비슷한 행동을 하게 된다. 원하는 정보를 어느 한 순간 클릭(click)하면 해당 사건에 대하여 웹서버(Web Server)는 원하는 정보를 전송해 준다. 이러한 기술을 풀(Pull)이라고 한다. 그러나 인터넷의 발달과 서비스의 질을 향상한다는 측면에서 Netscape와 Microsoft는 각각 능동적 웹 기술을 개발했으며 이것을 일컬어 푸시(Push) 기술이라 한다. 이것은 서버가 사용자의 취향이나 특성을 DB(database) 등에 기억하고 있다가 능동적으로 정보를 이용자에게 보내주는 방식으로 기존의 사용자 중심의 동작방식과는 차별화된 방법이다. 그러나 이 기술은 사용자를 다소 귀찮게 만든다는 평이 있다. 대표적인 것으로는 사용자가 회원으로 가입한 사이트들의 광고메일이나 행사메일 등에서 많이 사용하고 있기 때문이다.

11.2 비동기식 데이터링크 프로토콜(Asynchronous Data Link Protocol)

11.2.1 정의

비동기식 데이터링크 프로토콜에서는 송신측과 수신측 사이의 기계적인 클록(clock)의 동기화 없이 전송이 이루어진다. 이러한 프로토콜의 구현은 송신측에서 프레임의 시작과 끝을 알리는 약속된 비트를 집어넣음으로써 이루어지는데 이는 수신측의 데이터링크 계층에서 수신하고자 하는 프레임을 확인하고 이 중에서 데이터 부분을 추출하는 데 쓰인다.

11.2.2 특징

비동기식 데이터링크 프로토콜의 구현은 동기식과 비교했을 때 단순하다. 이밖에도 비동기식 데이터링크 프로토콜은 다음과 같은 특징들을 갖는다.

- 송수신측 간의 클록의 동기화가 필요 없다.
- 프로토콜의 설계가 단순하다.
- 동기식에 비해 구현이 쉽다.
- 전송 데이터의 시작과 끝에 시작비트(start bit) 및 정지비트(stop bit)를 추가함으로써 데이터 경계를 구분한다.

11.2.3 종류

비동기식 데이터링크 프로토콜에는 XMODEM, YMODEM, ZMODEM, KERMIT 등이 있다. 이들의 동작은 유사하므로 이들 중 ZMODEM의 특징에 대해서만 설명하기로 한다.

ZMODEM

PC 통신에서 파일 전송을 위한 프로토콜로, 윈도우 방식을 사용하여 송신측에서 수신측의 응답을 기다리지 않고 다음 블록을 연속하여 보내는 방법을 채택하여 전송효율이 매우 높은 프로토콜이다. 다음과 같은 특징을 갖는다.

- CRC-32 에러검출방식을 채택하여 에러검출이 뛰어남
- 처리속도가 빠름

- 송수신 중에 끊긴 파일의 이어받기 가능
- 선로상태에 따라 패킷 크기를 자동 변경하여 통신의 정확성 및 안정성 최상

[그림 11-4] ZMODEM 동작화면

| 미니요약 |

비동기식 데이터링크 프로토콜은 구조가 간단하고 데이터의 시작과 끝을 인식하기 위해 시작비트와
정지비트를 추가한다.

11.3 동기식 데이터링크 프로토콜(Synchronous Data Link Protocol)

11.3.1 정의

동기식 전송은 비동기식 전송에 비해 속도 측면에서 이점을 갖는다. 동기식 전송을 제어하
는 프로토콜로는 문자중심 데이터링크 프로토콜과 비트중심 데이터링크 프로토콜의 두 종
류로 나눌 수 있다.

문자중심 데이터링크 프로토콜은 바이트 중심 프로토콜이라고도 하며 하나의 전송 프레임
이나 패킷을 보통 바이트로 구성되는 문자들의 연속으로 간주한다. 모든 제어정보는 ASCII
문자와 같은 기존의 부호 시스템의 형태를 가진다.

또한 비트중심 데이터링크 프로토콜에서 데이터는 연속된 비트열로 간주된다. 비트중심 데이터 링크 프로토콜의 제어정보는 하나 혹은 여러 개의 비트로 구성될 수 있다.

| 미니요약 |

동기식 전송은 비동기식 전송에 비해 속도 측면에서 이점을 가지며, 이러한 기술을 사용하는 데이터링크 프로토콜로는 문자중심 데이터링크 프로토콜과 비트중심 데이터링크 프로토콜 등이 있다

미니강의 데이터 투명성(Data Transparency)

데이터를 전송함에 있어 데이터 내부에는 순수 데이터와 더불어 수많은 제어문자 혹은 제어비트가 들어간다. 이들은 프로토콜 규격에 따라 특별한 기능을 제공한다. 그러나 사용자 데이터 내부에 제어문자나 제어비트와 같은 데이터가 존재하면 수신측에서 데이터를 해석하는 과정에서 데이터인지 제어문자(비트)인지 구별할 수 있는 방법이 있어야 한다. 이러한 문제점을 해결하기 위해서 제어문자를 사용자 데이터와 구별하기 위해 또 다른 제어문자를 제어문자 앞에 삽입하는 방법과 사용자 데이터 내에 일정 비트 패턴을 인식하여 추가적인 비트를 삽입하는 방식을 이용하여 데이터와 제어문자(비트)를 구별하여 어떠한 사용자 데이터라도 전송할 수 있는 '데이터 투명성'을 제공하게 된다.

11.3.2 문자중심 데이터링크 프로토콜(Character-Oriented Data Link Protocol)

문자중심 데이터링크 프로토콜은 비트중심 데이터링크 프로토콜에 비해 효율성이 떨어진다. 그러나 문자중심 데이터링크 프로토콜들은 이해하기 쉽고 비트중심 데이터링크 프로토콜과 같은 논리와 구성을 사용한다.

문자중심 데이터링크 프로토콜에서 제어정보는 별도의 제어 프레임을 사용하거나 데이터 프레임에 제어정보를 추가하여 데이터 스트림을 형성한다. 문자중심 데이터링크 프로토콜에서 제어정보는 ASCII나 EBCDIC 문자로부터 생성되는 부호어(code word)이다. 문자중심 프로토콜에서 가장 잘 알려진 것은 IBM의 BSC(Binary Synchronous Communication)이다.

| 미니요약 |

문자중심 데이터링크 프로토콜에서는 별도의 제어 프레임을 사용하거나 데이터 프레임에 제어정보를 추가하여 프레임을 구성한다.

BSC(Binary Synchronous Communication)

BSC는 1960년대 중반에 IBM에 의해서 설계된 점대점(point-to-point) 또는 다중점(Multi-point) 접속 형식의 네트워크를 지원하는 범용 데이터링크 제어방식이다. BSC는 반이중 프로토콜로 교환회선과 비교환회선을 지원한다. 주국과 보조국 간의 통신을 위해서 주국에서는 보조국에 전송을 허락하는 메시지 혹은 전송될 내용을 받아들일 준비를 하도록 하는 메시지를 나타내는 폴링/셀렉션 방식에 기초를 하고 있다. BSC 제어문자들은 다음 세 가지 기능을 수행한다.

- **전송블록 형식화**: 블록들의 크기를 정하고 메시지들을 블록으로 나누기 위해 사용된다 (SYN, SOH, STX, ETB, ITB, ETX 등의 제어문자).
- **스테이션 간의 대화**: 데이터의 반이중 교환을 제어하기 위해 사용한다(ENQ).
- **투명 모드제어**: 사용자 데이터에 제어문자들의 패턴을 포함하여 전송할 때 이를 구분하기 위해 사용한다(DLE).

| 미니요약 |

BSC는 대표적인 문자중심 데이터링크 프로토콜로 점대점 또는 다중점 접속형식의 네트워크를 지원하는 데이터링크 제어방식이다. 인터넷이 일반화되면서 사용되는 경우가 사라졌으나 개념을 이해하고 있으면 통신시스템 설계에 적용 가능하다.

(1) 데이터 프레임

① 기본 데이터 프레임

[그림 11-5]는 단순한 데이터 프레임의 형식을 나타낸다. [그림 11-5]에서와 같이 프레임은 2개 이상의 동기문자(SYN)로 시작되며 시작문자(STX)가 뒤따른다. 데이터는 가변개수의 문자로 구성될 수 있다. 데이터의 뒤에는 종료문자(ETX)가 오며 BCC로 프레임이 끝나게 된다. 각 제어문자의 의미는 다음과 같다.

- **동기문자(SYN: SYNchronous)**: 수신측에 새로운 프레임의 도착을 알리고 송신측과의 타이밍을 맞추기 위해 사용한다.
- **시작문자(STX: Start of TeXt)**: 제어정보가 끝났으며 다음 문자는 데이터라는 것을 수신측에 알린다.

- **종료문자**(ETX: End of TeXt): 문서의 끝을 나타내며 제어문자로의 전이를 의미한다.
- **블록검사계산**(BCC: Block Check Count): 하나 이상의 문자로 에러검출을 위해 사용한다.

[그림 11-5] 기본 BSC 데이터 프레임

② 헤더를 포함한 데이터 프레임

실제로 사용되는 보통의 프레임은 수신장치의 주소, 송신장치의 주소와 함께 [그림 11-6]에서처럼 Stop-and-Wait ARQ를 위한 0 또는 1의 프레임 식별번호를 포함한다. 이 정보는 헤더에 포함되며 헤더는 그 시작을 나타내는 시작문자(SOH)로 시작된다. 헤더는 SYN과 STX 사이에 존재하며 SOH와 STX 사이의 모든 정보는 헤더로 간주된다.

[그림 11-6] 헤더를 포함한 데이터 프레임

(2) 데이터 투명성 제어(Data Transparency)

BSC 데이터 프레임에는 각종 제어문자가 삽입되어 있다. 수신측은 이러한 제어문자를 이용하여 실제 데이터와 제어문자를 구분짓는다. 그러나 데이터에 제어문자와 동일한 문자들이 포함되어 있을 경우, 이 데이터를 프레임에 담아 전송하게 되면 수신측은 프레임의 데이터를 잘못 해석할 수 있다. 이런 문제점을 극복하기 위해 BSC는 바이트 스터핑(Byte stuffing)을 수행하게 되며 이를 통해서 데이터 투명성을 보장한다. 바이트 스터핑의 방법은 DLE 문자를 제어문자 앞에 추가적으로 삽입하는 것이다. 즉, STX와 같은 제어문자가 전송되기 전에 그 제어문자 앞에 DLE 문자를 추가로 삽입하여 DLE STX와 같이 두 개의 제어문자로 변형하여 전송하는 방법이다.

① 송신측에서 제어문자를 전송하기 전에 제어문자 앞에 DLE 문자를 추가하여 전송한다.

즉, ETX의 경우 DLE ETX 형태로 전송된다. 따라서 사용자 데이터에 제어문자가 포함되더라도 DLE 문자가 없기 때문에 사용자 데이터로 간주할 수 있다.

② 만약 사용자 데이터에 DLE 문자가 발견되면 송신측에서는 추가적으로 DLE 문자를 삽입하게 된다. 즉 DLE DLE 문자를 전송하고 수신측에서는 2개의 DLE 문자를 발견하고 첫 번째 DLE 문자를 제어문자로 간주하게 되고 두 번째 DLE 문자를 정상적인 사용자 데이터로 간주하게 된다.

[그림 11-7] 바이트 스터핑(Byte Stuffing)

| 미니요약 |

BSC는 문자중심의 통신을 수행하기 때문에 바이트 스터핑을 통하여 데이터 투명성을 보장한다.

〈표 11-2〉 BSC에서 사용되는 제어문자

	제어상태	블록 전송상태
ACK0	• 수신 준비 완료	• 에러 없는 짝수 번째 블록 수신
ACK1	−	• 에러 없는 홀수 번째 블록 수신
ENQ	• (point-to-point) 수신 준비 요청 • (multi-point) 해당 터미널 응답요청	• 응답 요청 • 혹은 마지막 응답 재요청
EOT	• 전송 종료 • 폴링을 받았으나 전송 블록 없음	• 전송 종료
ETB	−	• 이 곳까지의 BCC 계산 및 응답 요청 • 다음 블록 계속 전송
ETX	−	• 이 곳까지의 BCC 계산 및 응답 요청 • 일단 전송완료, 접속 유지
NAK	• 수신 불가	• 블록 에러 발생 • 재전송시 수신 가능
PAD	• 비트 동기를 이룸 • 반전시간	• 비트 동기를 이룩함 • 반전시간

RVI	–	• 우선순위가 높은 상황이 발생 • 제어권의 양도 요청
STX	• 메시지 전송상태로 변환 • BCC의 계산 이 곳부터 시작	• BCC 계산 시작
SYN	• 문자 동기를 이룸 • 혹은 시간을 채우기 위해 사용됨	• 문자 동기를 이룸 • 혹은 시간을 채우기 위해 사용됨
TTD	• 송신이 다시 계속됨을 알림 • NAK 요청 및 수신상태로 대기 요청	• 송신이 다시 계속됨을 알림 • NAK 요청 및 수신상태로 대기 요청
WACK	• 계속 수신할 것이나 수신 준비상태가 완료되지 못하여 완료될 때까지 대기 요청	• 계속 수신할 것이나 수신 준비상태가 완료되지 못하여 완료될 때까지 대기 요청 • 이전 블록에 대해선 에러 없음이 확인됐음

11.3.3 비트중심 데이터링크 프로토콜(Bit-Oriented Data Link Protocol)

문자형태의 메시지를 주고받던 문자중심 데이터링크 프로토콜과는 달리, 비트중심 데이터 링크 프로토콜은 각각의 비트에 기능을 정의하여 문자형 프로토콜에 비하여 적은 양의 데이터로 더 많은 정보를 전송할 수 있다. 1970년대부터 시작된 비트중심 데이터링크 프로토콜의 발전은 오늘날 대부분의 프로토콜에서 사용되며 대표적인 것으로 HDLC(High-level Data Link Control)가 있다.

> | 미니요약 |
>
> 비트중심 데이터링크 프로토콜은 더 많은 정보를 더 짧은 프레임에 넣을 수 있으며 프레임의 시작과 끝을 나타내는 플래그(flag)를 사용하여 어떤 길이의 데이터라도 전송 가능하다. 문자뿐만 아니라 오브젝트 코드, 바이너리 이미지 등도 전송이 가능하다.

HDLC(High-level Data Link Control)

HDLC는 ISO에서 표준화한 비트중심 데이터링크 프로토콜로, 모든 비트중심 데이터링크 프로토콜의 모체가 되었다. HDLC는 점대점 방식이나 다중점 방식의 통신에서 모두 쓰이며 그 구성은 다음과 같다.

(1) 스테이션의 형식

HDLC는 앞서 나왔던 프로토콜과 사용하는 용어에 약간의 차이가 있다. 일단 HDLC를 사용하는 시스템들은 호스트와 터미널의 관계와 유사하나 각각은 스테이션으로 불리며 다음과 같이 스테이션의 성격을 달리 정의한다.

① 주국(Primary Station): 데이터 회선을 제어하는 스테이션으로 채널상의 보조국들에 명령(command) 프레임을 전송한다. 그 후 보조국의 응답(response)을 수신한다.
② 보조국(Secondary Station): 주국으로부터 수신된 명령에 대해서 응답을 한다. 주국과 관계하는 세션은 오직 한 개만 유지할 수 있으며 회선의 제어에 관한 책임은 없다.
③ 복합국(Combined Station): 명령과 응답을 모두 발생할 수 있다. 복합국은 전송 성격과 방향에 따라 주국 또는 보조국으로 수행될 수 있다.

(2) 스테이션의 구성

장치들은 주국과 보조국 또는 대등한 장치로서 구성될 수 있다. 대등장치들은 정보교환을 위해서 선택된 모드에 따라 주국 또는 보조국의 역할을 할 수 있다. 또한, 스테이션은 비균형, 대칭, 균형 구성형식으로 이루어질 수 있으며 [그림 11-8]과 같은 구성을 갖는다.

① 비균형 구성(Unbalanced Configuration)

호스트, 터미널로 구성되는 네트워크와 유사한 방식으로 구성되며 주국이 보조국에 대한 관리 권한을 갖고 있다. 다음은 비균형 구성에 대한 특징이다.

• 하나의 주국과 하나 이상의 보조국을 지원한다.
• 점대점 또는 다중점, 반이중 또는 전이중, 교환식 또는 비교환식으로 동작한다.
• 비균형 구성이라고 부르는 이유는 각 보조국을 제어하고 동작상태 및 설정에 대한 명령을 발행하는 것이 주국의 책임이기 때문이다.

② 대칭 구성(Symmetrical Configuration)

비균형 구성과는 달리 두 개의 주국과 하나의 보조국 개념으로 구성되어 있다.

• 독립된 두 개의 점대점 비균형 스테이션 구성을 제공한다.
• 각 스테이션은 주국 상태와 보조국 상태를 갖기 때문에 논리적으로 두 개의 스테이션으로 간주한다.

- 주국은 명령을 채널의 반대쪽에 있는 보조국으로 전송하며 채널 반대쪽의 주국이 보조국으로 명령을 보내기도 한다.
- 스테이션은 주국과 보조국을 분리된 실체로서 모두 갖고 있지만 실제 전송되는 명령과 응답은 하나의 물리적 채널 상으로 다중화될 수 있다.

③ 균형 구성(Balanced Configuration)

두 개의 스테이션이 대등한 관계로 동작하며 다음과 같은 특징을 갖는다.

- 오직 점대점으로만 접속되는 두 개의 복합형 스테이션으로 구성된다.
- 반이중 또는 전이중으로 동작한다.
- 두 지국은 단일회선으로 연결된다.

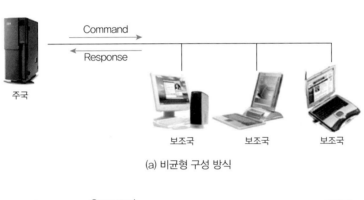

(a) 비균형 구성 방식

(b) 대칭 구성 방식

(c) 균형 구성 방식

[그림 11-8] HDLC 스테이션의 구성방식

(3) 동작모드

① 일반 응답모드(NRM: Normal Response Mode)

표준 주국-보조국 관계를 나타내며 보조국은 전송하기 전에 주국으로부터 명시적인 허가를 받아야 한다. 허가를 받은 후에 보조국은 응답 프레임 전송을 개시하며 해당 응답 프레임은 보조국에서 주국으로 보내는 데이터를 포함할 수도 있다. 마지막으로 프레임을 전송한 후에 보조국은 다시 명시적인 허가를 받아야 한다.

② 비동기 응답모드(ARM: Asynchronous Response Mode)

보조국은 주국에 허가를 요청하지 않고도 채널이 비사용 중일 때는 언제든지 사용권을 획득할 수 있다. 비동기 응답모드는 절대로 주국-보조국의 관계를 바꾸지는 않는다. 보조국으로부터의 모든 전송은 여전히 주국으로 전송되어 주국에서 최종 목적지로 중계된다.

③ 비동기 균형모드(ABM: Asynchronous Balanced Mode)

주국과 보조국의 개념이 아닌 동등한 권한을 갖는 스테이션을 복합국이라 한다. 네트워크 구성은 모든 스테이션이 동등하게 점대점으로 연결되어 있으며 모든 복합국은 허락 없이 다른 복합국과의 전송을 시작할 수 있다.

| 미니요약 |

스테이션의 동작모드에는 일반 응답모드(NRM), 비동기 응답모드(ARM), 비동기 균형모드(ABM)가 있다.

(4) 프레임 형식(Frame Format)

HDLC는 상기한 3가지 동작모드를 지원하기 위해서 세 종류의 프레임을 제공하는데, 그 종류에는 정보 프레임(Information-Frame), 감시 프레임(Supervisory-Frame) 그리고 무번호 프레임(Unnumbered-Frame)이 있다. [그림 11-9]는 HDLC 프레임의 종류를 나타낸 것이다.

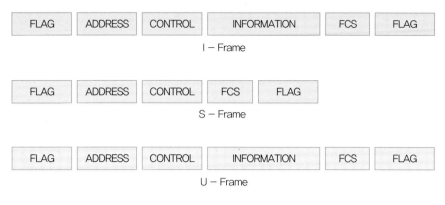

[그림 11-9] HDLC 프레임 종류

- 정보 프레임(I-Frame): 사용자 데이터 전송 및 수신 확인을 위해 쓰인다.
- 감시 프레임(S-Frame): 수신 확인, 전송 요청 등의 제어용으로 사용한다.
- 무번호 프레임(U-Frame): 주로 링크제어용으로 사용되며 5개의 비트를 갖고 있어 25개의 명령과 응답을 갖는다.

앞의 3개의 프레임은 공통적으로 HDLC 프레임 형식인 시작플래그, 주소, 제어, FCS, 종료플래그와 같이 5개의 필드를 갖고 있으며, 여러 개의 프레임을 전송할 때 종료플래그는 다음 프레임의 시작플래그의 역할까지 하게 된다. HDLC의 각 필드의 특징과 사용에 대해서 살펴보도록 하자.

① 플래그 필드(Flag Field)
플래그 필드는 프레임의 시작과 끝을 나타내며 "01111110"의 8개의 비트로 구성된다. 플래그 필드는 문자중심 데이터링크 프로토콜인 BSC의 SYN과 같은 역할을 한다. [그림 11-10]은 HDLC의 플래그 필드를 나타내고 있다.

[그림 11-10] HDLC 플래그 필드

플래그 필드는 제어용 비트열이기 때문에 사용자 데이터의 투명성 문제를 유발할 수 있다.

즉, 사용자의 데이터에 플래그 필드와 동일한 비트열이 포함되어 있는 경우 수신측이 이를 적절히 판단하도록 하기 위한 일련의 작업이 필요하게 된다. 이를 데이터 투명성이라 한다.

② 주소 필드(Address Field)

HDLC의 주소 필드는 주/보조국 간에서 명령(command)과 응답(response)을 포함하는 프레임에는 항상 보조국의 주소가 된다. 즉, 주국이 프레임을 전송할 때는 목적지인 보조국의 주소를 기입하고, 보조국이 프레임을 전송할 때는 발신지인 보조국의 주소를 기입하게 된다. 결과적으로 항상 보조국의 주소가 기입된다. 마찬가지로 균형구성 방식에서도 명령은 목적지 주소를, 응답은 송신측 주소를 갖는다. [그림 11-11]은 HDLC에서 주소 필드를 보여주고 있다.

[그림 11-11] HDLC 주소 필드

③ 제어 필드(Control Field)

제어 필드는 데이터 흐름을 제어하기 위한 필드이다. 제어 필드의 첫 번째와 두 번째 비트는 I-Frame, S-Frame, U-Frame을 구분하는 중요한 비트이다.

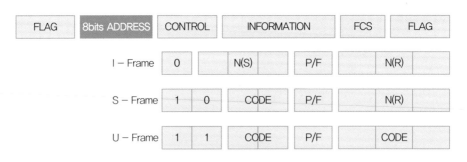

[그림 11-12] HDLC 제어 필드

[그림 11-12]의 각 필드에 대한 설명은 〈표 11-3〉과 같다.

〈표 11-3〉 HDLC의 제어 필드

이름	의미
N(S)	현재 전송하는 프레임의 순서번호
N(R)	다음에 전송받기를 원하는 프레임의 순서번호
P/F	폴인지, 마지막 프레임인지를 나타냄
CODE	HDLC의 명령/응답에 대한 이진 CODE

P/F 필드는 주국이 보조국에 사용할 때는 폴(Poll)을 뜻하며, 보조국이 사용할 때는 마지막 프레임을 나타내는 마지막(final)으로 사용한다. [그림 11-13]은 P/F 필드의 사용을 보여주고 있다. 〈표 11-4〉는 제어 필드의 코드값과 그 값에 해당하는 명령과 응답 메시지를 나타내고 있다.

[그림 11-13] HDLC P/F 필드의 사용

〈표 11-4〉 제어 필드의 코드값에 따른 명령과 응답 메시지

제어 필드	CODE bit								명령 메시지	응답 메시지
	1	2	3	4	5	6	7	8		
I-Frame	0	N(S)			P/F	N(R)			I-Information	I-Information
S-Frame	1	0	0	0	P/F	N(R)			RR-Receive Ready	RR-Receive Ready
	1	0	0	1	P/F	N(R)			REJ-Reject	REJ-Reject
	1	0	1	0	P/F	N(R)			RNR-Receive Not Ready	RNR-Receive Not Ready
	1	0	1	1	P/F	N(R)			SREJ-Selective Reject	SREJ-Selective Reject
U-Frame	1	1	0	0	P/F	0	0	0	UI-Unnumbered Information	UI-Unnumbered Information
	1	1	0	0	P/F	0	0	1	SNRM-Set Normal Response Mode	

									Command	Response
	1	1	0	0	P/F	0	1	0	DISC–Disconnect	RD–Request Disconnect
	1	1	0	0	P/F	1	0	0	UP–Unnumbered Poll	
	1	1	0	0	P/F	1	1	0		UA–Unnumbered Acknowledge
	1	1	0	0	P/F	1	1	1	Test	Test
U–Frame	1	1	1	0	P/F	0	0	0	SIM–Set Initialization Mode	RIM–Request Initialization Mode
	1	1	1	0	P/F	0	0	1		FRMR–Frame Reject
	1	1	1	1	P/F	0	0	0	SARM–Set ARM	DM–Disconnect Mode
	1	1	1	1	P/F	0	0	1	RSET–Reset	
	1	1	1	1	P/F	0	1	0	SARME–Set ARM Extended	
	1	1	1	1	P/F	0	1	1	SNRME–Set NRM Extended	
	1	1	1	1	P/F	1	0	0	SABM–Set ABM	
	1	1	1	1	P/F	1	0	1	XID–Excjange Identification	XID–Exchange Identification
	1	1	1	1	P/F	1	1	0	SABME–Set ABM Extended	

다음은 S-Frame의 4가지 명령이다. S-Frame은 주로 프레임의 송수신에 관련된 명령을 갖고 있다.

- RR(Receive Ready): 정보 프레임을 수신할 준비가 되어 있다고 알리거나 수신한 프레임에 대한 수신확인을 위해 사용된다. RNR 명령으로 데이터 수신을 거부했을 경우 RR을 사용해서 데이터를 수신할 수 있다고 알릴 수 있다. 또한 주국은 RR 명령으로 보조국을 폴링할 수 있다.
- RNR(Receive Not Ready): busy 상태임을 알린다. 즉, 더 이상 프레임을 수신할 수 없다는 수신거부 메시지이다. 또한 N(R) 필드를 사용하여 이전에 수신한 프레임에 대한 수신확인을 할 수 있다.
- SREJ(Selective Reject): 특정 프레임을 재전송해줄 것을 요구한다. 재전송해야할 프레임의 번호는 N(R) 필드를 사용하며 포괄적 수신확인을 사용하므로 N(R)-1까지의 프레임들에 대해서는 수신확인을 한다. SREJ 이후에 수신된 프레임들은 재전송을 요구한 프

레임이 수신될 때까지 버퍼에 저장된다.

- REJ(Reject): N(R) 이후의 프레임에 대해서 모두 재전송 요구를 한다. 따라서 N(R)-1까지의 프레임은 포괄적 수신확인이 된다.

다음은 U-Frame이 제공하는 명령 및 응답 메시지이다. U-Frame에서 제공하는 주로 기능은 통신을 수행할 때 어떠한 동작 상태를 갖고 송수신을 할 것인지를 명시하는 것이다.

- UI(Unnumbered Information): 일련번호 없이 사용자 데이터를 전송한다.
- RIM(Request Initialization Mode): 보조국이 주국에 SIM(Set Initialization Mode) 명령을 요구하는 것이다.
- SIM(Set Initialization Mode): 주국과 보조국 간 세션을 초기화시키며 UA 응답을 기다린다.
- DM(Disconnect Mode): 보조국이 주국에 단절상태임을 알린다.
- DISC(Disconnect): 주국이 보조국에 단절을 요구한다. UA 응답을 기다린다.
- UA(Unnumbered Acknowledgement): 모드설정 명령과 SIM, DISC, RESET 명령에 대한 ACK 응답이다. 또한 스테이션의 busy 상태가 종결되었음을 알리기도 한다.
- UP(Unnumbered Poll): 주국은 보조국에 순서와 상관없는 폴을 수행하는데, 보조국은 단 한 번의 응답기회를 가지고 있지만 폴 비트가 0일 때는 응답은 선택사항이다.
- RSET(Reset): 송신 스테이션은 N(S)를, 수신 스테이션은 N(R)을 리셋시킨다.
- XID(Exchange Station Identification): 보조국의 인증을 위해 물어보는 것이다.
- FRMR(Frame Reject): FCS의 오류 검출로 인한 거부가 아닌 특이한 경우의 오류에 대해서 사용한다. 수신측은 정보필드에 이유를 표기하여 전송한다.
- RD(Request Disconnect): 보조국이 단절상태를 요구하는 것이다.
- TEST(test): 보조국에 시험용 응답을 요청한다.
- SARM(Set Asynchronous Response Mode): 주국의 폴 없이도 보조국이 데이터 전송을 가능하게 한다. [그림 11-14]는 SARM의 설정과정을 보여주고 있다.

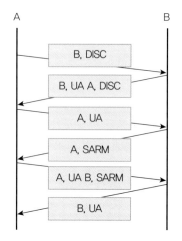

A   B

B, DISC

B, UA A, DISC

A, UA

A, SARM

A, UA B, SARM

B, UA

* DISC 명령은 링크의 초기화를 확실히 하기 위해 사용된다.

[그림 11-14] SARM의 설정과정

- SNRM(Set Normal Response Mode): 보조국을 NRM으로 만든다. 이것은 보조국의 요청을 불가능하게 하고 주국이 회선상의 모든 메시지 제어를 책임진다.
- SABM(Set Asynchronous Balanced Mode): 복합국 스테이션들 간의 대등관계를 설정해 준다.
- SNRME(Set Normal Response Mode Extended): 16비트의 제어필드를 사용하여 SNRM으로 모드 설정한다.
- SABME(Set Asynchronous Balanced Mode Extended): 16비트의 제어필드를 사용하여 SABM으로 설정한다.

④ 정보 필드(Information Field)

[그림 11-15]에서와 같이 정보 필드는 사용자의 순수한 데이터를 포함한다.

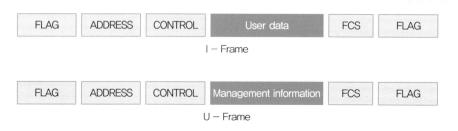

[그림 11-15] HDLC의 정보 필드

⑤ FCS(Frame Check Sequence) 필드

FCS는 두 데이터링크 스테이션 간의 전송에러를 검출하기 위한 필드이다. 송신측에서는 사용자 데이터 열에 대해서 계산을 수행하고 그 계산 결과를 FCS 필드로서 프레임의 끝에 덧붙여 보낸다. 수신측에서는 수신된 데이터 열에 대해서 동일한 계산을 수행하고 그 결과를 FCS 필드와 비교한다. 만약 두 값이 일치하지 않으면 전송에러가 있음을 검출하게 된다. FCS 필드의 위치는 [그림 11-16]과 같다.

[그림 11-16] HDLC의 FCS 필드 위치

(5) 데이터 투명성

① 정의

데이터 내에 플래그 필드와 동일한 패턴이 존재할 경우 수신측이 해당 비트패턴을 플래그 필드로 인식해서 프레임이 손실될 수 있기 때문에 이를 해결하기 위해 비트 스터핑(Bit Stuffing) 방법을 사용한다.

② 송신측의 비트 스터핑
• 사용자 데이터 내에 연속으로 다섯 개 이상의 1을 전송하려 할 때 사용한다.
• 다섯 번째 1 다음에 하나의 0을 삽입(zero insertion)한다. 이는 원래의 6번째 비트와는 상관없이 추가로 삽입된다.

예를 들어 비트열 01111111100은 011111011100이 된다. 여기서 추가된 0은 여섯 번째 비트가 1이든 0이든 상관없이 채워진다. 이 삽입된 비트는 현재의 비트열이 플래그가 아니라는 것을 수신측에 알려 주게 된다. 수신측에서는 이렇게 삽입된 0을 데이터로부터 제거(zero deletion)하여 원래의 비트 스트림으로 복구한다.

③ 수신측의 비트 스터핑

이제 앞과 같이 송신측에서 보내어진 프레임에 대해 데이터를 인식하는 수신측의 비트 스터핑에 대해 알아보자. [그림 11-17]은 수신측 비트 스터핑의 동작 순서를 나타내고 있다.

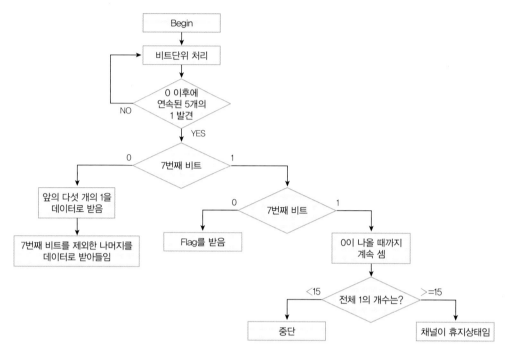

[그림 11-17] HDLC의 비트 스터핑 동작순서

위 순서도에 따라 그 흐름을 자세히 알아보자.

① 0 이후에 1이 연속적으로 5번 전송되어야 하면 스터핑 루틴으로 들어간다.

② 7번째 비트를 조사한다. 7번째 비트가 0이라면 ③으로 1이라면 ⑥으로 간다.

③ 이전 5개의 1을 데이터로 받아들이고 현재의 0을 무시하고

④ 나머지 비트를 받아서 데이터로 처리한다.

⑤ 비트 스터핑을 끝내고 수신 프레임을 계속 읽는다.

⑥ 8번째 비트를 봐서 0이면 ⑦로 1이면 ⑧로 간다.

⑦ 플래그로 받아들이고 수신 프레임을 계속 읽는다.

⑧ 계속 읽어서 1이 15개 이상 나오면 휴지채널(idle channel)로 인식한다.

⑨ 그러나 7개 이상 15개 이하일 때는 중지상태(Abort)로 인식한다.

다음의 비트 스터핑 과정을 보자. 송신측에서의 비트 스터핑이

     01111111100   011111011100

되어 수신되었다.

① 우선 0 이후에 연속되는 5개의 1이 있다.
② 7번째 비트는 0이다.
③ 이전 5개의 비트를 데이터로 받아들인다.
④ 7번째 0을 무시한다.
⑤ 8번째부터 다시 데이터로 받아들인다.

이러한 비트 스터핑 과정을 통해서 HDLC는 데이터의 투명성을 보장할 수 있다.

| 미니요약 |

바이트 스터핑과 비트 스터핑 모두 데이터 내에 플래그나 특수문자와 동일한 정보가 포함되더라도 프로토콜이 정상적으로 동작되도록 하는 방법이다. 즉 프로토콜의 정보전송 투명성을 확보하기 위한 방안이다.

(6) HDLC의 동작과정

HDLC는 주국과 보조국 사이의 통신 지원과 동시에 보조국간의 통신도 지원한다. 주국과 보조국 간의 폴링/셀렉션과 보조국 간의 SABM(Set Asynchronous Balanced Mode) 통신이 바로 그것이다. 그럼 이러한 세 가지 경우에 대한 자세한 동작과정을 알아보자.

① 주국과 보조국 사이의 폴링에 의한 데이터 전송

이 경우는 주국이 보조국에게 전송할 데이터가 있는지 물어보고 보조국은 전송할 데이터가 있음을 알리는 것으로 시작된다. [그림 11–18]은 이러한 과정을 나타내고 있다.

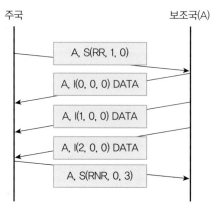

주국   보조국(A)

A, S(RR, 1, 0)

A, I(0, 0, 0) DATA

A, I(1, 0, 0) DATA

A, I(2, 0, 0) DATA

A, S(RNR, 0, 3)

S(CODE, P/F, N(R)) | (N(S), P/F, N(R))

[그림 11-18] 폴링 과정에서의 HDLC 동작과정

① 우선 가장 첫 번째 프레임을 보면 주국이 보조국 A에 S(RR, 1, 0)을 전송함을 알 수 있다. 목적지는 A이며 명령은 RR(Receive Ready), P=1, N(R)=0임을 알 수 있다. 이는 주국이 받을 준비가 되었으며, 0번 프레임 받기(P=1)를 원한다는 내용이다.

② 두 번째 보조국 A는 I(0, 0, 0) DATA를 전송하는데 이것은 정보프레임을 보내면서 해당 프레임이 0번이며, F=0으로 아직 보낼 것이 남아 있음을 알리고, 수신하고자 하는 프레임이 0번임을 알린다.

③ 앞서 F=0이었으므로 보조국 A는 다음 프레임을 보낸다. 이때 정보프레임 내의 첫 번째 값이 1로 바뀌었음을 볼 수 있다. 이것은 해당 프레임이 1번 프레임인 것을 알린다.

④ 보조국 A는 2번 프레임을 전송하고 F=1을 보냄으로써 프레임을 더 이상 보내지 않을 것임을 알린다.

⑤ 주국은 보조국 A에 ACK의 수단으로 RNR(Receive Not Ready)을 보내고, 마지막에 3을 보냄으로써 포괄적 수신확인을 하고 있다.

이로써 주국과 보조국 간의 폴링에 의한 데이터 통신이 마감된다.

② 주국과 보조국 사이의 셀렉션에 의한 데이터 전송

다음은 주국이 보조국을 선택(셀렉션)하고 데이터를 전송하는 과정이다.

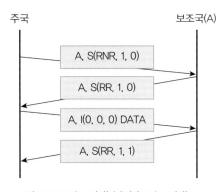

주국   보조국(A)

A, S(RNR, 1, 0)

A, S(RR, 1, 0)

A, I(0, 0, 0) DATA

A, S(RR, 1, 1)

S(CODE, P/F, N(R)) | (N(S), P/F, N(R))

[그림 11-19] 셀렉션 시의 HDLC 동작과정

① 주국은 보조국 A에 RNR로 자신이 받을 것이 아니라 보낼 것임을 알린다.

② 보조국 A는 RR로 수신 준비가 되었음을 알린다.

③ 주국은 정보프레임을 이용하여 데이터를 전송한다.

④ 보조국 A는 이에 대한 ACK로 응답하는데, 여기서 F=1인 이유는 보조국 A가 주국에 보낼 데이터가 없음을 나타내고, N(R)=1은 0번을 올바르게 수신하였으며 다음에 1번을 받을 차례라는 것을 알리는 역할을 한다.

③ 보조국 간의 대등관계(SABM)를 이용한 통신

SABM을 사용하는 경우 각 보조국은 혼합국이어야 한다. 그렇게 때문에 서로 간의 폴링은 이루어지지 않는다. [그림 11-20]은 SABM을 이용한 보조국 간의 통신과정을 나타내고 있다.

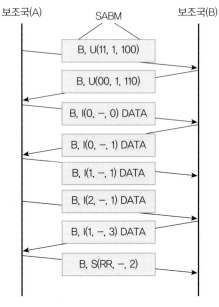

[그림 11-20] SABM을 통한 보조국 간 통신

① 첫 번째 보조국 A에서 보조국 B로 전송되는 프레임은 목적지가 보조국 B로 되어 있는 U-Frame인 것을 알 수 있다. U-Frame의 성격상 괄호 내의 첫 번째 필드와 마지막 필드가 함께 특정 명령을 수행하기 때문에 11,100은 SABM 통신임을 인지할 수 있다. 다음으로 P=1이 나타내는 것은 보조국 A가 자신이 먼저 전송할 것임을 알리는 것이다.

② 보조국 B는 U-Frame으로 UA(Unnumbered Acknowledgement: 00, 110)를 전송하여 수신준비가 되었음을 알린다.

③ 보조국 A는 I-Frame에 데이터를 함께 보내는데 P/F 필드가 빠져있음을 알 수 있다. 이것은 보조국 A와 보조국 B가 폴링/셀렉션 관계가 아니기 때문에 사용할 필요가 없음을 나타낸다.

④ 보조국 B가 프레임을 전송하고, 다음에 받을 순서번호를 N(R)에 설정하여 보낸다.

⑤ 앞과 같은 통신이 이어지다가 보조국 A가 더 이상 보낼 데이터가 없음을 알리는 S-Frame을 보내는데 N(S)=2로 1번까지의 프레임에 대한 포괄적 수신확인을 하고 자신은 RR 모드임을 알린다.

보조국 간의 통신은 주종관계가 아니며 대등한 입장에서 통신을 수행함을 알 수 있다. 이때 P/F는 서로 간에 무시하게 된다.

(7) 링크 접근절차(Link Access Procedures: LAP)

링크 접근 프로토콜은 특별한 목적으로 변화된 HDLC의 부분 집합으로 이들 중 가장 일반적인 프로토콜로는 LAPB, LAPD와 LAPM이 있다.

〈표 11-5〉 링크 접근절차의 종류

종류	설계목적	사용용도
LAPB	단말 간 통신에 필요한 기본적 제어기능을 제공함	ISDN B 채널
LAPD	대역 외 신호방식으로 비동기식 균형모드 사용	ISDN D 채널
LAPM	모뎀을 위한 HDLC의 단순화된 부분집합 비동기-동기 변환 및 에러검출과 재전송	모뎀

| 미니요약 |

링크 접근절차에는 HDLC의 변종인 LAPB, LAPD, LAPM 등이 있다. TCP를 비롯해 여러 프로토콜에서도 HDLC의 기본 개념이 유사하게 적용되고 있다.

예제 다음은 Go-Back-N을 사용하는 HDLC의 프레임 전송의 예이다. 다음 그림을 설명하라
(P/F는 복구 수행을 위하여 사용된다).

| 풀이 |

① A국은 B국에 I-Frame 형태의 6, 7, 0, 1번 프레임을 전송한다. 7번에서 0번으로 바뀌는 것은 윈도우의 마지막이 7번으로 한정되어 있기 때문이다. 즉, 7번 프레임까지 전송하고 나면 그 다음 0번을 전송하게 된다. 그리고 마지막 1번 프레임을 전송할 때 A는 P(1)을 보내어 체크포인트로 동작시키기 위해 폴 비트를 전송한다.

② 이때 B국은 S-Frame을 이용하여 전송받을 준비가 되어 있으며, 전송받고자 하는 프레임이 7번이라는 메시지를 보낸다. 즉, 7번 프레임에 에러가 있음을 A에 알려주는 역할을 하게 된다.

③ A국은 B국의 에러 메시지를 받고 7번 프레임이 전송 도중 문제가 생겼음을 인지한다. 이러한 행동은 현재 전송되어진 윈도우의 마지막 순서번호가 1번이고, 수신측이 7번 프레임을 원했기 때문이다. 그러므로 A는 7번 프레임부터 재전송을 시작한다. 그리

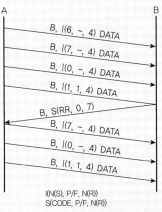

고 마지막에 또 한 번 체크포인트를 위한 비트를 전송한다(P=1).

그림에서 마지막에 한 번의 절차를 더 생각해 보자. A국은 체크포인트를 B에 전송했다. 그렇다면 B국은 S-Frame을 이용해서 A에 자신이 다음에 받고자하는 프레임의 순서번호와 전송준비가 되었음을 알릴 것이다.

이 문제에서 알 수 있듯이 Go-Back-N은 재전송 요청을 받은 프레임을 포함한 이후의 모든 프레임을 재전송하며, HDLC에서는 수신측이 체크포인트를 수행하여 송신측에 재전송 여부를 묻는다. 그러나 이러한 N(R)을 사용한 NAK의 확인은 반이중 전송방식에서 주로 사용되며 전이중 방식에서는 별도의 체크포인트 없이 수신측에서 에러가 발생한 프레임에 대한 재전송 요청을 직접 보낸다.

11.4 그 밖의 데이터링크 계층 프로토콜

11.4.1 HDLC 응용 프로토콜

(1) LAPB(Link Access Procedure, Balanced)
X.25를 지원하기 위해 사용되며 ITU-T 표준안이다. 디지털 종합정보통신망(ISDN)의 B채널에서의 사용을 목적으로 하고 있다.

(2) LAPD(Link Access Procedure for D channel)
디지털 종합정보통신망에서 데이터링크 제어용으로 사용되며 대역외 신호방식(out-of-band signaling)을 사용한다.

(3) LAPM(Link Access Procedure for Modems)

CCITT의 권고안 V.42에서 발표된 것으로 128바이트를 하나의 블록으로 사용한다. 수신응답 전에 최대 15개의 블록을 전송할 수 있으며 비동기-동기 변환 및 에러검출, 재전송 기능을 제공한다. LAPM은 모뎀들을 위한 단순화된 HDLC의 부분 집합이다.

11.4.2 SLIP(Serial Line IP)

SLIP는 주로 RS-232 시리얼 포트를 통해 인터넷에 접속할 때 많이 사용되었던 프로토콜이다. 즉 SLIP는 IP 데이터그램(datagram)을 직렬회선(serial line)을 통해 전송할 수 있도록 캡슐화(encapsulation)하는 역할을 수행하는 것이다. 이때 직렬회선이라 함은 모뎀과 일반전화망(PSTN)으로 구성된다. 그럼 SLIP를 이용하여 캡슐화를 수행할 때 제공해 주는 데이터의 투명성과 SLIP의 장단점에 대해 알아보도록 하자.

(1) 데이터 투명성

SLIP는 데이터 투명성을 보장하기 위해 IP 데이터그램을 캡슐화하면서 바이트 스터핑을 수행하며 그 과정은 다음과 같다.

- 회선 상에서 특수문자가 프레임의 데이터로 해석되는 것을 막기 위해 IP 데이터그램의 앞뒤에 특수문자 END(0xc0)를 추가한다.
- IP 데이터그램 내의 0xc0는 0xdb, 0xdc로 변환한다.
- 0xdb는 0xdb, 0xdd로 변환하여 전송한다.

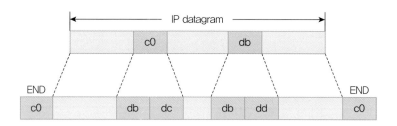

[그림 11-21] SLIP에서의 데이터 투명성

(2) 단점

SLIP는 단순하다는 장점만큼 단점을 갖고 있고 단점의 내용은 다음과 같다.

- 프레임 내에 type 필드가 없기 때문에 현재 사용 중인 이더넷 프로토콜의 종류를 알려줄 수 있는 방법이 없다. 그러므로 하나의 직렬회선 상에서는 하나의 프로토콜밖에 사용할 수 없다.
- CRC나 패리티 등 에러 제어에 대한 어떠한 코드도 삽입되지 않기 때문에 전송의 신뢰성을 보장할 수 없다. 따라서 에러검사는 상위계층에서 제공해야 한다.
- 프레임 내에 자신의 IP를 알려줄 수 있는 필드가 없기 때문에 양단 간에 상대의 IP 주소를 미리 알고 있어야 한다.

SLIP는 90년대 중반까지만 해도 각 가정에서 월드와이드웹(WWW: World Wide Web)에 접속할 수 있는 가장 대중적인 수단이었다. 그러나 현재는 SLIP의 단점을 보완한 PPP(Point-to-Point Protocol)의 우수한 성능을 따라가지 못해 많이 쓰이고 있지 않다.

> **미니강의** SLIP과 인터넷
>
> 90년대 중반까지 국내의 ISP(Internet Service Provider)들은 SLIP를 이용하여 인터넷 서비스를 제공했다. 속도는 2,400~9,600bps 정도였다. SLIP는 보통 9,600bps 이상은 지원하지 않는다. 현재는 SLIP 대신에 PPP가 이용되고 있다.

11.4.3 PPP(Point-to-Point Protocol)

PPP는 앞서 설명한 SLIP의 단점들을 보완하여 SLIP을 대체한 프로토콜로 유명하다. SLIP와 PPP는 모두 데이터를 직렬회선(Serial Line)을 통해 전송하는 프로토콜이다. PPP 는 접속과 동시에 해당 스테이션이 마치 상대국과 LAN으로 연결된 것처럼 동작한다. 즉, PPP는 인터넷에 연결되지 않은 컴퓨터를 TCP/IP 네트워크로 연결시켜 주는 역할을 하며, 사용자들은 이것을 이용하여 인터넷을 사용할 수 있게 된다. PPP에 대해 구체적으로 살펴보면 다음과 같다.

(1) 특징

PPP는 SLIP의 단순성을 보완하기 위해 몇 가지 필드들을 추가하였다. 특징에 대해 자세히 알아보자.

- SLIP와는 달리 프로토콜을 명시할 수 있는 필드가 있다.
- 문자중심의 비동기 프로토콜과 비트중심의 동기 프로토콜 모두를 지원한다.
- 양단 간의 다양한 협상이 LCP(Link Control Protocols)를 이용하여 이루어질 수 있다.

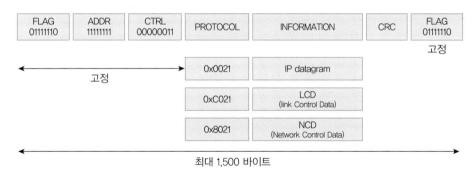

[그림 11-22] PPP의 프레임 형식

(2) 데이터 투명성

PPP는 문자중심의 프로토콜과 비트중심의 프로토콜을 모두 지원하기 때문에 두 가지 방법의 투명성 보장방법이 사용된다.

- **비트중심 데이터링크 프로토콜인 경우**: 일반적인 비트 스터핑을 수행한다.

- 문자중심 데이터링크 프로토콜인 경우: 바이트 스터핑을 한다.

다음은 PPP의 바이트 스터핑 과정이다. 우선 PPP에서는 0x7d가 ESC(escape character)이며 0x7e는 HDLC의 플래그와 같이 프레임의 시작과 끝을 나타낸다.

① 0x7e는 0x7d 0x5e
② 0x7d는 0x7d 0x5d
③ 0x7a는 0x7d 0x5a
④ 0x20보다 작은 값은 무조건 바이트 스터핑을 거치게 된다. 예를 들어 0x08과 같은 경우에는 0x7d 0x28로 바뀌게 된다. 이는 스테이션이나 모뎀의 직렬 드라이버(serial driver)가 ASCII 제어문자로 인식되는 것을 막기 위해서이다.

(3) 장점

SLIP의 단점들을 보완하기 위해 여러 가지의 필드들이 추가되었으며, 이러한 필드들은 새로운 기능들을 가능하게 했다. 다음은 이러한 장점들을 기술하고 있다.

- 하나의 직렬회선에서 다중 프로토콜을 사용할 수 있다(protocol 필드 사용).
- 각 프레임에 CRC를 삽입하여 에러제어를 수행한다. 즉, SLIP에 비해 신뢰성이 높다.
- NCP(Network Control Protocol)를 이용하여 IP 주소의 동적인 협상이 가능하다.
- LCP(Link Control Protocol)를 통한 다수의 데이터링크 옵션 협상이 가능하다.

미니강의 PPPoE(Point to Point Protocol over Ethernet)

우리가 보통 각 가정에서 사용하는 ADSL은 대부분이 PPPoE라는 프로토콜을 이용하게 되는데, 이 PPPoE는 사용자의 컴퓨터에 모뎀(MODEM: MOdulator/DEModulator)과 같은 장비를 설치하여 기존의 다이얼업(dial-up)과 같은 방식의 PPP와 LAN에서 사용되는 이더넷 프로토콜을 결합한 것이다. 전송프레임은 이더넷 프레임에 PPP 프로토콜 정보가 캡슐화되는 형태이다. 이러한 방식으로 PPPoE는 기존의 PPP와 같이 사용자를 인터넷에 연결시켜주는 역할을 한다. 보통 PPPoE는 DSL이나 케이블 모뎀(Cable MODEM)에 사용된다. 이러한 이유에서 국내 ADSL의 서비스는 기존의 전화망에 별도의 모뎀을 사용하거나 전용선을 이용한 케이블모뎀을 설치하여 서비스를 제공하고 있다.

예제 HDLC 및 SLIP, PPP는 데이터 투명성을 위하여 스터핑을 수행한다. 이들 세 프로토콜의
스터핑에 대하여 각각의 송신측 입장에서 서술하라.

| 풀이 |

① HDLC

HDLC는 비트중심 데이터링크 프로토콜이다. 즉, 데이터 투명성 보장을 위해서 HDLC는 비트 스터핑
을 수행한다. HDLC는 01111110을 플래그로 사용한다. 즉, 데이터에 플래그와 동일한 비트열이 포함되
면 안 된다. 만약 포함될 경우 데이터의 시작과 끝이 부정확하게 되며 수신측이 전송받은 데이터는
쓸모없는 것이 되어버린다. 비트 스터핑의 과정은 데이터가 데이터링크 계층까지 내려오면 HDLC는
데이터를 캡슐화하기 위하여 데이터를 한 비트씩 검사한다. 검사 도중 연속된 5개의 1이 나타날 경우
에 HDLC는 다섯 번째 1 다음에 하나의 0을 붙임으로써 데이터 투명성을 유지한다.

② SLIP

SLIP은 문자중심 데이터링크 프로토콜이다. 즉, HDLC와는 달리 데이터 투명성 보장을 위해 바이트
스터핑을 수행한다. SLIP는 END(0xC0)를 제어문자로 사용한다. 이것은 HDLC의 플래그와 유사하게
프레임의 시작과 끝을 나타낸다. 역시 HDLC와 마찬가지로 프레임 내부에 END 문자와 동일한 데이터
가 포함되는 경우 데이터의 손실이 발생하기 때문에 바이트 스터핑을 통해 투명성을 보장한다. SLIP
는 END와 동일한 문자는 0xDB 0xDC로 변환하며, 제어용 문자인 0xDB와 동일한 문자에 대해서는
0xDB 0xDD로 변환한다.

③ PPP

PPP는 동기식과 비동기식 통신을 모두 지원하며, 동기식 통신인 경우 비트중심 데이터 링크 프로토
콜로 비트 스터핑을 수행하여 데이터의 투명성을 보장한다. 비동기식 통신인 경우 문자중심 데이터링
크 프로토콜로 바이트 스터핑을 수행하게 된다. PPP의 플래그는 0x7E이며 이를 이진수로 나타내면
HDLC의 것과 동일하다. PPP는 0x7E가 데이터 내에 존재할 때 이를 0x7D 0x5E로 변환하며, 0x7D의
경우는 0x7D 0x5D로 변환한다. 0x7A는 0x7D 0x5A로 변환하게 된다. 또한 0x20보다 작은 값은 무조
건 바이트 스터핑을 거치게 되는데 예를 들어 0x08의 경우는 0x7D 0x28로 대체된다.

요약

01 데이터링크 프로토콜은 데이터링크 층의 구현에 사용되는 규격들의 집합이다.

02 회선제어방식에는 회선경쟁방식과 폴링/셀렉션 방식이 있다.
- 회선경쟁방식: 각각의 터미널들이 회선의 점유를 요청하여 회선을 획득하는 방식이다. 회선의 할당은 호스트가 하며 호스트는 회선의 할당이 불가능할 때 터미널의 대기 큐를 운용한다.
- 폴링/셀렉션: 호스트와 터미널로 구성되는 네트워크에서 호스트의 폴링에 의해 터미널들의 데이터 전송이 가능해지는 방식으로 각 터미널들 간에는 경쟁개념이 없다. 그러나 호스트의 선택 알고리즘에 따라 터미널 선택에 있어 우선순위가 작용할 수 있는데 이는 조정이 가능하다.

03 프로토콜은 동기 방식과 비동기 방식의 프로토콜이 있다. 비동기 데이터링크 프로토콜과 동기 데이터링크 프로토콜의 특징을 간략히 정리하면 〈표 11-6〉과 같다.

〈표 11-6〉 프로토콜의 종류

프로토콜 종류	특징
비동기 데이터링크 프로토콜	• 한 번에 한 문자씩 송수신 • 문자 앞뒤에 시작/정지 비트를 첨가 • 시작비트와 정지비트 사이의 간격이 가변적이므로 불규칙적인 전송에 적합 • 필요한 접속 장치와 기기들이 간단하므로 가격이 저렴함
동기 데이터링크 프로토콜	• 미리 정해진 수만큼의 문자열을 일시에 전송 • 비동기 방식보다 전송효율이 높음 • 수신측에서 비트 계산이나 문자 조립을 위한 별도의 기억장치 필요

- 비동기 데이터링크 프로토콜(Asynchronous Data Link Protocol)
  - 구현이 복잡하지 않으며 작성 비용이 저렴하다.
  - 데이터 단위는 송신측과 수신측 사이의 타이밍 조정 없이 전송한다.
  - 데이터 단위를 만들 때 시작 비트와 정지 비트를 추가함으로써 데이터를 인식한다.
- 동기 데이터링크 프로토콜(Synchronous Data Link Protocol)
  - 전송 선로 상에서 동기 전송은 비동기 전송에 비해 속도 면에서 이점을 가진다.

- 문자중심 데이터링크 프로토콜과 비트중심 데이터링크 프로토콜의 두 종류로 나눈다.

04 문자중심 데이터링크 프로토콜

- 바이트중심 프로토콜이라고도 하며 하나의 전송 프레임이나 패킷을 보통 하나의 바이트(8bits)로 구성되는 문자들의 연속으로 간주한다.
- 모든 제어정보는 ASCII 문자와 같은 기존의 문자 부호화 시스템의 형태를 가진다.
- 코드 의존적인 프로토콜이다.
- Stop-and-Wait ARQ를 사용한다.
- 반이중 통신방식을 취해 효율성 면에서 다소 취약점을 가진다.
- BSC(Binary Synchronous Communication)
  - 1960년대 중반에 IBM에 의해서 설계된 일대일(point-to-point) 또는 다중점(multi-point) 접속형식의 네트워크를 지원하는 범용 데이터링크 제어 방식이다.
  - BSC는 반이중 프로토콜로 교환 회선과 비교환 회선을 지원한다.
  - 데이터 투명성 제공을 위해서 바이트 스터핑(Byte Stuffing)을 사용한다.

05 비트중심 데이터링크 프로토콜

- 하나의 전송 프레임이나 패킷을 프레임 상에서의 위치와 다른 비트와의 병렬 관계에 의해 의미를 가지는 연속된 각 비트들의 열로 간주한다.
- 패턴에 포함된 정보에 따라 하나 혹은 여러 개의 비트로 구성될 수 있다.
- 네트워크의 형태에 제약되지 않으며 데이터의 길이에 제한을 받지 않는다.
- HDLC(High-level Data Link Control)
  - ISO에서 설계하였으며 오늘날 사용되는 비트중심 데이터링크 프로토콜의 기반이 된다.
  - 교환 또는 비교환 채널을 제공한다.
  - 반이중 전송방식과 전이중 전송방식이다.
  - 일대일 구성형식과 다중점 구성형식을 선택적으로 모두 제공한다.

〈표 11-7〉 문자중심 프로토콜과 비트중심 프로토콜의 비교

문자중심 프로토콜	비트중심 프로토콜
• 반이중 통신 방식	• 반이중 및 전이중 통신방식 사용 가능
• N:N 또는 1:1 망 구성	• 모든 형태의 네트워크 구성 가능
• 비트중심보다 효율이 나쁨	• 문자중심 프로토콜보다 효율 증대
• 데이터의 길이에 제한됨	• 현재 널리 사용되는 프로토콜

06 데이터링크 프로토콜의 종류

(1) LAPB
- HDLC의 하위집합으로 단말 간 통신에 필요한 기본적인 제어기능을 제공한다.
- 디지털 종합 정보통신망의 B채널에 사용된다.

(2) LAPD
- 대역외 신호방식으로 쓰이며 비동기 균형모드를 사용한다.
- 디지털 종합 정보통신망에서 사용된다.

(3) LAPM
- 모뎀을 위한 HDLC의 단순화된 부분집합이다.
- 비동기-동기 변환, 에러 검출과 재전송을 위해 설계되었다.

(4) SLIP
- 단순한 형태의 프로토콜로 직렬회선 상에서의 데이터 전송을 한다.
- 바이트 스터핑을 수행한다.
- 하나 이상의 프로토콜로 동시에 통신이 불가능하다.
- 에러 제어코드가 없다.
- 양단 간의 IP 주소가 미리 파악되어야 한다.

(5) PPP
- SLIP의 단점인 단일 프로토콜 사용을 프로토콜 필드를 추가함으로써 해결하였다.
- 에러 제어코드가 삽입되어 신뢰성이 향상되었다.
- 양단 간의 다양한 협상이 가능하다.

연습문제

01 데이터링크 제어에 서로 대등한 책임을 갖는 국으로서 명령 및 응답 프레임을 모두 송수신하는 국은?

    a. 주국   b. 보조국

    c. 복합국   d. 이동국

02 데이터링크를 제어하는 국으로서 에러 제어 및 회복의 책임을 지며 명령 프레임을 송신하고 응답 프레임을 수신하는 국은?

    a. 주국   b. 보조국

    c. 복합국   d. 이동국

03 다음 중 회선경쟁방식의 특징이 아닌 것은?

    a. 설계가 간단하다.   b. 전화망과 유사한 방식이다.

    c. 터미널 간 충돌이 없다.   d. 전파지연시간이 긴 경우 유리하다.

04 다음 중 점대점 방식에 주로 사용되며 위성통신과 같은 전파지연시간이 큰 통신망에서 효율적인 통신 방식은?

    a. LAN(Local Area Network)   b. 폴링/셀렉션 방식

    c. 회선경쟁선택 방식   d. 풀/푸쉬 방식

05 전송 제어를 궁극적으로 수행하는 송수신 단말 간의 약속된 규칙인 전송 절차와 HDLC 등을 규정한 것은?

    a. 물리계층 프로토콜   b. 데이터링크 계층 프로토콜

    c. 네트워크 계층 프로토콜   d. 전송계층 프로토콜

06 수신되는 패킷의 양이 수신측이 처리할 수 있는 양보다 많아지는 것을 막아주고 안정적인 통신이 가능하도록 해주는 제어 방법은?

    a. 프레임 동기   b. 오류 제어

    c. 순서 제어   d. 흐름 제어

07 전송하고자 하는 데이터 프레임의 구성에 따른 프로토콜의 종류가 아닌 것은?

    a. 비트 지향 방식   b. 바이트 지향 방식

    c. 세그먼트 지향 방식   d. 문자 지향 방식

08 메시지 단위의 전송에서 메시지의 시작과 끝의 특수 문자와 각종 제어 정보를 부가시키는 방식은?

    a. 문자 지향 방식   b. 프레임 지향 방식

    c. 비트 지향 방식   d. 세그먼트 지향 방식

09 BSC 프로토콜에서 정보 메시지 헤더의 시작 표시를 나타내는 전송 제어 문자는?

    a. STX   b. ENQ

    c. SOH   d. DLE

10 HDLC(High-level Data Link Control)의 U-Frame은 어떤 목적으로 사용되는가?

    a. 데이터 전송   b. 흐름 제어

    c. 에러 제어   d. 링크 제어

11 HDLC(High-level Data Link Control)의 동작 모드가 아닌 것은?

    a. 정규 응답 동작상태(NRM)   b. 비동기 응답 동작상태(ARM)

    c. 비동기 균형 동작상태(ABM)   d. 동기 응답 모드(SRM)

12 PPP에서 IP 주소의 동적인 협상이 가능하도록 하는 프로토콜은?

    a. LCP   b. NCP

    c. OCP   d. PPPoE

13 폴링/셀렉션에서 호스트가 터미널에 보낼 데이터가 있는 경우 수행되는 것은 무엇인가?

14 BSC의 제어문자 중 수신측에 새로운 프레임의 도착을 알리고 송신측과의 타이밍을 맞추기 위해 수신 장치에 의해 사용되는 비트 패턴을 제공하는 것은?

15 HDLC의 통신 동작 모드 중 정규 응답 동작상태는 무엇인가?

16 HDLC의 제어필드 중 N(S)와 N(R)의 차이점은 무엇인가?

17 [그림 11-18]을 보고 A, S(RR, 1, 0)이 의미하는 것이 무엇인지 구체적으로 쓰라.

18 HDLC를 이용하여 다음의 데이터를 전송할 때 수행되는 비트 스터핑의 결과를 쓰라.

001111001111110011

---

19 주국에서 보조국으로 전송하는 HDLC 프레임이 다음과 같다. 각각에 대해서 답하라.

01111110   01010011   10001011   FCS   01111110

---

   (1) 보조국의 주소는?
   (2) 프레임의 종류는 무엇인가?
   (3) 이 프레임의 목적은?

20 SLIP을 사용하는 네트워크에서 다음과 같은 IP 데이터그램을 송신하려 한다. 이 데이터그램을 송신할 때의 최종 프레임을 그려라.

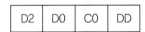

21 PPP에서 사용하는 에러 제어 방식은 어떤 것이 있는지 쓰라.

| 참고 사이트 |

- http://www.sangoma.com/tutorial.htm: HDLC, SDLC 등의 프로토콜에 관한 개략적인 설명
- http://www.rad.com/networks/1994/hdlc/hdlc.htm: HDLC의 프레임 구조 및 동작방식에 대한 상세한 설명
- http://www.gcom.com/home/products/hdlc_spec.html#frame_level: 링크계층 프로토콜에 대한 특징들을 요약
- http://sunsite.nus.edu.sg/pub/slip-ppp/: SLIP과 PPP에 대한 설명과 비교를 함

| 참고문헌 |

- Marion Cole, *Introduction to Telecommunications*, Prentice-Hall, 2000 Chapter 3 Telecommunications PSTN Technology(1875-2000)
- Uyless Black(정진욱 역), *Computer Networks*, 2nd ed, Prentice-Hall(희중당), pp80~111, 1994
- Harry Newton, *NEWTON's TELECOM DICTIONARY*, Telecom Books
- James F. Kurose, Keith W. Ross, *Computer Networking*, Addison-Wesley, pp379~391, 2000
- Behrouz A. Forouzan, *Data Communications and Networking* 2nd ed, McGRAW-HILL, pp329~259, 2001

CHAPTER 12

LAN(Local Area Network)

contents

12

LAN(Local Area Network)

이 장에서는 근거리 통신망인 LAN(Local Area Network)에 대해 설명하고자 한다. LAN은 지능적인 시스템, 즉 컴퓨터 기기와 같은 시스템들에 상대적으로 짧은 거리에서의 통신을 가능하게 하는 통신시스템으로 초기에는 1Mbps의 속도를 지원하였으나, 최근 높은 통신 속도에 대한 요구가 커지면서 지원하는 속도가 10Gbps에 이르고 있다. 이 장은 다음과 같은 LAN의 기술들을 다루고 있다.

- LAN의 정의와 그 표준안에 대하여 알아본다.
- LAN의 토폴로지, 전송매체 및 매체 접근 제어 방식에 따른 LAN의 종류들에 대해 살펴본다.
- LAN의 매체 접근 제어 방식인 CSMA/CD, 토큰 링과 토큰 버스에 대해 자세히 알아본다.
- 스위칭 LAN, 고속 이더넷 및 기가비트 이더넷 등의 고속 LAN에 대하여 알아본다.
- 무선 LAN의 정의와 표준안에 대해 살펴본다.

12.1 LAN의 개요

LAN은 1970년대 초 Xerox 사의 PARC(Palo Altmno Research Center)에서 연구가 이루어지기 시작했으며 이후 이더넷(Ethernet)이란 이름으로 실용화되었다. 이러한 LAN은 1985년 IEEE의 LAN 표준화 위원회에서 802 프로젝트를 시작했으며, 이로 인해 LAN 표준이 제정되었다. 그 후 CSMA/CD, 토큰 버스(Token Bus), 토큰 링(Token Ring) 등 다양한 매체 접근 방식에 대한 표준화 작업이 이루어졌다.

12.1.1 정의

LAN은 제한된 지역 내에 있는 다수의 독립된 컴퓨터 기기들의 상호 통신을 가능하도록 하는 데이터 통신 네트워크이다. 즉 컴퓨터 간의 통신 거리가 짧은 고속의 통신 채널이라 말할 수 있다. Kenneth J.Thurber와 Harvey A. Freeman은 LAN을 다음과 같이 정의하고 있다.

- 단일 기관의 소유일 것
- 수마일 범위 이내에 지역적으로 한정되어 있을 것
- 어떤 종류의 스위칭 기술을 갖고 있을 것
- 원거리 네트워크의 경우보다 높은 통신 속도를 가질 것

| 미니요약 |

LAN은 제한된 지역 내에 있는 다수의 독립된 컴퓨터 기기들로 하여금 상호 통신이 가능하도록 하는 데이터 통신 시스템이다.

12.1.2 계층 구조

802 프로젝트에서는 LAN을 이더넷, 토큰 버스, 토큰 링, FDDI(Fiber Distributed Data Interface)로 대표되는 매체 접근 제어방식인 MAC(Medium Access Control)과 HDLC를 기반으로 하는 LLC(Logical Link Control)로 세분화되어 나누어 작업이 이루어졌다. [그림 12-1]은 OSI 참조모델과 IEEE 802 참조모델을 비교한 것이다.

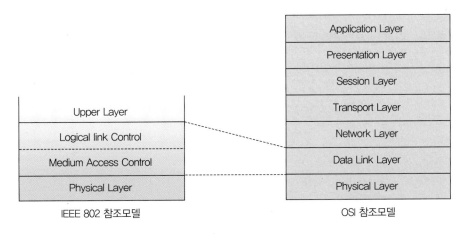

[그림 12-1] IEEE 802와 OSI 모델의 비교

12.1.3 특징

LAN은 짧은 거리의 통신로 상에서 대부분 방송(Broadcast) 형태의 패킷 교환이 이루어지며, 라우팅과 같은 경로 선택 필요 없이 네트워크에 연결된 모든 기기와 통신이 가능하다. 또한 광대역 전송매체의 사용으로 고속 통신이 가능하며, 특히 동축 케이블 혹은 광케이블 매체의 이용으로 매우 낮은 에러율을 가진다. 그리고 응답시간이 짧아져 패킷 지연이 최소화되었다.

12.1.4 802 프로젝트

앞에서 언급했듯이 802 프로젝트에서는 LAN을 MAC과 LLC, 두 개의 부계층(Sublayer)을 두고 있다. LLC는 상위 부계층으로 802.2로 대표되며 에러 제어와 흐름 제어를 담당하는 부분이다. LLC 프레임은 최종 목적지에 해당하는 논리주소(logical address), 제어정보(control information), 데이터(data)로 구성되어 있다.

그리고 하위 부계층인 MAC는 공유매체에 대한 접근 제어를 담당하는 계층으로 CSMA/CD(Carrier Sense Multiple Access/Collision Detection), 토큰 버스(Token Bus), 토큰 링(Token Ring) 등의 모듈로 나누어져 있어 네트워크의 상황에 맞는 다양한 적용이 가능하다. [그림 12-2]는 802 프로젝트의 주요 내용들을 보여주고 있다.

IEEE 802.2							LLC
IEEE 802.4 (Token Bus)	IEEE 802.3 (CSMA/ CD)	IEEE 802.5 (Token Ring)	IEEE 802.6 (DQDB)	FDDI (Token Ring)	IEEE 802.11 (CSMA; polling)	IEEE 802.12 (Round Robin; Priority)	MAC PHY

[그림 12-2] 802 프로젝트

| 미니요약 |

- 802 프로젝트에서는 LAN을 MAC과 LLC 등 두 개의 부계층으로 구성하고 있다.
- LLC는 상위 부계층으로 데이터(PDU)에 대한 흐름 제어와 에러 제어를 담당하고 있다.
- MAC는 하위 부계층으로 공유매체에 대한 접근제어를 담당하고 있다.

122 LAN의 분류

LAN은 토폴로지(Topology), 전송매체, 전송신호 및 매체 접근 방법에 따라서 분류될 수 있다. 매체 접근 방법(MAC)에 따라서는 CSMA/CD, 토큰 링, 토큰 버스 등이 있으며 다음 절에서 상세히 설명한다.

12.2.1 토폴로지

LAN의 토폴로지는 [그림 12-3]과 같이 스타형, 버스형, 트리형, 링형 등이 있다.

(1) 스타(Star)형

각 스테이션(station)이 허브(Hub)라고 불리는 중앙 전송 제어 장치와 점대점(Point-to-Point) 링크에 의해 접속되어 있는 형태로 성형 토폴로지의 통신망 처리 능력과 신뢰성은 중앙 전송 제어 장치에 의해 좌우된다. 그러므로 중앙 전송 제어 장치는 교환기능을 포함한 지능화가 이루어져야 한다.

스타형 토폴로지의 장점은 다음과 같다.

- 고장 발견이 쉽고 유지보수가 용이하다.
- 한 스테이션의 고장이 전체 네트워크에 영향을 미치지 않는다.
- 한 링크가 떨어져도 다른 링크는 영향을 받지 않는다.
- 확장이 용이하다.

또한 스타형 토폴로지의 단점은 다음과 같다.

- 중앙 전송 제어 장치가 고장이 나면 네트워크는 동작이 불가능해진다.
- 설치 시에 케이블링에 많은 노력과 비용이 든다.
- 통신량이 많은 경우 전송 지연이 발생한다.

(2) 버스(Bus)형

버스형 토폴로지는 하나의 긴 케이블이 네트워크상의 모든 장치를 연결하는 중추 네트워크의 역할을 하는 형태로 탭(tap)이나 송신기를 설치하여 노드를 접속하는 다중점(Multi-point) 형태이다. 보통 CSMA/CD 방식에서 이용되며, 경우에 따라서는 토큰 버스 방식에서도 이용된다.

버스형 토폴로지의 장점은 다음과 같다.

- 설치하기가 용이하다.
- 케이블에 소요되는 비용이 최소이다.
- 각 스테이션의 고장이 네트워크 내의 다른 부분에 아무런 영향을 주지 않는다.

또한 버스형 토폴로지의 단점은 다음과 같다.

- 재구성이나 결합 분리의 어려움이 있다.
- 탭에서 일어나는 신호의 반사는 신호의 질을 저하시킬 수 있다.
- 기저대역(baseband) 전송방식을 사용할 경우 거리에 민감하여 거리가 멀어지면 중계기가 필요하다.
- 버스 케이블에 결함이 발생하면 전체 스테이션은 모든 전송을 할 수 없게 된다.
- 스테이션의 수가 증가하면 처리 능력은 급격히 감소한다.
- 네트워크에 부하가 많으면 응답시간이 늦어진다.

(3) 트리(Tree)형

트리형은 스타형의 변형으로 트리에 연결된 스테이션은 중앙 전송 제어 장치(1차 허브)에 연결되어 있지만 모든 장치가 중앙 전송 제어 장치에 연결되어 있지는 않다. 또한 중앙 전송 제어 장치는 능동적인 허브로 데이터를 전송하기 전에 받은 신호를 재생하는 중계기(Repeater)를 포함하고 있다. 이러한 트리형 토폴로지의 장점과 단점은 스타형과 비슷하며 [그림 12-3]의 (c)와 같이 2차 허브를 위치시킴으로써 다음과 같은 장점을 얻을 수 있다.

- 하나의 1차 허브에 더 많은 스테이션을 연결할 수 있다.
- 각 스테이션 간의 신호의 이동거리를 증가시킬 수 있다.
- 2차 허브로 네트워크를 분리하거나 해당 네트워크의 우선순위를 부가할 수 있다.

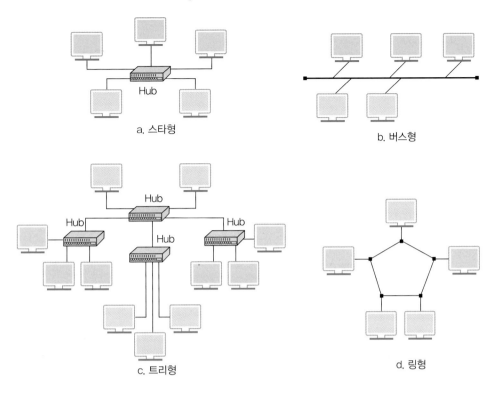

a. 스타형

b. 버스형

c. 트리형

d. 링형

[그림 12-3] LAN의 토폴로지

미니강의   공장용 LAN: MAP

MAP(Manufacturing Automation Protocol)은 GM 사에서 규정한 전사적인 규모에서의 FA용 LAN 프로토콜로 자동차 공장의 컴퓨터와 NC 공작기계 등을 상호 접속해 효율적인 자동화를 위해 고안되었다. 이러한 MAP은 FA용 LAN의 국제 표준으로 제안되어, 1988년 MAP Version 3.0으로 최종규정이 확정된 이후 공장자동화 구축에 표준으로 사용되었다. MAP은 TCP/IP와 같이 여러 기업들이 이 프로토콜을 널리 사용해 업계 표준(Functional Standard)으로 지정되었다. 그리고 1983년 미국의 보잉 사에 의해 제안된 사무 부문용 LAN의 표준인 TOP(Technical and Office Protocol)과 함께 사용하여 기업 네트워크를 구성하는 경우가 많았다.

최근에는 MAP이 그 구조의 복잡성으로 상품성을 읽어감에 따라 mini-MAP, TCP/IP 및 Fieldbus와 같은 프로토콜이 공장자동화를 위한 네트워크로 각광을 받고 있다.

(4) 링(Ring)형

링형은 닫힌 루프 형태로 각 스테이션이 단지 자신의 양쪽 스테이션과 전용으로 점대점으로 연결된 형태이다. 링형에서 신호는 한 방향으로만 전송되며 각 스테이션은 중계기를 가지고 있어 다른 스테이션이 보낸 신호를 받으면 중계기로 신호를 재생하여 전달한다.

링형 토폴로지의 장점은 다음과 같다.

- 단순하며 설치와 재구성이 쉽다.
- 장애가 발생한 스테이션을 쉽게 찾을 수 있다.
- 스테이션의 수가 늘어나도 네트워크의 성능에는 별로 영향을 미치지 않는다.
- 스타형보다 케이블링에 드는 비용이 적다.

또한 링형 토폴로지의 단점은 다음과 같다.

- 링을 제어하기 위한 절차가 복잡하여 기본적인 지연이 있다.
- 단방향 전송이기 때문에 링에 결함이 발생하면 전체 네트워크를 사용할 수 없다. 이중 링을 통해 이를 해결한다.
- 새로 스테이션을 추가하기 위해서는 물리적으로 링을 절단하고 스테이션을 추가해야 한다.

12.2.2 전송매체

데이터 전송을 위하여 물리적 계층에서는 다양한 전송매체가 사용된다. 각 매체는 대역폭, 전송 지연 등에서 고유한 특성을 가지고 있다. 이러한 전송매체에는 트위스티드 페어 케이블(Twisted Pair Cable), 동축 케이블(Coaxial Cable) 및 광케이블(Optical Cable) 등이 있다.

(1) 트위스티드 페어 케이블

트위스티드 페어 케이블은 두 줄의 도선을 쌍으로 꼬아서 만든 케이블로 어느 정도의 잡음에 대한 내성을 가지고 있는 케이블로 다음과 같이 비차폐 트위스티드 페어 케이블과 차폐 트위스티드 페어 케이블이 있다.

① 비차폐 트위스티드 페어(UTP: Unshielded Twisted Pair) 케이블

기존의 전화 시스템에 사용되는 매체이기 때문에 별도의 설치 비용이 들지 않는 장점이 있지만 전송속도에 제한이 있어 비교적 소규모의 LAN 환경에 쓰인다. 현재는 10Gbps까지 전송이 가능한 케이블 규격의 등장으로 데이터 통신의 주된 케이블로 폭 넓게 사용되고 있다.

② 차폐 트위스티드 페어(STP: Shielded Twisted Pair) 케이블

UTP의 간섭과 잡음의 영향을 줄인 것으로 비용이 비싸고 작업하기 어려운 단점이 있다.

〈표 12-1〉 LAN 케이블

	Category 3	Category 5	Category 5e	Category 6	Category 6a	Category 7
Cable Type	UDP	UDP	UDP	UDP or STP	STP	S/FTP
Max. Data Transmission Speed	10Mbps	10/100/1,000 Mbps	10/100/1,000 Mbps	10/100/1,000 Mbps	10,000Mbps	10,000Mbps
Max. Bandwidth	16MHz	100MHz	100MHz	250MHz	500MHz	600MHz

(2) 동축 케이블

동축 케이블은 트위스티드 페어보다 우수한 주파수 특성을 가지고 있으므로 높은 주파수와 빠른 데이터 전송이 가능하다. 또한 동축 케이블은 일반 통신이나 케이블 TV망에서 널리 사용되는 케이블로 기저대역 방식(Baseband)과 광대역 방식(Broadband)으로 사용된다. 다음은 기저대역 방식의 동축 케이블과 광대역 방식의 동축 케이블에 대한 설명이다.

① 기저대역 전송방식의 동축 케이블

동축 케이블을 기저 대역 방식으로 사용하는 경우는 디지털 신호를 그대로 전송하는 경우로, 광대역 방식의 동축 케이블에 비해 값이 싸다는 장점이 있다. 또한 디지털 신호를 사용함으로 주파수 분할 다중화 방식을 이용하여 다중 채널을 사용할 수 없다. 또한 디지털 신호는 트리구조와 같은 분기점을 통과하기가 어렵기 때문에 이 방식은 주로 버스 토폴로지에서 사용한다.

② 광대역 전송방식의 동축 케이블

광대역 방식을 사용하는 동축 케이블은 아날로그 신호로 전송하며 해당 대역폭을 할당하여 사용할 수 있다. 또한 주파수 분할 다중화를 통해 독립적인 채널을 가질 수 있으므로 음성, 영상, 데이터 등을 동시에 다룰 수 있다. 그리고 광대역 방식은 기저대역 방식보다 장거리를 지원하기 때문에 여러 개의 빌딩 간 또는 대규모의 공장 등에서 많이 사용된다.

(3) 광케이블

광케이블은 데이터 신호가 빛에 의해 전송되므로 전자기파의 간섭에 무관하며, 트위스티드

페어나 동축 케이블에서 지원할 수 없는 높은 속도를 제공한다. 또한 전자기파를 방사하지 않으므로 도청이 불가능해 철저한 보안이 요구되는 경우에 사용된다. 이러한 광케이블을 이용하기 위해서는 빛을 전기적 신호로 또 그 반대로 신호변환을 수행하는 송수신 신호변환기가 필요하다. 그리고 스테이션이 광케이블에 접속하기가 어렵기 때문에 고속의 링 또는 점대점 구성에 이용한다. 광케이블은 현재 FDDI(Fiber Distributed Data Interface)와 DQDB(Distributed-Queue, Dual-bus) 표준과 광 LAN에서 사용된다.

| 미니요약 |

LAN에 쓰이는 전송매체로는 트위스티드 페어 케이블, 동축 케이블, 광케이블 등이 있다.

12.2.3 전송신호

LAN에서 사용하는 전송매체 중 트위스티드 페어 케이블은 디지털 신호에 사용되며, 광케이블은 주로 디지털 신호에 사용된다. 그리고 동축 케이블은 디지털이나 아날로그 신호 모두 사용된다. [그림 12-4]에서 (a), (b)는 기저대역 전송방식에서의 TDM 방식을 나타내고 있으며 (c)는 광대역 전송방식에서의 두 스테이션 간의 동작을 나타내고 있다.

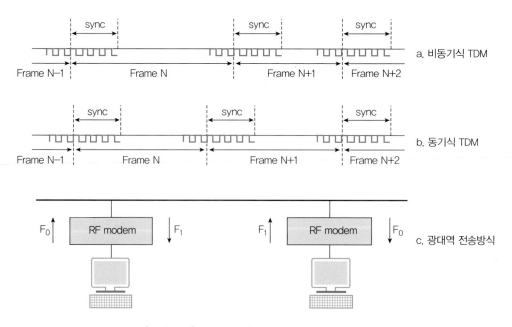

[그림 12-4] 기저대역 전송방식과 광대역 전송방식

(1) 기저대역(Baseband) 전송방식

데이터를 변조하지 않은 상태, 즉 디지털 신호를 그대로 전송하는 방식으로 10Mbps 혹은 이보다 높은 전송률을 가지는 하나의 전송 채널을 사용한다. 보통 이진 데이터를 맨체스터 혹은 차등(differential) 맨체스터 부호화 방식을 사용하여 부호화한 다음에 전송한다. 이 방식은 분기점을 쉽게 통과할 수 없기 때문에 버스 토폴로지에 주로 사용된다. 또한 디지털 신호는 높은 주파수대 신호의 감쇠가 심하므로 최대 1Km로 거리에 제한이 있다. 이러한 이유로 네트워크의 확장을 위해서는 신호를 재생시키는 리피터(repeater)가 필요하다.

또한, 이 방식은 데이터 전송 시 하나의 전송 채널을 사용하므로 공유매체 상에서는 다중점(Multi-point) 혹은 멀티드롭(Multi-drop) 구성 상에서 시간 분할 다중화 방식(TDM)을 사용하여 데이터를 전송한다. 또한 두 스테이션 간에 점대점(Point-to-Point)으로 연결하여 사용되기도 한다.

(2) 광대역(Broadband) 전송방식

이 방식은 아날로그 신호로 변조하여 전송하는 방식이다. 아날로그 신호는 잡음과 감쇠에 의한 데이터의 변조가 디지털 신호에 비해 훨씬 약하므로 먼 거리로의 전송이 가능하며, 한 번에 한 방향으로만 전송이 가능하다. 또한 하나의 전송매체 상에서 여러 개의 채널을 사용하기 위해 주파수 분할 다중화 방식(FDM)을 사용하며, 이 경우 RF(Radio Frequency) 모뎀을 이용한다. 공유매체 상에서 각 스테이션은 각기 다른 송신(outbound) 및 수신(inbound) 채널을 사용하여 데이터를 전송한다.

12.2.4 매체 접근 제어(Media Access Control) 방식

LAN은 하나의 스테이션이 전송을 하면, 동일 LAN에 있는 모든 스테이션으로 전송되는 방송형 네트워크이다. 이러한 방송형 네트워크는 어떠한 채널을 동시에 사용하려 할 때 누가, 언제 사용하도록 하는가를 결정하는 것이 중요하다. 이러한 채널의 할당에 대한 문제를 해결하는 방식을 매체 접근 제어 방식이라 하며, 그 종류로는 CSMA/CD, 토큰 링, 토큰 버스 등이 있다.

(1) CSMA/CD

스테이션이 채널의 상태를 미리 감지해 충돌을 피하는 방식이다. 만일 충돌이 검출되면 일정 시간 대기한 후 다시 충돌을 확인하고, 충돌이 검출되지 않으면 데이터를 전송하는 매체 접근 제어 방식이다.

(2) 토큰 링

3바이트의 제어토큰이 한 방향으로 링을 순환하며 스테이션의 접속을 제어한다. 보낼 데이터가 있는 스테이션은 자신의 차례에, 즉 토큰을 수신하면 토큰 대신 데이터 프레임을 송신하는 방식이다.

(3) 토큰 버스

토큰 링 방식과 이더넷이 결합된 형태로 물리적으로는 버스 형태이지만 논리적으로는 토큰 링 방식을 사용하는 매체 접근 제어 방식이다.

| 미니요약 |

매체 접근 제어 방법에는 대표적으로 CSMA/CD, 토큰 링, 토큰 버스 등이 있다.

12.3 LAN을 구성하기 위한 장비

LAN에서는 매체의 특성에 의한 거리의 제한을 극복하기 위해 리피터와 같은 물리계층에서 동작하는 장비와 스테이션 간의 연결성, LAN 네트워크 간의 연결성, 트래픽의 분산 등 여러 가지 목적를 위한 허브, 브리지, 라우터와 같은 네트워크 장비들이 사용된다.

12.3.1 리피터(Repeater)

리피터는 OSI 참조 모델의 물리계층에서 동작하는 장비로 동일 LAN에서 그 거리의 연장이나 접속 시스템의 수를 증가시키기 위한 장비이다. 리피터는 주로 전자기 또는 광학전송 매체 상에서, 전송되는 신호가 약해지거나 잡음 등의 원인에 의해서 원래의 신호가 훼손되는 것을 막기 위해 전송 신호를 원래의 신호로 재생하여 이를 다시 전송하는 역할을 한다.
[그림 12-5]는 네트워크 상에서의 리피터를 나타낸 것이다.

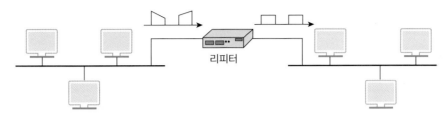

[그림 12-5] 리피터

12.3.2 허브(HUB)

허브는 차바퀴의 중심 부분과 같이 각 컴퓨터들의 중앙 연결지점을 제공하는 네트워크 장비이다. 허브는 단순히 하나의 스테이션에서 수신한 신호를 정확히 재생하여 다른 쪽으로 내보내는 장치로 다음과 같은 것들이 있다.

(1) 더미 허브(Dummy Hub)

더미 허브는 단지 네트워크에 있는 컴퓨터들 간의 중계 역할만을 담당하는 장비를 말한다. 이 장비는 일반적으로 네트워크의 전체 대역폭을 각 스테이션이 분할하여 쓰는 방식으로 허브에 연결된 스테이션이 어느 정도 이상 증가하게 되면 네트워크의 심각한 속도 저하가 발생하게 된다. 보통 10대 정도의 소규모 네트워크 환경에서 주로 사용된다.

(2) 스위칭 허브(Switching Hub)

스위칭 기능을 가지고 있는 허브로 스테이션들을 각각 점대점으로 접속시키는 장비이다. 전이중 방식으로의 통신이 가능하며 CSMA/CD 방식의 네트워크에서도 충돌이 발생하지 않기 때문에 더미 허브보다 훨씬 우수한 전송속도를 보장한다.

(3) 스태커블 허브(Stackable Hub)

스태커블 허브는 네트워크가 계속 확장될 때 허브와 허브 사이를 연결할 수 있도록 한 장비이다. 스태커블 허브끼리는 캐스케이드(Cascade) 케이블이라고 하는 전용 케이블을 사용하게 된다. 허브와 허브를 일반 허브로 연결하면 전송속도의 저하가 일어날 수 있지만 스태커블 허브를 사용하면 그런 현상이 일어나지 않는다.

12.3.3 브리지(Bridge)

브리지는 복수의 LAN을 결합하기 위한 장비로 데이터링크 계층에서 동작하는 네트워킹 장비이다. 즉 두 개 이상의 LAN을 하나의 네트워크로 만드는 장비로 IEEE 802.1에 의해 표준화되었다. 브리지는 리피터와는 달리 전체 프레임을 수신할 때까지 전송하지 않지만, 프레임의 내용을 변경하지 않는다는 점은 리피터와 유사하다. [그림 12-6]은 브리지로 연결된 네트워크를 나타내고 있다. [그림 12-6]에서 A에서 B로 프레임을 전송할 때, 브리지는 LAN 2와 LAN 3로 프레임을 전달하지 않으며, 같은 LAN인 LAN 1의 모든 스테이션은 A가 보낸 프레임을 수신한다. 만약 A에서 D로 프레임을 전송할 때에는 브리지가 LAN 1의 프레임을 LAN 2로만 중계하게 된다.

이렇게 브리지는 물리계층에서 작동하는 리피터의 기능과 데이터링크 계층의 프레임 필터링 기능을 한다고 볼 수 있다. 브리지가 하는 역할을 요약해 보면 다음과 같다.

- 서로 다른 LAN을 목적에 따라 서로 연결함으로써 LAN들 간의 상호작용성을 높일 수 있다.
- 전체 네트워크에 대한 스테이션의 수 혹은 거리를 확장할 수 있다.
- 네트워크에 연결된 많은 수의 스테이션에 의해 야기되는 트래픽 병목현상을 줄일 수 있다.
- 네트워크를 분산적으로 구성함으로써 보안성을 높일 수 있다.

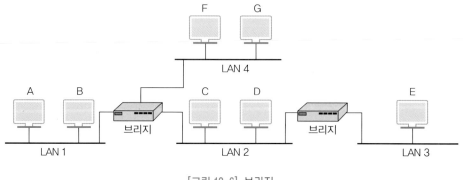

[그림 12-6] 브리지

브리지의 동작과정을 보면 프레임이 브리지에 도착하면 브리지는 먼저 신호를 재생하고, 그 다음 목적지 주소를 검사하여 그 목적지 주소가 속해 있는 해당 LAN으로 재생한 프레임을 전송한다. 이러한 브리지는 크게 투명 브리지(Transparent Bridge, Spanning Tree Bridge라고도 불림)와 소스 라우팅 브리지(Source Routing Bridge)로 구분된다. 투명 브리지는 비연결형으로 각 프레임을 다른 프레임들로부터 독립적으로 필터링하는 브리지이다. 이 브리지는 설치 초기에 자동적으로 구성되며 어떤 네트워크 관리도 필요하지 않다. 이에 반해 소스 라우팅 브리지는 연결형으로 발견 프레임(Discovery Frame)으로 필터링 테이블을 만들고 이를 이용하여 필터링한다. 이 방식을 사용하면 각 스테이션은 브리지 방식을 완전히 알아야 하며 초기 설치 시 수동적으로 관리자가 설치하여야 한다. 그러나 최적의 필터링을 할 수 있다는 장점이 있다. 덧붙여 두 개 이상의 떨어져 있는 LAN을 연결시키기 위해 사용하는 원격 브리지(Remote Bridge)도 있다.

12.3.4 라우터(Router)

일반적으로 라우터는 인터넷에서 IP 네트워크들 간을 연결하거나 IP 네트워크와 인터넷을 연결하기 위해 사용하는 장비로 네트워크 계층에서 동작한다. 라우터를 사용하여 LAN을 구성할 때, 라우터는 다른 기종 LAN 간의 연결, LAN을 WAN에 연결, 효율적인 경로를 선택하는 라우팅 기능, 에러 패킷에 대한 폐기 등의 기능을 수행하게 된다. [그림 12-7]은 라우터로 연결된 네트워크를 보여주고 있다.

이러한 라우터는 라우팅을 하기 위한 라우팅 테이블의 관리 기법에 따라, 다음과 같은 두 가지의 라우터로 분류된다. 라우터 상에서 관리자가 수동적인 방법으로 라우팅 테이블을 관리하는 정적 라우팅(Static Routing)과 라우팅 정보의 교환을 통하여 라우팅 테이블을 자동적으로 관리하는 동적 라우팅(Dynamic Routing)으로 구분된다.

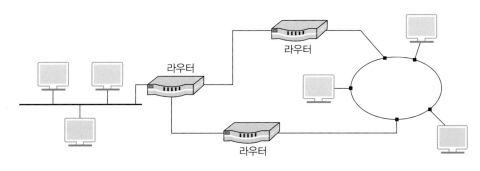

[그림 12-7] 라우터

LAN을 구성하기 위한 장비로는 리피터, 허브, 브리지, 라우터 등이 있다.

12.4 CSMA/CD(Carrier Sense Multiple Access/Collision Detection)

12.4.1 개요

LAN과 같이 많은 스테이션의 사용자가 하나의 회선에 동시에 접근하면 신호가 겹쳐서 신호가 손상되거나 신호 자체가 소실될 가능성이 있다. 각 스테이션이 동시에 자주 네트워크를 접속할수록, 또는 스테이션에서 전송할 데이터가 많아질수록 이러한 충돌도 증가하게 된다. 이러한 충돌을 피하면서 많은 양의 프레임을 전송하기 위해서는 매체 접근 제어 메커니즘이 필요하다. CSMA/CD는 매체 접근 제어 메커니즘 중의 한 방법으로 IEEE 802.3으로 표준화되었으며, 현재 이더넷(Ethernet)이라 불리고 있다.

12.4.2 정의

CSMA/CD는 스테이션이 채널의 상태를 감지해 충돌을 피하는 매체 접근 방식이다. 초기의 다중접근 방식(MA: Multiple Access)은 두 개 이상의 장치가 동시에 매체에 접근할 확률을 매우 낮은 것으로 보고, 전송하고자 하는 프레임이 다른 것들에 의해 손상되지 않았다는 확인응답을 받은 스테이션(station)이 전송에 성공한 것으로 간주하는 방식인 알로하(ALOHA) 방식을 사용했다. 다음에 등장한 CSMA(Carrier Sense Multiple Access) 방식은 스테이션이 전송하기 전에 매체의 전압을 점검하여 회선이 사용되지 않는 상태임을 확인하고 전송을 시작한다. CSMA 방식에 충돌을 검출하는 기능을 추가한 것이 바로 CSMA/CD 방식이다. [그림 12-8]은 CSMA/CD의 발전과정을 보여주고 있다.

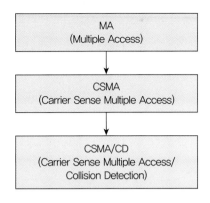

[그림 12-8] CSMA/CD의 발전과정

| 미니요약 |

CSMA/CD는 스테이션이 채널의 상태를 감지해 충돌을 피하는 매체 접근 방식이다.

12.4.3 동작과정

[그림 12-9]와 같이 CSMA/CD는 다음의 순서로 동작하게 된다.

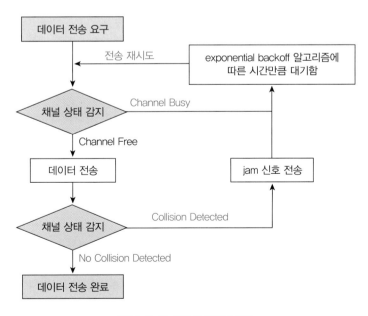

[그림 12-9] CSMA/CD의 동작

① 스테이션은 데이터를 전송하기 전에 회선이 사용 중인지 점검한다.

② 회선이 사용 중이면 임의의 시간만큼 기다린 후 다시 회선의 사용 유무를 점검한다.

③ 회선이 사용되지 않는 것이 확인되면 데이터를 전송한다.

④ 데이터 전송 중 충돌이 검출되면 충돌 발생 사실을 모든 스테이션에 간단한 통보신호 (jam 신호)를 보낸다.

⑤ 충돌이 발생하면 임의의 시간 동안 대기한 후 다시 데이터를 전송한다.

12.4.4 충돌 윈도우(collision window)

CSMA/CD에서 충돌 윈도우의 개념은 그 크기에 따라서 LAN 세그먼트의 길이와 함께 최소 프레임 크기가 정해진다는 점에서 중요한 의미를 갖는다. 즉, 두 스테이션이 동시에 데이터 전송을 시도할 때에 충돌이 발생하면, 충돌이 발생하였다는 사실을 각 스테이션이 반드시 알 수 있어야 하는데 이때 사용되는 개념이 충돌 윈도우이다. 가장 멀리 떨어져 있는 (worst case) 두 스테이션 사이의 신호 전송 시간은 t라고 가정하자. 어느 특정한 시점에서 하나의 스테이션(A)이 전송을 시작할 때, 이 스테이션에서 가장 먼 거리에 있는 다른 스테이션(B)이 A 스테이션으로부터의 신호를 수신하기 전에 전송을 시작했다면, B 스테이션은 전송 직후 아주 짧은 순간에 충돌을 감지하고 다른 모든 스테이션에 jam 신호를 보낼 것이다. 그러나 A 스테이션은 $2t$의 시간이 흐른 후에 이러한 충돌 사실을 확인할 수 있다. 즉 A 스테이션이 아주 짧은 프레임을 약 $2t$ 시간 내의 전송하였다면, A 스테이션은 프레임이 충돌 없이 전송되었다라고 판단할 것이다. 이러한 현상을 방지하기 위해 CSMA/CD에서는 최소 전송 프레임의 길이를 전송 프레임의 첫 비트가 케이블 전체에 전파되는 시간의 최소 두 배 이상이 되어야 한다고 정하고 있다. 즉, 충돌 윈도우는 각 스테이션이 데이터를 전송하고 나서 충돌을 감지하는 데까지 걸리는 시간을 의미한다. 따라서 802.3에서는 최대 LAN 세그먼트의 길이가 2,500m로 규정되어 있기 때문에 프레임은 최소한 51.2us(64비트)의 전송시간을 가져야 한다.

12.4.5 재전송 알고리즘

프레임 전송 중 충돌이 발생하면 시도 임계치(Attempt Limit)로 알려진 최대 횟수만큼 재전송을 시도한다. 반복되는 충돌은 현재 매체의 통신량의 많다는 것을 의미하므로 MAC 개체는 재전송할 때의 대기 시간을 늘려 매체의 통신량을 조절한다. 이것은 슬롯 타임(slot time)의 임의의 정수 배만큼 대기한 후 재전송하는 Binary Exponential Backoff 알고리즘으로 구현한다. 즉 i번의 충돌이 발생하였다면, 0과 $2i-1$ 사이의 임의의 수를 선택하여 그만큼의 슬롯 타임 동안 대기한다. 슬롯 타임은 충돌감지가 가능한 최대 지연 시간으로 다음과 같이 표현할 수 있다.

슬롯타임 = 2 × 전송지연시간 + 여유 마진

여기에서 전송지연시간은 네트워크상에서 송신지에서 수신지로 신호를 전송하는 데 필요한 최대 시간을 의미한다. 즉 슬롯 타임은 전송지연시간의 두 배에 여유 마진을 더한 값이다.

12.4.6 채널 획득 방법

LAN 상의 한 스테이션이 프레임을 전송한 직후 다른 스테이션이 프레임을 전송할 준비가 되어 있는 상태이면 전송을 위해 채널의 상태를 검사한다. 채널의 상태를 검사하여 채널을 획득하는 방법으로 [그림 12-10]과 같이 Non-persistent 방식, 1-persistent 방식, P-persistent 방식이 있다.

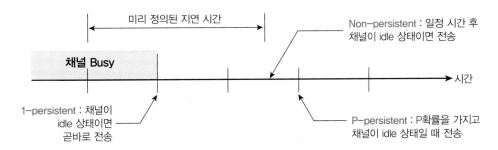

[그림 12-10] CSMA/CD의 채널 획득 방법

(1) Non-persistent 방식

스테이션은 프레임을 전송하기 전에 채널을 검사한다. 만약 LAN 상의 다른 노드들이 전송을 하고 있지 않으면 스스로 데이터를 전송하기 시작한다. 그러나 스테이션은 만약 채널이 이미 누군가에 의해 사용 중이면, 즉 채널이 busy 상태이면 이전 전송작업의 종료를 확인하기 위해 채널의 상태를 계속적으로 검사하지 않고 임의의 시간이 지난 후 채널의 상태를 검사한다.

(2) 1-persistent 방식

스테이션이 전송할 데이터를 가지고 있을 때, 그 순간 다른 스테이션이 전송을 하고 있는지를 확인하기 위해 채널의 상태를 검사한다. 만약 채널이 busy 상태이면 스테이션은 채널이 idle 상태일 때까지 기다리고 채널이 idle 상태이면 즉시 프레임을 전송하기 시작한다. 충돌이 발생하면 임의의 시간 동안 대기한 후 다시 채널을 검사한다. 이 방식은 채널이 idle 상태일 때마다 1의 확률을 가지고 프레임을 전송하기 때문에 1-persistent 방식이라 한다. 현재 CSMA/CD 매체 접근 제어 방식으로는 대부분 1-persistent 방식을 사용한다.

(3) P-persistent 방식

이 방식은 채널이 각 슬롯(Slot)으로 나뉜 슬롯 채널에서 사용된다. 스테이션이 전송할 준비가 되어 있으면 채널의 상태를 검사하며, 만약 채널이 idle 상태이면 p의 확률을 가지고 전송을 시작한다. 그리고 확률 q=1-p를 가지고 다음 슬롯까지 기다린다. 만약 그 후 그 슬롯의 상태가 idle 상태로 변하면 p 혹은 q 확률을 가지고 전송하거나 혹은 기다린다. 이러한 과정은 프레임이 전송되거나 다른 스테이션이 전송을 시작할 때까지 반복된다. 다른 스테이션이 전송을 시작할 때에는 마치 충돌이 있었던 것처럼 임의의 시간 동안 대기한 후 다시 전송을 시작한다. 만약 스테이션이 초기에 채널이 busy 상태임을 감지한다면 다음 슬롯까지 기다린 후 다시 위의 과정을 시작한다.

12.4.7 특징

CSMA/CD에서 보통 기저대역은 맨체스터 디지털 부호화 방식을 사용하며 광대역에서는 디지털/아날로그 부호화(차등 PSK)를 사용한다. 회선의 제어권이 모든 스테이션에 분배되어 있는 형태로, 회선의 어느 한 스테이션이 고장이 나도 다른 스테이션의 통신에는 아무런 영향을 미치지 않는다. CSMA/CD는 1Mbps에서 100Mbps까지의 데이터 전송속도를 제공하며 통신량이 적을 때는 90% 이상으로 회선 이용률이 높다. 그러나 전송 도중 충돌이 발생하면 임의의 시간 동안 대기하므로 지연 시간을 예측하기 어렵다는 단점이 있다.

> **미니강의** ALOHA

ALOHA는 하와이 대학의 노만 에이브람슨(Norman Abramson)과 그의 동료들에 의해 1970년대에 개발된 UHF 프레임(frame) 라디오(radio) 통신 시스템이다. 이 시스템의 목적은 하와이의 여러 섬에 분산되어 있는 사용자들에게 Oahu 섬 등에 집중되어 있는 중앙컴퓨터(HP2100)의 이용을 값싸고 쉽게 제공하기 위한 것이다. 즉 여러 사용자들에게 단일 분할 채널을 균등하게 사용할 수 있도록 하는 네트워크이다.

ALOHA에는 모든 프레임들이 맞춰야 하는 불연속적인 슬롯으로 시간을 나누느냐 나누지 않느냐에 따라 순수(pure) ALOHA와 슬롯(slotted) ALOHA가 있다.

① 순수 ALOHA

순수 ALOHA는 사용자들이 데이터를 보낼 필요가 있을 때에 다른 터미널로부터의 프레임 전송과는 무관하게 프레임을 전송하는 방식이다. 이때 물론 충돌은 발생할 것이며 충돌한 프레임은 손상된다. 이러한 충돌로 인한 프레임의 손상은 임의의 시간을 대기한 후 다시 재전송함으로써 전송을 완료하게 된다. 이러한 하나의 채널을 복수의 사용자로 하여금 경쟁을 유발하여 사용하게 하는 시스템을 경쟁 시스템(contention system)이라 한다. 또한 순수 ALOHA 방식에서는 프레임의 길이를 서로 같게 하는데, 이는 ALOHA 시스템의 작업 처리량을 최대화하기 위한 방법이다.

② 슬롯 ALOHA

슬롯 ALOHA 방식은 기존 ALOHA 시스템의 처리능력을 두 배 늘리기 위한 방법으로 1972년, 로버트(Robert Metcalffe)에 의해 제안되었다. 이 방식의 배경은 하나의 프레임을 전송할 수 있는 불연속적인 시간 슬롯을 두는 것이다. 이를 위해서는 슬롯이 유효할 때 다른 스테이션에 각 슬롯의 시작에서 신호를 방출하는 동기화를 위한 한 스테이션이 필요하다. 이 방식은 해당 슬롯에 프레임을 정렬시킴으로써 전송 중 발생하는 신호의 중첩을 감소시킬 수 있다. 그러나 스테이션들은 그들이 프레임을 송신하기 전에 시간 슬롯의 시작위치를 기다려야 한다. 또한 해당 프레임은 다른 스테이션들이 의해 같은 슬롯에 올려놓을 때 유실하게 된다. 그러나 슬롯 ALOHA는 실제 테스트 결과 성능의 향상을 가져왔다.

12.4.8 프레임 형식

CSMA/CD 프레임(802.3 프레임)은 프리엠블, 시작 프레임 지시자, 목적지 주소, 송신지 주소, PDU 길이, PDU, CRC로 구성된다. [그림 12-11]은 CSMA/CD의 MAC 프레임 형식이다.

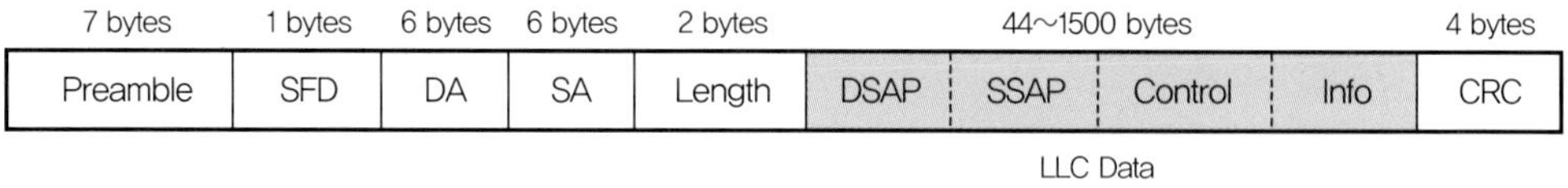

7 bytes	1 bytes	6 bytes	6 bytes	2 bytes	44~1500 bytes				4 bytes
Preamble	SFD	DA	SA	Length	DSAP	SSAP	Control	Info	CRC

LLC Data

[그림 12-11] CSMA/CD의 MAC 프레임 형식

- 프리엠블(Preamble): 802.3 프레임의 7바이트 길이의 필드로 프레임의 도착을 알리고, 입력 타이밍을 동기화할 수 있도록 '10101010'과 같은 0과 1의 반복으로 구성되어 있다.
- 시작 프레임 지시자(SFD: Start Frame Delimiter): 프레임의 시작을 의미하는 필드로 수신자에게 다음 필드에 다음 필드에 주소와 데이터가 있다는 것을 표시하고 있다.
- 목적지 주소(DA: Destination Address): 6바이트의 목적지 물리주소를 포함하고 있다. 즉 NIC(Network Interface Card)에 부여된 고유의 부호화된 비트 패턴이다. 만약 다른 네트워크, 즉 다른 LAN으로 전송될 프레임은 해당 프레임의 DA 필드에 현재 LAN의 디폴트 라우터의 MAC 주소가 설정되어 있어야 한다.
- 송신지 주소(SA: Source Address): 6바이트의 길이로 프레임을 전송하는 송신지 물리주소를 포함하고 있다.
- PDU 길이/유형: PDU의 바이트 수를 나타내는 필드로, 그 길이가 고정되어 있다면 프레임의 종류를 나타내고 있는 것이다.
- PDU: 프레임의 유형이나 정보 필드의 길이에 따라 46~1,500바이트의 길이를 갖는 802.2 프레임으로 LLC 계층에 의해 생성된다. 만약 이 필드의 길이가 최소길이보다 짧다면 PAD를 덧붙여 차이를 보상한다.
- CRC(Cyclic Redundancy Check): CRC-32와 같은 에러검출 정보가 들어있다.

12.4.9 물리적인 규격

IEEE에서는 케이블 유형과 연결 그리고 5가지 이더넷 구현에 사용하는 신호에 대해서 규정하고 있으며 다음과 같이 표기하고 있다.

〈데이터 전송속도(Mbps 단위)〉 〈신호〉 〈사용할 수 있는 최대 거리(100m 단위)〉

예를 들어 10BASE5는 10Mbps의 전송속도를 내며 기저대역 신호(Baseband)를 사용하여 그 최대 허용거리는 500m임을 의미한다. 〈표 12-2〉는 IEEE 802.3에서 제정한 10Mbps 이더넷의 물리계층에서의 매체 종류별 특성을 보여주고 있다.

<표 12-2> IEEE 802.3의 물리 매체

	10BASE5	10BASE2	10BASE-T	10BROD36	10BASE-FP
전송매체	동축 케이블 (50 ohm)	동축 케이블 (50 ohm)	비차폐 트위스티드 페어	동축 케이블 (50 ohm)	광케이블
신호방식	기저대역 (맨체스터)	기저대역 (맨체스터)	기저대역 (맨체스터)	광대역 (DPSK)	맨체스터 (ON/OFF)
토폴로지	버스	버스	성형	버스/트리	성형
세그먼트 최대길이(m)	500	185	100	1800	500
세그먼트 당 노드의 수	100	30	—	—	33

| 미니요약 |

CSMA/CD에서 채널 획득 방법으로는 Non-persistent 방식, 1-persistent 방식, P-persistent 방식 등이 있으며, IEEE 802.3의 물리적 규격으로는 10BASE-T, 10BASE5, 10BASE2, 100BASE-TX, 1000BASE SX, 1000BASE-T, 1000BASE-TX 등이 있다.

미니강의　MAC 주소(Address)

IEEE LAN과 ANSI FDDI와 같은 LAN의 표준은 6바이트(48비트)의 MAC 주소를 이용한다. MAC 주소는 12개의 16진수로 표기되며, 처음의 3바이트는 OUI(Organizationally Unique Identifier, Manufacturer 코드라고도 함) 코드로 Ethernet 인터페이스를 제작하는 벤더들에 부여된 코드이고, 그 나머지 3바이트는 OUI 코드를 부여 받은 벤드들이 제작한 인터페이스 카드에 부여되는 유일한 코드이다. 다음은 대표적인 벤더들의 OUI 코드이다.

CISCO(00000C, 00067C, 0006C1 등), AT&T(000055), 0000AA(XEROX), DEC(0000F8), IEEE 802(000143), IBM(0004AC) 등

Ethernet과 802.3

802.3 LAN은 초기에 XEROX가 제안한 Ethernet(CSMA/CD)을 그대로 수용하지 않고 일부를 변형하였다. [그림 12-12]에서 알 수 있듯이, 먼저 802.3의 Length 필드와 Ethernet의 Protocol Type 필드에서 차이가 있다. 802.3의 최대 프레임 크기는 1,500바이트이다. XEROX는 초기에 Ethernet과 함께 사용하는 어떠한 프레임도 1,500바이트보다 그 크기가 작을 수 없다는 가정 하에 Ethernet을 만들었다. 그러나 802.3 표준 이전에 1,500바이트보다 작은 크기의 프레임을 가지는 프로토콜이 나타났으며, 결과적으로 Ethernet의 Protocol Type 필드는 재지정되어야 했다. 따라서 한 스테이션에 프레임이 수신되었을 때, Source Address 필드 다음의 필드값이 1500보다 작으면 그 프레임을 802.3 프레임으로 인식한다. 그 다음으로 Ethernet의 Protocol Type 필드와 802.3의 두 개의 SAP 필드 사이의 사용에 차이가 있다.

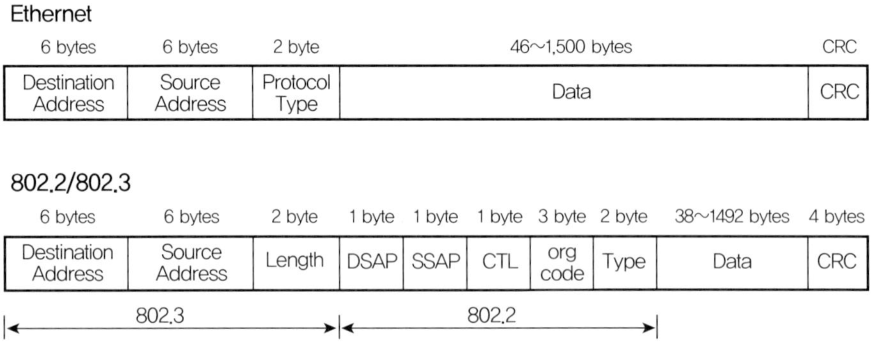

Ethernet

6 bytes	6 bytes	2 byte	46~1,500 bytes	CRC
Destination Address	Source Address	Protocol Type	Data	CRC

802.2/802.3

6 bytes	6 bytes	2 byte	1 byte	1 byte	1 byte	3 byte	2 byte	38~1492 bytes	4 bytes
Destination Address	Source Address	Length	DSAP	SSAP	CTL	org code	Type	Data	CRC

802.3	802.2

[그림 12-12] Ethernet과 802.3의 MAC 프레임 비교

12.5 토큰 링(Token Ring)

12.5.1 개요

이더넷에서는 여러 스테이션이 동시에 회선을 확보하기 위해 회선의 사용유무를 확인하는 과정에서 충돌로 인한 지연이 생긴다. 통신량이 많아지면 이러한 현상은 더욱 심해져 예측하기 힘든 지연이 생기게 마련이다. 토큰 링은 각 스테이션이 교대로 데이터를 보내게 하게 함으로써 이러한 지연현상을 극복하고 있으며, IEEE에서 802.5 모델로 지정하고 있다.

12.5.2 정의

토큰 링은 링 형태로 네트워크를 구성하고, 토큰 패싱 방식을 사용하여 매체를 접근하는 방식이다. 즉 토큰(Token)이라는 짧은 길이의 프레임을 사용하여 데이터를 보낼 수 있는 자격을 한정하며 스테이션은 자신의 차례가 되어서야 데이터를 전송할 수 있다.

| 미니요약 |

토큰 링은 링 형태의 네트워크 상에서 토큰 패싱 형태의 매체 접근 방법을 사용하는 방식이다.

12.5.3 토큰 패싱(token passing)

토큰 패싱이란 네트워크에서의 토큰 순환을 조절하는 메커니즘으로 [그림 12-13]과 같은 과정으로 동작하게 된다.

① 일반적으로 3바이트 길이를 갖는 토큰이 전송할 데이터를 가지고 있는 스테이션을 만날 때까지 링을 순환한다.
② 보낼 데이터를 가지고 있는 스테이션에 'free' 토큰이 도착하면 자신의 NIC에 있는 비트를 설정하고, 전송할 데이터 프레임을 보낸다.
③ 각 스테이션은 목적지 주소 필드를 검사하여 그 프레임의 목적지 주소가 자신이 아니면 이웃하는 스테이션으로 전달한다.
④ 프레임 수신국은 자신의 주소를 확인한 다음, 메시지를 복사하고, 오류를 확인한다.
⑤ 수신국은 프레임의 마지막 바이트에 있는 4비트를 변경하여 프레임을 복사했다는 것을 나타낸다.
⑥ 그 후 프레임은 송신국으로 되돌아올 때까지 링을 따라 계속 순환하다 송신국에서 송신지 주소 부분으로 송신자가 자신임을 확인한다.
⑦ 주소확인 비트를 검사하여 프레임이 수신되었음을 확인하고 해당 프레임을 버린 후 'free' 토큰을 링으로 보낸다.

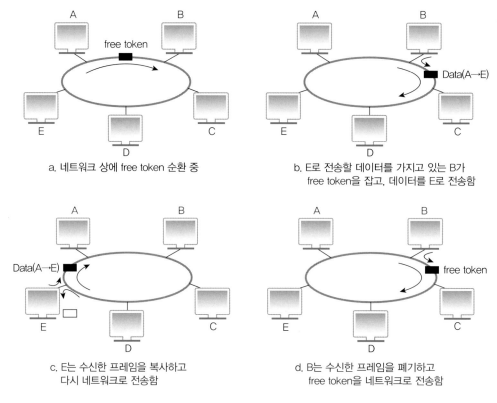

a. 네트워크 상에 free token 순환 중

b. E로 전송할 데이터를 가지고 있는 B가 free token을 잡고, 데이터를 E로 전송함

c. E는 수신한 프레임을 복사하고 다시 네트워크로 전송함

d. B는 수신한 프레임을 폐기하고 free token을 네트워크로 전송함

[그림 12-13] 토큰 패싱의 동작 과정

12.5.4 특징

토큰 링은 이더넷과 마찬가지로 NIC의 6바이트 주소를 이용해 주소를 지정한다. 그리고 부호화 방식은 차등 맨체스터 디지털 신호 방식을 사용하며, 4Mbps에서 최고 16Mbps까지의 데이터 전송률을 지원하고 있다.

12.5.5 우선순위와 예약

토큰 링에서는 사용자가 정의하거나 높은 우선순위를 갖는 스테이션이 더욱 많이 네트워크를 사용할 수 있게 하기 위해 우선순위를 갖게 할 수 있다. 또한 각 스테이션은 토큰 또는 데이터 프레임의 접근제어 부분에 자신의 우선순위 코드를 입력하여 전송을 위해 토큰을 예약할 수 있다.

- 동작 원리

① 높은 우선순위를 가진 스테이션은 낮은 우선순위 예약을 삭제하고, 자신의 우선순위로 대체할 수 있다.

② 동일한 우선순위를 갖는 스테이션들 간에는 먼저 예약한 스테이션이 토큰을 확보할 수 있다.

③ 예약을 한 스테이션은 'free' 토큰이 생기면 전송할 수 있다.

12.5.6 프레임 형식

IEEE 802.5 토큰 링 방식에서는 3가지의 프레임[데이터, 토큰, 중지] 형식을 제공한다. [그림 12-14]는 토큰 링의 프레임 형식을 보여주고 있다.

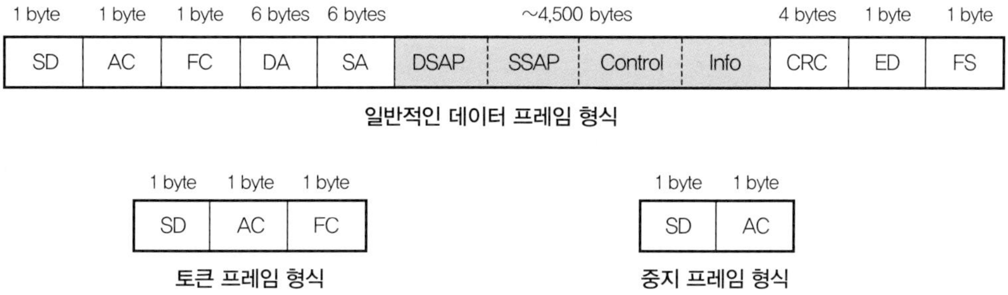

일반적인 데이터 프레임 형식

토큰 프레임 형식   중지 프레임 형식

[그림 12-14] 토큰 링 프레임 형식

(1) 데이터 프레임(data frame)

- 시작 지시자(SD: Start Delimiter): 1바이트의 길이로 프레임의 도착을 알리는 동시에 수신 타이밍의 동기를 맞추는 데 사용한다.

- 접근 제어(AC: Access Control): 전체가 1바이트의 길이로, 처음 3비트는 우선순위필드이며 네 번째 비트는 토큰 비트로, 프레임이 토큰 또는 중지 프레임이 아닌 데이터 프레임이라는 것을 나타내는 데 사용한다. 다섯 번째 비트는 감시비트이며 마지막 3비트는 링에 대한 접근을 예약하는 예약필드이다.

  - 토큰비트가 0으로 설정되면 전송되는 것이 토큰이라는 것을 나타낸다.
  - 토큰비트가 1로 설정되면 데이터가 전송되는 것이라는 것을 나타낸다.
  - 지정된 스테이션이 에러 제어와 백업 목적을 위해 링을 감시한다.

- 프레임 제어(FC: Frame Control): 1바이트의 길이로 첫 번째 1비트는 PDU에 들어있는 정보의 유형을 나타내며 두 번째 7bit 길이는 토큰 링 제어에 필요한 정보가 포함되어 있다.
- 목적지 주소(DA: Destination Address): 6바이트의 길이로 프레임의 목적지 물리 주소를 가리킨다.
- 송신지 주소(SA: Source Address): 6바이트의 길이로 프레임의 송신지 물리 주소를 가리킨다.
- PDU: 실제 데이터가 들어가는 필드로 4,500바이트가 할당되어 있으며 802.3 프레임과는 달리 PDU의 길이나 유형에 관한 필드는 없다.
- CRC(Cyclic Redundancy Check): 4바이트의 필드로 CRC-32 에러검출 정보가 들어있다.
- 종료 지시자(ED: End Delimiter): 1바이트의 길이로 데이터와 제어 정보의 끝을 알리는 필드이다.
- 프레임 상태(FS: Frame Status): 프레임이 수신측에서 수신하였다는 것을 알리기 위해 수신측에서 설정하거나 프레임이 링을 순환하였다는 것을 나타내기 위해 감시국에 의해 설정되는 필드이다.

(2) 토큰 프레임(token frame)

데이터 프레임의 생략된 형태로 SD, AC, ED의 필드로 구성된다. AC 필드로 이 프레임이 토큰 프레임이라는 것을 알게 되며, 우선순위와 예약필드를 가지고 있어 순번 지시자 혹은 예약 프레임 기능을 하게 한다. SD는 프레임의 처음을 나타내며 ED는 프레임의 끝을 나타낸다.

(3) 중지 프레임(abort frame)

SD와 ED 필드만으로 구성되어 있으며 자신의 전송을 중지하기 위해 송신측에 의해 만들어지거나, 회선에 있는 이전의 전송을 제거하기 위해 감시국에 의해 생성된다.

12.6 토큰 버스(Token Bus)

12.6.1 개요 및 정의

토큰 버스(IEEE 802.4)는 이더넷과 토큰 링의 특징을 결합한 것으로 물리적으로는 버스 접속형태이지만 논리적으로는 토큰 패싱 방식을 사용하여 매체를 제어하는 방식이다. 스테이션들은 논리적인 링 형태로 구성되며, 토큰을 각 스테이션에 차례대로 전달된다. 만약 어떤 스테이션이 데이터 전송을 원하면, 기다렸다가 토큰을 확보해야 하며 이더넷처럼 각 스테이션은 공통 버스를 통하여 통신하게 된다.

이러한 토큰 버스는 최소 지연 시간을 제공하는 실시간(real-time) 처리가 요구되는 공장 자동화와 같은 응용에 적용될 수 있다.

12.6.2 특징

토큰 버스는 주로 동축 케이블을 전송매체로 사용한다. 또한 기저대역 모드나 캐리어 대역 모드(Carrier Band Mode)에서 동작하며 다음은 캐리어 대역 모드 동작에 대한 설명이다.

캐리어 대역 모드

캐리어 대역 모드는 전송매체의 전체 대역폭을 모두 사용한다. 그러나 기저대역 모드에서 와는 달리 전송하기 전에 데이터를 위상-인접(Phase-coherent) FSK를 이용하여 변조한다. 여기에서 이진수 1은 1~5Mbps의 데이터 전송률과 같은 주파수의 1주기 신호로 전송되고, 이진수 0은 데이터 전송률의 2배가 되는 주파수의 2주기 신호로 전송된다. 그리고 각 비트의 경계에서는 위상의 변화가 없다. [그림 12-15]는 캐리어 대역 모드에서의 부호화 과정을 나타내고 있다.

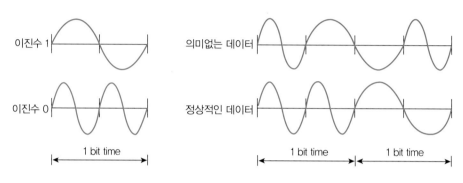

[그림 12-15] 캐리어 대역 모드의 부호화 과정

12.6.3 동작과정

토큰 버스에서 토큰은 논리적인 링을 따라 하나의 스테이션에서 다른 스테이션으로 짧은 토큰 프레임의 형태로 전달된다. 그러므로 각각의 스테이션들은 논리적 링에서의 다음 스테이션(Successor)의 주소만 기억하고 있으면 된다. 만약 스테이션이 토큰을 수신할 수 없으면 이전 스테이션(Predecessor)은 적절한 복구 절차를 거쳐 토큰의 다음 수신 스테이션을 찾는다. 이외에 토큰 버스가 처음 가동될 때, 새로운 스테이션이 추가될 때, 스테이션이 링에서 삭제될 때에도 링에서 토큰이 정상적으로 동작하기 위한 절차가 존재한다. [그림 12-16]과 같이 링에서의 일반적인 토큰의 동작과정을 설명하고 있다.

① 이전 스테이션으로부터 토큰을 수신한 스테이션은 정의된 제한 시간 동안 대기한 후 프레임 전송한다.
② 프레임 전송이 끝난 스테이션은 다음 스테이션으로 토큰을 넘긴다.
③ 각 스테이션은 토큰을 전달한 다음 이전 스테이션의 주소를 알고 있어야 한다.
④ 토큰 전달에 실패하면 다음 스테이션을 찾는 회복 과정을 수행한다.
⑤ 다음 스테이션을 찾지 못할 경우 네트워크 초기화 과정을 수행하거나 또는 네트워크 관리 행위를 수행한다.

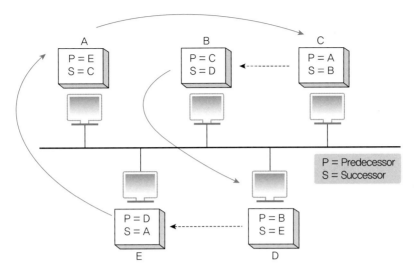

[그림 12-16] 토큰 버스의 동작과정

12.6.4 프레임 형식

토큰 버스 프레임은 [그림 12-17]과 같이 프리엠블, SD, FC, DA, SA, DATA, CRC, ED 필드로 이루어져 있다.

1~ bytes	1 byte	1 byte	6 bytes	6 bytes	~8191 bytes				4 bytes	1 byte
Preamble	SD	FC	DA	SA	DSAP	SSAP	Control	Info	CRC	ED

[그림 12-17] 토큰 버스 프레임 형식

| 미니요약 |

토큰 버스는 물리적으로는 버스 접속 형태이지만 논리적으로는 토큰 패싱 방식을 사용하여 매체를 제어하는 방식이다.

12.7 고속 LAN

12.7.1 FDDI(Fiber Distributed Data Interface)

(1) 개요 및 정의

FDDI는 1,000개의 스테이션을 200Km까지 이르는 거리상에서 100Mbps로 동작하게 하는 토큰 링 방식을 사용한 고성능의 광케이블 LAN이다. ANSI와 ITU-T에 의해 표준화되었으며 광케이블을 이용한 LAN의 상호연결을 위해 규정되었다.

> **미니강의** CDDI(Copper Distributed Data Interface)
>
> 광케이블의 높은 비용 때문에 상대적으로 저렴한 STP 혹은 UTP 케이블이 사용되기 시작하였다. 이러한 구리 케이블을 이용해 FDDI를 구현한 것을 CDDI라고 한다.

(2) 구성

FDDI는 이중링(Dual ring)으로 구현된다. 하나의 링은 시계 방향으로 전송하고, 다른 하나는 시계 반대 방향으로 전송한다. 둘 중 하나가 고장이 나면 다른 하나가 사용될 수 있다. 또한 사고로 인하여 동시에 두 개의 링이 고장이 난다면, [그림 12-18]의 (b)와 같이 두 개의 링이 하나의 링으로 결합하여 거의 두 배의 길이가 된다. 또한 FDDI에 연결되는 스테이션들은 DAS(Dual Attachment Station)와 SAS(Single Attachment Station)로 구분된다. DAS는 두 링을 모두 연결하고, SAS는 하나의 링만을 연결한다. 스테이션은 전송 오류

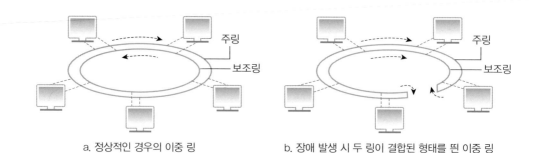

a. 정상적인 경우의 이중 링   b. 장애 발생 시 두 링이 결합된 형태를 띤 이중 링

[그림 12-18] FDDI의 이중링

에 대한 내성을 판단하여 DAS와 SAS 둘 중 하나로 링에 연결된다. 대부분의 워크스테이션 혹은 서버는 SAS로 연결된다.

(3) 계층 구조

FDDI는 [그림 12-19]와 같이 물리계층, 데이터링크 계층 그리고 두 계층을 관리하는 SMT(Station ManagemenT)로 구성되어 있다. 물리계층에는 전송매체에 종속적인 PMD(Physical Layer Medium Dependent)와 PHY(PHYsical)로 구성되어 있다. 전송매체에 연결되는 스테이션 간의 최대 거리는 멀티모드 광케이블인 경우에는 2Km이고, 단일모드 광케이블인 경우에는 40Km이다. SMT는 연결 관리, 링 관리, SMT 프레임 서비스 등의 기능을 하고 있다.

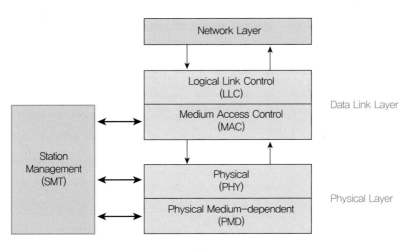

[그림 12-19] FDDI의 구조

(4) 특징

FDDI는 4B/5B 부호화 방법을 사용한다. 이 부호화 방법은 맨체스터 부호화 방법에 비해 자체-동기(self-clocking) 특성을 갖지는 못하지만 대역폭을 절약할 수 있다. 또한 FDDI는 매체 접근 방법으로 802.5의 토큰 링 방법을 사용한다. 그러나 프레임이 모두 전송되고 다시 돌아올 때까지는 새로운 토큰을 생성하지 않는다는 점이 기존의 토큰 링 방법과 다른 점이다.

12.7.2 스위칭 LAN(Switching LAN)

(1) 개요

최근 LAN은 그 규모가 비대해지고 LAN을 통해 전송되는 패킷의 크기가 대형화됨에 따라 그 한계점이 드러나고 있다. 스위칭 LAN(Switching LAN)은 기존의 CSMA/CD 방식의 LAN에서 나타났던 비효율적인 대역폭 사용과 브로드캐스트나 멀티캐스트 전송일 때의 불필요한 프레임 전송과 같은 한계를 극복하기 위해 나타난 기술이다.

스위칭 LAN은 기존의 LAN 기술과 스위칭 기술이 접목된 것으로, LAN에 스위치 장비를 설치하여 기존의 매체 공유를 통한 네트워크를 사용자가 직접 스위치의 각각의 포트에 연결되어 마치 전용 회선처럼 매체를 이용하게 하는 고속의 스위칭 네트워크로 바꾼 것이다.

(2) 논리적인 모델

스위칭 LAN의 전송 로직은 IEEE 802.1D에 정의되어 있다. 이 표준안은 송신지 주소 테이블, 스패닝 트리 알고리즘(spanning tree algorithm) 등을 포함하는 기본적인 브리지 동작을 기술하고 있으며 브리지와 스위치는 서로 같은 구조이기 때문에 그들의 동작은 유사하다. [그림 12-20]은 스위칭 LAN의 논리모델을 보여주고 있다.

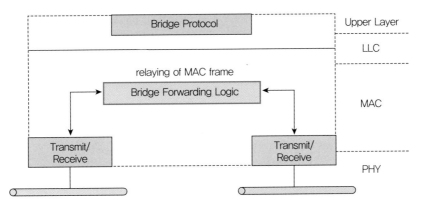

[그림 12-20] 스위칭 LAN의 논리모델

(3) 전송 로직

스위칭 LAN의 전송 로직은 [그림 12-21]과 같이 송신지 주소 테이블(Source Address Table), 필터/전송 탐색 로직(Filter/Forward Lookup Logic), 학습 로직(Learning Logic), 포트 인터페이스(Port Interface)로 구성되어 있다.

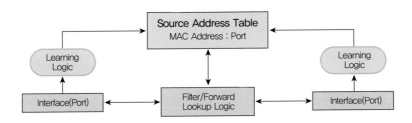

[그림 12-21] 스위칭 LAN의 전송 로직

① 송신지 주소 테이블(SAT: Source Address Table)

각 종단 시스템의 MAC 주소와 그와 관련된 포트번호로 구성되어 있으며 테이블 크기의 제한으로 각 항목들이 존재하는 시간을 정의하고 있다. 스위칭 LAN은 이 테이블을 참조하여 패킷의 흐름을 지능적으로 제어한다.

② 필터/전송 탐색 로직(Filter/Forward Lookup Logic)

수신된 패킷의 목적지 주소를 SAT와 비교하여 그 내용이 수신 포트와 다르다면 전송하고 같다면 삭제하여 필터링한다. 즉 수신되는 모든 패킷의 경로를 결정한다.

③ 학습 로직(Learning Logic)

스위치 초기 설정 시에는 SAT는 아무런 정보도 가지고 있지 않다가 각 종단 시스템의 MAC 주소와 해당 포트의 모든 내용을 수집하여 SAT에 저장한다. 즉 모든 패킷을 살펴보고 추가된 정보를 동적으로 SAT에 기록한다.

④ 포트 인터페이스(Port Interface)

물리적 포트에 대한 논리적인 인터페이스이다.

(4) 특징

다음은 스위칭 LAN의 장점을 요약한 것이다.

- 네트워크의 처리율 및 많은 수의 사용자들을 수용함으로써 효율성을 높일 수 있다.
- 리피터와는 달리 네트워크상의 멀리 떨어져 있는 사용자와 통신을 가능하게 함과 동시에 네트워크상의 불필요한 패킷들의 흐름을 막을 수 있다.
- 스위칭 장비는 2계층 장비로 상위 프로토콜과는 무관하게 동작 가능함으로 추가적인 설치 비용이 들지 않는다.

| 미니요약 |

스위칭 LAN은 기존 LAN의 비효율적인 대역폭 사용과 브로드캐스트 혹은 멀티캐스트 전송과 같은 불필요한 프레임 전송에서 나타난 LAN의 한계를 포워드 방식의 스위칭 기술을 LAN에 접목함으로써 이를 극복한 것이다.

미니강의   VLAN(Virtual LAN)

VLAN(IEEE 802.1Q)은 네트워크 관리자로 하여금 그룹 단위 혹은 세그먼트 포트 단위의 유용성을 보장하기 위해 논리적인 개별 스위칭 동작을 하게 하는 스위칭 LAN의 옵션 구성이다. 보통 동일 LAN 세그먼트에 있는 스테이션들은 브로드캐스트를 통하여 데이디를 전송한다. 즉 하나의 LAN 세그먼트는 동일한 브로드캐스트 도메인에 있다. VLAN은 가상적인 브로드캐스트 도메인을 생성함으로써 전체 브로드캐스트 트래픽을 제한할 수 있다. 또한 관리자를 위한 보안 기능을 제공할 수 있다. 즉 VLAN으로 생성된 가상 세그먼트는 인증된 VLAN 구성원만이 접근할 수 있다. 그리고 VLAN의 종류에는 포트기반 VLAN, MAC주소기반 VLAN, 프로토콜기반 VLAN, 네트워크 기반 VLAN, IP 서브넷을 이용한 VLAN, 다중 VLAN 등이 있다.

미니강의 Cut-Through와 Store-and-Forward 스위칭

① Cut-Through 스위칭
프레임의 대기시간을 최소화하기 위해 전체 프레임을 수신하기 전에 각 목적지 포트로 현재 수신중인 프레임을 전송하기 시작하는 방식이다. 그래서 Store-and-Forward 스위칭 방식에 비해 프레임의 대기시간이 1/20 정도밖에 되지 않는다. 그러나 runt 프레임(규격보다 작은 프레임)과 CRC 에러에 대한 검출을 할 수 없다는 단점이 있다.

② Store-and-Forward 스위칭
이 방식은 프레임을 포워딩하기 전에 전체 프레임을 수신하는 방식으로, 전체 프레임의 수신이 완료되면 프레임에 대한 프로세싱을 한다. Runt 프레임 및 CRC 에러에 대한 검출이 가능하다. 그러나 전체 프레임을 버퍼링하는 과정에서 프레임의 대기시간이 길어지는 단점이 있다.

12.7.3 고속 이더넷(Fast Ethernet)

(1) 개요

IEEE는 반이중 전송을 함으로써 대역폭 전체를 효율적으로 사용하지 못하고 있는 기존의 10Mbps LAN을 고속화하기 위해 100Mbps의 전송속도를 제공하는 전이 중 저가형 고속 이더넷을 만들었다.

이러한 고속 이더넷은 기존의 LAN의 선로 구성과 MAC 프로토콜 그리고 사용되는 프레임을 그대로 받아들이면서 전송되는 최대 거리를 줄여 100Mbps의 속도를 내는 기술을 말한다.

(2) 원리

이더넷의 최소 프레임의 길이는 512비트이다. 이 길이는 한 슬롯 타임(Slot Time), 즉 케이

블의 한쪽 끝에서 다른 한쪽 끝까지 신호를 전송하기 위해 소요되는 시간으로 충돌을 검출하기 위한 최소 시간을 만족하는 길이이다. 만일 케이블의 길이를 더욱 짧게 하면 CSMA/CD 방식은 더 높은 전송속도를 낼 수 있다. 고속 이더넷은 이러한 원리를 이용한 것으로 최대 케이블 거리를 100m로 줄이고 최소 프레임의 길이와 슬롯타임을 그대로 둠으로써 전송속도를 향상시킨 것이다.

(3) 특징

고속 이더넷은 기존 이더넷의 CSMA/CD 매체 접근 방식을 그대로 사용하며 프레임 구조와 MAC 기능 또한 비슷하다. 그리고 거리상의 제한이 없으며, CATEGORY 3 UTP 및 5 UTP 케이블 상에서 동작 가능하다. 또한 기존의 네트워크 구조 및 네트워크 관리 구조를 그대로 사용할 수 있다는 장점이 있다.

(4) 전체 구조

[그림 12-22]는 고속 이더넷의 전체 구조를 나타낸 것으로 MAC 하위 계층과 물리 매체 의존적 서브계층(PMD: Physical Medium-Dependent sub-layer) 간의 인터페이스를 제공하기 위해 Convergence 서브계층이 있다.

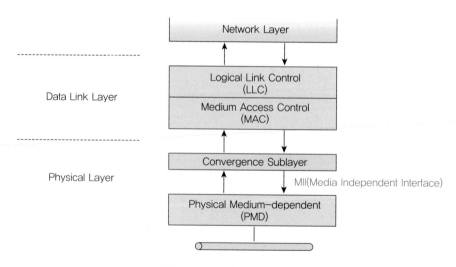

[그림 12-22] 고속 이더넷의 구조

다음은 Convergence 서브 계층의 역할이다.

- 고속의 데이터 전송률을 가능하게 한다.
- MAC 하위 계층과 여러 가지 매체간의 투명성을 유지한다(MII: Media-Independent Interface).
- 모든 데이터 스트림을 4비트 크기의 비트 인코딩된 기호로 변환한다.
- PMD에서 생성된 충돌 감지 신호와 캐리어 감지 신호를 MAC 하위 계층에 전달한다.

(5) 물리적인 규격

고속 이더넷은 802.3u에서 표준을 맡고 있으며 정하는 물리적인 규격은 〈표 12-3〉과 같다.

〈표 12-3〉 802.3u의 물리 매체 특성

종류	IEEE	신호	매체	거리
100BASE-TX	802.3u	4B/5B, NRZ-I	CATEGORY-5 UTP or STP	100m
100BASE-FX	802.3u	4B/5B, NRZ-I	Optical Fiber	2Km
100BASE-T4	802.3u	8B/6T	CATEGORY-3 UTP	100m

| 미니요약 |

고속 이더넷은 기존의 LAN의 선로 구성과 MAC 프로토콜 그리고 사용되는 프레임을 그대로 받아들이면서 전송되는 최대 거리를 줄여 100Mbps의 속도를 내는 기술을 말한다.

12.7.4 기가비트 이더넷(Gigabit Ethernet)

(1) 개요

시스템의 데이터 전송량이 급격히 증가하면서 초당 기가 비트의 패킷 전송률이 필요하게 됨에 따라 IEEE 802.3 위원회는 고속 이더넷보다 10배나 더 빠른 이더넷 기술을 개발했다. 이것이 바로 고속 전송이 가능한 광채널(Fiber Channel) 기술과 CSMA/CD 방식이 접목된 기가비트 이더넷 기술이다.

(2) 원리

기가비트 이더넷은 고속 이더넷보다 10배의 전송속도를 가진다. 고속 이더넷의 최소, 최대 프레임 크기, 슬롯 타임을 그대로 유지하면서 10배의 속도를 내기 위해서는 케이블의 길이가 약 10m 이하로 줄어들어야 한다. 10m 이하의 케이블을 사용할 수는 없기 때문에 기가비트 이더넷에서는 슬롯의 크기를 더 늘려 사용함으로써 1Gbps의 속도를 낸다.

(3) 특징

슬롯의 크기를 더 늘려 사용함으로써 1Gbps의 속도를 낸다.

① 캐리어 확장(Carrier Extension)

이더넷과의 호환성 및 충돌 감지를 보장하기 위해 프레임의 최소 길이를 유지해야 한다. 즉, 송신하려는 프레임의 길이가 512비트보다 작을 때, 확장 비트(extension bit)를 추가하여야 한다.

② 버스트 모드(Burst Mode) 전송방식

캐리어 확장으로 인한 대역폭의 낭비에 대한 보상하기 위해 65,535비트라는 최대 전송 비트량(Burst Limit)을 정의하고 이 수만큼 한 스테이션이 연속적으로 전송하는 것을 허용하는 전송방식이다.

〈표 12-4〉는 이더넷 MAC의 각 변수들을 비교한 것이다.

〈표 12-4〉 각 이더넷 MAC의 특징

변수	이더넷	고속 이더넷	기가비트 이더넷
Bit time	100 ns	10 ns	1 ns
슬롯 타임(slot time)	512 bit time	512 bit time	512 bit time
IFG(InterFrame Gap)	9.6 s	0.96 s	96 ns
최대 프레임 크기	12144 bit	12144 bit	12144 bit
최소 프레임 크기	512 bit	512 bit	512 bit

IFG(InterFrame Gap): 프레임 사이의 간격

(4) 장/단점

기가비트 이더넷은 기존의 이더넷 및 고속 이더넷과 완벽한 호환이 가능하며, 고속 이더넷에 비해 2~3배 비용이 더 드는 반면 성능은 10배 이상 뛰어나다. 다음은 기가비트 이더넷의 장점을 설명한 것이다.

- ATM보다 빠른 고속 전송이 가능하다.
- 기존 네트워크에서 운용체제, 응용, 프로토콜, 네트워크 관리 시스템 등과는 관계없이 기가비트 이더넷으로 자연스럽게 이전될 수 있다.
- 인터넷, WAN(Wide Area Network) 혹은 MAN(Metropolitan Area Network)과 연결 시 고속 접속 포인트를 제공할 수 있다.

다음은 기가비트 이더넷이 지니고 있는 단점들을 설명한 것이다.

- 고속 전송 시 지원거리가 짧다.
- 가격 수준이 결정되지 않고 있다.
- 다양한 멀티미디어 서비스(QoS) 구현이 어렵다.

(5) 계층 구조

기가비트 이더넷의 계층구조는 [그림 12-23]과 같다.

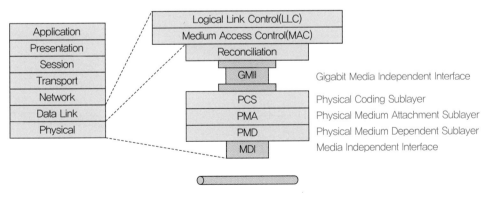

[그림 12-23] 기가비트 이더넷의 계층구조

(6) 물리적인 규격

1995년 기가비트 이더넷에 대한 표준화를 위해 802.3 위원회에서 IEEE 802.z 태스크 그룹을 구성하였다. 1996년에 기가비트 이더넷에 대한 개발 지원을 위해 60개 이상의 회사로 구성된 기가비트 이더넷 Alliance가 구성되었다. 다음은 IEEE 802.3에서 제정한 기가비트 이더넷의 요구 사항들이다.

· 1Gbps의 전송속도를 지원하며 반이중과 전이중 전송 구현
· IEEE 802.3 이더넷 프레임과 IEEE 802.3 최대 이더넷 프레임 형태 사용
· 전이중 동작을 위한 CSMA/CD 접근 방식 및 충돌 도메인 당 하나의 리피터 사용
· 직경 200m의 충돌 범위 지원
· 광케이블 및 구리선 사용과 10BASE-T와 100BASE-T의 상호 호환성 보장

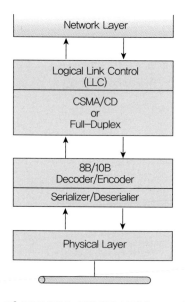

[그림 12-24] IEEE 802.3z 기가비트 이더넷 프로토콜의 구조

[그림 12-24]는 IEEE 802.3z 기가비트 이더넷의 프로토콜 구조를 보여주고 있다. 그리고 〈표 12-5〉는 표준에서 정하는 물리적인 규격을 나타내고 있다.

<표 12-5> IEEE 802.3z의 물리적인 규격

종류	IEEE	부호화 방식	매체	거리
1000BASE-SX	802.3z	8B/10B	Single-Mode Fiber	5Km
			Multi-Mode Fiber	550m
1000BASE-LX	802.3z	8B/10B	Multi-Mode Fiber(50u)	550m
			Multi-Mode Fiber(62.5u)	275m
1000BASE-CX	802.3z	8B/10B	Cooper	25m
1000BASE-T	802.3ab	PAM-5	CATEGORY-5 UTP	100m

| 미니요약 |

기가비트 이더넷은 고속 이더넷보다 10배 빠른 전송속도를 내는 기술로 고속 전송이 가능한 광채널 (Fiber Channel) 기술과 CSMA/CD 방식이 접목된 이더넷 기술로 IEEE 802.3 위원회에서 표준화를 담당하고 있다.

(7) 응용 분야

현재 고속 이더넷으로 연결된 네트워크는 곧바로 기가비트 이더넷으로 업그레이드될 수 있다. 데스크톱용으로의 사용은 기대하기 어려우나, 스위치와 스위치, 스위치와 서버 및 리피터와 스위치 간의 연결에 사용될 수 있다.

12.7.5 10기가비트 이더넷(10Gigabit Ethernet, 10GbE)

(1) 개요

10GbE는 최근에 폭증하는 인터넷 트래픽을 수용하기 위하여 제시된 것으로 기존의 LAN 뿐만 아니라 MAN/WAN까지 응용이 가능한 전송방식이다. 10GbE에서의 10Gbps는 기존 56Kbps 속도의 모뎀, 178,571회선이 동시에 접속되었을 때의 속도로 다르게 말하면 650Mbytes CD를 다운로드하는 데 0.5초의 시간이 걸리는 속도이다. 이러한 10Gbps의 속도는 지역망과 백본망의 경계이고 10Gbps 이상의 속도에서는 통신 사업자와 기존의 LAN 사업자의 사업영역이 중복되는 부분이다. 또한 10Gbps를 기본으로 WDM(Wavelength Division Multiplexing)을 이용하여 전송속도를 확장할 수 있다. 이러한 이유로 10GbE는 LAN 자체의 속도를 향상시킴은 물론 차세대 인터넷 백본으로 각광을 받고 있다. [그림 12-25]는 LAN 기술 전송속도의 연도에 따른 변화 추이를 보여주고 있다.

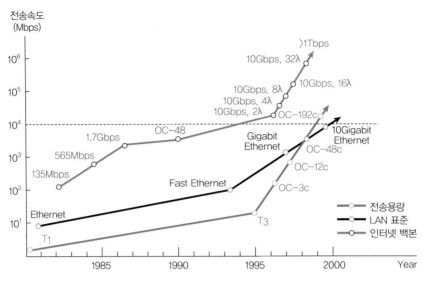

[그림 12-25] LAN 전송속도의 연도에 따른 변화 추이

(2) 표준화

10GbE는 1999년 3월부터 IEEE 802.3 HSSG에서 표준화 활동을 시작하였으며 2000년 3월에 802.3ae를 10Gigabit Ethernet Task Force로 승인하였다. 현재에는 물리계층의 PMA(Physical Media Attachment), PMD(Physical Media Dependent interfaces) 및 PCS(Physical Coding Sublayer) 부분의 표준화가 진행 중이다.

미니강의　**10기가비트 이더넷**

10기가비트 이더넷은 초당 10기가비트의 속도로 데이터를 전송하는 기술이다. 2002년 광케이블을 사용하는 IEEE 802.3ae로 표준화가 되었으며, 2006년에는 UTP 케이블을 사용하는 IEEE 802.3an-2006 표준이 제정되어 이를 10G BASE-T라고 칭한다.

10기가비트 이더넷은 그러나 기술적인 한계와 비용 문제로 보급이 더디게 진행되고 있는데, 특히 전력소모와 발열 등의 문제로 일반에게 보급되기에는 여전히 문제를 안고 있다. 이와 같은 문제들로 인하여 IEEE는 2016년 10G로 이전하기 전 단계로 2.5G와 5G Ethernet(IEEE 802.3bz) 표준을 제정하기도 하였다.

---

(3) 특징

10GbE는 LAN, MAN 및 WAN을 하나의 네트워크로 통합할 수 있는 가장 경제적인 대안으로 기존의 이더넷 속도의 증가뿐만 아니라 프로토콜의 변환 없이 모든 망에 대해 링크 기능

을 제공한다. 〈표 12-6〉은 기존의 1기가비트 이더넷과 10기가비트 이더넷을 비교한 것이다.

〈표 12-6〉 1기가비트 이더넷과 10기가비트 이더넷의 비교

	1기가비트 이더넷	10기가비트 이더넷(10GbE)
전송방식	CSMA/CD + 전이중 방식	전이중 방식
MAC	캐리어 확장	MAC 속도의 변화
전송매체	Optical/Copper Media 광 채널 PMD	Optical Media 새로운 Optical PMD 사용
부호화방식	8B/10B 코드 사용	새로운 코딩 방식
거리지원	5Km까지 전송 거리 지원	40Km까지 전송 거리 지원: SONET/SDH에 확장 연결 가능

(4) 응용

10GbE는 모든 데이터 서비스를 지원하며 다른 기술에 비해 빠르고 저렴하다. 또한 LAN뿐만 아니라 MAN과 WAN을 지원할 수 있으며 이미 설치된 3억 개 이상의 이더넷 스위칭 포트를 수용할 수 있다. 추가적으로 MAN과 WAN 백본의 OC-192 속도와 매칭이 가능하다.

[그림 12-26]은 이러한 10GbE의 응용 예를 보여주고 있다.

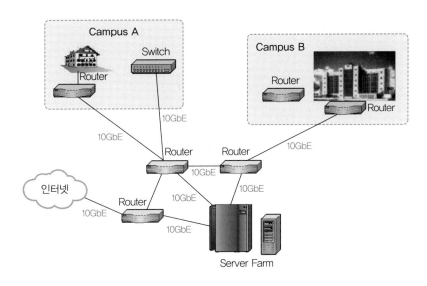

[그림 12-26] 10GbE의 응용 예

| 미니요약 |

10기가비트 이더넷은 최근 LAN, MAN 및 WAN을 하나의 네트워크로 통합할 수 있는 가장 경제적인 네트워크 기술로 대두되고 있으며 현재 그 표준화 작업이 한창 진행 중이다.

미니강의   10GbE 쟁점 사항

10GbE에서는 8B/10B 코드의 사용으로 인한 코드의 낭비가 최대의 쟁점이 되고 있다. 이를 해결하기 위해 각 벤더들은 저마다 다른 코드의 사용을 제안하고 있다. 지멘스(Siemens), HP, 트랜스데이터(Transdata) 등의 10여 벤더에서는 MAS(Multi-level Analog Signaling)인 PAM5를 그리고 IBM에서는 8B/10B를 기초로 하여 에러 정정기능을 첨가하여 만든 16B/18B를 제안하고 있다. 그리고 국내의 ETRI에서는 MB810을 코드를 연구하고 있다.

미니강의   40G, 100G 이더넷

10기가 이더넷에 이어 40기가와 100기가 이더넷이 등장하고 있다. 서비스 되는 거리가 수 미터에서 수백 미터 그리고 수십 킬로미터까지 이르는 다양한 종류가 표준화되고 있으며 40기가는 10기가 4 채널, 100기가는 25기가 4채널로 전송이 이루어진다. 전송매체로는 짧은 거리인 경우 멀티모드 광섬유, 긴 거리인 경우 싱글모드 광섬유가 이용된다. 기술 발전에 따라 전송거리가 늘어 LAN을 넘어서 MAN, WAN으로 이용 범위가 넓어지게 되고 항공과 자동차 등 여러 산업 분야와 국방 등에도 이용될 것으로 예상된다.

12.8 무선 LAN(Wireless LAN)

12.8.1 개요 및 정의

무선 LAN은 이동성, 편리성, Ad hoc 네트워킹, 유선으로 연결되기 어려운 곳에 대한 서비스 등에 대한 요구에 의해 나타난 기술로 복잡한 배선의 번거로움을 없애고 무선으로 LAN을 구축하기 위한 통신규격이다. 즉 무선 LAN은 한정된 공간 내에서 유선 케이블 대신 무선 주파수 또는 빛을 사용하여 허브에서 각 단말기까지 네트워크 환경을 구축하는 것을 말한다. [그림 12-27]은 무선 LAN에 대한 전체적인 기술들을 보여주고 있다.

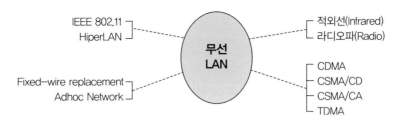

[그림 12-27] 무선 LAN의 기술

12.8.2 특징

무선 LAN은 복잡한 배선이 필요 없고, 단말기의 재배치 시 용이하다. 또한 단말기가 이동 중에도 통신이 가능하며 빠른 시간 내에 네트워크 구축이 가능하다는 장점이 있다. 그러나 유선 LAN에 비하여 상대적으로 낮은 전송속도를 내며 신호 간섭이 발생할 수 있다는 단점이 있다.

12.8.3 전송 기술

무선 LAN의 전송 기술로는 적외선(Infrared: IR) 기술과 라디오 주파수(Radio Frequency: RF) 기술이 있다. 적외선 기술은 적외선이 벽, 천장 및 다른 장애물을 통과할 수 없기 때문에 주로 실내에서 무선 LAN을 구축하고자 할 때 주로 사용된다. 적외선 기술은 텔레비전에 대한 원격 조정과 같이 수신측과 송신측 간에 아무런 장애물이 없어야 한다. 빌딩 혹은 벽과 같은 장애물이 있는 환경에서는 송신기가 넓은 각도로 빛을 퍼트리기 위해 적외선을 광학적으로 발산시키는 발산(diffused) IR 기술을 사용한다. 이러한 이유로 일반적으로 사용되는 대부분의 무선 LAN은 라디오 주파수 기술을 사용한다. 사용되는 주파수는 주로 2.4/5기가 헤르츠이며 벽과 같은 장애물을 쉽게 통과한다. 최근 10미터 이내에서 7Gbps를 지원하는 802.11ad에서는 60기가 헤르츠를 사용하기도 한다.

12.8.4 동향

[그림 12-28]은 무선 LAN 기술의 표준화 과정을 보여주고 있으며, 이를 포함해 각 표준의 기술적 특징은 〈표 12-7〉에서 설명하고 있다.

[그림 12-28] 무선 LAN 기술의 표준화 과정

〈표 12-7〉 IEEE 802.11 무선 LAN 표준화 기술 비교

	802.11a	802.11g	802.11n	802.11ac
전송방식	OFDM	OFDM	OFDM	OFDM
안테나 기술	SISO	SISO	MIMO	MU-MIMO
주파수 대역	5GHz	2.4GHz	2.4&5GHz	5GHz
채널 대역폭	20MHz	20MHz	20/40MHz	20~160MHz
최대 전송률	54Mbps	54Mbps	600Mbps	6.9Mbps

해당 표준들은 모두 초고속 데이터 전송에 적합한 주파수 직교 분할 다중화 전송(OFDM: Orthogonal Frequency Division Multiplexing) 방식을 적용하고 있다. 특히 802.11n부터는 다중 송수신 안테나(MIMO: Multi-Input Multi-Output) 기술을 적용하여 최대 전송률을 크게 개선하고 있다. 802.11ac의 경우는 여기에 더해, 다중 사용자 다중 안테나(MU-MIMO: Multi-User MIMO) 기술을 적용하여 단일 AP가 동시에 여러 명의 사용자에게 데이터를 전송하는 것을 가능하게 하고 있다. 이 표준은 2008년 11월 정식으로 TF 그룹이 결성되어 표준 규격을 제정했고, 2014년 초에 최종 승인되었다.

12.8.5 IEEE 802.11b

IEEE 802.11b는 1999년 9월에 기존의 802.11 표준에 추가한 새로운 고속 물리계층에 관한 규격으로 CCK 변조 방식을 사용한다. IEEE 802.11b의 특징은 다음과 같다.

• 전송속도가 최대 11Mbps인 고속무선 LAN의 표준수단이다.
• 사무실과 가정의 PC를 LAN에 접속하기 위한 무선 통신규격으로 2.4GHz에서 2.497GHz 사이의 ISM(Industrial, Scientific, and Medical band) 대역 주파수를 사용한다.

- 물리층과 MAC의 프레임 형식은 IEEE 802.11b를 사용하지만 LLC는 IEEE 802.2의 유선의 이더넷이나 토큰링과 같은 방식을 사용한다.
- 유선 이더넷과 더불어 고속 데이터 통신이 가능하다.
- 변조 방식으로는 직접 확산(Direct Sequence: DS) 방식을 사용하며 동시에 이용 가능한 채널수는 14개이다.
- 물리매체 제어 방식으로는 CSMA/CA(Carrier Sense Multiple Access with Collision Avoidance)를 사용한다.

12.8.6 IEEE 802.11a

IEEE 802.11a는 1999년 5GHz의 UNII(Unlicensed National Information Infrastructure) 대역에서 동작하는 고속 물리계층에 대해 규정되었다. 무선 환경에서 고속 전송을 가능하게 하기 위해서는 보다 높은 주파수를 사용해야 한다. 그러나 높은 주파수의 사용은 장애물이 많은 실내 환경에서는 전송 효율이 크게 떨어진다. 이를 해결하기 위해 IEEE 802.11a는 확산 대역 기술 대신 직교 주파수 분할 다중화 방식을 사용함으로써 50m 이내에서의 6~54Mbps의 고속 데이터 전송을 가능하게 하였다. 5,150~5,250GHz 대역과 5,250~5,350GHz 대역은 각각 50mW, 250MW의 전력으로 제한되어 있어 실내용으로 사용되고 5,725~5,825GHz 대역은 최대 전송 전력이 1W로 실외용으로 사용된다. 그러나 802.11a는 802.11b와는 달리 다음과 같이 해결해야 할 몇 가지 문제들이 있다.

- 2.4GHz를 사용하는 802.11b는 전 세계 대부분의 국가에서 이용 가능하므로 큰 문제가 없지만 5GHz 대역은 미국의 주파수 환경에 맞추어져 있으므로 주파수의 호환성 문제가 있다.
- 802.11 매체 접근 제어 계층의 비효율성 때문에 실제 3계층의 전송속도는 32Mbps에 불과하다. 또한 헤더 부분을 6Mbps로 전송하기 때문에 속도의 개선이 필요하다. 즉 전송 효율이 낮다는 문제가 있다.
- 36~54Mbps 고속 전송 모드를 사용할 때에는 전송거리가 액세스 포인트당 10~15m 정도에 불과하다.

12.8.7 IEEE 802.11g

비교적 짧은 거리에서 최고 54Mbps까지의 속도로 전송할 수 있는 무선 랜 표준이다. 주로 2.4GHz의 무선 주파수에서 동작하는데, 이것은 11b와 같은 대역이다. 11g 규격은 OFDM을 채용함으로써 빠른 전송속도를 낼 수 있으나, 11g로 설정된 컴퓨터나 단말기를 오히려 11Mbps 속도로 떨어뜨릴 수 있는데, 이러한 특색은 하나의 네트워크상에서 11b와 11g 장비들을 서로 호환성을 갖도록 되어 11b용 AP에서 펌웨어 업그레이드가 필요하게 된다.

12.8.8 IEEE 802.11n

802.11n은 기존 802.11 표준 위에 MIMO와 40MHz 채널 대역폭을 가진 물리계층(physical layer), 데이터링크 계층(MAC layer)의 프레임 집적(frame aggregation) 기술을 추가하여 만들어졌다. 40MHz 채널 대역폭은 802.11n에 포함된 또 다른 특성으로, 기존의 802.11 PHY가 데이터를 전송하는 데 사용하던 20MHz 채널 대역을 두 배로 넓힌 것이다. 이것은 하나의 20Mhz 채널을 사용하는 것에 비해 물리계층에서의 데이터 전송률을 두 배로 높여 준다. MIMO와 넓은 채널 대역폭을 이용해서 물리계층의 전송속도를 802.11a(5GHz)나 802.11g(2GHz)에 비해 향상시킬 수 있다.

가장 빠른 전송률을 얻기 위해서는 802.11n 5GHz 네트워크를 사용하는 것이 좋다. 5GHz 대역은 2.4GHz 대역에 비해 적은 무선 간섭과 적은 채널 중복 때문에 상대적으로 더 나은 능력을 가지고 있다. 현재까지 대부분의 컴퓨터에서 802.11b/g 모드를 사용하고 있기 때문에 802.11n만을 허용하는 네트워크(802.11n-only)는 비효율적이다. 오래된 컴퓨터에서 802.11n만을 허용하는 네트워크를 사용하기 위해서는 호환되지 않는 기존의 WIFI 카드를 교체하거나 혹은 컴퓨터 전체를 교체해야 한다. 따라서 단기적으로는 802.11n 하드웨어가 널리 쓰일 때까지 802.11b/g/n이 혼합된 네트워크를 사용하는 것이 효율적이다. 802.11b/g/n이 혼합된 모드를 사용하는 경우 두 개의 라디오를 사용할 수 있는 AP를 이용하여 802.11b/g 트래픽은 2.4GHz 대역으로 802.11n 트래픽은 5GHz 대역으로 분리하여 사용하는 것이 일반적으로 가장 좋다.

12.8.9 IEEE 802.11ac

IEEE 802.11ac는 높은 속도의 근거리 통신망(LAN)을 제공하기 위하여 개발된 802.11 무선 컴퓨터 네트워킹 표준 중의 하나이다. 5GHz 주파수에서 높은 대역폭(80MHz~160MHz)을 지원하고, 2.4GHz에선 802.11n과의 호환성을 위해 40MHz까지 대역폭을 지원한다. 2011년 1월 20일, IEEE 802.11 TGac(ac를 위한 Task Group)에 의해 초기 기술 사양 초안 0.1이 확정되었으며 2014년 1월에 승인 완료되었다.

이론적으로, 이 규격에 따르면 다중 단말의 무선랜 속도는 최소 1Gbit/s, 최대 단일 링크 속도는 최소 500Mbit/s까지 가능하게 된다. 이는 더 넓은 무선 주파수 대역폭(최대 160 MHz), 더 많은 MIMO 공간적 스트림(최대 8개), 다중 사용자 MIMO, 그리고 높은 밀도의 변조(최대 256 QAM) 등 802.11n에서 받아들인 무선 인터페이스 개념을 확장하여 이루어진다.

〈표 12-8〉은 무선 LAN 802.11 표준안을 정리한 것이다.

〈표 12-8〉 IEEE 802.11 표준별 특성 비교

프로토콜	발표시기	변조방식	주파수 대역(GHz)	채널 대역폭 (MHz)	MIMO 스트림	스트림 당 전송속도 (Mbps)	최대전송 속도 (Mbps)
IEEE802.11	1997.6	DSSS, FHSS	2.4~2.5	20	최대 1	2	2
IEEE802.11a	1999.9	OFDM	5.15~5.35, 5.47~5.725	20	최대 1	54	54
IEEE802.11b	1999.9	DSSS	2.4~2.5	20	최대 1	11	11
IEEE802.11g	2003.6	OFDM, DSSS	2.4~2.5	20	최대 1	54	54
IEEE802.11n	2009.9	OFDM	2.4~2.5, 5.15~5.35, 5.47~5.725	20, 40	최대 4	72.2, 150	600
IEEE802.11ac	2013.12	OFDM	5.15~5.35, 5.47~5.725	20, 40, 80, 160	최대 8	87.6, 200, 433.3, 866.7	6,933
IEEE802.11ad	2014.12	OFDM + SC	2.4, 5, 60	2.16		최대 7,000	6.75Gbps
IEEE802.11ah	2016.8	MIMO-OFDM	0.9	1~16	최대 4	347	68
IEEE802.11ay	2019 예정	OFDM/SC	60	8,000	최대 4	20Gbps	100Gbps

12.8.10 IEEE 802.11ad(Microwave WiFi)

60GHz(마이크로웨이브)를 이용하여 7Gbps로 동작 가능하며 WiGig로도 불린다. 대용량의 데이터나 HD급 비디오의 스트리밍 전송에 적합하다. 주파수 대역이 높아 장애물 통과가 어려워 10m 이내의 공간에서 사용되나 2.4/5GHz 대역을 지원하여 범용으로 사용될 수도 있다.

| 미니요약 |

- 무선 LAN은 전송속도가 최대 11Mbit/sec인 고속무선 LAN을 지원하는 IEEE802.11b를 표준으로 하며 LAN의 확정, 빌딩간 상호 연결, 이동 접속, Ad hoc 네트워크 등의 응용에 사용된다.
- 무선 LAN의 표준으로 현재 IEEE 802.11a/g/n이 많이 사용되고 있으며, 11ac와 11ad가 개발되었다.

미니강의 **HEW(High Efficiency WLAN)**

2013년 3월 IEEE 회의에서 11ac가 마무리되는 2013년 상반기가 11ac 이후의 차세대 무선랜을 논의해야함을 제시했으며, 이후 차세대 무선랜을 위한 스터디그룹인 HEW가 탄생되었다. HEW는 기존 무선랜 시스템과 동일하게 2.4GHz와 5GHz에서 동작하며, 주로 고려되는 시나리오는 AP와 STA(station)이 많은 밀집 환경이며, 이러한 상황에서 스펙트럼 효율과 공간 전송률 개선을 논의하고 있다. 즉, 실내 환경 중심의 기존 무선랜 사용 범위를 뛰어 넘어 실외 환경으로의 무선랜 활용성을 증대시킬 것으로 예측된다.

미니강의 **Wi-Fi 6 (IEEE 802.11ax, HEW-High Efficiency Wireless)**

다중 접속 환경에 최적화되어 공공 와이파이 환경에서도 최상의 네트워크 품질을 제공하는 것을 목표로 IEEE에서 제안한 Wi-Fi 규격으로서 최대 10Gbps의 속도를 지원하며 1Gbps의 속도시에는 더 넓은 커버리지와 낮은 레이턴시를 지원할 수 있도록 하였다.

Wi-Fi 6에서는 OFDMA와 다운 링크와 업 링크 모드에서 사용할 수 있도록 개선된 MU-MIMO, 공간적 주파수 재사용, 타겟 웨이크 타임(TWT), 동적 파편화 등의 기술들이 새롭게 도입되었으며, 802.11ac의 최대 256-QAM을 1024-QAM으로 확장하였고 5GHz 대역만 지원하던 것을 5GHz와 더불어 2.4GHz도 사용할 수 있도록 하였다. 다만 2.4GHz 대역은 고도의 복호화 과정을 적용하기 쉽지 않을 것으로 보이며, 광역 커버리지를 위해서 속도와 레이턴시를 포기할 가능성이 높다. 하지만 802.11n에서의 2.4GHz 송출 방식보다는 훨씬 더 좋은 망 품질을 보여줄 수 있다.

또한 무선 주파수의 포화 상태로 인한 통신 간섭 문제를 극복하기 위하여 등장한 확장 표준인 Wi-Fi 6E에서는 비면허 주파수인 6GHz에서의 통신을 지원한다.

Wi-Fi 얼라이언스의 Wi-Fi 6 인증을 위해서는 새로운 암호화 프로토콜인 WPA3와 MBO(Multi-Band Operation)을 지원하여야만 한다.

하지만 Wi-Fi 6도 이전 규격과 동일하게 반이중 멀티플렉싱(Half-Duplex Multiplexing)을 사용함으로 링크 속도를 완전히 활용하기에는 다소 어려움이 있다. 한 채널에서 다운로드와 업로드가 동시에 이루어지지 않고 순차적으로 이루어지기에 다운로드 트래픽이 지속되는 상황에서는 업로드 속도가 저하될 수밖에 없다. 이와 같은 문제점은 향후 Wi-Fi 7에서 전 이중 통신을 지원하면서 해결될 것이다.

〈표 12-9〉 Wi-Fi 규격

Wi-Fi 규격						
802.11b	802.11a	802.11g	820.11n	802.11ac	802.11ax	802.11be
Wi-Fi 1[*]	Wi-Fi 2[*]	Wi-Fi 3[*]	Wi-Fi 4	Wi-Fi 5	Wi-Fi 6	Wi-Fi 7

(※: 비공식 명칭임)

[그림 12-29] Wi-Fi 6 로고 및 특징

12.8.11 응용 분야

무선 LAN의 응용으로는 다음과 같이 기존 유선 LAN의 확장, 서로 떨어져 있는 빌딩 간의 상호 연결, 이동 중의 접속, Ad hoc 네트워크 등이 있다.

(1) LAN의 확장

무선 LAN은 LAN 케이블의 설치 비용을 절감할 뿐만 아니라 재배치 작업 및 망의 구조 변경이 용이하여 기존 유선 LAN을 대체할 수 있다.

(2) 빌딩 간 상호 연결

무선 LAN으로 인접 빌딩 간의 단일 점 대 점 링크를 설정하여 LAN을 구성한 형태이다.

(3) 이동 접속

무선 단말기가 설치된 휴대용 컴퓨터와 LAN 허브 간에서 무선 링크를 이용하여 통신 서비스를 제공하는 것이다.

(4) Ad hoc 네트워크

임시적으로 즉각적인 필요를 충족시키기 위해서 중앙 서버의 필요 없이 점대점 간의 네트워크를 형성하는 방식이다.

12.9 근거리 무선통신기술: 블루투스(Bluetooth)

12.9.1 개요

1998년 2월 에릭슨, 노키아, IBM, 도시바, 인텔로 구성된 블루투스 SIG(Special Internet Group)가 발족되었으며, 지금은 1400여 개의 업체가 참여하고 있다. 블루투스란 명칭은 10세기경 덴마크와 노르웨이를 통일한 바이킹으로 유명한 헤럴드 블루투스(Herald Blue Tooth)에서 유래를 찾을 수 있다. 헤럴드 블루투스가 스칸디나비아를 통일한 것과 같이 블루투스 기술이 케이블 없이 상이한 통신 장치들을 [그림 12-30]과 같이 단일화된 통신환경을 만든다는 의미를 지니고 있다. 블루투스란 이름은 초기에는 프로젝트의 이름에 불과하였지만 흥미를 유발할 수 있으며 기억하기 쉽다는 이유로 SIG에 의해 공식 명칭으로 결정되어 사용되고 있다.

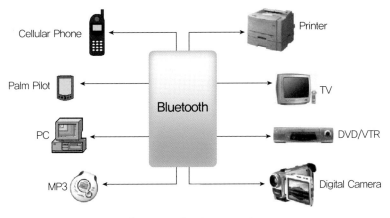

[그림 12-30] 블루투스의 개요

12.9.2 표준화

블루투스의 공식적인 표준화 단체는 IEEE 802 위원회이다. IEEE 802의 여러 워킹 그룹 중 IEEE 802.15 워킹 그룹이 무선 LAN 표준을 관장하고 있으며, 워킹 그룹 내에는 무선 LAN 태스크 그룹(Task Group 1: TG1), 공존 태스크 그룹(TG2), 고속 블루투스 태스크 그룹(TG3) 등의 세 가지 태스크 그룹이 있다.

여기서 TG2는 2.4 GHz ISM 대역을 사용하는 블루투스와 IEEE 802.11 무선 LAN과 블루투스의 공존 방법에 대한 표준안을 마련을 목적으로 한다. 그리고 TG3는 블루투스 관련 고속 무선 LAN에 대한 표준안을 만드는 것과 TG1이 제안한 블루투스와 상호작용할 수 있는 고속 블루투스를 제공하는 것을 목적으로 하고 있다.

12.9.3 정의 및 규격

블루투스 기술은 9×9mm 마이크로칩에 내장되어, 정지 및 이동 환경에서 안전한 ad hoc 연결을 가능하게 하는 저가의 단거리 무선 연결을 기본으로 하는 데이터와 음성의 무선 통신에 대한 개방된 규격이다. 즉 블루투스는 무선 LAN이 아니라 무선 통신을 위한 접속 인터페이스로 볼 수 있다. 블루투스는 빠른 인증과 FH(Frequency Hopping) 방식을 사용하여 연결을 만듦으로써 잡음이 많은 무선 주파수를 사용할 수 있게 함은 물론 FEC(Forward Error Correction)를 사용함으로써 장거리 연결 상에서 불규칙 잡음에 대한 영향을 제한할 수 있다. 또한 블루투스는 허가가 되지 않는 2.4GHz의 ISM 주파수 대역을 사용한다. 데이터 전송속도는 1Mbps를 지원하며, 전이중 방식을 지원하기 위해 TDD(Time-Division Duplexing) 방식을 사용한다. 또한 블루투스의 기저대역 프로토콜은 회선과 패킷 스위칭의 혼합된 형태를 띠며, 기본적으로 패킷 단위로 전송을 데이터를 전송한다. 블루투스의 서비스 제공 거리는 10~100m로 알려져 있다.

12.9.4 특징

블루투스는 현재 거의 소프트웨어 부문뿐만이 아니라 하드웨어 부문에서 거의 완성 단계에 가까이 와 있으며 많은 SIG 멤버들이 참여하고 있어, 사용자의 현재 낮은 가격에 만족할 만한 서비스를 제공할 수 있다. 또한 케이블이나 커넥터 등의 접속기기를 필요로 하지 않으며 접속기기들을 동시에 모두 글로벌하게 이용할 수 있다. 그리고 TCP/IP에 관한 지식이 없는 사용자도 네트워크를 수시로 구축하거나 해제할 수 있을 뿐만 아니라, 이동 전화와 같은 이동 단말기에 부가가치를 더할 수 있다. 덧붙여 데이터뿐만이 아니라 음성도 전송이 가능하다. 그러나 블루투스의 최대 전송속도는 1Mbps로 미래의 사용자의 욕구를 만족시키기에는 낮은 사양이다. 예를 들어 CD 수준의 고품질 음악 혹은 비디오 전송에는 부적합하며 고화질 정지화상 등의 응용 분야에는 아직 미흡하다.

12.9.5 응용 분야

블루투스는 대부분의 유선 LAN을 대체할 수 있으며 그 응용 분야는 다음과 같다.

- 케이블을 통한 기존의 모든 연결을 블루투스를 통해 무선화할 수 있다. 즉 하드디스크, 마우스, 디지털 카메라, 디지털 캠코더 등을 무선을 통하여 직접 PC와 연결할 수 있다.
- 장소에 상관없이 사용자가 휴대폰을 통해서든 모뎀이나 LAN을 통해서든 항상 무선으로 사용자의 컴퓨터를 인터넷에 연결할 수 있다.
- 화상 회의와 같은 회의나 세미나, 워크숍 도중에 자료를 서로 공유할 수 있다.
- 마이크, 스피커, 인터넷폰, 홈모니터링 단말기 등과 무선으로 연결되어 이동전화기나 무선 헤드셋을 이용한 가정 통신 수단으로 사용될 수 있다.
- 개인 간의 명함교환 등과 같은 음성, 문서, 영상 등을 서로 주고받을 수 있다.
- 자동판매기, 입장료, 통행료, 주차료 등과 같은 소액의 전자지불 시장에도 사용될 수 있다.

• 공중망을 이용하여 가정과 같은 일반 가입자와 SOHO(Small Office Home Office), 인터넷 카페, 사무실 등의 기관 가입자 모두를 지원하며, ADSL과도 연동될 수 있다.

| 미니요약 |

블루투스 기술은 9×9mm 마이크로칩에 내장되어, 정지 및 이동 환경에서 안전한 ad hoc 연결을 가능하게 하는 저가의 단거리 무선 연결을 기본으로 하는 데이터와 음성의 무선 통신에 대한 개방된 규격이다.

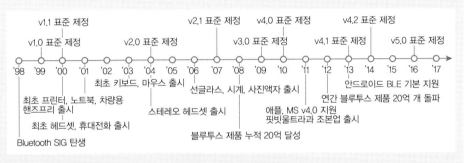

자료: "Bluetooth SIG 역사"(Bluetooth SIG)

[그림 12-31] 블루투스의 역사

01 LAN은 제한된 지역 내에 있는 다수의 독립된 컴퓨터 기기들로 하여금 상호 통신이 가능하도록 하는 데이터 통신 시스템이다.

02 802 프로젝트에서는 LAN을 MAC과 LLC, 두 개의 부계층을 두고 있으며 각각의 역할은 다음과 같다.
- LLC: 에러 제어와 흐름 제어 담당한다.
- MAC: 충돌을 피하기 위한 공유매체에 대한 접근 제어를 담당한다.

03 LAN의 분류는 다음과 같다.
- 토폴로지: 스타형, 버스형, 트리형, 링형
- 전송매체: 트위스티드 페어, 동축 케이블, 광케이블
- 매체 접근 제어 방식: CSMA/CD, Token Ring, Token Bus 등

04 LAN의 각 토폴로지의 특징을 비교하면 〈표 12-10〉과 같다.

〈표 12-10〉 토폴로지별 장단점

	장점	단점
스타형, 트리형	• 유지 보수가 용이하다. • 한 스테이션의 고장이 전체 네트워크에 영향을 미치지 않는다. • 확장이 용이하다.	• 중앙 전송 제어 장치가 고장이 네트워크에 치명적인 문제를 야기한다. • 설치 시에 케이블링이 비용이 많이 든다. • 통신량이 많은 경우 전송 지연이 발생한다.
버스형	• 설치하기가 용이하다. • 케이블링에 소요되는 비용이 적다. • 한 스테이션의 고장이 네트워크 내의 다른 부분에 아무런 영향을 주지 않는다.	• 재구성이나 결합 분리의 어려움이 있다. • 버스 케이블에 결함이 발생하면 전체 스테이션은 모든 전송을 할 수 없게 된다.

		• 링을 제어하기 위한 절차가 복잡하여 기본적인 지연이 있다.
링형	• 단순하며 설치와 재구성이 쉽다. • 장애가 발생한 스테이션을 쉽게 찾을 수 있다. • 스테이션의 수가 늘어나도 네트워크의 성능에는 별로 영향을 미치지 않는다.	• 단방향 전송이기 때문에 링에 결함이 발생하면 전체 네트워크를 사용할 수 없다. 이중 링을 통해 이를 해결한다. • 새로 스테이션을 추가하기 위해서는 물리적으로 링을 절단하고 스테이션을 추가해야 한다.

05 LAN에 사용되는 각 전송매체의 특징은 〈표 12-11〉과 같다.

〈표 12-11〉 전송매체별 특징

전송매체	특징
트위스티드 페어	• 기존의 전화선으로 설치 비용이 적게 들지만 전송속도에 제한이 있다.
동축 케이블	• 트위스티드 페어보다 높은 주파수를 사용하며 빠른 전송이 가능하다. • 기저대역 방식의 동축 케이블: 디지털 신호 전송, 광대역 방식에 비해 값이 비싸다. • 광대역 방식의 동축 케이블: 아날로그 신호의 전송으로 기저대역에서보다 더 멀리 전송할 수 있다. 또한 주파수 분할 다중화를 통해 독립적인 채널을 가질 수 있으므로 음성, 영상, 데이터 등을 동시에 다룰 수 있다.
광케이블	• 트위스티드 페어나 동축 케이블에서 지원할 수 없는 높은 속도를 제공한다. • 데이터 신호가 빛에 의해 전송되므로 전자기파의 간섭에 무관하다. • 전자기파를 방사하지 않으므로 도청이 불가능해 철저한 보안이 요구되는 경우에 사용된다.

06 LAN에 사용되는 매체 접근 제어 방식은 〈표 12-12〉와 같다.

〈표 12-12〉 접근 제어 방식별 특징

접근 제어 방식	특징
CSMA/CD	• 스테이션이 채널의 상태를 감지해 충돌을 피하는 매체 접근 방식이다. • 보통 기저대역은 맨체스터 디지털 부호화 방식을 사용하며 광대역에서는 디지털/아날로그 부호화(차등 PSK)를 사용한다. • 회선의 제어권은 모든 스테이션에 있으며, 1Mbps에서 100Mbps까지의 데이터 전송속도를 제공한다. • 채널 획득 방법: Non-persistent 방식, 1-persistent 방식, p-persistent 방식 • 물리적인 규격: 10BASE5, 10BASE2, 10BASE-T, 10BROD36, 10BASE-FP

토큰 링	• 링 형태로 네트워크를 구성하고, 토큰 패싱 방식을 사용하여 매체를 접근하는 방식이다. • 차등 맨체스터 디지털 신호 방식을 사용한다. • 4 Mbps에서 최고 16 Mbps까지의 데이터 전송률을 지원한다.
토큰 버스	• 물리적으로는 버스 접속 형태이지만 논리적으로는 토큰 패싱 방식을 사용하여 매체를 제어하는 방식이다. • 주로 동축 케이블을 전송매체로 사용한다. • 기저대역 모드나 캐리어 밴드 모드에서 동작한다.

07 FDDI는 100Mbps로 동작하게 하는 토큰 링 방식을 사용한 고성능의 광케이블 LAN으로 이중 링을 사용하여 구현되며 4B/5B 부호화 기법을 사용한다. 또한 물리계층, 데이터링크 계층 및 두 계층을 관리하는 SMT로 구성되어 있다.

08 기존 LAN의 속도를 향상시킨 고속 LAN에는 〈표 12-13〉과 같이 이더넷, 고속 이더넷, 기가비트 이더넷이 있다.

〈표 12-13〉 이더넷, 고속 이더넷 및 기가비트 이더넷의 비교

	이더넷	고속 이더넷	기가비트 이더넷
전송속도	10Mbps	100 Mbps	1 Giga bps
매체접근 방식	CSMA/CD	CSMA/CD	CSMA/CD
프레임 형식	802.3	802.3	802.3
부호화 방식	맨체스터	4B/5B, 8B/6T	8B/10B, PAM-5

09 10기가의 전송속도를 지원하는 10기가비트 이더넷은 LAN, MAN 및 WAN을 하나의 네트워크로 통합할 수 있는 네트워크 기술로 IEEE 802.11ac에서 표준화 작업이 현재 진행 중이다.

10 무선 LAN은 번거로운 케이블링이 필요 없으며 이동성을 제공하는 네트워크이다. 무선 LAN의 표준은 전송속도가 최대 11Mb/초인 고속 무선 LAN을 지원하는 IEEE802.11b에서부터 현재는 802.11a/g/n이 많이 사용되고 있으며, 11ac와 11ad가 개발되었다.

11 블루투스 기술은 정지 및 이동 환경에서 안전한 ad hoc 연결을 가능하게 하는 저가의 단거리 무선 연결을 기본으로 하는 데이터와 음성의 무선 통신에 대한 개방된 규격이다.

연습문제

01 LAN에 관한 표준을 제정하는 기관은?
   a. EIA(Electronic Industries Association)
   b. IEEE(Institute of Electrical and Electronics Engineers)
   c. ITU-T(International Telecommunications Union-Telecommunications Sector)
   d. ISO(International Standards for Organization)

02 LAN의 특징과 거리가 먼 것은?
   a. 광대역 전송매체의 사용으로 고속 통신이 가능하다.
   b. 라우팅과 같은 경로선택이 필요하다.
   c. 하나의 네트워크 회선 자원을 공동으로 이용할 수 있다.
   d. 네트워크에 연결된 모든 기기와 통신이 가능하다.

03 제한된 지역 내에 있는 다수의 독립된 컴퓨터 기기들로 하여금 상호 통신이 가능하도록 하는 데이터 통신 시스템으로 한정된 지역에서의 고속통신을 지원하는 시스템은?
   a. LAN   b. WAN
   c. VPN   d. ISDN

04 IEEE 802 프로젝트의 내용으로 잘못 짝지어진 것은?
   a. 802.2 - LLC   b. 802.3 - CSMA/CD
   c. 802.4 - Token bus   d. 802.5 - FDDI

05 CSMA/CD의 특징이 아닌 것은?
   a. 회선의 제어권은 모든 지국에 있다.
   b. 충돌이 발생하면 임의의 시간 동안 대기하므로 자연 시간을 예측하기 어렵다.
   c. 통신량이 적을 때는 회선 이용률이 낮다.
   d. 회선의 어느 한 스테이션이 고장이 나도 다른 스테이션의 통신에는 아무런 영향을 미치지 않는다.

06 이더넷의 프레임 필드 중 7바이트의 길이로 프레임의 도착을 알리고 입력 타이밍을 동기화할 수 있도록 하는 필드는?

    a. 프리엠블   b. 시작 프레임 지시자

    c. CRC   d. PDU

07 링 형태로 네트워크를 구성하고, 토큰 패싱 방식을 사용하여 매체에 접근하는 LAN 매체 접근 제어 방식은?

    a. CSMA/CD   b. Token Ring

    c. Token Bus   d. CSMA

08 이더넷과 토큰 링의 특징을 결합한 것으로 물리적으로는 버스 접속형태이지만 논리적으로는 토큰 패싱 방식을 사용하는 매체 접근 제어 방식은?

    a. CSMA/CD   b. Token Ring

    c. Token Bus   d. CSMA

09 버스형 토폴로지의 특징으로 잘못된 것은?

    a. 재구성이나 결합 분리의 어려움이 없다.

    b. 버스 케이블에 결함이 생기면 전체 스테이션은 모두 전송을 할 수 없게 된다.

    c. 각 스테이션의 고장이 네트워크 내의 다른 부분에 영향을 미친다.

    d. 탭에서 일어나는 반사는 신호의 질을 저하시킬 수 있다.

10 CSMA/CD의 물리적 규격으로 잘못 짝지어진 것은?

    a. 10BASE5 버스, 동축 케이블

    b. 10BASE2 버스, 동축 케이블,

    c. 10BASE-T 스타형, 비차폐 트위스티드 페어

    d. 10BROD36 스타형, 동축 케이블

11 LAN에서 기저대역 전송방식의 설명으로 잘못된 것은?

    a. 디지털 신호를 그대로 전송하는 방식이다.

    b. 양방향 전송이 가능하다.

    c. 네트워크의 확장을 위해 리피터가 필요하다.

    d. 통신을 위해 두 개의 채널(inbound, outbound)이 필요하다.

12 기가비트 이더넷에서 기존 이더넷과의 호환성 및 충돌 감지를 보장하기 위해 프레임
의 최소 길이를 유지해야 한다. 송신하려는 프레임의 길이가 512비트보다 작을 때 추
가하는 비트를 무엇이라 하는가?

    a. Carrier bit   b. Extension bit

    c. parity bit   d. CRC bit

13 기가비트 이더넷의 특징이 아닌 것은?

    a. 인터넷, WAN 접속 시 고속의 접속 포인트를 제공할 수 있다.

    b. 고속 전송 시 지원 거리가 짧다.

    c. 다양한 멀티미디어 서비스를 구현하기 쉽다.

    d. 광채널 기술과 CSMA/CD 기술이 접목된 기술이다.

14 고속 이더넷의 특징으로 올바른 것은?

    a. 10Mbps의 전송속도를 낸다.

    b. 맨체스터 부호화 방식을 사용한다.

    c. 매체 접근 제어 방식으로는 CSMA/CD를 사용한다.

    d. 8B/5B 혹은 8B/10B 부호화 방식을 사용한다.

15 IEEE에서 제정한 무선 LAN의 표준은 무엇인가?

    a. 802.3   b. 802.7

    c. 802.9   d. 802.11b

16 기가비트 이더넷의 1000Base-T에 사용되는 전송매체는 무엇인가?

    a. 동축 케이블   b. 광케이블

    c. CAT-5 UTP   d. CAT-4 UTP

17 FDDI에서 사용하는 인코딩 방법은 무엇인가?

    a. 4B/5B   b. 8B/10B

    c. 맨체스터   d. 차등 맨체스터

18 IEEE 802 프로젝트는 LAN을 두 개의 부 계층으로 구분하고 있다. 각각이 무엇인지
적으라.

19 CSMA/CD의 동작과정을 설명하라.

20 스위칭 LAN의 전송 로직의 구성 요소를 적으라.

21 고속 이더넷이 100Mbps의 속도를 갖는 원리를 설명하라.

22 기가비트 이더넷에서 버스트 모드 전송방식을 사용하는 이유를 적으라.

23 이더넷, 고속 이더넷, 기가비트 이더넷 각각을 전송속도, 매체 접근 제어 방식, 프레임 형식, 부호화 방식 측면에서 비교·설명하라.

24 기가비트 이더넷에서 사용되는 전송매체를 모두 적으라.

| 참고 사이트 |

- http://grouper.ieee.org/groups/802/: IEEE 802 LAN/MAN 표준 위원회에서 행하는 모든 LAN에 대한 표준화 활동에 관한 내용
- http://www.cisco.com/public/support/tac/home.shtml: Cisco의 기술 지원 센터로 네트워크에 관한 다양한 기술 정보
- http://www.cisco.com/warp/public/473/: LAN에 관한 기술적인 내용 담고 있는 Cisco의 기술 문서
- http://www.larscom.com/support/techlib/whitepapers/wp_nativeLAN.htm: "Native LAN Service"에 관한 기술적인 내용
- http://www.erg.abdn.ac.uk/users/gorry/course/: 데이터 통신에 관한 전반적인 기술들
- http://www.iol.unh.edu/consortiums/: ADSL, ATM, 브리지, DOCSIS, 이더넷, 고속 이더넷, 광채널, 기가비트 이더넷, 10 기가비트 이더넷, IPv6, iSCSI, 리눅스, MPLS, 라우팅, SHDSL, Voice over Broadband, 무선 통신 등의 상호운용성에 관한 Consortiums
- http://www.cisco.com/univercd/cc/td/doc/cisintwk/ito_doc/fddi.htm: FDDI에 관한 cisco의 기술 지원 문서
- http://www.10gea.org/index.htm: 10 기가비트 이더넷의 Alliance에서 행하는 표준화 작업과 기술적인 내용
- http://www.cisco.com/univercd/cc/td/doc/cisintwk/ics/cs010.htm: VLAN에 관한 Cisco의 기술문서
- http://www.techfest.com/networking/lan.htm: LAN에 관한 전체적인 기술들을 소개
- http://wirelessman.org/: 광대역 무선 접속 기술에 관한 IEEE 802.16 워킹 그룹의 활동 내용
- http://www.cisco.com/univercd/cc/td/doc/cisintwk/ito_doc/ethernet.htm: Cisco의 이더넷, 고속 이더넷, 기가비트 이더넷 등에 관한 기술적인 내용들
- http://www.bluetooth.com: 블루투스의 공식 웹사이트로 블루투스 최신동향 및 기술적인 정보
- http://www.palowireless.com/: 블루투스, HIPERLAN, IEEE802.1, OFDM, WAP 등의 무선 기술
- http://www.motorola.com/bluetooth/: 모토롤라에서 제공하는 블루투스에 관한 웹사이트
- http://www.brightcom.com: 블루투스에 관한 솔루션을 제공하는 웹사이트
- http://www.optical-ethernet.com/optical/index.htm: 광이더넷 기술에 관한 내용
- http://www.oiforum.com/: 광케이블을 이용한 네트워크 기술에 대한 포럼

- http://etsi.org/: 유럽의 무선 통신에 관한 표준을 담당하고 있는 ETSI의 활동에 관한 내용
- http://www.10gigabit-ethernet.or.kr/: 국내에서 활동 중인 이더넷 포럼의 웹사이트
- http://www.10gigabit-ethernet.com/: 10 기가비트 이더넷 관련 기술 자료를 제공
- http://www.hiperlan2.com/: HiperLAN/2 글로벌 포럼의 웹사이트

| 참고문헌 |

- Fred Halsall, *Data Communications, Computer Networks and Open Systems*, 4th ed, Addison Wesley, pp269~422, 1996
- Cunningham and Lane, *Gigabit Ethernet Networking*, Macmillan Technical Publishing, 1999
- James Martin, *Local Area Networks*, Prentice-Hall, 1989
- Radia Perlman, *Internetworking*, 2nd ed, Addison-Wesley, 1999
- Andrew S.Tanenbaum, *Computer Networks* 3rd ed, Prentice-Hall, pp243~338, 1996
- John J.Roese, *Switched LANs*, McGraw-Hill, 1998
- Kennedy Clark, Kevin Hamilton , *Cisco LAN Switching*, Cisco Press, 1999
- James F. Kurose, Keith W. Ross, *Computer Networking*, Addision-Wesley, pp323~410, 2000
- Michael A. Miller, *Data& Network Communications*, Delmar, pp227~300, 2000
- Ata Elahi, *Network Communications Technology*, Delmar, pp59~200, 2001
- Behrouz A. Forouzan, *Data Communication and Networking*, 2nd ed, McGraw-Hill, pp369~412, 2000

| 찾아보기 |

저자 소개

정진욱

1974년 성균관대학교 전기공학과 졸업

1979년 성균관대학교 일반대학원 전자공학과 졸업(공학 석사)

1991년 서울대학교 대학원 전자계산학과 졸업(이학 박사)

주요 경력

1973~1985년 한국과학기술연구소 실장 역임

1992~1993년 미국 Maryland 대학교 객원교수 역임

1997~1998년 컴퓨터 침해사고 대응팀 협의회(CONCERT) 운영위원장 역임

2002~2002년 한국정보처리학회 회장 역임

1985~2011년 성균관대학교 정보통신공학부 교수 역임

2011년~현재 성균관대학교 명예교수

관심분야

컴퓨터 네트워크, 네트워크 관리, 네트워크 보안, 인터넷 QoS

한정수

1997년 성균관대학교 정보공학과 졸업

1999년 성균관대학교 전기전자 및 컴퓨터공학부 일반대학원 석사

2003년 성균관대학교 전기전자 및 컴퓨터공학부 일반대학원 박사

주요 경력

1999~2001년 한성대학교, 수원과학대, 성균관대학교 강사 역임

2001~2002년 (주)아이에스피 통신개발팀 책임연구원

2003~현재 신구대학교 IT미디어과 정보통신전공 교수

관심분야

네트워크 관리, 인터넷 QoS, QoS 라우팅, 장애복구 라우팅